JN443486

글로벌 환경에너지

김재용 저

화수목

PREFACE 머리말

문명의 발달과 함께 급변하는 21C에 있어, 에너지소비는 가히 천문학적으로 늘어만 가고 있으며, 기존에 사용되던 화석연료의 사용량증가를 원인으로 지구는 환경오염과 아울러 지구온난화 문제를 야기시켜 그 대책이 시급한 상황이다. 기후변화협약 당사국총회 결과에 따른 문제는 매우 심각한 상황임에도 불구하고 아직까지도 우리나라는 그에 관한 체계적이고 현명한 대책을 강구하지 못하고 있는 상황이다. 1992년 브라질 리우데자네이로에서 채택한 아젠다 21을 기점으로 해서, '96년 12월 선진국의 제1차 공약기간('08~12년)동안의 법적구속력있는 온실가스 배출감축 목표를 설정한 일본 교토의정서(Kyoto Protocol)가 채택되었다. 이때 대상 온실가스6종(CO_2, CH_4, N_2O, HFCs, PFCs, SF_6을 명기했고 기간 중 90년 배출량대비 평균 5.2% 감축합의. 청정개발체재(Clean Development Mechanism), 공동이행제도(Joint Implementation), 배출권거래제(Emission Trading)등 교토메카니즘 도입으로 의무 이행의 신축성 제고 결의. 제7차 당사국총회가 '01년 모로코 마라케쉬에서 개최되어 교토메카니즘, 의무준수체제, 흡수원 등에 대한 최종합의 도출에 따라 교토의정서 세부운영규정격인 마라케쉬 합의문(Marrakesh Accords) 제안, '05년 제11차 캐나다 몬트리올에서 열린 당사국총회에서 이를 공식 채택함으로써 세계의 모든 국가들이 이 기후변화협약에 의해 에너지사용권에 대한 제약을 받게 되었다. 선진국들은 이미 유럽을 선두로 대체에너지 개발에 박차를 가하고 있으며, 특히 세계 에너지 소비량의 1순위인 미국 역시 이제는 더 이상 독자적으로 버티지 못하고 에너지감축 이행에 따른 세계적 추세에 동참하는 사태에 이르렀다. 한편 국내의 경우 국무조정위원실 녹색성장지원단에서 제2차 녹색성장5개년 계획('14~'18)과 산업통상자원부의 신재생에너지 개발사업('14~ '35)을 발표했고, 실제 핵심은 지속가능한 에너지 체계 구축과 함께 신재생에너지 자립형 마이크로그리드를 구축하려는데 있다.

이와 같은 상황을 견주어 볼 때, 대체에너지에 대한 올바른 인식과 함께 국가적 차원에서의 적극적 개발의지 여부는 미래에 어느 국가가 생존하느냐 마느냐 하는 절대적인 의미와 가치를 지닌 해결의 열쇠가 될 것이다. 따라서 본 저자는 대체에너지에 관한 일반적인 소개와 아울러 현재 진행되어지고 있는 각국의 기초적 기술현황에 관해 에너지 부문별로 소개하고자 하였으며, 향후 부족하거나 미숙한 부분에 대해 지속적으로 데이터를 수집 및 보완하여, 보다 나은 내용의 참고서가 될 수 있도록 최선을 다하여 노력할 것을 다짐하는 바이다.

2016년 8월

충북대 환경에너지공학연구실
김 재 용

CONTENTS 차 례

CHAPTER 01 환경에너지

CHAPTER 02 에너지에 대한 기초이론

CHAPTER 03 화석연료

CHAPTER 04 태양에너지

CHAPTER 05 풍력에너지

CHAPTER 06 해양에너지

CHAPTER 07 연료전지

CHAPTER 08

커패시터

8

CHAPTER 09

수소에너지

CHAPTER 10 바이오매스에너지

CHAPTER 11 폐기물에너지

11

CHAPTER 12 지열에너지

12

CHAPTER 13 원자력에너지

13

CHAPTER 14

Hydrate

CHAPTER 15

에너지 저장장치(ESS: Energy Storage System)

CHAPTER

01 환경에너지

1.1 에너지의 정의

1.1.1 에너지의 정의

에너지는 일을 할 수 있는 능력으로 정의된다. 정지하고 있는 물체에 힘을 가하여 이동하게 하면 즉, 속도를 변화시키면 일이 발생하며 주어진 에너지가 많으면 가능한 일의 양이 커진다. 그리고 에너지와 일의 단위는 동일하다. 1 g의 물체를 1 cm/s^{2}의 가속도로 1 cm 이동하게 할 때의 일의 양을 1에르그(erg=g · cm^2/s^2)라고 하며 이것의 10^7배인 1줄(J=kg · m^2/s^2)을 실용단위로 사용한다. 또한 에너지는 칼로리(cal)로 표현되기도 한다. 물 1 g을 14.5℃에서 15.5℃로 올리는데 필요한 열량을 1 cal라고 하며 4.184 J이다.

어느 높이에 있는 물체가 낙하할 때 총에너지는 일정하다는 사실에서 위치에너지(mgh, g는 중력가속도, h는 높이)와 운동에너지{$1/2(mv^2)$}의 합이 일정하다는 즉 에너지 보존의 법칙이 확립되었으며 그 후 다른 형태의 에너지들(전기에너지, 자기에너지, 빛에너지, 열에너지, 화학에너지 등)이 포함되어 모든 에너지는 서로 교환될 수 있다는 사실이 밝혀졌다.

맥스웰의 전자기장 이론에 의하면 빛도 전자기파이므로 빛이 전파되려면 매질이 있어야 한다. 이 매질을 에테르라 명명하고 존재를 증명하려는 실험들이 행해졌었다. 에테르가 존재하면 에테르 속에서 움직이는 지구에서 빛을 관측할 경우에 에테르에 대한 지구의 운동속도에 따라서 빛의 속도가 변할 것으로 예측되었다. 이 예측을 증명하려고 1887년에 마이컬슨(A. A. Michelson)과 몰리(E. W. Morley)에 의하여 지구의 운동과 에테르와의 상호작용을 확인하려고 했지만 지구운동과 에테르와의 상호작용을 확인할 증거를 전혀 얻을 수 없었다. 따라서 에테르는 존재하지 않는 것으로 결론지어졌다.

또한 빛의 속도는 운동방향에 관계없이 일정한 것으로 관찰되었다. 이 문제는 20세기에 들어와서 아인슈타인(A. Einstein)의 광량자 이론에 의하여 해결되었다. 또한 아인슈타인의 특수상대성이론이 제시되었고 이 이론에 의하면 물질의 질량도 에너지로 변환될 수 있다($E=mc^2$). 이 식에서 c는 빛의 속도(c=299,792,458 m/s)이다. 즉, 1 g의 물질이 완전히 에너지로 바뀌면 약 9×10^{20} 에르그의 에너지가 방출된다. 물질과 에너지의 변환은 원자핵융합, 분열 등의 핵반응이 일어날 때의 질량감손에 의한 에너지 방출, 물질이 빛으로 변화되는 현상(전자와 양성자가 충돌하면 둘 다 소멸하고 빛이 생성됨) 및 빛이 물질로 변화하는 현상(예를 들면 빛에 의한 전자와 양전자의 생성)에 의해 정량적으로 증명되었다.

그림 1.1 아인슈타인(A. Einstein)

물체의 속도는 빛의 속도보다 클 수 없으므로 속도가 광속도보다 아주 작은 일상적인 경우에 가해진 에너지는 물체의 속도를 높이는데 사용되지만 속도가 점점 커져 광속도에 접근하면 주로 물체의 질량으로 변환된다. 이때의 질량은 다음 식으로 표시된다.

$$m_v = m_0 / \sqrt{1 - v^2/c^2} \tag{1.1}$$

위 식에서 m_v는 속도가 v인 물체의 질량, m_0은 정지질량을 나타낸다. 속도 v가 빛의 속도보다 아주 작은 경우, 즉 우리가 경험하는 일상적인 경우에는 m_v를 m_0로 사용하여도 아무 문제가 없다. 속도가 v인 물체의 에너지 $E = m_0c^2/\sqrt{1-(v-c)^2}$로 표시되며 이 식을 전개하면 $E = m_0c^2 + 1/2(m_0v^2) + \cdots$가 되며 두 번째 항 $1/2(m_0v^2)$는 뉴턴역학의 운동에너지이며, 첫 번째 항 m_0c^2는 물체의 속도가 0일 때의 에너지 즉 정지에너지이다.

1.1.2 에너지 이용의 역사

인류가 다른 동물과 달리 만물의 영장으로서 지속적으로 발전하는 문명과 역사를 갖게 된 것은 도구, 언어, 불을 이용할 줄 알았기 때문이다. 사람이 석기를 가공하고 불을 이용한 흔적은 40~50만년 전에 북경원인이 살던 동굴에서 발견되고 있다. 이들이 최초로 얻은 불은 번갯불이나 화산의 불 또는 바람이 나뭇가지를 마찰하여 일어나는 산불과 같이 자연현상에서 얻어진 불이었을 것이다. 그 후 나무를 마찰하여 불을 쉽게 얻을 수 있게 되었다. 불을 사용하게 되면서부터 인류는 에너지자원을 일상생활에 이용할 수 있게 되었다. 불의 사용으로 동물들의 사냥이 쉬워졌으며 또한 음식물을 익혀먹게 되었다. 아울러 추위와 습기를 막을 수 있게 되었으며 조명에도 이용되었다.

산업혁명 전에는 주로 장작이나 숯을 사용하여 음식을 조리하였으며 농경, 물자의 운반, 사람들의 이동 등에 인력과 소, 말 등의 가축의 힘뿐만 아니라, 수력(우리나라의 물레방아), 풍력(네덜란드의 풍차)등의 자연에너지가 주로 사용되었다. 물론 전쟁에 그리스의 불(비잔

틴제국이 사용). 흑색화약(숯, 유황, 초석의 혼합물) 등이 사용된 예가 남아있기는 하지만, 본격적으로 화석연료가 사용되기 시작한 것은 증기기관이 발명된 산업혁명이후였다. 의류 등의 대량생산으로 원료, 완제품들의 생산, 수송에 많은 에너지가 필요하게 되었으므로 19세기에는 주로 석탄이 연료로 사용된 증기기관이 부착된 공장용 원동기, 기관차, 선박 등이 만들어졌다. 석탄의 대량채굴로 가격이 인하되어 그때까지 사용되던 나무대신 석탄이 에너지원의 주역으로 등장하였다.

19세기 말에는 석탄증기기관과 수력을 이용한 발전기, 전동기가 발명되어 전기에너지가 널리 사용되기 시작하였다. 2차 대전 후부터는 보다 채굴과 운송이 편리한 석유와 천연가스가 화석연료의 주종을 이루기 시작하였으며 또한 원자력을 이용한 발전이 중요하여지면서 에너지의 판도에 변화를 가져왔다.

우리나라의 경우에는 '60년대에 경제개발이 시작되면서 에너지의 수요가 급증하였다. 사용과 수송이 용이하고 가격이 싼 석유의 대량공급으로 석유화학공업이 발달하여 자동차의 대량생산과 아울러 자동차 소재산업이 대형화되었고 고속도로의 확충과 고속철도(ktx)의 개통으로 전국이 일일생활권에 편입되었으며 지하철 등의 대중교통수단의 발달이 이루어졌다.

그림 1.2 ktx

그러나 '70년대부터 시작된 석유파동으로 우리나라의 경제는 상당한 타격을 받았으며 그 후로는 수력과 원자력발전소들이 건설되었고 대체에너지 및 신에너지에 대한 연구가 시작되었다. 신에너지의 대표적인 기술이 바이오매스 이용, 복합발전, 연료전지 등이며 선진국에서는 상당한 수준으로 연구가 진행되어 실용화 단계에 들어가고 있다. 우리나라에서도 이런 에너지 기술개발에 힘을 기울이고 있다.

에너지는 빛, 동력, 연료로서 우리들에게 많은 일을 해주었고 현대문명을 뒷받침하였다. 에너지의 도움으로 우리들은 농업사회에서 공업사회를 거쳐 오늘날에는 전자, 정보사회에 진입하였으며 자동차, 에어컨, 컴퓨터, 휴대폰, 인공위성 등을 개발하여 우리의 경제, 문화 활동을 보다 더 편리하게 유지하고 있다.

1.1.3 에너지의 질과 효율

에너지의 효율은 공급된 총에너지에 대한 실제로 사용될 수 있는 유용한 에너지를 말한다. 물자와 사람들이 이동하는 운송 분야에 주로 석유(가솔린, 경유, 등유, 중유, 제트오일 등)

와 천연가스들에서 얻어지는 에너지를 사용한다. 이런 내연기관의 효율은 25% 정도로 낮으며 나머지 75% 정도는 폐열로서 방출된다. 전철의 에너지 효율을 1로 했을 때 승용차는 0.5, 기차, 0.7, 항공기 0.3, 버스 1.9 등으로 아주 낮다.

가정 및 상업용 에너지 효율은 70% 이상이며 일반적인 산업에 사용되는 에너지 효율은 약 80% 수준이다. 표 1.1에 대표적인 에너지의 효율이 기재되었다.

표 1.1 에너지 효율(±10%)

에너지 변환장치	평균효율(%)	에너지 변환장치	평균효율(%)
백열전구	5	핵반응기	39
증기기관	8	증기터빈	46
태양전지	10	액체연료 로켓	47
열전지	13	MHD 발전기	50
열전자 전환기	15	연료전지	60
회전엔진	18	전 지	72
형광등	20	가정용 가스로	85
내연기관	25	건전지	90
고체 레이저	30	수력 터빈	92
증기발전	32.5	전동기	93
산업용 가스터빈	34	전동발전기	99
항공기 가스터빈	36		

1900년경에 사용되었던 100와트 백열전구의 효율은 1%에 불과하였지만 많은 연구와 노력 그리고 투자에 의한 기술혁신이 이루어져 지금의 효율은 5%로 크게 증가하였다. 다른 분야에도 기술혁신이 이루어졌다. 에너지 효율이 증가하면 에너지 소비량이 감소한다. 또한 이미 사용된 물자를 재생하여 다시 사용하면 에너지 소비가 절감된다. 강철의 생산에 고철을 사용하면 에너지 소비가 1/4 이하이며 종이의 제조에 폐지를 재활용하면 에너지를 30% 이하로 줄일 수 있다.

생활에 편리하게 이용될 수 있는 에너지는 질이 높으며 그렇지 못하면 질이 낮다. 그 기준 요건은 깨끗한 에너지인가, 수송과 저장이 용이한가, 높은 칼로리를 가지고 있는가, 자동적으로 이용할 수 있는가 등이다. 기계적 에너지의 질이 가장 높으며 전기에너지>화학에너지>빛에너지>열에너지의 순서로 질이 낮아진다. 에너지의 질을 높이기 위해 에너지가 농축되기도 하고 서로 변환되기도 하지만 때로는 사용에 편리하도록 질을 떨어뜨리는 경우도 있다.

1.1.4 에너지의 문제점

석탄, 석유, 천연가스 등의 화석연료의 매장량은 유한하므로 지금과 같은 속도로 써 버리면 마침내 고갈되고 말 것이다. 따라서 화석연료를 효율적으로 활용하여 최대한 오래 사용하여야 할 것이며 아울러 재생할 수 있는 자연에너지를 개발하여 이용하면 화석연료를 절약할 수 있으므로 이러한 신에너지의 개발에 박차를 가해야 할 필요가 대두되고 있다.

현재 석탄은 채굴과 운반 등의 원인으로 거의 사용되지 않고 석유와 천연가스가 주로 사용되고 있고 또한 석유의 매장량이 편재되어 있으므로(중동지역의 매장량이 전 세계의 약 65%를 차지하고 있다.) 원유가격이 계속적으로 상승하고 있다. 2007년 11월 현재 석유가격이 배럴당 80달러 정도로 증가하여 또 석유파동이 오는 것이 아닌가 하는 우려가 커지고 있으며 우리나라의 경제에 안 좋은 영향을 미치고 있다. 따라서 많은 나라들은 에너지절감에 많은 투자를 하고 있으며 동시에 대체에너지 개발에도 힘을 기울이고 있다. 한편으로 열을 유용한 일로 변환하는 효율 향상에도 많은 연구를 하고 있는 중이다.

1.1.5 석유수급의 불균형과 에너지 위기

산유국들이 석유를 무기화함으로서 야기된 석유파동에 의하여 많은 나라들이 에너지원의 대부분을 석유에 의존하는 데서 생기는 위험과 석유를 특정지역에서만 공급받으므로 야기될 수 있는 위험을 강하게 인식하기 시작하였고 이때부터 석유를 대신할 수 있는 에너지의 개발 및 에너지 절감 등에 주력하는 에너지정책을 만들고 실행하기 시작하였다. 그 후 석유가격은 안정화되었지만 국제사회의 변화 등으로 다시 에너지 위기가 도래할지도 모른다.

1.1.6 세계 에너지 소비 추이 및 전망

전세계적으로 에너지 수요가 증대하면서 지구온난화가 급진전하고, 장래 에너지 자원의 부족이 전망되는 가운데, 물과 탄화수소 등의 구성원자로서 풍부하게 존재하는 수소를 에너지원으로 하는 차세대 에너지 시스템인 연료전지에 대한 기대가 높아지고 있다. 연료전지는 일본 경제산업성이 책정한 「신산업창조전략(2004년 5월)」에서도 전략 7개분야 중 하나로 거론되었으며, 현재 고정용(가정, 산업), 자동차용, 휴대용으로 광범위한 업계에서 실용화를 위해 노력하고 있다. 또한 종합자원에너지조사회의 「2030년 에너지 수급전망(2004년 10월)」에 따르면, 에너지 절약이 계속될 경우에 자동차가 1500만대, 고정용이 1,259만 kW로 확대할 가능성이 있다고 한다.

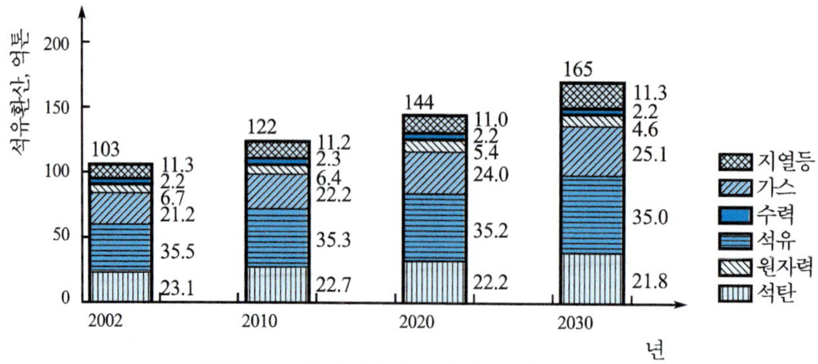

그림 1.3 세계 에너지 소비 추이 및 전망

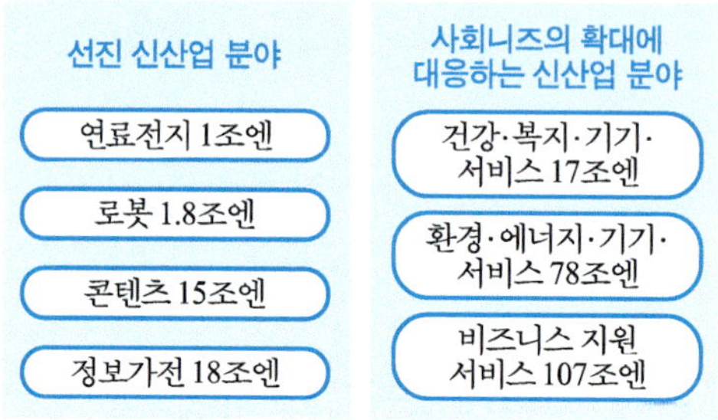

그림 1.4 신산업창조전략 분야 및 규모

1.1.7 환경오염문제

석탄이나 석유의 연소될 때 발생하는 황산화물(SO_x)과 질소산화물(NO_x)은 대기 중의 산소와 수증기에 의하여 강한 산성을 가진 황산과 질산으로 변하여 산성비를 내리게 한다. 이로 인하여 미국, 캐나다, 유럽 여러 나라들의 삼림, 호수, 습지 등에 많은 피해가 있으며 상황은 점점 더 악화되어가고 있다. 또한 온실효과를 일으키는 이산화탄소(CO_2)는 화석연료의 연소와 열대우림의 벌채 등으로 인하여 농도가 증가하고 있고 생명체에 악영향을 주는 자외선을 차단하는 오존층이 CFCs(Chlorofluorocarbons)에 의하여 파괴되고 있어 전 세계가 주목하고 있다. 우리나라의 경우에는 산성비, 온실효과, 오존층 파괴이외에도 중국에서 이동하는 황사에 의한 피해도 점점 증가하고 있다.

우루과이 라운드(UR) 이후 등장한 그린라운드(GR)에 의한 '환경적으로 건전하고 지속 가능한 개발(ESSD: Environmentally Sound And Sustainable Development)'의 원칙에 입각한 환경오염문제는 국제적인 환경보호협약으로 발전되어 최근에는 에너지 사용 규제와 에너지 효율 기준 설정 등의 내용을 포함하는 기후변화협약(1994년 3월 21일 발효)과 같은 국제적 환경협약들을 발족시켰다.

1997년 12월 일본 교토에서 개최된 기후변화협약 제3차 당사국총회에서 채택된 교토의정서에 의하면 지구온난화를 방지하기 위하여 선진국의 온실기체 감축 목표치를 규정하였다. 의정서가 채택되기까지는 온실기체의 감축 목표와 감축 일정, 개발도상국의 참여 문제로 선진국간 그리고 선진국과 개발도상국간의 의견 차이로 심한 대립을 겪기도 했지만, 2005년 2월 16일 공식 발효되었다.

의무이행 대상국은 오스트레일리아, 캐나다, 미국, 일본, 유럽연합(EU) 회원국 등 총 38개국이며 각국은 2008~2012년 사이에 온실기체 총배출량을 1990년 수준보다 평균 5.2% 감축하여야 한다. 각국의 감축 목표량은 −8~+10%로 차별화하였고 1990년 이후의 토지이용변화와 산림에 의한 온실기체 제거를 의무이행 당사국의 감축량에 포함하도록 하였다. 그 예로 유럽연합 −8%, 일본 −6%의 온실가스를 2012년까지 줄여야 한다. 감축할 기체로는 이산화탄소(CO_2), 메탄(CH_4), 아산화질소(N_2O), 과플루오르화탄소(PFC), 수소화플루오르화탄소(HFC), 육플루오르화황(SF_6) 등이 포함된다.

당사국은 온실기체 감축을 위한 정책과 조치를 취해야 하며, 여기에는 에너지효율향상, 온실기체의 흡수원 및 저장원 보호, 재생에너지와 신에너지의 개발, 연구 등이 포함된다. 의무이행 당사국이 감축을 할 때 신축성을 허용하기 위하여 배출권거래(Emission Trading), 공동이행(Joint Implementation), 청정개발체제(Clean Development Mechanism) 등의 제도를 도입하였으며, 1998년 11월 아르헨티나의 부에노스아이레스에서 개최된 제4차 당사국총회에서는 신축적인 제도운용과 관련한 작업을 2000년까지 완료한다는 부에노스아이레스 행동계획(Buenos Aires Plan of Action)이 채택되었다.

한국은 제3차 당사국총회에서 기후변화협약에 관하여 개발도상국으로 분류되어 의무대상국에서 제외되었으나, 몇몇 선진국들은 감축목표 합의를 명분으로 한국, 멕시코 등이 선진국과 같이 2008년부터 자발적인 의무부담을 할 것을 요구하였고, 제4차 당사국총회 기간에 아르헨티나와 카자흐스탄 등의 일부 개발도상국은 자발적으로 의무를 부담할 것을 선언하였다. 2013~2017년 의무대상국이 개발도상국에 집중되기 때문에 5월부터 개최되는 대상국 확대협의에서 한국도 동참을 요구받을 것으로 예상된다. 2002년 IEA(국제에너지기구)의 통계에 따르면 한국의 연간 이산화탄소 배출량은 2000년을 기준으로 했을 때 4억 3400만 톤으로 세계 9위이며, 세계 전체 배출량의 1.8%를 차지한 것으로 나타났다. 더욱이 1990년 이후 배출량 증가가 85.4%로 나타나 세계 최고의 증가세를 기록하고 있기 때문에 의무대상국으로 분류될 가능성이 높다.

미국은 전 세계 이산화탄소 배출량의 28%를 차지하고 있지만, 자국의 산업보호를 위해 2001년 3월 탈퇴하였다. 그리고 오스트레일리아, 중국, 일본 등도 탈퇴를 검토하고 있다고 한다. 이러한 미국을 포함한 여러 주요한 나라들의 자국 산업 보호를 내세운 애매한 태도 및 개발도상국들의 반발로 인하여 환경오염문제 해결이 쉽지 않은 듯하다.

1.2 에너지와 자원

1.2.1 에너지와 자원

통상적으로 자원(資源)이라 하면 기술의 발전에 따라 생산 활동에 사용되는 요소를 말하는데 광의적인 자원은 노동, 자본, 그리고 자연에서 주어지는 자원을 포함한다. 그러나 우리가 에너지와 관련된 자원을 일컫는 것은 자연에서 주어지는 자원을 주로 말한다. 자연자원은 제공하는 원천에 따라 분류되는데 일반적으로 토지에서 제공하는 농산자원, 광물자원, 산림자원 등이 있고, 물에서 제공하는 자원에는 수자원과 수산자원이 있다. 에너지 자원은 어느 것에도 모두 포함된다고 할 수 있으나 그 중에서도 가장 많이 분포되어 있는 것이 광물자원이다. 광물자원은 에너지 자원과 비에너지 자원(일반 광물자원)으로 구분되고 있다.

에너지 자원에는 석유, 석탄, 천연가스, 핵에너지 등의 화석에너지와 태양열, 풍력, 수력, 조력, 지열 등의 신에너지원으로 구성되며, 비에너지 자원은 크게 금속광(금, 은, 동, 아연, 철, 크롬 등)과 비금속광(인, 비소, 흑연, 수정, 연옥, 석회석 등)으로 분류, 구성되어 있다.

1.2.1 에너지의 분류

에너지를 분류하는데 있어서 자연환경에서 비교적 안정하게 존재할 수 있는 화석연료나 핵연료는 물론 생물자원연료, 1・2차 전지, 농도차 전지 등을 포함하는 저장에너지, 물질을 구성하는 분자나 원자 등이 불규칙하게 움직임으로 인하여 생기는 불규칙에너지, 물질의 운동이나 위치 등 역학에 관계된 역학에너지, 전자의 흐름 및 자기장에 의한 전자기에너지, 태양열이나 음파, 방사파, 탄성파와 같은 복사에너지 등으로 구분할 수도 있다.

1.3 대체에너지

1.3.1 대체에너지의 정의

대체에너지의 정의는 각 나라별로 자국의 에너지 상황에 따라 다르며 넓게 정의하는 경우 석유 이외에 석탄, 원자력, 천연가스 및 신재생에너지 등 석유가 아닌 모든 에너지원으로 정의하기도 하며, 좁게는 신재생에너지(new & renewable energy) 자체로만 정의하기도 한다. 우리나라에서 대체에너지는 『대체에너지 개발 및 이용・보급촉진법』 제2조에 석유, 석탄, 원자력, 천연가스가 아닌 에너지로써 태양에너지(태양열, 태양광발전), 바이오에너지, 풍력, 소수력, 연료전지, 석탄액화 및 가스화, 해양에너지, 폐기물에너지, 기타 대통령령으로 정하는 에너지(석탄혼합연료, 지열, 수소 등)로 정의되어 있다. 이는 좁은 의미의 신재생에너지에 폐기물에너지와 원자력과 석유를 제외하고 석탄혼합연료, 액화 및 가스화 등 석탄의 이용기술과 연료전지와 같은 가스이용기술을 포함시킴으로써, 우리나라의 화석에너지에 대한 의존도가 97%를 상회하고 2006년 말 에너지 수입액이 800억 달러를 넘어서는 등 기존 화석에너지원의 보유량이 적어 거의 수입에 의존하는 국내 에너지 상황을 조금이라도 타개하려는 의도로 볼 수 있다.

우리나라에서 법으로 정하고 있는 신재생에너지는 비교적 넓은 의미의 에너지를 포함하고 있어서 표 1.2에서 보는 바와 같이 에너지의 유형 및 이용분야도 다양하고 이에 따라 기술개발 내용도 서로 다른 특징을 가진다. 가장 많은 분야는 신 발전분야로서 생산물은 전력의 형태로 나타나고, 그 다음으로 열 생산분야, 그리고 액체연료(알코올, COM, CWM 등) 및 고체연료(RPF, RDF 등) 생산분야로 구성되어 있다. 이러한 넓은 의미의 정의는 화석에너지의 대체를 위한 가능한 모든 수단의 동원이라는 의미로서 신재생에너지에 단기간 내에 활용 가능한 폐기물에너지와 같은 재생연료, 그리고 채택될 경우 에너지 사용량이 매우 클 것으로 기대되는 연료전지나 석탄가스화 복합발전과 같은 화석연료의 고효율 이용기술을 포함하고 있어서 정의된 각 에너지의 원별 특성을 고려한 시장 진출의 지원을 어렵게 하고 있기도 하다. 또한 대부분이 전력을 생산하는 발전기술이므로 전력의 독점 시장 구조 하에서는 한전의 채택 여부에 따라 독자적인 시장진출이 어렵거나 아예 불가능하기도 하다. 또한 좁은 의미의 신재생에너지와 기존 화석연료의 이용 기술이 혼합되어 에너지 대체 효과를 극대화할 경우 기존 화석연료의 새로운 이용기술인 연료전지나 석탄가스화 복합발전에 치중하게 되며 이 경우 신재생에너지에 비해 에너지 사용에 따른 환경오염을 부담하지 않을 수 없어서 최근 문제가 되고 있는 지구 온난화와 같은 환경문제에 대응하기 위한 정책으로서의 기능이 약해질 수밖에 없다.

표 1.2 대체에너지 원별 기술개발 내용

원 별	생산에너지 유형	이용 분야	사업 내용
태양열	열(온수, 증기), 전기	건물 및 산업용 에너지	주택, 건물에의 냉난방용 이용 기술
태양광	전력	특수용 및 낙도·오지의 전력 공급	경제성 있는 발전 기술 개발
바이오 에너지	가스연료(메탄), 액체연료(알코올), 고체연료(대체탄)	산업용(주정, 축산, 폐기물 등), 수송용(에탄올 등), 난방·취사용	각종 바이오매스(생물자원)를 에너지화 하는 기술
폐기물 에너지	열(온수, 증기), 고체연료(RPF, RDF), 기체연료(메탄 등)	주택, 상업용, 산업용 및 발전에너지	폐기물을 에너지화 하는 기술
석탄액화 가스화 기술	석탄액화가스	산업용 및 발전에너지	석탄을 부가가치가 높은 연료로 전환하여 이용하는 기술

표 1.2 대체에너지 원별 기술개발 내용(계속)

원 별	생산에너지 유형	이용 분야	사업 내용
소수력	전력	전력 공급	계곡, 댐 등의 낙차 이용 발전 기술(3,000 kW 이하)
풍력	전력	전력 공급	바람의 힘을 이용하는 발전기술 - 일반적으로 풍속 4 m/s 이상
수소에너지	가스연료(수소)	자동차, 발전 등	수소의 생산 및 이용 기술
연료전지	전력+열(열병합시스템)	전력 공급, 냉난방	수소와 산소를 이용한 고효율 신 발전 기술
해양에너지	전력	전력 공급	조력, 파력 및 해수 온도차를 이용한 발전 기술
지열에너지	열(온수, 증기)	주택, 산업용 및 발전에너지	지하의 열을 이용하여 지역난방이나 발전하는 기술
석탄, 혼합 연료	COM, CWM	산업용 연료	석탄에 석탄 이외의 물질을 혼합하여 연소조건을 향상시키는 기술

1.3.2 대체에너지 기술개발 경위

우리나라에서는 1970년대 중반 이후부터 석유파동의 영향으로 한국에너지기술연구소, 한국과학기술연구원 등 정부출연연구소를 중심으로 대체에너지 기술연구개발을 추진해 왔으나, 기술개발 투자규모 및 인적자원이 충분히 뒷받침되지 못해 체계적이고 효율적인 기술개발이 이루어지지 못하였다. 1980년대에 들어서는 전 세계적으로 저유가가 유지되면서 기술개발 및 보급 등 대체에너지에 대한 관심이 낮아졌다. 결국 1987년 12월에야 "대체에너지 개발촉진법"을 제정·공포하여 국내 실정을 고려한 대체에너지를 정의하고, 대체에너지 기술개발 5개년 기본계획을 확정하는 등 본격적으로 대체에너지 기술개발사업을 시작하였으며, 1989년 9월부터 대체에너지 가운데 개발 후 기존 에너지 대체효과가 크고 실용화 가능성이 높다고 판단되는 연료전지 및 태양광 발전분야를 선정하여 '범국가적 연구사업(National Project)'으로 명명하고 중점 지원하였으며 1991년부터는 기업에 의한 실용화 개발을 촉진하기 위해 태양열, 바이오에너지, 폐기물에너지 등 3개 분야에 기업주도 연구사업을 실시하였다. 또한, 1993년 2월부터는 과학기술처가 주관하는 국가선도기술개발사업(G7 Project)에 '신에너지 기술개발사업'이 마련되어 산업자원부(당시 동력자원부)가 추진하던 대체에너지 기술개발을 과학기술부(당시 과학기술처)와 공동으로 범부처적 사업으로 추진하며, 연차적으로 연료전지, 태양광발전, 석탄가스화 복합발전기술을 포함시켜서 3개 신 발전분야를 집중 지원해 왔다. 1997년 1월에는 1988년부터 추진해 온 기술개발 성과와 보급 실적을 분석하고 국내·외 에너지 여건 변화 및 국내의 대체에너지 기술수준 등을 고려하여 당초 2001년까지 총에너지의 3%를 대체에너지로 공급하려던 계획을 2006년까지 2%를 공급하도록 대체에너지 기술개발 기본계획의 목표를 수정하였다. 또한 이러한 수정된 목표를 달성하기 위하여 에너지기술개발 10개년 계획을 구성하고, 국가 선도 기술개발사업으로 선정되어 집중 지원되어 온 3개 분야에 태양열 에너지 분야를 포함시킨 4개 중점 추진 분야를 선정하고 이를 활성화하기 위해 각 분야별로 4개 사업단을 구성하여 기술개발 성과 분석과 개발방향을 설정하도록 운영 중이다. 바이오에너지, 폐기물에너지, 풍력에너지 등 3개 분야에는 연구회를 구성하여 기술개발 방향의 설정을 지원하도록 하고 있다.

1.3.3 우리나라의 대체에너지 개발 추이(목표와 방향)

대체에너지 기술개발의 기본목표에서는 대체에너지 기술개발 목표를 계획기간의 최종 연도인 2006년까지 국가 에너지 시스템과 자원특성에 적합한 기술을 개발하여 대체에너지 신뢰성을 확보하고 해외 에너지 자원보호기술의 국내개발을 통하여 기술자립을 이룩하며, 이용기술의 경제성 제고를 위하여 기반기술, 수요개발과 관련산업 형성 등을 도모하여 보급을 확대시킴으로써 국내 최종에너지의 대체비중을 제고하는데 있다고 밝히고 있다. 각 단계별로는, 대체에너지 기술개발이 시작된 1988년부터 국가 선도 기술개발사업이 시작된 1992년의 전년도까지를 1단계로 기술개발을 위한 기반구축을 목표로 하였으며, 2단계로는 선도 기술개발사업으로 태양광 발전, 태양열 이용, 석탄가스화 복합발전 및 연료전지 분야가 집중 지원되기 시작한 1992년부터 5년간 실용화 기반 구축을 추진하였다. 3단계로는 전술한 바와 같이 1988년부터 1996년까지 추진하였던 결과를 분석하고 에너지기술개발 10개년 계획의 일환으로 대체에너지 기술개발 계획을 포함시켜 시장창출을 위한 중점기술 개발을 추진하고 있다. 4단계인 2002~2006년에는 중점 개발된 기술분야를 중심으로 기술의 상용화를 통한 시장 진출과 보급으로 국내 총에너지 수요의 2%를 보급할 것을 목표로 하고 있다. 이러한 기본계획은 당초 설정되었던 기본 계획상의 2001년까지 국내 총에너지 수요의 3%를 대체에너지로 보급하려던 목표로부터 상당히 후퇴한 것으로서, 이는 상당 기간 계속된 저유가 기간 동안 석유파동으로 형성되었던 대체에너지에 대한 기대감이 줄어들고 유가와의 단순한 가격 경쟁 논리와 안정적인 에너지 공급 가능성만을 고려하고 에너지 사용의 편리성을 기대하는 사용자 요구를 충족시키지 못함으로서 시장 진출의 실패를 거듭해 온 결과라 할 수 있다. 또한 대체에너지의 보급을 단순한 기술개발 후 보급이라는 국내 개발기술 보급정책 일변도로 추진함으로써 대체에너지 기술의 잠재적 가능성 확인, 공급 안정성 확보 및 대국민 신뢰성 확보에 매우 미흡하였다. 따라서 1단계에서 기술개발 목표는 연구기반 구축에 두고 대체에너지의 보급비중을 높이기 위한 방법으로 금융지원을 실시하여, 연구기반의 구축은 이루어졌으나 단순한 금융지원은 안정성 확보를 필수적 요인으로 안고 있는 에너지의 특성상 대체에너지를 인식시키는 역할을 수행하기 어려웠다고 할 수 있다. 기술개발만으로는 대체에너지를 시장에서 성공시키기 힘들고 이는 실증시험과 상용화를 이끌어 내기 위한 수단을 필요로 한다. 낮은 화석연료 가격, 대체에너지가 창출하는 낮은 이윤 이외에도 이용을 위한 부적절한 하부구조 및 법령, 제도는 시장 진출을 더욱 어렵게 하고 있다. 나아가 환경 편익 등 대체에너지가 갖는 '잠재적 편익'의 가치를 평가하려는 작업은 제대로 시도된 바 없다. 2단계에서는 실용화 기반을 구축하는 것으로 기술개발 목표를 설정하였으나 단기간 내 연구기반 구축을 실시한 상황에서 실용화 기반을 구축하는 것은 매우 빠른 시도였으며, 수요개발과 시범 보급으로 구성된 보급목표도 대체에너지의 다양성에 비추어 국내 개발되어 공급 가능한 대체에너지 기술이 매우 적었고 가격 구조에서 화석연료에 훨씬 미치지 못하며 하부구조, 법령, 제도 등이 미비한 상황에서 수요는 개발되지 못하고 시범사업도 미약한 수준에 그쳤다. 이에 따라 3난계에는 2단계까지의 분석결과를 토대로 실현을 가시화 할 수 있는 중점분야의 기술개발을 추진하도록 기술개발 목표를 수정하고 보급목표도 2006년까지 총에너지 수요의 2%를 달성하기 위한 수준에의 접근을 위하여 1.3%로 하였다. 그러나 이는 대체에너지의 개발 및 보급이 기술개발과 기술의 시장전시로 이루어지는 것이 아니라 개발과 도입을 위한 정부의 강력한 정책적 뒷받침이 중요하다는 점을 고려한다면, 이러한 목표 수정은 비교적 현실적으로 도달 가능한 수치를 정함으로써 정책의지가 약화되었다고 평가될 수도 있다. 세계적으로도 대체에너지 시장은 정부의 지원으로 이루어지고 있으며, 앞으로도 상당기간 '지원시장' 형태로 운영될 것이다. 우리나라에서도 4단계의 개발목표인 기술의 상용화와 보급 확대를 위해서는 가격경쟁을 상쇄할 수 있도록 '잠재적 편익'을 구현하는 제도적 장치와 대체에너지 생산물(전력, 열, 액체 및 고체 에너지 등)의 구매가 가능한 시장구조로의 개편이 필수적일 것이다.

표 1.3 대체에너지 기술개발 기본계획

구 분	제1단계	제2단계	제3단계	제4단계
계획기간	1988~1991	1992~1996	1997~2001	2002~2006
개발목표	연구기반 구축	실용화 기반 구축	중점 기술개발	기술의 상용화
보급목표 (총에너지 중 대체에너지 비율)	금융지원 (0.5%)	수요개발, 시범보급(0.6%)	시장 창출 (1.3%)	보급 확대 (2.0%)
총 연구비	302억 원	709억 원	2,033억 원	3,237억 원

1.3.4 여러 나라의 기술개발 현황

(1) 미국

미국의 신재생에너지 연구개발 지원정책은 정치적인 상황에 따라 기복이 심한 편이며, 대규모 사업의 추진도 세부 분야별로 계획이 수립되고 DOE(에너지부)의 담당부서 승인을 거쳐 의회에서 예산이 조정된 후 집행되는 것이 특징이다. DOE 사용자 중심의 운영 방향은 시장 수요에 초점을 맞추는 기술개발 프로그램을 지향하고 있으며 DOE는 2030년까지 국가에너지 수요의 28%를 대체에너지로 충당한다는 계획을 가지고 있다.

(2) 일본

일본의 대체에너지 기술 개발 기존 정책은 범세계적인 에너지 및 환경 제약에 대응하기 위한 "지구재생 계획"의 이상을 실현하기 위하여 환경 조화형 산업·사화 시스템을 실현하기 위한 에너지, 자원의 이용효율 향상, 신재생에너지 등 clean energy의 대규모 도입 추진, 이용 성숙도 관련 체제를 정비하고, 부존량이 풍부한 화석연료 이용의 효율화, 고도화 및 환경 부하의 저감을 위한 노력, 에너지 제약 완화 및 환경부하 저감을 위한 혁신적 환경기술 개발에의 도전을 목표로 하여, 에너지 소비 증가에 따른 지구 온난화 방지 실천계획과 석유 대체에너지 공급 목표를 달성하기 위하여 실용화가 가능한 기술의 연구·개발을 가속적으로 추진하며, 지구 온난화 규제뿐만 아니라 산성비, 오존층 파괴, 폐기물, 해양오염, 사막화, 삼림 파괴 등 지구 환경문제를 국제 협력의 장기적인 기술개발에 의해 해결할 수 있는 계기의 조성에 있다.

(3) 유럽

1994년 3월 유럽연합 집행위원회와 유럽의회의 조정을 거쳐 유럽연합 과학·연구개발총국(DG XI I)이 마련한 제4차(1994~1998) 연구개발 및 시범사업 기본계획(Research and Technological Development Framework Programme)이 확정되었다. 순수과학에서 응용에 이르기까지 전 연구분야를 망라하고 있는데, 대체에너지 분야의 기초, 응용, 개발연구도 이에 포함되어 있다. 그 후 제5차 유럽연합공동프로그램(2002~2006), 그리고 현재 진행 중인 제6차 FP5(Framework Program)에서는 대체에너지 분야에 대한 예산이 증가하고 있는 추세이다.

과학기술에 대한 전문적 분석 및 정보를 제공함으로써 정책 방향을 제시하는 유럽의회의 과학기술 영향 평가 기구인 STOA(Scientific and Technological Options Assessment)는 수송분야의 유망 대체에너지 기술을 비교 분석한 보고서(Alternative Technology Options for Road and Air Transport)를 발간하였다. STOA는 도로 및 항공 수송분야에서의 대체에너지 기술 20가지를 선정하고 이들을 다시 5가지 기술분야로 분류하여 비교 분석하고 있다. 5가지 기술분야는 1) 연료전지, 2) 전기, 3) 하이브리드, 4) 바이오연료, 5) 천연가스이다.

○ 전략적 영향
- 전략적 목표 실현 가능성 측정

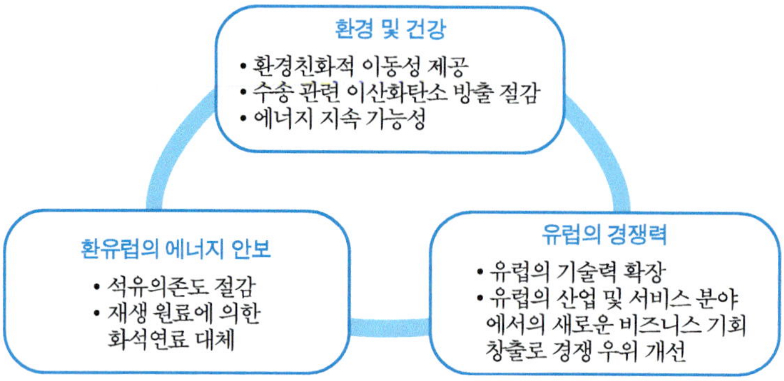

○ 기술적 실현 가능성
- 기술의 성숙도 및 잠재적 보급률 측정
  • 기술의 개발 위치, 기술적 잠재력 및 산업활동의 지속성
  • 기존 기술에 대한 가격경쟁력
  • 상업화에 있어 기타 다른 장벽. 예) 인프라, 사회적 용인

○ 정치적 인지도
- 기술 옵션에 대한 정책 결정자, 언론 및 일반 대중의 인지도 측정

그림 1.5 유망 대체에너지 기술 선정 기준

1.3.5 여러 나라의 보급 정책 및 현황

(1) 미국

미국은 국가 전략 차원에서 석유를 대체할 수 있는 대체(재생)에너지 개발에 주력하고 있다. 조지 부시 미국 대통령은 2007년 1월 23일 의회 연두교서에서 '향후 10년 동안 재생에너지 개발을 통해 가솔린 사용량을 20% 줄이겠다.'는 이른바 '20/10 계획(The 20 in 10 Plan)'을 천명했다. 미 에너지부는 무려 14억7,000만 달러(약 1조4,000억 원)에 이르는 대체에너지 예산을 보유하고 있다. 막대한 예산을 통해 정부와 기업의 대체에너지 개발연구를 지원하고, 연구의 성과를 산업화하며, 산업화된 대체에너지를 일반 국민에게 보급하는 역할까지 맡고 있다.

또 미국의 경우 벤처기업을 중심으로 연료 셀에 엄청난 투자를 하고 있다. 생각보다 엄청난 규모의 연구비가 집행되고 있고 정부도 정부지만, 기업들이 이쪽으로 대규모 투자를 하고 있다고 보인다.

(2) 일본

1973년 제4차 중동 전쟁에 이은 1차 석유 위기와 1978년 이란혁명 뒤의 2차 석유 위기 때 충격을 받은 일본은 1980년에 '석유 대체에너지법(쇼와 55년 법률 71호)'을 제정하는 등 새로운 에너지 개발·활용을 주요 국가 전략으로 삼게 된다. 약 10억 엔이 들어간 히사이 풍력발전소 건설비 중 4억2천만 엔의 중앙정부 지원금 출연기관인 '신에너지 산업기술 종합개발기구(NEDO)'와 고카쇼만 파력발전기를 설치한 해양과학기술센터 등 정부계 관련기관들이 모두 이때 등장했다. 석유 의존도 저감에 따른 에너지 안정 공급선 확보, CO_2 배출 억제에 의한 지구 온난화에의 대응, 지역 특성을 살린 대체에너지 도입에 의한 지역의 환경 부하 저감 등 대체에너지의 중요성은 갈수록 높아지고 있음에 비하여 일본에서도 보급은 아직까지 그다지 진척되지 못하고 있는 상황이다. 일본 정부는 1994년 12월 신에너지의 보급 촉진을 목적으로 하는 최초의 정부 기본 방침인 '신에너지 도입 대강'을 결정하였다. 도입 대강에서는 재생가능 에너지, 재생형 에너지, 재래 에너지의 새로운 이용 형태의 개발을 앞으로 중점 개발분야로 정하고 구체적으로는 태양광발전, 폐기물발전 등 8개 부문을 선정하였다. 이중 태양광발전은 앞으로 보급 확대를 위해서는 설치비용의 절감이 불가결하다고 보고, 시공 방법을 포함한 시스템 전체의 표준화 등을 추진하여 2007년 현재 일본의 태양광발전능력의 상한선은 7,300만 kW으로 추산되며, 2030년경에는 현재의 10배에 달할 것으로 추정된다.

1997년에 나온 '신에너지 이용 등의 촉진에 관한 특별조치법'과 시행령 및 기본방침은 새로운 에너지 개발과 이용을 극대화하기 위한 대책들을 길게 명시하고 있다. 이를 바탕으로 미에현 등 전국의 지자체들과 일반가정들이 무공해 대체에너지 활용을 적극화하고 있다. 미쓰비시 중공업, 이시카와 지마하리마 등 대기업들도 새로운 비즈니스로서의 가능성에 주목해 깊숙이 관여하고 있다. 이런 분위기 속에 최근 새롭게 각광을 받기 시작한 분야가 지구 정지궤도 위성이나 달 기지에서 태양에너지를 전기로 집적해 마이크로파로 바꿔 지구로 전송하는 우주발전이다. 교토 대학과 문부성 우주과학연구소 등이 태양발전위성(SPS2000)계획을 구체화하고 있고 과학기술청 항공우주기술연구소와 도호쿠 대학 및 대기업들은 지난 1월 산·관·학 연구추진조직을 만들어 마이크로파와 레이저를 결합하는 새로운 에너지 전송방식인 레이저에너지 네트워크(LE-NET)를 개발하고 있다. 2010년까지 이 분야에만 500억 엔이 투입될 것이라는 전망도 나오고 있다. 풍력, 파력발전 등에서 구미에 뒤처진 일본이 미국보다 앞섰다고 자신하는 분야다.

(3) 유럽

유럽 연합(EU)은 역내의 에너지 분야에 대한 심도 있는 현황분석자료를 근거로 하여 더욱 적극적이면서도 효과적인 재생에너지 정책을 입안코자 1994년에 "The European Renewable Energy Study : Prospects for Renewable Energy in the European Community and Eastern Europe up to 2010"라는 보고서를 발간한 바 있다. 이 보고서는 EU의 에너지 총구기 재생에너지분야 전반에 대한 최근의 이용현황, 기술수준, 상업화 현황 등을 정량적으로 조사 분석하고 이를 바탕으로 2010년까지의 주요 기술별 발전 추이, 성능과 에너지 생산단가, 시장화 및 종합적 에너지 기여도 등을 예측 제시하고 있다. EU집행위원회는 2000년 대체에너지에 대한 포괄적인 전략을 담은 '에너지 안보를 위한 유럽 전략에 관한 녹색 보고서'를 채택했다. 주요 내용은 *신재생에너지 개발강화, *에너지 효율화, *에너지 절약정책 강화, *에너지 기술개발 강화, *원자력 안정성 확보, *핵폐기물 처리기술 개발, 에너지 수입 다변화 등이다. 구체적인 방안으로는 2020년까지 신재생에너지로 전력생산의 20%를 충당하기로 했다. 또 2010년까지 건물의 에너지 소비를 22% 절약하고 2020년까지 연료(휘발유, 경유)의 20%를 바이오연료로 채운다는 계획을 세웠다.

EU가 이렇게 대체에너지 개발에 나선 데에는 회원국의 높은 수입 의존도가 작용했다. 2000년 기준으로 50%에 달하는 EU의 에너지 수입 의존도는 2030년이 되면 70%까지 늘어날 것으로 분석된다. 또 지구 온난화 방지를 위한 도쿄 의정서 채택도 대체에너지 개발에 속도를 낸 원인이다. 또 EU 차원에서 모든 자동차 바이오연료 사용비율도 2020년까지 최소한 10%대로 높인다는 에너시 선략도 추진 중이다.

(4) 영국

영국 정부는 2010년에 전력공급의 10%를 신재생에너지로 발전하는 것을 목표로 하여 향후 3년 동안 이에 대한 연구개발비로 4,350만 파운드의 예산을 책정할 예정이다. 정부는 이 목표를 실현하기 위하여 그 동안 장기간 미루어왔던 신재생에너지 보고서에 대한 자문을 마치고, 에너지장관은 신재생에너지가 비용 효과적 기후변화 프로그램의 기본요소이며 가장 적은 비용으로 환경목표를 달성할 수 있을 것이라고 주장하였다. 신재생에너지에 대한 전력가격은 기존의 전력가격인 2.65 펜스/kWh와 유사한 2.71 펜스/kWh로서 경쟁력을 갖추고 있기 때문에 향후 신재생에너지 개발에 청신호 될 것이나 전력시장의 개방, 재원조달, 신재생에너지에 대한 사업보장 등 극복해야 할 문제가 많이 남아 있다고 지적하였다.

그린피스가 조사한 보고서에는 전력수요의 10%를 신재생에너지로 공급한다면 영국의 이산화탄소 배출이 2010년에는 5% 감축될 수 있을 것으로 전망하고 있다. 영국정부는 신재생에너지에 대한 지원이 충분하지 못한 것을 보강하기 위하여 조력발전 프로그램을 새롭게 시작하려고 하고 있다. 이 프로그램은 조력발전 프로젝트의 개발을 감독하고 에너지원의 연구개발과 실증에 대한 새로운 제안을 강구할 것이다. 조력발전 프로젝트가 성공적으로 개발된다면 조력에 의한 발전량이 전세계적으로 연간 2천 kWh에 이를 것이다. 따라서 영국으로서는 엄청난 규모의 잠재시장에 대한 중요성을 깊이 인식하고 조력에 대한 연구를 선두에서 계속 유지할 필요가 있다고 장관은 밝혔다.

1.3.6 대체에너지의 종류

(1) 태양에너지

태양을 에너지로 이용하는 방법에는 열을 이용하는 방법과 빛을 이용하는 방법이 있다. 오늘날 가장 손쉽게 태양에너지를 이용하는 수단으로는, 지붕에 집열판을 깔아 놓고 그 내부에서 순환하는 물을 태양열로 따뜻하게 데워서 사용하는 태양열 난방과 태양열 온수를 들 수 있으며, 특히 태양열발전소를 건설해서 수천 kWh 이상의 전력을 이용한다. 태양에너지는 다른 에너지원에 비해 무한정 얻을 수 있기는 하지만 에너지 밀도(25℃ 기준 최대 1 kW/m^2)가 희박하여 넓은 면적의 시설을 필요로 할뿐만 아니라 날씨가 흐려 일사량이 적을 경우 효과가 떨어진다는 단점이 있다. 태양에너지에 의해 작동되는 계산기, 장난감, 고속도로 옆의 가로등은 우리 주변에서 흔히 볼 수 있는데, 이것은 반도체를 사용해 태양 빛을 직접 전기로 바꾸는 태양전지의 효과이다. 수많은 태양전지를 서로 연결하면 태양광 발전소도 세울 수 있으며 현재 인공위성, 무인등대, 제주도나 마라도 같은 섬 지역의 가정용 전원으로도 이용되고 있다.

(2) 풍력에너지

풍력은 공기의 흐름인 바람에 의해 생기는 에너지이다. 고대부터 사람들은 바람을 이용해서 항해를 하고 풍차를 돌려서 곡식을 빻고 물을 퍼 올렸으며, 최근에는 전기를 생산하는 데에도 풍력을 이용하고 있다. 지금은 풍력이 프로펠러를 돌려 이의 운동에너지를 터빈이 전기에너지로 전환하여 사용하도록 만들었다.

(3) 해양에너지

해양에너지는 조수간만의 차나 해류로부터 에너지를 얻는 방법이 있다. 조력발전은 밀물과 썰물때 물의 높이 차이를 발전에 이용한 것이다. 조력발전소를 건설하려면 조수간만의 차가 4.5 m 이상이 되어야 하는데 우리나라 서해안은 좋은 입지조건을 가지고 있다. 한편 바다의 파도 운동을 에너지로 이용하는 파력발전과 바다 표면의 고온수와 심층의 저온수간 온도차에 의해 열에너지를 이용하는 해양온도차 발전이 있다. 또한 하천과 해양이 접하는 연안에서 염분의 농도 차이를 이용하는 발전방법도 있다. 그러나 이들은 초기 발전비용이 많이 들어 지금까지 보급되어 실행되고 있는 곳은 많지 않지만 청정에너지이고 무한한 양을 가지고 있으므로 발전 가능성은 매우 크다고 할 수 있다.

(4) 연료전지

연료전지(fuel cell)는 연료로 사용되는 수소와 산소가 가지는 화학에너지를 화학반응에 의해 직접 전기에너지로 바꾸는 에너지 전환장치이다. 일반 배터리와는 달리, 연료전지는 재충전이 필요 없이 연료가 공급되는 한 계속해서 전기를 만들어 낼 수 있는 발전 시스템이며 차세대 전지이다. 오염물질의 방출이 없는 청정에너지라고 할 수 있다. 원자력이나 태양전지 바이오매스 등의 다른 에너지원과 병합하여 에너지의 저장 수단으로도 활용 가능하다.

(5) 수소에너지

수소에너지는 석유에너지의 한계성과 경제적 친환경에너지의 창조라는 측면에서 환경개선 화학기술(BT)로 그 연구와 실용화 기술이 부각되고 있으며, 수소는 물의 전기분해, 접촉 연소이용구조로부터 우주산업에 이르기까지 수소에너지 시스템으로 환경문제와 대체에너지 영역으로 폭넓게 응용되고 있다.

무한자원인 물을 원료로 제조되는 수소에너지는 사용 후엔 다시 물로 재순환되는 미래의 에너지원이다. 수송과 저장이 용이한 반면 안전성과 제조기술의 효율이 낮아, 현재는 경제성이 비교적 적은 단계에 머물고 있지만, 앞으로 가능성이 큰 기술로 주목받고 있다. 선진국에서는 이미 이 분야에 대한 기술개발에 많은 노력을 기울이고 있고 우리나라 역시 현대와 삼성, GS 등 대기업과 정부산하 연구기관에서도 착수하였다.

(6) 바이오에너지

바이오(Bio)에너지란 식물과 동물 등 생물체로부터 얻어지는 에너지를 말한다. 가장 단순한 방법은 서울 목동 열병합 발전소와 같이 생활쓰레기 중에 들어 있는 바이오매스를 태워 에너지를 얻고 쓰레기양도 줄이는 방법이 있다. 또한 식물에 효모를 첨가하여 발효시켜 얻은 알코올을 이용하는 방법 등이 있으며, 식물체나 동물체를 공기가 없는 곳에서 썩히면서 박테리아의 작용에 의해 성분을 메탄가스로 전환하는 방법도 있다.

(7) 폐기물에너지

사업장 또는 가정에서 발생되는 가연성 폐기물 중 에너지 함량이 높은 폐기물을 열분해에 의한 오일화기술, 성형고체연료의 제조기술, 가스화에 의한 가연성 가스 제조기술 및 소각에 의한 열회수기술 등의 가공·처리방법을 통해 고체연료, 액체연료, 가스연료, 폐열 등을 생산하고, 이를 산업생산 활동에 필요한 에너지로 이용될 수 있도록 한 재생에너지이다.

(8) 지열에너지

지구표면에서 수 km 사이의 지각내부에 존재하는 열에너지로서 경제적으로 타당성 있게 개발되고 이용될 수 있는 에너지원을 의미한다.

지열에너지는 재생이 불가능한 에너지원이나 지구 자체가 가지고 있는 에너지이므로 굴착하는 깊이에 따라 잠재력은 거의 무한이라고 할 수 있다.

지열은 지구 내부의 열로부터 발생하는 재생에너지이다. 지구 핵은 바위와 마그마로 구성된 맨틀로 둘러싸여 있고, 온도는 3,000~5,000℃ 정도로 추정된다. 지열 이용 기술은 온도에 따라 지하에 저장되어 있는 지하 열수를 추출하여 발전하는 기술과 온천으로의 이용 및 지역난방 및 농업(그린하우스)에 활용하는 방법으로 나눌 수 있다.

CHAPTER

02 에너지에 대한 기초이론

2.1 에너지의 종류

에너지에는 여러 형태가 있으며 각 형태의 에너지는 다른 형태로 바뀔 수 있으나 전체 에너지양은 항상 일정하다(에너지 보존의 법칙). 또한 에너지를 얻는 방법으로도 분류할 수도 있다. 에너지를 형태로 분류하면 역학적 에너지(물체의 위치에너지와 운동에너지), 내부에너지, 열에너지, 전기에너지, 빛에너지, 화학에너지, 핵에너지, 기계적 에너지 등이 있다. 얻는 방법으로의 분류는 바로 얻을 수 있는 1차 에너지와 1차 에너지를 변형시킨 2차 에너지(전기에너지 등)로 나누어진다.

역학적 에너지는 물체가 있는 위치 및 운동 상태와 관련되는 에너지이며 위치에너지와 운동에너지가 속한다. 물체가 높은 곳에 있으면 지상의 물체에 비하여 그 높이에 해당하는 위치에너지를 가지게 된다. 위치에너지는 물체의 질량(m)과 중력가속도(g), 그리고 높이의 차($h_1 - h_2$)를 곱한 값이다. 즉, 위치에너지 $E_p = mg(h_1 - h_2)$로 표시된다. 이 물체가 땅으로 떨어지는 경우에 점점 위치에너지가 감소하면서 속도가 증가하므로 운동에너지는 커지게 된다. 땅에 부딪히면 운동에너지에 의하여 물체가 깨어지는 경우를 흔히 볼 수 있다. 이것을 이용한 것이 수력발전이며 높은 곳에 있는 물이 내려오면서 위치에너지에서 변환된 운동에너지가 터빈을 회전시켜 전기를 생산한다. 운동에너지는 물체의 질량과 속도의 곱이다. 즉, $E_k = 1/2(mv^2)$로 표시된다.

내부에너지는 임의의 계에 있는 분자들의 병진, 회전, 진동에너지를 말한다. 병진운동에너지(translational energy)는 분자의 질량중심이 이동할 때의 에너지이며, 회전운동에너지(rotational energy)는 분자의 질량중심을 지나는 하나 또는 하나 이상의 축 주위로 회전할 때의 에너지이고 마지막으로 진동운동에너지(vibrational energy)는 분자를 이루는 원자들이 평형위치에서 진동할 때의 에너지이다. 병진운동은 3개의 자유도(가로, 세로, 높이)로, 회전운동은 2개(직선분자) 또는 3개(비직선분자)의 자유도로, 그리고 진동운동은 3N−5(직선분자), 3N−6(비직선분자)개의 자유도로 정의된다. 여기서 N은 분자를 이루고 있는 원자의 개수이다. 예를 들면 물(H_2O)분자는 직선이 아니므로 병진운동, 회전운동 및 진동운동의 자유도는 각각 3, 3, 3×3－6=3이며 직선분자인 이산화탄소(CO_2)의 자유도는 각각 3, 2, 3×3－5=4이다.

일반적으로 외부에서 계로 일이 주어지고 열이 가해지면 계의 내부에너지가 증가한다. 즉, 내부에너지 변화 ΔU는 일 w와 열 q의 합이다($\Delta U = w + q$). 밀폐된 계에 열을 가하면 분자의 내부에너지가 증가하고 따라서 분자들 간의 충돌속도와 분자들과 벽과의 충돌속도가 커지므로 계의 온도가 올라간다. 이 경우에 주어진 열에너지가 내부에너지로 다시 열에너지로 변환된다. 일 w와 열 q는 변화하는 경로에 따라 양의 변화하는 경로함수이며 내부에너지 U, 엔탈피 H, 엔트로피 S, 헬름홀츠(Helmholtz) 자유에너지 A, 및 깁스(Gibbs) 자유에너지 G는 경로에 관계없이 초기상태와 최종상태에만 의존하는 함수인 상태함수이다.

열에너지는 내부에너지와 일로 정의되며 열을 일로 변환시키려면 두 개의 기관 사이에 온도차가 있어야하고 열은 뜨거운 기관에서 찬 기관으로 흘러간다. 열의 이런 성질이 열역학 제2법칙으로 확립되었다. 자동차의 내연기관에서 휘발유가 연소하여 기관이 팽창하면 열이 일로 변환될 수 있다.

기계적 에너지는 기체의 압축・팽창에 의한 일과 축의 회전에 의한 일 등으로 나누어진다. 자동차 피스톤은 기체의 압축・팽창에 의하여 일을 하며 증기터빈 또는 물레방아에서는 축이 회전하여 일을 한다. 열기관은 열에너지를 일로 변환시키는 장치이며 예를 들면 자동차, 증기기관차, 가스터빈, 및 증기터빈 등이 있다.

빛은 전기를 가지고 있는 물체가 가속도 운동을 할 때 만들어지며 전자파의 일종이므로 서로 수직인 전기장과 자기장을 가지고 있다. 빛의 정지질량은 0으로 생각되지만 중력이 큰 항성 주위를 지나갈 때에는 중력의 영향으로 항성 쪽으로 휘게 되며(항성 주위의 공간이 휘어있다고 생각되기도 함) 블랙홀에서는 빛도 흡수되어 나오지 못한다. 양자역학에 의하면 빛은 에너지를 가진 광양자(photon)가 파동의 형태로 공간을 이동하는 것으로 설명된다. 빛에너지 E는 진동수 ν에 비례한다. 즉, $E = h\nu$로 표시된다.

진동수는 파장의 역수이므로 빛의 파장이 짧을수록 에너지가 크다. 핵분열이나 핵융합이 일어날 때 생기는 에너지는 파장이 아주 짧은 γ선으로 방출된다. 고속으로 운동하는 전자를 금속박에 충돌시킬 때 방출되며 파장이 짧은 X-선은 X-선 촬영과 비파괴검사 등에 이용되며 자외선은 피부를 태우는데 이용되고 있지만 과도하게 쪼이면 피부에 해롭다고 한다. 파장이 200 nm(1 nm=1×10^{-9} m)보다 더 짧은 자외선은 생명체에 해롭지만 오존층에 의해 차단되어 지표에는 도달하지 않는다. 가시광선은 우리가 볼 수 있으며 파장에 따라 빨강, 주황, 노랑, 초록, 파랑, 남, 보라로 나누어진다. 적외선은 분자의 진동 및 회전운동과 관계가 있으며 보통 열선으로 알려져 있다. 파장이 긴 마이크로파는 전자레인지에서 음식을 데우는 작용을 한다. 또한 빛은 물의 분해, 폐기물 처리, 유독물질 분해 등에도 많이 이용되고 있다.

화학에너지는 물질을 구성하고 있는 원자 간의 결합에너지 및 위치에너지이다. 분자를 이루고 있는 원자들 사이의 결합이 끊어질 때 나오는 에너지가 결합에너지이며 화학반응이 일어날 때 반응물질들과 생성물질들의 위치에너지의 변화로 반응 경로를 나타낸다. 화학에너지가 높은 화석연료가 연소되면 물과 이산화탄소 등의 화학에너지가 낮은 물질이 생성되며 화학에너지의 차이가 열로 방출된다. 자동차, 비행기, 배 등은 화학에너지를 우리 생활에 보다 유익한 에너지로 변환시키는 장치들의 예이다. 생물 또한 포도당 등을 연소하여 나오는 에너지를 이용한다.

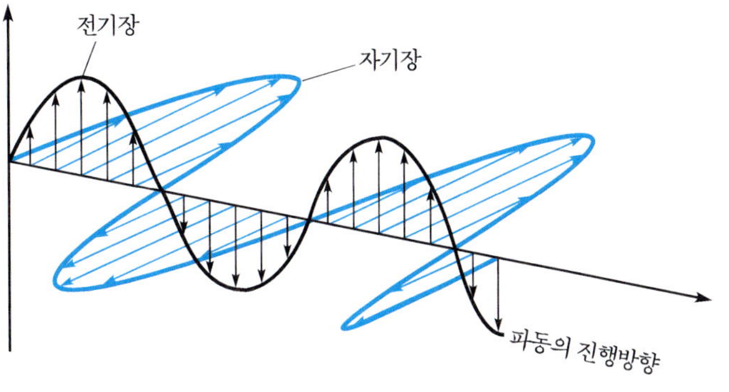

그림 2.1 전자기파

원자의 핵을 구성하고 있는 양성자, 중성자, 중간자 등의 입자들 사이의 결합에너지가 핵에너지이다. 핵에너지는 핵분열이나 핵융합이 일어날 때 열에너지로 변환된다. 원자핵에 따른 핵의 결합은 수소 핵에서 증가하기 시작하여 철의 경우에 가장 강하며 그 후로는 차차 약해진다. 따라서 가벼운 원자핵들은 자발적으로 융합하여 에너지를 방출하며 무거운 핵들은 분열하여 에너지를 방출한다. 예를 들면 수소원자핵이 융합하여 헬륨이 생성되는 과정이 항성에서 에너지를 만드는 핵융합반응이며 우라늄, 플루토늄 등이 깨어지며 에너지가 나오는 반응을 이용한 것이 원자폭탄과 원자력발전이다. 이들 과정이 진행되면 질량이 감소하며 감소한 질량이 에너지로 변환된다($E=mc^2$). c는 빛의 속도 3×10^8 m/sec이다.

2.2 발전의 원리 및 전기의 수송

전기에너지는 기계적 에너지에 의하여 만들어지는 이차에너지이다. 전기에너지는 편리하게 사용할 수 있으므로 일상생활에서 전기제품들이 많이 이용되고 있다. 가정용전기제품(가전제품)의 예를 들면 라디오, 텔레비전, 오디오 및 비디오 제품, 전열기, 형광등, 세탁기, 식기세척기, 냉장고 등이 있으며 많이 애용되고 있다. 또한 산업체에서도 전동기, 컴퓨터, 에어컨 등이 사용되어 일의 능률을 올리는데 일익을 담당하고 있는 중이다.

2.2.1 발전의 원리

영구자석의 N극과 S극에 의한 자기장에서 전기코일(전선)을 회전시키면 코일에는 유도기전력(전기를 일으키는 에너지, 즉 전기)이 발생된다. 세기가 B인 자기장에서 길이가 L인 전선을 힘 F로 회전시킬 때 발생하는 전류 I는 다음 식으로 표시된다.

$$I = BL/F \tag{2.1}$$

또한 전선이 힘의 방향으로 V의 속도로 움직이면 전류의 반대방향으로 세기가 E인 전기장이 생성된다.

$$E = VB \tag{2.2}$$

전기에너지와 기계적 에너지의 손실이 없는 이상적인 경우에 나올 수 있는 전력은 IEL이다. 이 원리를 이용하여 거대한 발전기를 만들고 여러 가지 에너지로 터빈을 돌리고 여기에 발전기를 결합하여 전기를 생산하고 있다.

우리나라의 발전기는 주파수 60 HZ 회전속도는 보통 분당 3,600회전으로 운전하며 발전소에서 나온 전기는 345,000볼트(345 kV)로 승압하여 변전소에 보내지고 변전소는 이것을 다시 가정에서 쓸 수 있도록 전압을 내려서 220 V/380 V(동력)로 유지한다. 발전에너지의 종류에 따라 수력발전/화력발전/원자력발전/내연발전/LNG발전/풍력발전/지열발전 등으로 나누어지며 터빈을 회전하여 생성된 운동에너지를 전기에너지로 변환한다는 기본 원리는 동일하다.

2.2.2 자기에너지

물체의 자기적 성질은 짝지어지지 않은 전자(unpaired electron)의 수와 물체의 결정구조 등의 영향을 받으며 네 가지로 나누어진다. 상자기성 물체는 짝지어지지 않은 전자는 존재하지만 상호작용이 없으므로 외부자기장이 존재할 경우에만 자기적 성질을 가지며 상자성(paramagnetism)은 절대온도에 반비례한다(Curie's law). 강한 양의 상호작용이 있는 물질은 강자성(ferromagnetism)을 가지며 강한 음의 상호작용을 가진 경우에는 반강자성(antiferromagnetism)을 가진다. 강자성과 반강자성은 외부자기장의 존재에 관계없이 행동하지만 물체를 고온으로 가열하면 이러한 성질을 잃게 된다. 짝지어지지 않은 전자를 가지지 않는 물체는 반자기성(diamagnetism)을 가진다.

자기에너지를 응용하는 한 예를 들면 극저온을 얻을 수 있는 단열소자법이 있다. 이 방법은 1926년경 P. 디바이와 W. F. 지오크가 고안한 것으로, 1 K 이하의 극저온을 실현시키는 유일한 방법으로 이용되고 있다. 낮은 온도에서 상자기성 물체에 강한 자기장을 걸고, 단열된 상태에서 갑자기 자기장을 제거하면, 상자기성 물체의 온도가 급격히 떨어지면서 극저온을 얻게 된다. 이 방법은 이상기체가 단열팽창에 의하여 냉각되는 현상과 비슷한 것으로, 상자성이 온도에 거의 반비례한다는 열역학적 사실로부터 도입되었다. 퀴리의 법칙에 따르는 물질이라면 단열소자를 통해 절대영도에 도달할 수 있지만, 실제로 그러한 이상적인 물질은 존재하지 않는다.

현재 단열소자로 실현 가능한 도달온도는 1E-3K이지만, 핵자기 상자성을 사용하면 10-5K까지도 가능하다. 단열소자로 이용하는 상자성체는 보통 철족이온, 희토류이온을 함유하는 특수한 염, 이를테면 크롬칼륨백반 등으로, 이것은 액체공기 또는 액체헬륨으로 싸여 있는 특수한 보온병 속에 넣어서 사용한다.

2.3 에너지의 법칙

위에서 설명한 에너지 이외에도 소리에 의한 음파에너지, 압축된 스프링이나 고무 등이 가지고 있는 탄성에너지 등이 있다. 에너지는 한 형태에서 다른 형태로 변환될 수 있지만 열역학 제1법칙과 제2법칙의 제약을 받는다. 또한 열역학 제0법칙과 제3법칙도 정의되었다.

열역학 제1법칙은 1840년 J. 줄이 처음으로 체계화되었으며 에너지가 한 형태에서 다른 형태로 변환될 때 소멸한 에너지의 양과 생성된 에너지의 양은 동일하다는 법칙이다. 즉, 에너지는 형태만 바뀌며 만들어지거나 없어질 수 없다는 것이다. 예를 들어 높은 건물에서 공을 던져 땅에 부딪히면 가지고 있던 운동에너지가 사라지고 소리, 열, 땅이 받는 타격에 필요한 에너지, 기타 등으로 바뀌며 충돌전의 에너지양과 충돌후의 에너지양은 같다. 처음에만 에너지를 공급하면 영원히 에너지를 계속 만들 수 있는 기관이 제1종 영구기관이며 열역학 제1법칙에 위배되므로 불가능하다.

열역학 제2법칙은 사디 카르노의 연구에 기반을 두고 있으며 열에너지는 온도가 높은 물체에서 낮은 온도의 물체로 열에너지가 자발적으로 전달되며 에너지 흐름을 반대로 하기 위해서는 에너지가 필요하다는 법칙이다. 즉 제2법칙은 에너지가 변환되는 방향에 관한 법칙인 것이다. 우리가 익히 알고 있듯이 땅에 있는 공이 주위에서 에너지를 모아 저절로 튀어 오를 수 는 없다.

에너지가 한 형태에서 다른 형태로 바뀔 때 100% 변환은 에너지 손실이 수반되므로 불가능 하다. 자동차의 내연기관에서는 연소에서 나온 열에너지의 약 25%만이 일로 바뀌어 자동차를 움직이게 할 수 있으며 나머지는 대기 중으로 사라진다. 제2법칙은 엔트로피(무질서도)가 증가하는 방향으로 자발적인 과정이 일어난다고 설명할 수도 있다. 흐트러진 카드들이 저절로 정렬될 수 없다.

생체 내의 반응에서는 엔트로피가 감소하거나 거의 변화가 없는 이유는 무질서한 물체에서 질서 있는 물체를 만들며 또 여러 단계에 걸쳐 반응이 진행되므로 가능하다고 한다. 고층에서 1층으로 물체를 던지면 손상이 크지만 곤돌라를 이용하여 천천히 내리면 손상을 최소화할 수 있는 것과 관련이 있다고 알려져 있다. 제2종 영구기관은 온도가 낮은 주위에서 에너지를 얻어 움직일 수 있는 기관으로 역시 불가능하다.

열역학 제3법칙은 절대영도에서 완전결정의 엔트로피는 0으로 정의되며 이 법칙에 의하여 절대영도에 도달할 수 없다. 열역학 제0법칙은 열평형에 관한 법칙이며 온도측정에 이용된다. 부피가 고정된 두 개의 닫힌계를 열 접촉이 일어나게 하면 성질에 변화가 일어나며 시간이 흐르면 성질이 더 이상 변하지 않는 상태에 도달하며 이 때 두 계의 온도는 동일하며 이 상태를 열평형상태라고 한다. A, B, C의 세 가지로 이루어진 계를 생각해보자. 계 A와 계 B가 열평형상태에 있고 계 B와 C가 열평형이면 A와 C도 열평형이고 이들 계의 온도는 동일하다.

현재 보편적으로 이용되는 온도의 척도로는 1기압일 때 물이 어는 온도를 0℃, 물이 끓는 온도를 100℃로 정하고 이들 사이를 100등분한 섭씨(Celsius)온도와 이상기체의 온도에 따른 부피의 변화에 의한 켈빈(Kelvin)온도가 있다. 이상기체의 부피는 온도가 1℃ 상승하면 1/273.15배 만큼 증가하며 1℃ 내려가면 1/273.15배 만큼 감소한다. 온도와 압력이 0℃, 1기압인 이상기체의 온도를 −273.15까지 내리면 부피가 감소하여 0이 된다. −273.15℃를 0 K로 정의하며 이 보다 낮은 켈빈온도는 존재하지 않는다. 섭씨와 켈빈 온도 사이에는 다음과 같은 관계가 있다.

$$t℃ = T\mathrm{K} - 273.15 \tag{2.3}$$

화씨(Fahrenheit)온도에서의 물이 어는 온도는 32°F, 끓는 온도는 212°F이므로 섭씨온도와 화씨온도의 관계식은 다음과 같다.

$$t°\mathrm{F} = 9/5℃ + 32 \tag{2.4}$$

2.4 상태함수와 경로함수

경로함수는 물리량이 경로에 따라 달라지는 함수이며 일, 열 등이 속한다. 일과 열은 상태 a에서 상태 b로 변할 때 미분치를 적분한 결과는 선택된 경로에 영향을 받는다. 따라서 이 미분들을 불완전미분이라고 한다.

$$\int_a^b dw = w \tag{2.5}$$

이 적미분결과는 $w_a - w_b$가 아니다. 또한 상태변화의 경로가 주어져야 적분결과를 구할 수 있다. 경로함수의 예로서 기체가 팽창할 때 얻은 일의 양은 팽창이 가역반응이며 최대이며 기체가 진공 속으로 팽창하면 0이다. 반면에 상태함수는 경로에 관계없이 계의 상태에 의해서 달리지는 함수이며 내부에너지, 엔탈피, 자유에너지 등이 완전미분이다.

$$\int_a^b dU = U_b - U_a = \Delta U \tag{2.6}$$

불완전미분 두 개를 합하면 완전미분이 된다. 초기상태 a와 최종상태 b로 주어지는 경로를 곡선 $y = y(x)$로 정의하면 $dz = ydx$와 $dz = xdy$는 불완전미분이지만 그들의 합 $dz = xdy + ydx$는 완전미분이다. 어떤 미분이 완전미분인지 아닌지를 판단하는 방법은 다음과 같다. 2개의 독립된 자유도를 가진 계에서 z의 전체미분 dz는 서로 다른 두 개의 양 x, y의 미분 dx, dy에 의하여 정해지며 일반식은 다음과 같다.

$$dz = M(x, y)dx + N(x, y)dy \tag{2.7}$$

여기서 M과 N은 독립변수 x와 y의 함수이다. dz가 완전미분이 되려면 z는 x와 y의 함수이어야 하므로 $z = f(x, y)$로 표시된다. 따라서

$$dz = (\partial z/\partial x)_y dx + (\partial z/\partial y)_x dy \tag{2.8}$$

로 표시된다. 식 (2.7)과 식 (2.8)을 비교하면 다음 식들이 유도된다.

$$M(x, y) = (\partial z/\partial x)_y \tag{2.9}$$

$$N(x, y) = (\partial z/\partial y)_x \tag{2.10}$$

교차 편도함수는 같으므로 다음식이 나온다.

$$[\partial(\partial z/\partial x)_y/\partial y]_x = [\partial(\partial z/\partial y)_x/\partial x]_y \tag{2.11}$$

따라서

$$(\partial M/\partial y)_x = (\partial N/\partial x)_y \tag{2.12}$$

이다. 식 (2.12)이 성립하면 dz가 완전미분이 되므로 이 식이 완전미분에 대한 Euler 지표(Euler's criterion for exactness)이다.

2.5 에너지 함수

에너지 함수에는 일 w, 열 q, 내부에너지 U, 엔탈피 H, 엔트로피 S, 헬름홀츠(Helmholtz) 자유에너지 A, 및 깁스(Gibbs) 자유에너지 G가 속한다.

일에는 기체의 압축, 팽창에 의한 일, 표면적이 커지거나 작아질 때의 일, 길이의 변화에 따른 일, 전기전위가 변화할 때의 일 및 축이 회전할 때의 일 등이 있다. 이들 일에 대한 미분 식은 다음으로 주어진다.

기체의 압축, 팽창 : $-PdV$ (P; 압력, V; 부피)
표면에서의 일 : $\gamma d\sigma$ (γ; 표면장력, σ; 면적)
길이의 변화 : fdl (f; 힘, l; 길이)
전기적 일 : ϕdQ (ϕ; 전위차, Q; 전하)
회전에 의한 일 : $\tau d\theta$(τ; 토크, θ; 각)

열은 자발적인 반응에서 항상 높은 온도의 물체에서 낮은 온도의 물체로 이동하며 이동한 열의 양은 온도변화로 알 수 있다. 열은 물체의 질량(m), 비열(c), 그리고 온도차(ΔT)의 곱으로 표시된다.

$$Q = mc\Delta T \tag{2.13}$$

내부에너지 U는 계에 행해진 일과 주위에서 흡수한 열의 합이다. 즉, 다음 식으로 표시될 수 있다.

$$\Delta U = w + q \tag{2.14}$$

기체의 팽창, 압축에 의한 일에서의 내부에너지 변화 dU는 다음 식으로 표시된다:

$$dU = q - PdV \tag{2.15}$$

대부분의 반응이 열린계에서 일어나므로 압력이 일정한 경우가 부피가 일정한 경우보다 더 일반적이다. 기체의 압력 – 부피 일만 일어나는 경우에 압력이 외부 압력과 같으며 일정하다면 식 (2.15)는 다음과 같이 쓸 수 있다:

$$\Delta U = q_p - P\Delta V \tag{2.16}$$

위 식에서 q_p는 등압과정에서의 열이다. 상태변화에 따른 내부에너지변화는 다음 식으로 주어진다:

$$U_2 - U_1 = q_p - P(V_2 - V_1) \tag{2.17}$$

따라서 흡수된 열 q_p는 다음과 같다:

$$q_p = (U_2 + PV_2) - (U_1 + PV_1) \tag{2.18}$$

흡수된 열이 계의 두 함수의 차이로 표시되므로 새로운 함수, 엔탈피 H를 도입하는 것이 편리하다. 즉,

$$H = U + PV \tag{2.19}$$

따라서 식 (2.18)은 다음 식이 된다:

$$q_p = H_2 - H_1 \tag{2.20}$$

열역학 제2법칙에서 소개되었던 엔트로피 S 역시 상태함수이며 가역적인 과정에서의 열 변화를 절대온도로 나눈 함수이다. 즉, $S = dq_{rev}/T$로 표시된다. 열역학 제2법칙과 제3법칙은 각각 자발적인 반응에서 엔트로피가 증가하며 절대영도에서 완전고체의 엔트로피는 0으로 정의된다.

자유에너지는 반응의 방향을 결정하는 중요한 척도가 된다. 계의 부피가 일정할 때에는 헬름홀츠자유에너지 A가 정의되며 압력이 일정할 경우에는 깁스에너지 G가 정의된다. A와 G는 다른 열역학 함수들로 표시되는데 복잡한 유도과정은 생략하고 결과만 표시하면 다음 식들로 나타내어 질 수 있다:

$$A = U - TS \tag{2.21}$$

$$G = H - TS \tag{2.22}$$

대부분의 반응에서 압력이 일정하게 유지되므로 G를 이용하여 반응의 자발성 및 방향을 예측한다.

$dG<0$: 비가역과정, 비평형, 자발적 반응

$dG=0$: 가역과정, 평형, 비자발적 반응

$dG>0$: 일어나지 않음

기체의 팽창, 압축에 의한 일에 대한 열역학함수들의 기본 식은 다음과 같다:

$$dU = TdS - PdV \tag{2.23}$$

$$dH = TdS + VdP \tag{2.24}$$

$$dA = -SdT - PdV \tag{2.25}$$

$$dG = -SdT + VdP \tag{2.26}$$

2.6 에너지와 화학반응 및 열기관

화석연료(석탄, 석유, 천연가스)들은 산소와 화합하여 이산화탄소와 물을 방출하며 생성된 에너지를 이용한다. 고체 또는 액체 연료는 우선 기화되어 기체로 변환되어 연소되므로 고체나 액체 연료의 산화에는 초기에 에너지가 필요하다. 화학반응은 표면적이 넓어야 용이하게 진행되므로 고체 연료는 잘 분쇄하여 사용한다.

화학반응이 일어나는 정도 즉 반응속도는 충돌회수, 반응이 일어나기에 충분한 에너지를 가지는 분자의 분율 및 충돌할 때의 분자의 오리엔테이션과 밀접한 관계가 있으므로 화학반응의 속도는 온도, 농도, 및 촉매 등의 영향을 받는다. 온도가 높아지면 반응은 일반적으로 빠르게 진행된다. 온도가 10℃ 상승하면 반응속도는 대체로 약 2배 정도 빨라진다고 한다. 석탄은 상온에서는 산소와 매우 느리게 반응하므로 실질적인 변화를 느낄 수 없지만 온도를 수백도로 높이면 빨리 반응하고 생성된 열로 계속하여 석탄이 탈 수 있다. 반응속도에 대한 온도의 영향은 기체의 분자동력 이론으로 설명할 수 있다. 온도를 높이면 충돌하여 반응을 일으키는데 충분한 에너지를 가지는 분자의 분율이 커지므로 반응이 빨리 진행된다. 또한 온도가 증가하면 반응의 필요조건인 화학결합의 절단에 충분한 에너지를 공급해준다. 반응속도와 온도는 아레니우스(Arrhenius)식으로 표시된다.

$$k = A\exp(-E_a/RT) \text{ 또는 } \ln k = \ln A - E_a/RT$$

여기서, k : 반응속도상수
A : 상수
E_a : 활성화에너지
R : 기체상수,
T : 켈빈온도

반응물질의 농도 역시 반응속도에 영향을 준다. 반응물질의 농도가 높아지면 반응은 더 빨리 일어난다. 공기 속에서의 연소와 순수한 산소 속에서의 연소를 비교하면 순수한 산소 속에서의 연소가 훨씬 빠르다는 것을 알 수 있다. 반응물질의 농도가 증가하면 충돌기회가 많아지므로 속도가 빨라진다. 반응속도식에 포함된 농도의 차수에 따라 0차, 1차, 2차, 3차 반응으로 구분한다.

$$\text{반응속도식 : rate} = k[\text{reactant } A]^m[\text{reactant } B]^n$$

$m+n$은 반응의 차수

반응물질의 농도가 반으로 감소하는데 걸리는 시간을 반감기라고 하며 원자핵 반응의 반감기를 이용하여 절대연대를 결정한다. 방사능 핵의 반감기 $t_{1/2}$는 다음 식으로 표시된다.

$$\text{반감기 } t_{1/2} = \ln 2/k = 0.693/k$$

촉매는 반응에 참여하지 않으면서 반응속도를 증가시키는 물질이다. 촉매는 보통 반응의 활성화에너지를 감소시키는 방향으로 반응이 진행하게 한다. 촉매는 화학공업에서 매우 중요하여 촉매가 존재하지 않으면 반응이 아주 느려 비현실적인 반응도 적절한 촉매를 사용하면 빠르게 할 수 있다. 자동차 배기가스에 포함된 질소산화물을 제거하는 Pt, Pd, Rh 화합물이(3원촉매) 촉매의 좋은 예이다. 효소는 생체 내 반응에 대한 촉매이며 특정한 반응에만 아주 효율적으로 작용한다. 효소의 작용은 자물쇠와 열쇠(lock and key)의 관계로 알려져 있다.

화학반응에서의 에너지 변화는 반응물질의 양과 정량적인 관계가 있다. 메탄 1몰이 연소하여 이산화탄소와 물이 생성될 때는 192kcal의 열에너지가 방출되며 2몰이 반응하면 384 kcal의 열이 나온다.

$$CH_4 + 2O_2 \rightarrow CO_2 + 2H_2O + 192\text{kcal}$$

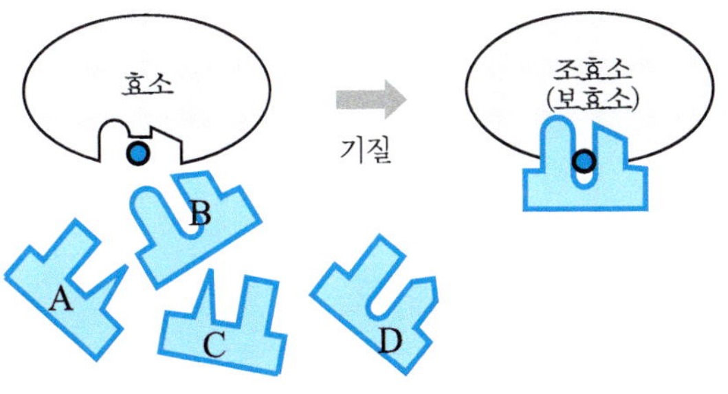

그림 2.2 효소의 기질특이성

1칼로리(1 cal)는 물 1g을 1℃ 상승시킬 때 필요한 에너지이며 4.186 J이다. 화학반응에서 열이 방출되면 발열반응이라고 하며 메탄, 휘발유, 석탄의 연소반응은 모두 발열반응이다. 발열반응에서는 화학에너지가 열에너지로 변환된다.

한편, 물이 분해될 때는 에너지가 공급되어야 한다.

$$2H_2O + 137\text{ kcal} \rightarrow 2H_2 + O_2$$

위 반응처럼 열이 흡수되는 반응을 흡열반응이라고 한다. 36.0 g(2몰)의 물을 수소와 산소로 분해하려면 137 kcal의 열이 필요하다.

열기관에는 여러 종류가 있고 많이 연구되어왔다. 화석연료의 연소에서 나오는 열을 이용하여 피스톤을 움직이거나 터빈을 돌리는 것이 열기관이다. 가해진 열의 양(q)과 만들어진

일의 양(w)의 비가 아주 중요하며 이 비율을 열역학적 효율(η_{th}, w/q), 열역학 제2법칙과 관련이 있는 카르노 열기관과 내연기관을 설명하려고 한다.

카르노 가역기관에는 카르노 열기관, 카르노 냉동기관, 카르노 열펌프가 있다. 여기서는 열기관만 소개하려고 한다. 카르노 열기관은 등온팽창(상태 1; P_1, $V_1 \rightarrow P_2$, V_2), 단열팽창(상태 2; P_2, $V_2 \rightarrow P_3$, V_3), 등온압축(상태 3; P_3, $V_3 \rightarrow P_4$, V_4), 그리고 단열압축과정(상태 4; P_4, $V_4 \rightarrow P_1$, V_1)으로 이루어져 있다. 자세히 기술하면 다음과 같다. 고온 θ_2의 열원에서 열 Q_2를 흡수하여 상태 1에서 상태 2로 등온팽창을 한 후 단열팽창에 의하여 상태 3으로 변한다. 상태 3에서 상태 4로 등온압축을 하며 저온 θ_1의 열원으로 열 Q_1을 방출한 후 단열압축과정에 의하여 다시 처음의 상태 1로 되돌아온다. 이 순환기관에 대한 열역학 제1법칙은 다음과 같다.

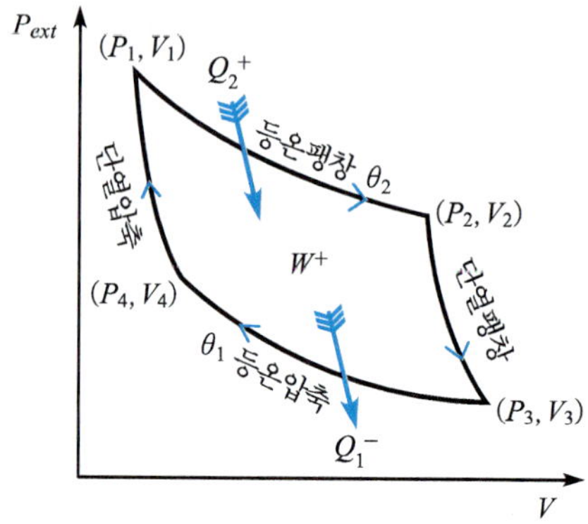

그림 2.3 카르노 사이클

$$\Delta U_{cycle} = 0 \tag{2.27}$$

$$\Delta U_{cycle} = Q_{cycle} + w_{cycle} \tag{2.28}$$

$$Q_{cycle} = Q_2 - Q_1 \tag{2.29}$$

위의 식들에서 이 순환기관이 생산한 일과 열의 관계는 다음과 같다.

$$w_{cycle} = -Q_{cycle} = -(Q_2 - Q_1) \tag{2.30}$$

그리고 일 w는 다음 식으로 표시된다.

$$w_{cycle} = \oint p\,dV \tag{2.31}$$

이 열기관은 뜨거운 열원에서 열량 Q_2를 흡수하여 외부환경에 대하여 w_{cycle}의 일을 하므로 효율 ε을 계산할 필요가 있다.

$$\varepsilon = \frac{-w_{cycle}}{Q_2} \tag{2.32}$$

열효율 ε을 다른 식으로 표시하면 다음과 같다.

$$\varepsilon = 1 - \frac{Q_1}{Q_2} = 1 - \frac{\theta_1}{\theta_2} \tag{2.33}$$

식 (2.33)의 첫 번째 식에서 두 번째 식을 빼면 다음 식이 얻어진다.

$$\frac{Q_2}{Q_1} + \frac{\theta_1}{\theta_2} = 0 \tag{2.34}$$

앞에서 정의한 엔트로피 S를 위 식들에 적용하여 보자.

$$dS = \frac{dq_{rev}}{T} \tag{2.35}$$

이므로 식 (2.34)를 $\dfrac{Q}{\theta}$로 변환시키면 다음 식으로 변환된다.

$$\frac{Q_1}{\theta_1} + \frac{Q_2}{\theta_2} = 0 \tag{2.36}$$

카르노 열기관의 엔트로피를 구해보면

$$\begin{aligned} \Delta S_{cycle} &= \Delta S_1 + \Delta S_2 + \Delta S_3 + \Delta S_4 \\ &= \frac{Q_2}{\theta_2} + 0 + \frac{Q_1}{\theta_1} + 0 = 0 \end{aligned} \tag{2.37}$$

이 유도된다. 즉 가역반응에서의 엔트로피 변화는 0이다.

$$\oint \frac{dq_{rev}}{T} = 0 \tag{2.38}$$

Carnot의 정의에 의하면 열기관의 효율은 이상적인 카르노 열기관의 효율보다 언제나 작다. 또한 Carnot의 정의에서 일반적인 열기관의 엔트로피 변화는 0보다 같거나 작다는 법칙이 유도된다.

$$\oint \frac{dq}{T} \leq 0 \tag{2.39}$$

이제 내연기관에 대하여 알아보기로 하자. 내연기관은 열에너지를 역학적 에너지로 변환하는 장치이며 자동차 등의 운송수단에 주로 사용되고 있다. 연료가 기관의 내부에서 연소될 때 발생하는 고온고압의 가스의 팽창에 의하여 동력을 얻는 장치를 내연기관이라고 한다. 사용하는 연료에 따라 가스 기관, 휘발유 기관, 등유 기관 및 디젤 기관으로 나누어지며 작동하는 방식에 따르면 2행정 사이클 기관과 4행정 사이클 기관이 있으며 소형 기관에는 2행정 사이클 기관이 휘발유 기관에는 4행정 사이클 기관이 주로 사용된다. 그리고 가열된 실린더와 실린더 헤드를 물을 사용하여 냉각하는 수냉식 기관과 공기로 냉각하는 공냉식 기관이 있다.

휘발유 4행정 사이클 기관을 예로 들어 작동원리를 알아보자. 하나의 사이클은 흡입행정, 압축행정, 폭발행정, 배기행정으로 이루어진다. 흡입행정에서는 피스톤이 하강하며 흡기밸브가 열리고 배기밸브가 닫힌 상태에서 휘발유와 공기의 혼합증기가 실린더로 들어온다. 혼합증기가 압축된 후에(압축공정), 불꽃에 의하여 점화되어 폭발한다(폭발행정). 마지막 단계인 배기행정 때는 흡기밸브가 닫히고 배기밸브가 열리면서 연소된 가스가 배출된다. 휘발유 기관의 연소는 전기스파크에 의해 시작된다. 스파크에 의한 불꽃에 의해 휘발유와 공기의 혼합증기가 연소되어 반응하며 반응생성물을 만든다. 산소와 연료가 완전히 소모될 수 있게 화학양론적 혼합비를 유지하는 것이 바람직하다.

CHAPTER

03 화석연료

3.1 석 탄

석탄은 주로 고생대(석탄기와 페름기)에 서식하였던 식물들이 수중에 퇴적하여 매몰되어 공기가 차단된 상태에서 가열과 가압작용을 받아 변질하여 생성된 흑갈색의 가연성 암석이다. 1957년 국제석탄학회에서는 암석 속에 무게로 50% 이상의 탄소분이 함유되어 있어야 하고, 부피로는 70% 이상의 탄소분이 함유되어 있어야 석탄으로 규정하도록 결정하였다. 광택이 있는 석탄을 휘탄, 광택이 없는 석탄을 암탄이라고 한다. 처음 발견하여 이용한 것은 3000년 전으로 알려져 있으나, BC 315년 그리스의 과학자 테오프라스토스(Theophrastos)의 암석학 저서 중에 "암석 중에는 연소되는 것이 있어 금속을 녹이는 데 사용할 수 있다"고 기재되어 있는 것이 최초의 기록으로 남아 있다. 우리나라에서는 삼국사기에 신라 진평왕 31년(서기 609년) 모지악에서 동토함산지가 불탔다는 기록이 있는데 현재 경북 영일군 갈탄매장지역으로 추정된다.

석탄의 분류에는 여러 방법이 있지만 여기서는 고정탄소, 휘발분, 발열량에 따라 분류하는 ASTM의 분류체계(ASTM D388-66)를 소개하겠다(표 3.1 참조). 크게 무연탄, 유연탄(역청탄), 아역청탄, 갈탄의 4가지로 분류된 후 각각이 고정탄소, 휘발분, 발열량에 따라 다시 나누어져 총 13종류로 세분화되어 있다.

무연탄은 탄화가 가장 많이 진행되어 가스성분이 거의 포함되어 있지 않으므로 주로 연료로 사용된다. 우리나라에서도 80년대까지는 무연탄에서 만들어진 연탄이 가정난방에 많이 사용되었다. 화력이 좋아 많이 사용되었지만 불완전연소시 발생하는 일산화탄소에 의한 피해와 폐기물의 처리 등의 문제로 인하여 점차로 석유와 천연가스 등에 자리를 내주고 있다. 유연탄은 가스성분을 함유하고 있으므로 연료로서의 용도 이외에도 공업용으로도 많이 사용된다. 또한 석탄의 액화 등에도 유연탄이 사용된다. 우리나라에서는 생산되지 않으므로 전량 수입하고 있다.

BP(British Petroleum)사의 2005년도 에너지통계에 의하면 무연탄과 갈탄 등을 포함한 석탄의 전 세계 매장량은 9090억 6400만톤이며 미국이 2466억 4300만톤으로 점유율

27.1%를 차지해 매장량이 가장 많았다. 러시아가 1570억 1000만톤(17.3%), 중국 1145억톤(12.6%), 인도 924억 4500만톤(10.2%), 남아프리카공화국 487억 5000만톤(5.4%) 순으로 집계됐다. 우리나라의 석탄 매장량은 8000만톤이며 북한은 6억톤으로 남북한의 매장량 규모는 6억 8000만톤인 것으로 나타났다. 대륙별 매장량을 살펴보면 오스트레일리아를 포함한 아시아 – 태평양지역이 2968억 8900만톤으로 전 세계 매장량의 32.7%를 차지해 가장 많았으며 유럽이 2870억 9500만톤으로 점유율 31.6%로 2위, 북미대륙이 2544억 3200만톤(28%), 아프리카가 507억 5500만톤으로 점유율 5.6%, 남미가 198억 9300만톤으로 2.2%의 점유율을 나타내며 매장량이 가장 적은 것으로 집계됐다. 반면 전 세계 석유매장량의 61%를 차지하는 중동지역의 경우 석탄매장량은 4억 1900만톤으로 점유율이 0.05%에 불과했다. 대체적으로 볼 때 석탄은 지구 전체에 분포하고 있다는 것으로 나타나고 있다. 또한 BP사의 석탄 사용량에 대한 분석에 따르면 매장된 석탄으로 향후 500년간 사용이 가능할 것으로 예상된다.

표 3.1 ASTM에 따른 분류

분 류	고정탄소[1](%)	휘발분[1](%)	발열량[2](Btu/lb)
Ⅰ. 무연탄			
1. 메타무연탄	>98	<2	
2. 무연탄	92~98	2~8	
3. 반무연탄	86~92	8~14	
Ⅱ. 역청탄			
1. 저휘발성	78~86	14~22	
2. 중간휘발성	69~78	22~31	
3. 고휘발성 A	<69	>31	>14,000
4. 고휘발성 B			13,000~14,000
5. 고휘발성 C			10,500~13,000[3]
Ⅲ. 아역청탄			
1. 아역청탄 A			10,500~11,500[3]
2. 아역청탄 B			9,500~10,500
3. 아역청탄 C			8,300~9,500
Ⅳ. 갈탄			
1. 갈탄 A			6,300~8,300
2. 갈탄 B			<6,300

주) 1. 계산기준 : 건조한 광물질이 없는 상태(dmmf basis).
2. 계산기준 : 광물질이 없는 상태(mmf basis).
3. 발열량이 10,500~11,500 Btu/lb인 석탄의 경우 점착성이 있으면 고휘발성 C 역청탄으로 분류하고 없으면 아역청탄으로 구분함.

우리나라에서는 주로 무연탄과 유연탄이 사용되고 있는데 무연탄은 90% 이상이 가정과 산업체에서 연료로 사용되는 연탄으로 가공되고 있으며 유연탄이 국내에서 생산되지 않으므로 수입하고 있으며 화력발전 및 산업용 연료로서 사용되고 있다. 표 3.2에 에너지경제연구원에서 발표한 무연탄의 생산량이 5년치 합계로 표시되어 있다. 무연탄은 석탄공사와 민간업체에서 생산된다. 통계에 의하면 1990년 이후로는 무연탄 생산이 크게 감소하는 경향을 나타낸다.

표 3.2 무연탄의 생산량(국내고유단위)

연 도	합 계	석탄공사	민영업체
1980~1984	99,836	24,491	75,245
1985~1989	116,149	25,627	90,521
1990~1994	61,125	17,142	43,983
1995~1999	23,741	8,399	15,344
2000~2004	17,774	6,436	11,398
2005	2,832	1,233	1,599

자료 : 에너지경제연구원

한편 제철산업과 산업연료에 사용되는 유연탄의 수입량과 금액이 표 3.3에 표시되어 있다.

표 3.3 유연탄 수입량(국내고유단위)

연 도	합 계		제 철		연 료	
	물 량	금 액	물 량	금 액	물 량	금 액
1981~1985	55,760	3,226.6	33,104	2,122.7	22,657	1,103.8
1986~1990	102,531	5,065.1	49,997	2,811.7	52,534	2,253.4
1991~1995	174,593	8,468.9	83,327	4,591.2	91,267	3,877.7
1996~2000	256,506	10,676.5	90,402	4,558.4	166,104	6,118.3
2001~2005	336,248	15,372.3	89,164	5,560.9	244,084	9,811.4
2006	70,888	4,699.8	16,466	1,857.2	54,422	2,842.6

자료 : 에너지경제연구원

유연탄수입은 점점 증가하는 추세이며 제철사용량보다 연료로 사용되는 양이 갈수록 증가하고 있다는 것을 알 수 있다.

석탄의 조성을 수분, 휘발분, 무기질, 및 탄소의 4가지 함량으로 분류하여 분석하는 ASTM (American Society for Testing Materials)방법을 설명하겠다. 수분(ASTM D3173-73:30)은 60 mesh 이하의 석탄시료가루 0.5~1 g을 107±4℃의 진공이나 비활성기체 분위기에서 1시간 동안 가열한 후 감소한 무게를 측정하여 결정한다. 휘발분(ASTM D3175~77)은 60 mesh 이하의 시료가루 1 g을 950±20℃의 산소가 없는 상태에서 7분 동안 가열한 후 감소한 무게를 측정하여 결정한다. 무기질(ASTM D3174)은 1~2 g의 시료를 산소와 혼합한 후 725±25℃에서 완전히 연소한 뒤에 남은 양을 측정하여 결정한다. 마지막으로 탄소는 100%에서 수분%, 휘발분% 및 무기질%를 제하고 남은 양이다.

석탄의 거래에 있어서 중요시되는 것은 탄질, 발열량, 점결성 등이며 발열량은 좋은 탄질인 경우 6,500~7,000 kcal/kg이고 저질탄은 보통 4,500 kcal/kg 이하이다. 우리나라의 경우, 화력발전에 사용되는 석탄은 탄질이 3,500 kcal/kg 이상이고 가정용 연탄의 탄질은 4,500 kcal/kg이다. 석탄은 풍부하게 매장되어 있고 전 세계에 고르게 분포되어 있다는 장점을 가지고 있지만 고체형태로 산출되므로 채굴, 운송, 처리 등에 어려움이 많고 무기질 성분, 황과 질소 성분이 많이 함유되어 있는 등의 단점이 있다. 이런 단점을 해결하기 위하여 액화, 가스화기술 등이 개발, 상용화되고 있다.

3.1.1 석탄의 생성

지질시대에 번성하던 식물들이 퇴적된 후 퇴적층의 압력과 열에 의해 석탄화가 진행되어 생성된 석탄은 태양에너지의 통조림이라고 할 수 있겠다. 생성연대는 석탄의 1/3 이상이 고생대(5억년에서 2억년 전)에 생성되었고 나머지는 중생대와 신생대에 생성된 것으로 보인다. 특히 고생대 석탄기와 페름기에 서식하였던 고사리류, 속새식물류, 인목류, 코다이테스 등이 주 생성 원으로 생각되어지고 있다. 공기 특히 산소가 부족한 조건에서 높은 온도와 압력에 의하여 석탄화가 진행되면 식물을 이루고 있는 섬유질에서 산소 등의 휘발성 성분들은 감소하며 탄소함량이 증가한다. 탄소 함량 비에 따라 이탄, 갈탄, 역청탄, 무연탄으로 나누어지며 탄소함량은 약 60, 70, 80, 93%이고 산소함량은 35, 25, 15, 3%이다. 지금도 자연적으로 석탄화가 일어나고 있긴 하지만 과정이 아주 느려 이용할 수는 없다. 우리나라에서는 강원도에 석탄이 풍부한데 페름기의 식물이 탄화작용을 받아 생성된 석탄은 지각변동을 많이 받아 휘발성분이 거의 다 사라지고 탄소가 90% 이상인 무연탄으로 변했다고 한다.

3.1.2 석탄의 이용

석탄의 주된 용도는 동력을 얻을 수 있는 연료이다. 예를 들면 증기기관차나 증기선에 사용되거나 가정 난방에 사용되는 연탄, 또는 화력발전소의 연료로 사용되어 왔지만 채탄, 운반의 불편 등으로 석유나 가스로 대체되고 있다. 석탄의 연료로서의 가치는 주로 탄소의 함량에 달려 있다. 탄소가 완전히 연소되면 이산화탄소가 생성되며 공기가 부족한 경우에는 인체에 해로운 일산화탄소와 매연이 만들어진다. 매연은 대부분 연소가 되지 않은 탄소이다.

$$C + O_2 \rightarrow CO_2 \tag{3-1}$$

$$2C + O_2 \rightarrow 2CO \tag{3-2}$$

공업용으로는 용광로에서 철의 환원에 사용되는 코크스 생산이나 비누, 향료, 플라스틱 제조에 사용되기도 한다. 석탄을 공기가 차단된 상태에서 가열하면 휘발성물질들은 날아가고 대부분이 탄소인 코크스가 만들어진다. 휘발성물질들은 액체 석탄류와 콜타르라 불리는 혼합물로 응축되어 여러 가지 유기화합물을 만드는데 사용된다.

석탄의 연소는 공급되는 공기가 충분할 때 가열되어 석탄에서 배출되는 휘발증기가 점화되어 일어난다. 휘발분의 양이 불꽃의 안정도와 점화온도에 영향을 미친다. 석탄 표면의 활성자리에 산소가 화학흡착되어 표면의 탄소가 흡착된 산소에 의하여 산화된다. 산화반응에서 생성된 일산화탄소(CO)가 다시 산화되어 이산화탄소(CO_2)가 생성되며 만들어진 이산화탄소는 배출되거나 다시 석탄 표면과 반응하여 일산화탄소로 바뀌기도 한다. 또한 석탄에 함유되어 있는 다른 원소들의 반응도 일어난다. 이 반응들을 반응식으로 표시하면 다음과 같다.

탄소반응	타원소의 반응
$C + 1/2\,O_2 \rightarrow CO$	$S + O_2 \rightarrow SO_2$
$CO + 1/2\,O_2 \rightarrow CO_2$	$H_2 + 1/2\,O_2 \rightarrow H_2O$
$CO_2 + C \rightarrow 2CO$	$H_2O + C \rightarrow CO + H_2$
$C + O_2 \rightarrow CO_2$	$CO + H_2O \rightarrow CO_2 + H_2$

석탄보일러나 산업용 연료에서의 연소방법에는

3.1.3 석탄의 액화

석탄은 풍부한 연료이고 여러 분야에 많이 사용되고 있지만 석탄은 고체이므로 석유나 천연가스보다 운반, 사용 등이 불편하므로 액화 연구가 활발히 진행되고 있다. 석탄액화는 고체연료에 비하여 에너지밀도가 높고 저장이나 운송 등이 더 용이한 청정에너지 액체연료를 제조하는 공정으로 기존의 석유를 대체하기 위하여 개발되고 있다. 석탄액화는 1920년대 독일에서 처음으로 이루어졌으며 제2차 세계대전 중 독일에서 석유가 부족해지자 연구에 박차를 가하게 되었다. 12개의 석탄액화공장이 가동되어 항공기 연료의 98%와 총 탄화수소제품 연료의 47%를 공급하였지만 석탄액화유가 석유보다 경쟁력이 아주 약하므로 전쟁이 끝난 후에는 가동이 중단되었다. 1960년대에 액화반응 메커니즘이 밝혀지게 되면서 보다 경제적이고 완화된 반응조건하에서 석탄액화유의 제조가 가능해졌으며 두 차례에 걸친 석유파동 이후 석탄액화에 대한 관심이 한층 높아지고 있다. 석탄액화공정은 석탄을 고온고압하에서 열분해한 후 수소에 의하여 안정화시켜 저분자 탄화수소를 만드는 직접액화와 석탄을 일단

가스화 시킨 후 생성된 CO를 promoted iron cobalt 촉매를 사용하는 Fischet-Tropsch 반응에 의하여 탄화수소를 제조하는 간접액화로 분류되며 직접액화반응의 경제성이 큰 것으로 판단되어 이 분야에 연구가 집중되고 있는 추세이다. 현재는 미국, 일본, 영국, 서독 그리고 캐나다와 같은 선진국을 중심으로 경제성 향상을 위하여 국가적인 차원 하에서 반응조건의 완화와 품질개선을 위한 연구가 중점적으로 수행되고 있다. 석탄을 고온(430~460℃) 및 고압(약 100~280기압)의 반응조건 하에서 수소를 첨가시켜서 생성물의 수소/탄소 - 비를 1.5~2.0 정도로 증가시킴으로써 에너지 밀도가 높고 수송 및 보관이 용이한 청정 액체 연료를 제조한다. 특히 대표적인 석탄액화공정으로는 미국의 경우 촉매이단공정인 CTSL (catalytic two stage process)과 일본의 NEDOL 공정으로서 각기 DOE 및 New-Sunshine 계획의 지원 하에 Pilot 규모로 개발되어 연구되고 있으며, 주요개발대상 핵심기술로는 반응효율의 극대화 및 최적화를 위한 활성이 큰 촉매 개발기술 및 공정최적화라 할 수 있다. 우리나라에서도 한국에너지기술연구소에서 1 kg/hr 용량의 연속식 액화 시험설비를 통해 반응 및 공정효율 개선연구가 수행되고 있다.

석탄액화 반응에 사용되고 있는 촉매의 역할은 보다 낮은 온도에서 기체상의 수소와 석탄 분자를 활성화시킴으로써 반응조건을 완화시키고 수소원자를 석탄분자에 선택적으로 공급함으로써 수소이용비율을 증대시키는 데 있나. 또 사용된 수소공여용매의 재수소화를 통한 수소공여능력 증대, 액화유 전환율의 상승 및 질의 향상 그리고 석탄과 액화유 내에 존재하는 산소, 황, 질소와 같은 비균일 원자를 제거함으로써 청정 인조원유를 생성하는 것이다. 보편화된 수소개질 촉매 즉 Al_2O_3에 담지된 Co-Mo, Ni-Mo계 촉매가 기존액화공정 및 공동처리에 사용되어 왔으며 촉매를 사용하지 않는 액화공정에서는 석탄에 포함된 광물질이 촉매역할을 담당하여 왔다. 그러나 최근 수소분해 대체촉매 및 철 화합물의 촉매효과에 대한 관심이 높아지고 있다. 경질유 생산을 위하여 금속 할로겐화물이 수소분해 촉매로 각광을 받고 있다. 따라서 용융 루이스식 할로겐화물(Lewis-type halides)의 촉매효과가 발표하고 있다. 또한 190~200℃ 정도의 낮은 온도에서까지 촉매효과를 나타내는 $HX - AlX_3 - H_2$와 같은 루이스산/브뢴스테드산(Lewis/Broensted acid)촉매가 개발되고 있다. 연구결과에 의하면 Al 할로겐화물은 경질탄화수소(C1~C4)를 생성하는 데 매우 활성적이며, Hg 및 Sn 할로겐화물은 다만 중질유생성을 증진시킨다. 한편 Bi, Ga, Sb, Ti 및 Zn 할로겐화물도 높은 액화효과를 자져오며, 특히 가솔린 끓는 점 영역에서의 납사 생성을 촉진시킨다.

한편 철분계 촉매는 액화를 촉진시키지만, 생성된 액화유를 경화시키지는 않는다. 특히 황산철 및 $Fe(OH)_2$는 석탄 내로 함침되어 촉매효과를 유발하는 것으로 알려져 있다. 또 철분계 촉매의 활성도는 약간의 황을 첨가하면 상당히 증가한다.

이러한 현상은 황 첨가에 따라 강자성 유화물인 FeS1.04 내지 FeS1.10의 형성에 의한 것으로 알려져 있다. 석탄광물 내 FeSx가 촉매작용을 한다는 것은 잘 알려져 있으며, 따라서 철분이 다량 함유된 광물질을 순환시킴으로써 수소분해를 촉진시킬 수 있다. 그러므로 SRC-II 공정에서는 액화산물의 일부를 급액슬러리에 혼합하여 광물질의 농도를 높게 유지시킨다.

기존의 담지촉매는 활성성분이 대부분 담체 내 기공구조에 존재하므로 고체상태인 석탄이 액화되는 초기 분해반응속도를 촉진시키기 어렵고, 단지 액화용매 및 이미 액화된 액화유에 작용하게 된다. 또한 담지촉매는 석탄액화유와 같은 중질성분 및 증류되지 않는 잔사에 의한 코크스, 염기성 화합물의 흡착, 그리고 금속 고착 등에 의하여 쉽게 피독되어 활성을 잃게 되므로 촉매의 경제성과 이용도 측면에서 그 효율이 매우 낮다. 이러한 면을 보완하기 위하여 최근 분산촉매(dispersed catalyst)가 개발되고 있다.

분산촉매는 석탄입자 내에서 환원분위기를 조성하므로 수소공여를 용이하게 하며 초기 액화과정에서 선택적 열분해를 촉진시킨다는 것이다. 또한 액화초기단계에서 O, N, S와 같은 비균일 원자를 제거하므로 액화유 처리의 추가비용 부담을 절감시킨다.

최근에는 석탄 자체를 담체로 하여 촉매전구제를 분신시킴으로써 고활성을 유도하는 균일분산촉매가 개발되고 있으며, 전구체는 유용성과 수용성으로 나뉘어 개발되고 있다. 이러한 촉매는 석탄과 밀접한 접촉을 이루어 높은 분산도를 유지함으로써 ppm 단위의 소량으로 고활성을 나타내어야 한다. 또한 일반 담지촉매와는 달리 석탄과 밀접한 접촉으로 인하여 분리 및 재사용이 어려우므로 폐기가 가능한 값싼 물질이 사용되어야 한다.

이렇게 개발되고 있는 분산촉매로는 암모늄 몰리브데이트, 파이라이트(황철광) 및 유용성 Mo, Co, Fe-납세데이트와 같은 금속염들이다. 대부분의 분산촉매 사용시 문제점은 고온에서의 활성이다. 예를 들어 암모늄 테트라티오몰리브데이트(ammonium tetrathiomolybdate)는 저온에서 MoO_3로 분해되지만 활성물질인 MoO_2는 350℃ 이상의 고온에서 생성된다. Mo-나프테네이트(molybdenum naphthenate)도 이러한 고온에서 MoO_2를 생성한다.

3.1.4 탈황공정

석탄에 존재하는 황화합물을 연소하면 이산화황이 만들어지고 이 물질은 산화되어 삼산화황으로 변환된 후 공기 중 수증기와 반응하여 강산성인 황산이 되므로 산성비의 원인이 되고 또한 기계설비에 해롭다.

$$S + O_2 \rightarrow SO_2$$
$$SO_2 + O + M \rightarrow SO_3 + M$$
$$SO_3 + H_2O \rightarrow H_2SO_4$$

여기서, M은 에너지 흡수물체이다.

석탄 중의 황은 무기황과 유기황의 형태로 존재하고 있다. 무기황은 주로 황화철(FeS_2)이며 밀도차를 이용한 부유선광법으로 제거할 수 있다. 석탄의 밀도는 약 1.3 g/cm^{3}이며 황화철(FeS_2)의 밀도는 5.0 g/cm^{3}이다. 적당한 밀도의 용액에 세제를 가하면 석탄은 뜨고 나머지 불순물들은 가라앉으므로 분리할 수 있다. 유기황은 황이 석탄화합물에 화학적으로 결합되어 있으므로 화학적 방법을 이용하여 제거해야 한다. 석탄을 가스나 액체로 전환하는 과정에서 제거할 수 있다.

황화합물을 화학적으로 제거하는 방법에는 120℃ 이하에서 황화합물을 유기용매나 염기 수용액에 흡수시켜 제거하는 습식공정이 주로 사용되고 있지만 석탄을 기체로 변환시켜 생성된 석탄가스의 경우에는 400℃ 이상에서 가동되는 고온건식공정이 필요하므로 지금 활발히 연구되고 있다. 습식탈황법에는 화학흡수법, 물리적 흡수법, 혼합법이 있고 대부분 흡수탑과 재생탑의 2개의 반응기를 가지고 있다.

화학흡수법에서는 황화수소 H_2S 등의 산성기체와 반응하는 흡수액으로 제거한 후에 온도, 압력 변화과정을 통하여 흡수액을 재생한다. 물리적 흡수법과 비교하면 CH_4, CO, H_2, 분자량이 큰 탄화수소 등이 소모되지 않게 하며 고효율의 정제가 가능하고 용매가격이 싸다는 등의 장점이 있다. 물리적 흡수법 고압상태에서 산성기체가 유기용매에 물리적으로 용해되는 성질을 이용하는 방법이며 산성기체의 분압이 높거나 양이 많을 때 유효하게 치리할 수 있다. 흡수액의 흡수력이 우수하며 용매 순환량이 적고, 압력강하에 의해 재생이 일어나므로 재생할 때 적은 에너지가 필요하며 H_2S의 선택적 흡수가 가능하다는 등의 장점이 있다.

고온건식법은 철계, 구리계, 아연계, 타이타늄계, 칼슘계 등의 고체(미립자, 펠렛형)로 이루어진 탈황제에 300℃ 이상으로 가열된 석탄가스를 통과시키면서 가스 중의 황화물이 탈황제에 흡착되게 하여 제거하는 방법이다. 흡착된 탈황제는 공기, 수증기, 이산화탄소 등으로 재생하며 탈착된 황화물은 원소 황이나 황산으로 변환하여 회수한다. 전체 공정은 흡착장치, 재생장치, 원소 황이나 황산 처리장치로 이루어진다.

3.1.5 석탄가스화

석탄가스화는 고분자인 석탄을 공기 또는 수증기를 고온에서 반응시켜 화학결합을 끊어 일산화탄소, 수소, 메탄, 이산화탄소 등의 저분자로 분해시키는 과정이다. 석탄은 건류, 열분해, 부분산화, 수성가스화, 발생로 가스화 반응 등을 통하여 연료용 가스나 합성용 가스로 변환된다. 공정은 최종적으로 만들어지는 가스의 발열량에 따라 크게 저열량 가스화, 중열량 가스화, 고열량 가스화 공정으로 나눌 수 있고 또한 반응물들이 접촉하는 방법에 따른 고정층법, 유동층법, 분류층법, 용융층법으로도 나눌 수 있다.

석탄을 연료로 사용한 화력발전은 환경오염물질인 황산화물과 질소산화물 등을 배출하므로 좀 더 환경친화적이며 생산원가가 저렴한 석탄가스화 복합발전의 필요성이 대두되고 있다. 석탄가스화 복합발전은 석탄을 산소와 혼합하여 고온, 고압(1200~1500℃, 25 kg/cm^2)의 가스화장치에서 반응시켜 가스로 변환시킨 후 집진장치와 탈황장치에서 분진과 황화합물을 제거한 청정석탄가스를 이용하여 발전하는 방식이다. 이 발전방법은 기존의 화력발전보다 열효율이 우수하며 환경에 악영향을 덜 미치므로 차세대 신발전기술의 하나로 선진국에서 상용단계에 있다. 전체시스템은 석탄 전처리 설비, 석탄가스화 설비, 가스정제 설비(탈황, 탈 분진), 복합발전 설비(가스터빈, 배열가스 설비, 증기터빈 등)로 이루어져 있다.

3.2 석유/가스

석유는 현재 가장 많이 사용되는 화석연료이다. 석유의 주성분은 탄소와 수소가 결합한 탄화수소로서 주로 파라핀이며 고리화합물(나프텐족과 방향족 탄화수소)도 있다. 원유는 바다 밑에 쌓인 동식물에서 생긴 유기물이 부패하여 100만년 이상의 시간이 지나 생성된 후 지층에 매장되었다. 석유와 천연가스는 함께 존재하며 가스가 용해되어 경질유와 결합하고 있다.

초기에는 조명과 윤활물질로 사용되었으며 점차 채유량이 증가하면서 액체이므로 고체인 석탄보다 취급이 쉽고 열효율이 높다는 것이 알려지면서 석유가 원료로 많이 사용되게 되었다. 미국에서도 1925년까지는 증기기관차에 사용되는 연료의 90%는 석탄이었지만 차츰 난방보일러, 공장, 기관차, 기선의 연료에 석유가 사용되었으며 경질유는 자동차, 항공기, 석유화학공업에 사용되게 되었다. 지금은 플라스틱, 합성섬유, 살충제, 의약품 등의 많은 화합제품의 생산에 석유가 사용되고 있다.

석유의 매장과 생산은 중동에 편중되어 있으므로 석유 수급이 불안정하고 두 차례에 걸친 석유파동이 일어났다.

3.2.1 석유/가스의 생성

석유 및 가스가 채굴되는 유전은 액체 또는 기체상 그리고 때로는 액체와 기체상으로 존재할 수 있다. 생성원인에 대하여 보편적으로 인정되는 학설에 따르면 지질시대에 바다에 서식한 동식물이 바다 밑바닥에 퇴적된 후 부니가 되고 이 부니가 땅 속에 묻혀 열과 압력의 작용으로 변질되어 석유 또는 가스가 생성되었다고 한다. 생성된 석유는 다공성 암석층으로 이동하여 저장되지만 위쪽에는 가스와 석유가 새어나가지 않게 하는 암석들이 존재하여야 한다. 주로 석유와 가스는 배사구조에 저장되고 있다. 석유와 가스는 파라핀, 나프텐, 방향족 탄화수소와 소량으로 존재하는 산소 질소, 황 및 무기질로 이루어져 있다. 채유된 원유는 끓는점의 차이를 이용한 분별증류되어 천연가스, 휘발유, 등유, 경유, 윤활유, 아스팔트 등으로 분리되어 이용된다.

표 3.4 석유/가스의 성분과 질량분율%

성 분	질량분율
탄 소	84~87
수 소	11~14
황	0.06~2
질 소	0.1~2
산 소	0.1~2

3.2.2 석유/가스의 이용

원유는 끓는점이 다양한 여러 탄화수소와 기타 화합물들의 혼합물이므로 이용되기 전에 반드시 분별증류에 의하여 분리되어야 한다. 분별증류 과정에서 각 성분들의 액상(liquid phase)과 기상(vapor phase)사이의 몰분율이 변화한다. 평형상태에 있는 용액에 포함된 휘발성 성분의 증기압은 라울의 법칙(Raoult'law)에 의하여 결정된다.

$$p_i = x_i P_i \tag{3.3}$$

위 식에서 p_i : i성분의 증기압, x_i : i성분의 몰분율, P_i : 동일한 온도에서의 순수한 i성분의 증기압으로 정의된다. 기상에 포함된 각 성분의 분압은 돌턴의 법칙(Dalton's law)에 의하여 구할 수 있다.

$$p_i = y_i P \tag{3.4}$$

여기서 y_i는 기상에서의 i성분의 분압이며 P는 계의 전체압력이다. 식 (3-3)과 (3-4)를 결합하면 i성분의 기상과 액상에서의 물분율의 비를 계산할 수 있다.

$$P_i = (y_i/x_i)P \tag{3.5}$$

$$y_i/x_i = K_i \tag{3.6}$$

K_i는 임의의 온도, 압력에서의 상수이며 상평형상수(phase equilibrium constant)라 한다. 끓는점이 낮은 성분들은 액상보다 기상에 더 많이 존재하게 되므로 분별증류과정에서 빨리 분리된다. 반면에 끓는점이 높아 휘발성이 적은 성분들은 액상에 남아있게 된다. 예를 들면 천연가스와 휘발유는 빨리 분리되며 아스팔트는 아래에 남게 된다.

천연가스는 액화되어 가정 난방용, 산업용 및 자동차 연료로 사용된다. 가장 오염 물질이 적게 배출되고 이산화탄소가 다른 연료의 절반정도만 배출되므로 생산량 및 소비량이 급격히 증가하고 있다. 또한 천연가스는 플라스틱의 원료로도 사용되고 있다.

비중이 0.63~0.76, 끓는점이 30~225℃인 성분들의 혼합체인 휘발유는 발열량이 12,000 kcal/kg 정도이다. 휘발유(가솔린)는 자동차 등에 있는 내연기관 연료로 많이 사용되며 석유화학원료 및 공업용 용제로도 사용되고 있으며 자동차용 가솔린, 항공가솔린, 공업용 가솔린의 세 종류로 나누어진다. 옥탄가는 휘발유의 성능의 기준으로 사용되며 자연적인 폭발을 참아낼 수 있는 휘발유 힘의 척도이다. 스파크로 점화되는 자동차엔진 속에서 휘발유와 공기의 혼합물이 정확한 시간에 폭발하는 것이 중요하며 이 시간은 전기에 의한 스파크 시스템이 의해 정해진다. 점화 후에는 불꽃전면머리가 연소실을 거치면서 폭발이 순조롭게 진행되어야 한다. 만약, 휘발유의 옥탄가가 낮으면, 스파크시간에 생긴 불꽃머리에 의한 온도와 압력파동은, 남아 있는 혼합물이 자연적으로 폭발하게 한다. 이 2차 폭발에 의하여 노킹(knocking)처럼 들리는 또 다른 압력펄스가 일어나며 연료에너지의 열손실이 많아지므로 엔진의 힘이 약해진다. 연료의 옥탄가는 이소옥탄(isooctane 또는 2,2,4-trimethylpentane)과 노르말 헵탄(normal heptane)으로 결정한다. 이소옥탄의 옥탄가는 100으로 정하고 노르말 헵탄은 0으로 정하며 두 물질의 혼합물의 옥탄가는 혼합물에 들어 있는 이소옥탄의 부피%이다. 휘발유의 옥탄가는 기준연료와 같은 정도의 노킹을 일으키는 혼합물의 조성을 알면 구할 수 있다. 예를 들면 어떤 휘발유와 이소옥탄의 부피%가 x인 기준연료의 노킹정도가 동일하면 그 휘발유의 옥탄가는 x이다. 옥탄가를 높일 수 있는 물질을 앤티노킹제(antiknocking agent)라고 하며 사에틸화납이 많이 사용되었지만 납중독의 문제와 배기가스의 정화에 사용되는 촉매머플러의 수명과 성능유지로 인하여 지금은 사용이 금지되어 있다. 대신에 휘발유를 개질하여 옥탄가가 높은 연료를 만든다.

자동차가 보편화되면서 자동차용 휘발유의 수요가 급증함에 따라 한정된 석유자원을 보존하는 방법으로 휘발유에 알코올이나 에테르를 혼합한 혼합휘발유가 생산되어 사용되고 있다. 대표적인 것으로 휘발유와 에탄올을 부피비로 90% 대 10%를 혼합하여 만든 가소올(gasohol)이 미국 등지에서 사용되고 있다. 가소올의 옥탄가는 매우 높지만 끓는점이 낮으며 산소원자가 포함되어 있으므로 지금 사용하고 있는 휘발유 내연기관을 개선하여 사용해야 하며 알코올의 증발잠열이 크므로 시동이 용이하지 않을 수도 있다. 반면에 MTBE(methyl tertiary-buthyl ether)는 자동차 휘발유에 첨가하기에 적합하다.

등유를 수소화정제하면 가정용 보일러에 주로 사용되는 백등유가 만들어지며 백등유가 가져야할 대표적인 네 가지 특성은 다음과 같다.

① 완전연소에 필요한 충분한 휘발성
② 안전취급에 충분한 인화점
③ 연소성이 좋으면서 연기가 나지 않을 것
④ 연소가스의 자극적인 냄새가 없고 유해성분이 무해할 정도로 작을 것

경유는 휘발유보다 약간 무거우며 대기압하의 증류장치에서 분리되는 끓는점이 약 180~350℃인 경유유분을 수소화 탈황하여 얻어진다. 경유는 주로 고속디젤엔진의 연료로 사용

되고 있다. 디젤엔진은 휘발유엔진과는 달리 공기만을 흡입 압축하여 충분히 가열된 실린더 속에 연료를 분사하여 스스로 발화되게 한다. 중유는 중속 또는 저속디젤엔진의 연료나 난방용 연료로 사용되며 남은 고체는 도로포장(아스팔트)에 주로 사용된다. 또한 석유는 화학제품의 제조에도 이용되기도 한다. 석탄과 마찬가지로 포함되어 있는 황화합물이 연소되면 산성비 등의 오염을 일으키므로 미리 제거하여야 한다(탈황). 휘발유의 옥탄가를 좋게 하기 위하여 접촉개질공정 등의 방법이 사용되고 있다.

3.2.3 석유의 정제공정

가치가 비교적 낮은 석유유분을 여러 화학반응을 거쳐 부가가치가 높은 제품으로 바꾸는 공정을 정제공정이라고 한다. 이러한 전환공정에는 다음의 방법들이 속한다.

(1) 열분해(thermal cracking)
(2) 접촉분해(catalytic cracking)
(3) 접촉개질(catalytic reforming)
(4) 수소화 분해(hydrocracking)
(5) 이성화(isomerization)
(6) 알킬화(alkylation)
(7) 중합(polymerization)

(1) 열분해공정

감압증류공정에서 분리된 가스오일이나 상압증류공정에서 나온 잔사유를 고온에서 분해하여 옥탄가가 높은 휘발유를 제조하는 공정을 열분해공정이라고 한다. 열분해공정에는 온도가 500℃ 전후, 압력이 12~25 kg/cm^{2}인 조건에서 상압이나 감압증류에서 분리된 잔사유에서 점도가 낮은 중유와 경유를 만드는 viscosity breaking공정과 중질유를 분해하여 코크스와 가스, 휘발유, 경유 등을 제조하는 coking 공정으로 나누어진다. coking공정에는 delayed공정, 접촉공정, 유동공정 등이 있으며 반응온도는 약 480~570℃이고 압력은 대기압에서 5 kg/cm^{2}정도의 낮은 압력에서 비교적 장시간 반응시킨다. 열분해공정에서는 결합이 균일하게 끊어져 라디칼을 생성하는 방향으로 반응이 진행된다.

(2) 접촉분해공정

접촉분해공정에서는 촉매를 사용하여 끓는점이 높은 석유를 고온에서 분해하여 옥탄가가 높은 휘발유를 만드는 공정이며 수율이 높다. 촉매로는 고체 산으로 작용하는 실리카-알루미나계 또는 합성 제올라이트 등이 사용된다. 열분해공정과는 달리 접촉분해공정에서는 결합이 불균일하게 끊어지므로 카르보늄이온이 생성된다. 생성된 카르보늄이온은 고체 산 촉매에 의해 안정화된다. 초기에는 촉매가 반응기 안에서 고정된 고정상식이 주로 사용되었으나 점차로 이동식, 유동식으로 발전하여 지금은 유동식공정이 많이 활용되고 있다.

(3) 접촉개질공정

휘발유의 옥탄가는 가지가 많은 파라핀계 탄화수소 또는 방향족계 탄화수소인 경우에 높으므로 가지가 적은 파라핀계 탄화수소나 나프텐계 탄화수소를 옥탄가가 높은 휘발유로 변환시키는 공정을 개질공정이라고 하며 이 때 촉매가 사용되면 접촉개질공정이라고 한다. 접촉개질공정에는 아래의 반응들이 포함되어 있다. 주로 사용되는 촉매는 백금이 담지된 알루미나이다.

1) 나프텐의 탈수소반응

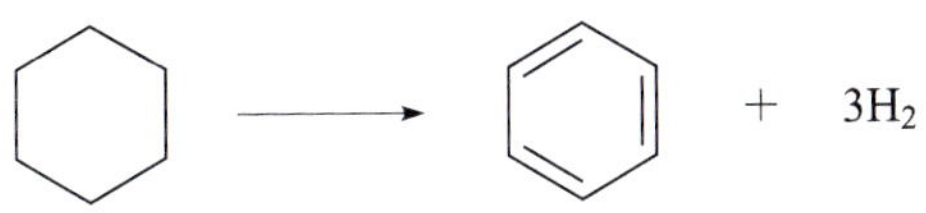

cyclohexane　　benzene

2) 나프텐의 이성화탈수소반응

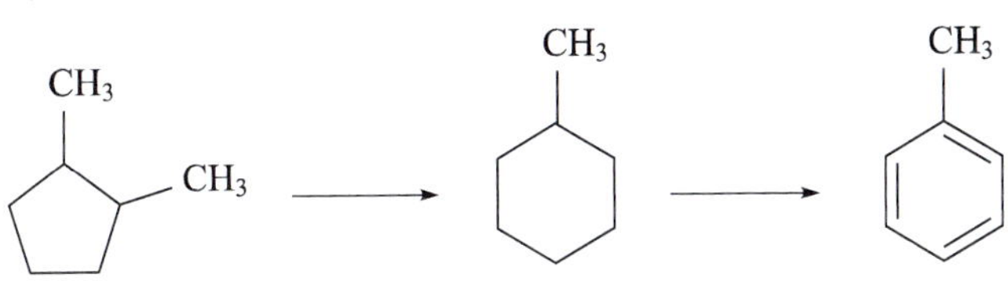

1,2-dimethyl cyclopentane　　methyl cyclohexane　　toluene

3) 파라핀의 탈수소 고리반응

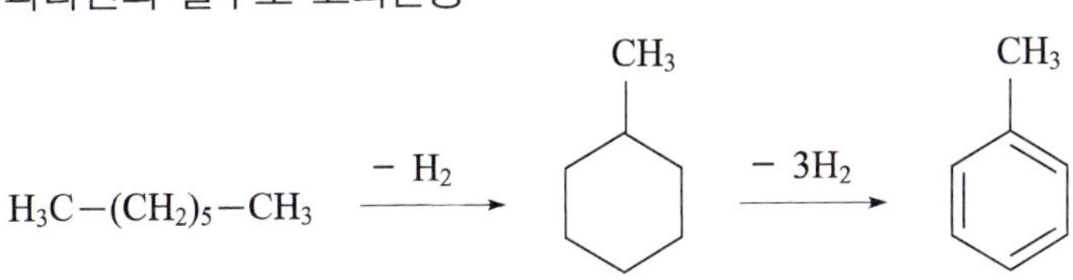

4) 파라핀의 이성화반응

$$H_3C-(CH_2)_5-CH_3 \longrightarrow H_3C-\underset{H}{\overset{CH_3}{C}}-\underset{H_2}{C}-\underset{H_2}{C}-\underset{H_2}{C}-CH_3$$

n-heptane　　2-methyl hexane

5) 파라핀의 수소첨가분해반응

$$H_3C-(CH_2)_8-CH_3 + H_2 \longrightarrow H_3C-(CH_2)_3-CH_3 + (H_3C)_2CHCH_2CH_3$$

n-decane　　n-pentane　　iso-pentane

(4) 수소화 분해공정

중질유에 수소를 첨가하여 부가가치가 높은 경질석유제품을 만드는 공정을 수소화 분해공정이라 하며 고온, 고압이 필요하며 촉매가 분해를 용이하게 한다. 특징은 다음과 같다.

① 처리할 수 있는 석유의 범위가 넓다.
② 제품수율의 조절이 용이하다.
③ 분해되어 얻어지는 석유의 수율이 높다.

그 외에도 이 공정에서는 중질유가 분해될 때 황화물도 제거되므로 별도의 탈황장치가 필요하지 않다는 등의 장점을 가지고 있다.

이 들 공정 이외에도 이성화공정과 알킬화공정들이 활용되고 있으며 옥탄가가 높은 휘발유를 제조하는데 유용하다.

3.2.4 탈황공정

석탄과 마찬가지로 석유에도 황성분이 포함되어 있으므로 연료 또는 화학공업에 사용하기 전에 미리 황을 제거해야 한다. 석유에 들어있는 유기황물질들을 고온, 고압에서 촉매상에서 반응시켜 황화수소(H_2S)로 변환시켜 제거한다. 황성분을 제거하면 석유의 부가가치가 높아지며 또한 산성비의 원인인 황산화물(SO_x)의 발생을 방지하며 황산에 의한 반응장치와 고가의 귀금속 촉매의 부식을 막아 수명을 연장시킬 수 있는 점 등의 장점이 있다. 황성분의 제거반응에는 다음과 같은 반응들이 있다.

RSH(mercaptans) : $RSH + H_2 \rightarrow RH + H_2S$

R_2S(sulfides) : $R_2S + 2H_2 \rightarrow 2RH + H_2S$

RSSR(disulfides) : $RSSR + 3H_2 \rightarrow 2RH + 2H_2S$

C_4H_4S(thiophenes) : $C_4H_4S + 4H_2 \rightarrow C_4H_{10} + H_2S$

황성분의 제거반응에는 주로 코발트/몰리브데늄 산화물 또는 니켈/몰리브데늄 산화물이 담지된 알루미나가 사용된다.

3.2.5 배기가스 중의 산화질소 제거반응

연료로 사용되는 석유가 연소되어 발생하는 배가가스 중의 산화질소(NO_x)의 생성원인에는 두 가지가 있다. 석유에 포함된 질소화합물의 연소에 의하여 발생하기도 하지만 공기 중의 질소가 연소되어 발생하기도 한다. 따라서 산화질소는 연소되는 과정에서 제거되어야 한다. 산화질소(NO_x)에 일반적으로 NO, NO_2, N_2O, N_2O_3, N_2O_4 및 N_2O_5 등이 포함되며 그 중에서 NO와 NO_2의 양이 가장 많고 중요하다. NO는 색, 냄새가 없는 독성기체이며 NO_2는 황갈색을 띠는 독성기체로 대기 중에 있으면 기관지염, 호흡장애, 안질 등을 일으키기도 한다. 또한 수증기와 결합하여 산성비가 되어 내리거나 태양빛에 의한 광화학반응을 일으켜 광화학(LA)스모그를 생성한다. 다양한 산화질소 제거방법들이 사용되고 있지만 삼원촉매(Pt/Rh/Pd)를 사용하는 방법이 개발되어 현재 사용되고 있으며 계속 개선이 이루어지고 있다.

CHAPTER 04 태양에너지

4.1 태양에너지의 근원

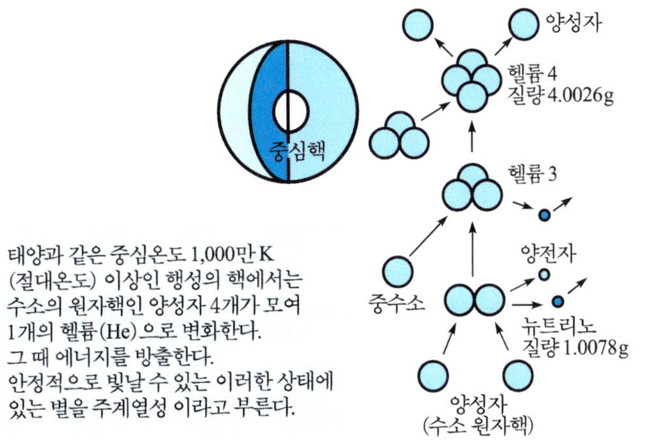

▌행성 안의 핵융합 반응▐

바로 p-p반응을 이용한 핵융합인, 우선 P-P반응은

p + p → 2H + e(양전자) + 뉴트리노

2H → 3He + 복사에너지

3He + 3He → 4He + 2p

여기서, p는 양성자이고 2H는 중수소=수소핵{양성자}에 중성자가 하나더 있음. 3He는 경헬륨으로 헬륨에 중성자 하나를 적게 가진다. 위의 핵반응은 양성자가 연속적으로 추가 되면서 진행되어서 p-p반응이라고 명명했다. 이 p-p반응은 핵융합에 필요한 온도인 1억도 이하에서도 핵융합을 실현시킬 수 있다. 그러나 성공확률은 1초당 수소원자가 1조번 부딪치는 것을 100억년동안 반복하면 약 50% 정도 된다. 1,500만도의 온도에서 핵융합을 실현시키는 대가핵융합에도 여러 종류가 있지만 일반적으로는 중수소+중수소=헬륨의 형태나,

중수소+삼중수소=헬륨+중성자의 형태 2가지가 일반적이다.

그리고 인공핵융합에 쓰일 후보 중 하나가 있는데, 실현온도는 10억도로 계산된 것이다. 방법은,

중수소 + 헬륨 3 = 헬륨 + 양성자

위의 방법과는 달리, 태양은 수소 2개가 매개체 역할을 합니다. 방법을 보면,

1. 수소원자 2개가 충돌, 수소원자 1개는 전자와 합체, 뉴트리노라는 소립자와 중성자로 변환됨, 수소원자 2개가 합체한 결과는 중수소 2개 생성과 뉴트리노라는 소립자의 생성(이 뉴트리노는 거의 광속으로 태양내부에서 나오게 된다.)
2. 이 중수소에 수소원자 1개가 더해진다. 여기에서도 충돌한 수소원자는 전자와 합체, 중성자와 뉴트리노로 변환. 수소원자 1개가 더해진 결과 삼중수소가 된다.
3. 이 삼중수소 2개가 합체, 헬륨과 수소원자 2개로 변환된다.

4.2 태양에너지의 정의

태양에너지란 태양으로부터 전자기파의 형태로 방출되는 에너지를 말한다. 태양이 방출하는 에너지는 9.2×10^{22} kcal/s로 막대하지만 지구에 오는 것은 약 20억분의 1인 1.96 cal/cm^2·min에 지나지 않는다. 또 그중에서 70%만이 흡수되는데 세계 연간 에너지 소비량은 이 에너지의 겨우 1시간분에 불과하다. 이러한 태양에너지의 활용방법에는 태양열과 태양광선 이용이 있다. 가장 매력 있는 대체에너지원으로서 무진장하며, 공해가 없고 지구대기의 열균형이 보존되는 등 인류에게 절대적인 에너지 원천이다.

4.2.1 태양에너지의 지표도달 과정

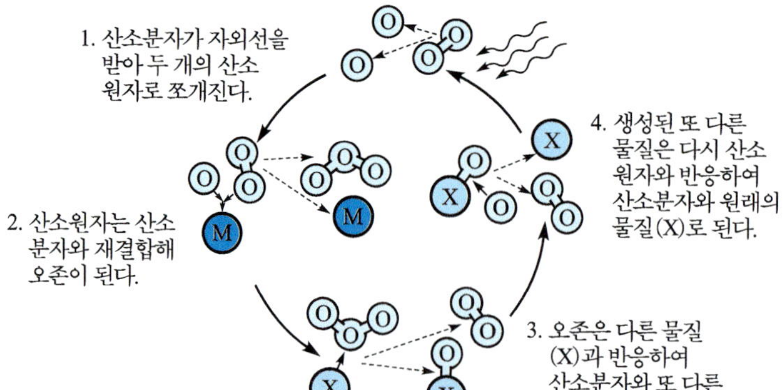

태양복사에너지는 결국 태양에서 발생해서 지구로 도달하는 모든 전자기파의 합이라고 볼 수 있다. 이전자기파에는 가시광선, X-선, 자외선, 적외선, 전파 등등 생각할 수 있는 거의 모든 전자기파가 들어 있다. 이런 전자기파는 진공에선 에너지의 손실 없이 복사라는 물리적 현상을 통해 전파 된다. 지구의 대기권에 들어온 전자기파들은 각종 대기구성성분과 충돌하게 된다. 이 과정에서 유해전자기파라고 할 수 있는 X-선이나 자외선이 많이 감소하게 된다. 특히 자외선은 지구대기층 중의 하나인 오존층에서 많이 걸러진다.

다른 전자기파들도 대기 중의 구성성분들에 의해 산란되는 과정을 거친다. 이로 인해 하늘빛이 빛의 경로의 길이가 길면 빨갛게(아침이나 저녁), 짧으면 파랗게(대낮) 보인다. 파란 빛은 오래 살아남지 못하기 때문이다. 또 산란만 일어나는 것이 아니라 기타 다른 대기 중의 먼지나 대기오염물질 같은 성분들에 부딪혀서 에너지를 잃게 된다. 그렇게 되면 전자기파들의 원래 파장(결국, 진동수)이 길게(결국, 진동수는 작게) 변화한다. 오염물질과 충돌해서 오염물질을 다른 화학물질로 변화시켜 생명체에 위협을 주기도 한다. 대기성분과 먼지 같은 것을 피해서 지표까지 도달한 전자기파들은 에너지를 지표에 전달하고 에너지가 작아진다. 지구표면에서 반사가 되기도 한다. 만약 그렇지 않으면 지구 밖에서 지구를 볼 때에 지구를 볼 수 없다. 에너지를 잃고 반사된 전자기파들은 가시광선영역의 전자기파들은 지구 밖에서 지구를 볼 수 있게 하고 적외선 영역의 전자기파들은 대기 중의 수분에 흡수되기도 한다. 그래서 구름 낀 날에는 구름을 뚫고 들어온 전자기파들이 지표면에 부딪혀 에너지를 손실당한 다음에 반사되어 대기 중으로 돌아가면서 대기 중의 수분에 흡수되어 더운 날씨를 만들게 된다. 태양복사가 지표에서 반사되어 우주로 날아가지 못하게 하는 요인에 이산화탄소도 있다. 이로 인해 방출되어야 할 전자기파가 방출되지 못해 지구에 남게 되고 이것이 서서히 지구의 전체 기온을 올리면 바로 지구온난화의 주범이라고 추측되는 온실효과가 된다. 이런 지구전체적인 기온 상승으로 인해 엘니뇨나 라니뇨 같은 해수기온의 이상을 만들어내기도 하고 지구전체적인 기상이변을 일으키기도 한다.

4.2.2 지구 복사 평형

지구에 입사되는 태양복사에너지 중 대기분자의 산란으로 6%, 구름의 반사가 20%, 지표면의 반사가 4%로 30%의 알베도를 가진다. 한편 대기권에 흡수된 에너지 70%는 대기분자에 의해 17%, 구름에 의해 3% 흡수, 결국 20%는 대기구름에 의해 흡수되며 지표면이 흡수하는 태양에너지의 양은 50%이다.

결국 반사되지 않고 지구에 흡수되는 70%의 에너지가 지구온도에 직접적인 원인이 되는 것인데 지표면이 태양에서 받은 에너지 중 14%는 대기 중으로 방출하며 대기 중으로 흡수되지 않고 우주 공간으로 즉시 나가는 에너지양은 6%이다. 또 지표는 전도와 대류에 의해서 10%, 증발을 통한 숨은열의 형태로 대기 중으로 20%의 에너지를 방출한다.

결국 에너지 순환과정을 통해 지표는 에너지 순환과정을 통해 103%의 에너지를 대기 중으로 복사하게 된다. 한편 대기는 103%의 에너지를 지표로 방출하며, 64%의 에너지를 대기권 밖으로 방출한다. 따라서 지구 대기권 밖으로 모두 70%(지표복사 6% + 대기복사 64%)의 에너지가 나가게 되며 이 70%의 에너지는 지구에 흡수되는 에너지양 70%(대기권 20% + 지표면 50%)의 에너지와 평형을 유지하게 되어 온도가 일정하게 유지된다.

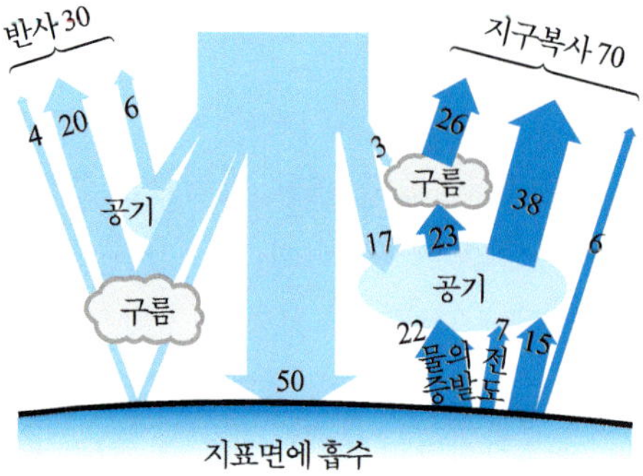

그림 4.1 지구복사 평형

4.3 태양에너지의 이용

사람들은 선사시대 이전부터 태양에너지를 이용해 왔으며, 인류가 불을 사용하면서부터 태양에너지의 제약에서부터 벗어나려고 노력하였으나 태양에너지의 절대적인 힘은 오히려 신앙의 대상이 되기도 하였다. 태양에너지를 이용해온 방식은 크게 둘로 나눌 수 있다. 태양빛을 이용하여 어둠을 밝히는 것과 태양열을 이용하여 수분을 함유한 곡식이나 세탁물 등을 건조하거나 난방에 활용한 것 등이 있다. 이밖에도 극히 제한적이지만 살균이나 치료 등의 목적으로도 활용되어 왔다. 지구 온난화의 주범인 화석에너지 연료의 대체원으로 각광받는 태양에너지는 오늘날에도 태양빛을 이용한 태양광 발전과 태양에너지를 집열장치를 통하여 축적시켜 난방용이나 온수용 열을 생산하는 태양열 장치로 나뉜다. 이 밖에도 빛을 모아서 요리를 하는 태양열 조리기, 접시 모양의 태양빛 응집기로 빛을 모아 수백도 이상의 열을 발생시키는 접시형 집열장치, 포물선 형태로 구부러진 홈통형 반사판으로 빛을 모아서 열을 얻는 장치, 거대한 태양열 응집기를 이용해서 수천도에 달하는 열을 만들어서 발전하는 태양열 발전기, 태양열 건조장치, 태양열을 이용한 냉방장치 등 다양한 장치가 나와 있다. 그러나 현재 세계적으로 널리 사용되고 있고 앞으로 빠르게 확산될 것으로 전망되는 것은, 태양광 발전시스템과 태양열 집열시스템이다.

태양열을 이용하는 과정에서는 에너지 손실이 수반되므로 에너지 변환과정을 되도록 적게 할 필요가 있다. 또 태양에너지는 에너지 밀도가 낮으며, 기후 등에 좌우되므로 용도 및 규모, 형태, 방법 등에 있어서 지역 특성을 고려하는 것이 바람직하다. 에너지를 흡수하는 장치가 옥외에 설치되므로 에너지 손실을 최소로 할 필요가 있으며, 구성 요소의 효율 향상과 시스템의 효율 향상이 필요하다.

4.3.1 태양열에너지 태양열(Solar thermal) 발전

태양열 이용기술은 지상에 내리쬐는 태양열을 적절한 장치로 흡수, 저장해 건물의 냉난방이나 급탕, 산업체, 농수산 분야, 열 발전 및 폐수처리에 활용하는 것이다.

장점 : 거의 무한한 양이다.
직접 에너지 비용이 들지 않는다.
환경오염 물질의 배출이 없이 사용가능하다.
단점 : 밀도가 낮아서 수집하여 이용하는데 경제성이 낮다.
이용시 초기 장치 비용이 높게 든다.
에너지양과 질의 관계가 정비례 관계가 아니다.
(자연조건에 따라 출력 변동이 크다.)

(1) 태양열에너지의 원리

① 태양열을 모으는 기구인 집열판에서 열을 모은다. 집열판은 햇빛을 받아 더워진다. 집열기는 태양열을 잘 받기 위해 검은색의 집열판을 이용하고 태양과 각도를 이루도록 경사지게 세워야 한다.

② 그 열로 찬물을 데운다. 집열기 밑에는 열전달관에 물이 담겨 있기 때문에 열을 받은 열전달관은 파이프의 물을 따뜻하게 데운다.

③ 데워진 물은 펌프에 의해 온수저장탱크로 이동한다.

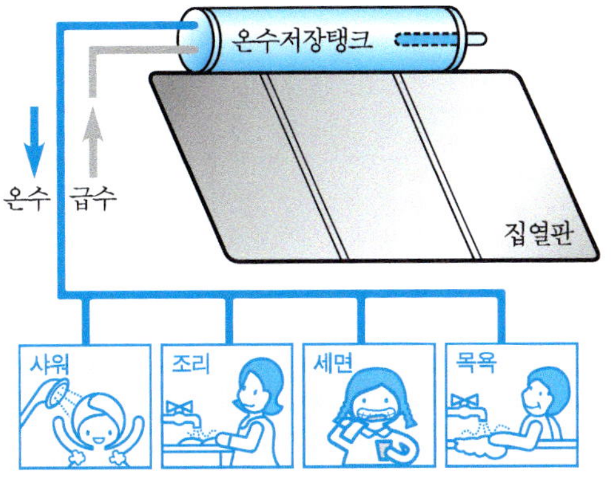

그림 4.2 태양열에너지 이용 원리

- 집열기 : 태양복사에너지를 흡수하여 열에너지로 전환하는 장치
- 집열판 : 태양열 난방 및 급탕 시스템에 사용되는 기본적인 태양열을 흡수하는 판이다.

그림 4.3 집열판

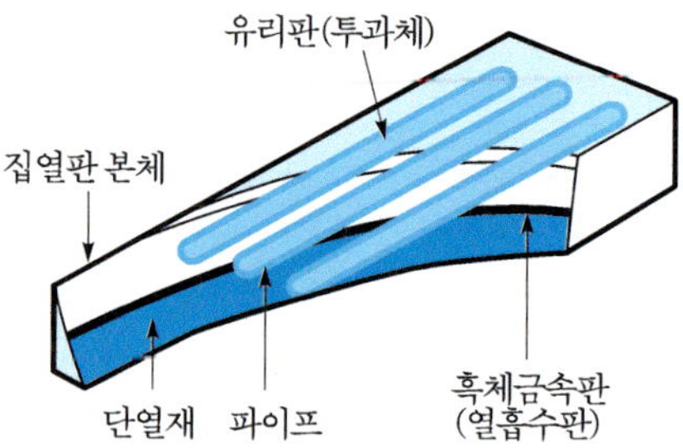

그림 4.4 집열판 구조

- 태양열 주택에서 태양열을 에너지화 하는 원리

태양열 주택은 동력 없이 태양열을 이용한다. 남측으로 향해 있는 곳의 바깥쪽을 유리창으로 만들고 그 안에 집열벽을 두어 낮 동안의 태양열을 모은다. 이 열로 데워진 공기가 순환이 되어 난방이 되고, 밤에는 집열벽에 모아진 열이 벽체를 통해 방안으로 전달됨으로써 난방이 된다.

표 4.1 태양열시스템

품 목	기 능
태양열집열기(Collector)	태양열을 직접 집열
태양열축열조(Storage Tank)	집열기에서 얻어진 태양일을 저장
태양열제어장치(Control Box)	태양열의 효율적인 저장 및 제반시스템을 자동조절
순환펌프	집열기와 축열조간의 유체순환
각종 Sensor 및 Control 부품	시스템 조절을 위한 감지장치
보일러 및 버너	보조열원
각종 배관재 및 보온재	시스템배관 및 보온

(2) 태양열에너지를 많이 얻기 위한 조건

① 남향에 햇빛을 가리는 장애물이 없어야 하며, 일조 조건이 좋은 곳

② 정남향이 이상적이나 남서 30°~남동 20° 이내의 범위에 설치

③ 여름에는 10~20℃, 겨울에는 40~60℃가 적당(집열기 설치 경사각은 위도 ±15°)

(3) 태양열의 이용기술

1) 기본기술

① 지구로 내려 쬐이는 무한한 태양열을 효율적으로 집열하는 기술

② 모은 열에너지를 장시간에 걸쳐 축열하는 기술

③ 집열 축열과정에서 열손실을 억제하는 단열기술

④ 열의 수송에 필요한 열전달 열교환기술

2) 응용기술

① 가정용 및 업무용 냉난방 급탕시스템

② 공업용 가열원으로서의 유체가열시스템

③ 농업관련 온실난방 및 건조시스템

④ 주택관련 건축구조물에의 응용

그림 4.5는 태양열 냉난방 및 급탕시스템의 기본적 구성을 보여 준 것이며, 표 4.2는 온도별 태양열에너지 적용분야를 나타낸 것이다.

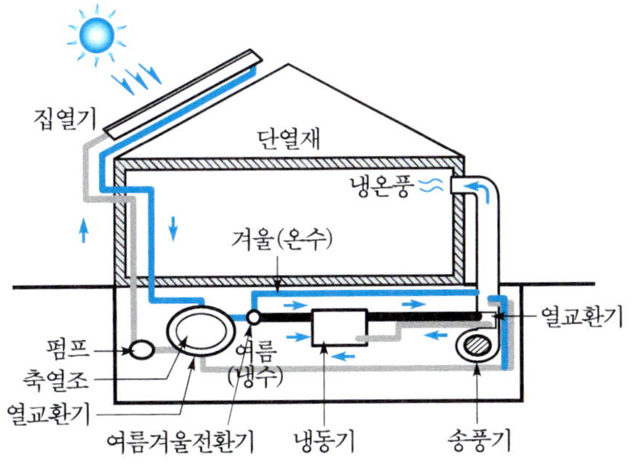

그림 4.5 태양열 냉난방 및 급탕 시스템의 기본적 구성

표 4.2 온도별 태양열에너지 적용분야

구 분	자연형	저온용(설비용)	중온용(산업용)	고온용(발전용)
활용온도	60℃ 이하	100℃ 이하	300℃ 이하	300℃ 이상
집 열 부	자연형 시스템, TAP	평판형 집열기	진공관형 집열기, PTC형 집열기, CPC형 집열기	DISH형 집열기 Power Tower Furnace
축 열 부	공기, Tromb Wall	저온축열	중온축열	고온축열
적용분야	건물난방, 조명	건물난방, 온수급탕 농수산분야	건물냉난방, 산업 공정열, 폐수처리	발전, 우주용

3) 태양열 냉방, 건조 장치

태양열을 이용하면 냉방과 건조도 할 수 있다. 냉방도 난방과 마찬가지로 에너지를 이용해서 하는 것이기 때문에, 태양에너지를 지혜롭게 이용하기만 하면 냉방도 충분히 할 수 있는 것이다.

태양열 냉방에는 흡수식과 흡착식 두 가지가 있다. 흡수식은 보통의 에어컨과 비슷한 방식으로 움직인다. 다른 점이라면 에어컨에서는 냉매를 컴프레서를 이용해서 기계적으로 압축했다가 팽창을 통해 증발시켜서 온도를 떨어뜨리지만, 흡수식 냉방장치에는 이러한 압축장치가 없다는 것이다. 냉방장치에는 대부분 냉매가 있는데, 흡수식에서는 보통 물-브롬화리튬 혼합용액 속의 물 또는 암모니아-물 혼합용액 속의 암모니아를 냉매로 사용한다. 물-브롬화리튬 용액을 사용하는 경우 물은 태양열에 의해 용액으로부터 빠져나와 증발된 다음 응축기로 들어가고 여기서 섭씨 27도 정도에서 응축된다. 이 물은 밸브를 통해서 거의 진공으로 유지되는 장치 속으로 전달되는데, 이곳에서 곧바로 증발하여 수증기가 된다. 진공 속에서는 물이 아주 낮은 온도에서도 끓기 때문이다. 이때 물이 주변의 온도를 빼앗아 가서 온도가 섭씨 7도 정도로 낮아진다. 흡수식 에어컨은 이렇게 해서 낮아진 온도를 이용해서 냉방을 하는 것이다. 냉방을 유지하려면 물을 계속 증발시키면서 온도를 낮게 유지해야 한다. 이는 증발한 수증기를 계속 제거해야만 가능한데, 브롬화리튬이 수증기를 잘 빨아들이는 성질이 있기 때문에 바로 이러한 수증기 제거 기능을 한다. 그 후 물과 브롬화리튬 혼합용액에서 태양열에 의해 물이 증발하여 응축되고 진공 속에서 증발하는 과정이 되풀이됨으로써 냉방이 연속적으로 이루어진다. 흡수식 냉방장치는 한국에는 거의 없지만 외국에서는 조금씩 보급되고 있다. 독일의 연방의회 건물도 이러한 방식으로 냉방을 하고 있다.

그림 4.6 태양열 에어컨

그림 4.7 태양열 냉방장치

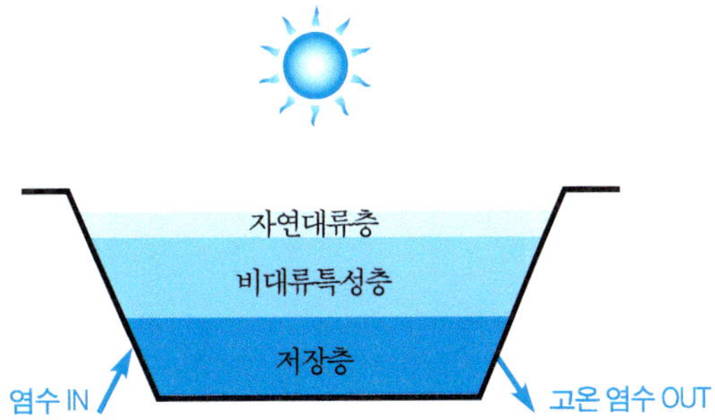

그림 4.8 태양연못

4) 태양연못

연못 속에 소금물을 넣어 태양열에 의해 뜨거워진 물이 소금의 농도차에 의해 층이 형성되게 하여 축열을 하는 방식으로 이 물의 온도는 약 70℃ 정도가 되어 계란을 익힐 수 있을 정도의 온도이다.

태양연못은 보통 세 개의 층(Layer)으로 나누어지는데 소금물의 밀도에 따라 맨 위층은 밀도가 0~5%인 자연대류층, 중간층은 밀도가 포화상태인 23% 정도에 이르기까지 약 1 m 깊이에 걸쳐 구배(Gradient)되어 비대류특성을 갖는 층, 그리고 맨 아래층은 포화되어 있는 대류층이 그 것이다. 이 태양연못은 여름동안에 태양열을 축열시켜 놓았다가 겨울철에 저장되어 있는 열을 이용하여 난방은 물론, 높은 바닥온도와 표층의 낮은 온도에 따른 온도차를 이용하여 저온 터빈으로 발전을 할 수 있는 특징이 있다.

(4) 태양열 이용기술 동향

1) 우리나라의 태양열 이용기술 현황

1973년의 석유 위기를 계기로 한국원자력연구소에서 "태양의 집 설치 및 실험에 관한 연구"라는 제목으로 태양열 난방에 관한 연구를 수행한 것이 그 효시이다. 이 연구에서는 우리나라에서도 태양열에 의한 난방이 가능함을 실증하였으나, 경제적 측면에서 널리 보급시키는 데는 문제점이 있음을 지적하였다.

그 후 연구기관과 대학에서 주로 태양열 난방분야의 연구가 이루어져 오다가 한국에너지기술연구원에서 대체에너지원의 개발을 주관하면서, 1988년부터 3단계에 걸친 태양에너지 기술개발의 기본계획이 수립되어, 현재 3단계째의 기술개발이 진행 중이다.

제1단계(1992~1996)에서는 태양열 난방 및 온수시스템의 표준화, 제2단계(1997~2001)에서는 태양열이용기술로서 요소기술의 실용화, 태양열이용시스템의 최적설계기술 개발, 산업용 태양열시스템을 위한 고온, 고효율 집열기 및 축열기술의 개발 및 실용화, 그리고 제3단계(2002~2007)로서 태양열 복합시스템의 개발 및 실용화, 태양열시스템의 종합제어기술, 대규모 산업용 태양열시스템의 개발, 태양열시스템의 국제표준화 등을 수행하고 있다.

2) 우리나라의 태양열 이용기술의 수준

우리나라의 태양열 이용기술 수준은 집열기, 온수기, 건물 응용시스템으로 나누어 볼 수 있다.

- 태양열 집열기
  - 저온(低溫) 태양열 집열기의 개발
  - 설비형의 평판형 집열기를 개발 보급
  - 진공관형 및 복합형 집열기의 개발 보급
  - 중고온(中高溫) 태양열 집열기의 개발
  - PTC형 및 Dish형 집광장치 개발 중
  - 폐수 및 폐기물처리용 집열기 개발
- 태양열 온수기
  - 자연대류형 및 상변화형 온수기를 개발, 생산보급
- 태양열 건물 응용시스템 기술 개발
  - 자연형 태양형 시스템 개발
  - 태양열 흡수식 냉방시스템 개발
  - 태양열 축열시스템 개발
  - 건물에 대한 태양열시스템의 종합적 성능평가
  - 태양열 온수기 시스템 및 요소의 표준화

우리나라에서의 태양열 이용 집열기의 보급상황은 지난 1980년대부터 20년간에 약 18만대에 이르며, 그 중 97%는 소규모의 지붕에 설치된 온수용 및 난방용이다. 해마다 보급되어지는 집열기의 수는 1997년에 약 7만7천여대이고, 2002년에는 온수용 태양열 집열기만 18만9천대가 보급되었다. 비교적 대규모 시설은 학교, 목욕탕, 골프장 및 호텔 등에 설치된 것이며, 그 수는 전체의 3% 정도이다. 표 4.3은 우리나라에서의 태양열 이용 장치의 설치 추이를 제시한 것이다.

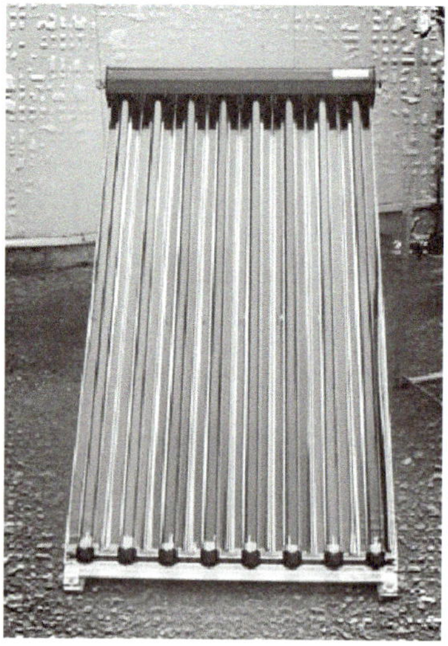

그림 4.9 진공관형 집열판
(출처:http://energyvision.org/38)

표 4.3 우리나라에서의 태양열 이용장치의 설치 실적

	1990~1993	1994	1995	1996	1997	1998	1999	2000	합 계
건물용	19,657	7,796	16,106	41,149	77,226	12,012	4,833	5,924	184,703
골프장	66	3	6	6	11	11	–	–	103
양어장	16	3	5	5	5	10	1	4	48
온실용	–	–	–	9	71	40	31	23	174
기 타	2,462	6	1	9	28	49	18	19	2,592
합 계	22,201	7,808	16,118	41,178	77,341	12,122	4,882	5,970	187,620

3) 국외의 태양열 이용현황

해외에서의 태양열 이용기술 개발은 미국, 일본, 유럽을 중심으로 활발히 진행되고 있으며, 특히 미국에서 그 보급이 앞서 있다.

① 미국

미국에서는 태양열에 의한 건물의 난방시스템이 널리 보급되어 있으며, 현재 약 120만호에 설치되어 있다. 미국 에너지성 소속의 국립재생에너지연구소(NREL: National Renewable Energy Laboratory)에서는 산업용을 목표로 한 고도의 태양열 이용시스템을 개발하고 있다. 표 4.4는 대표적인 산업용 태양열 이용시스템의 개발사례를 제시한 것으로, 비교적 높은 온도범위까지 폭넓게 개발하고 있으며 높은 기술적 수준임을 알 수 있다.

표 4.4 미국에서의 산업용 태양열 이용시설 사례

시설소유자	용 도	집열기형태	집열온도℃	공정온도℃	집열면적
Campbell Soup Co.	캔 세척	평판형	66	82~91	681
Reigel Textile Corp.	섬유의 염색	진공관형	132	88	620
York Buildg. Products	콘크리트 블록고화	선형집광식	57	57~82	856
Geld Kist. Inc.	콩의 건조	평판형	60(공기)	68~79	1,217
I.A.La Cour KilmServices	목재의 건조	평판형	61	43~71	234
Lamanuzzi Pamta-leo Foods	과실의 건조	평판형	63(공기)	60~66	1,951
Home Laundry Co.	드라이클리닝	포물면경형	215	175	600
West Point Reppotell	섬유건조	포물면경형	193	150	700
Cal. Correctional Institute	고압증기	포물면경형	147	104	2,677
Gould Inc.	동박생산용 열수생성	포물면경형	204	94	5,618
Johnson & Johnson	가제의 표백	포물면경형	175~215	175	1,070
ORE IDA	감자의 튀김	포물면경형	250	210	930

- 미국은 DOE를 중심으로 **건물용의** Solar Building Technology와 **태양열 발전의** Solar Thermal Energy System으로 구분하여 추진
- 1970년대에는 저온 분야인 태양열집열기 및 온수급탕시스템과 자연형 시스템 개발에 주력하였으나 1980년대 이후에는 자연형 태양열건물과 중고온 분야에 연구투자하고 있음
- 태양열건물과 태양열시스템의 통합설계와 첨단일사조절창호를 포함한 자연채광분야를 미국 LBL에서, 태양열건물의 모니터링 및 진단기술은 Texas A&M대에서 활발히 연구 진행 중
- 태양열 온수급당시스템의 상용화는 업체주도로 진행 중이며, 1989년부터 진행된 스트라우만 계획(Strawman Plan)에 따라 NREL, 위스콘신대, 아리조나대, 콜로라도대학이 참여하여 등급제를 위한 새로운 시험과 평가방법에 대한 ASHRAE 기준을 1994년에 제시함
- 태양열 발전분야는 1980년대 개발된 고온의 중앙집중식과 중온의 PTC, CPC형이 있으며, 전력생산의 상용화가 이루어지고 있다. 미국 NREL에서 DOE 주도로 Dish형 개발에 주력하고 있으며, 1995년 Sandia National Lab.에서는 Cumming사와 공동으로 20 kW급 Dish형 태양열 발전시스템을 완성 설치하였고, 1997년부터는 50 kW급까지 상용화

② 일본

일본에서의 태양열이용은 민생용 태양열 이용시스템과 공장 등에 설치하는 산업용 태양열 이용시스템으로 나누고 있다.

민생용 태양열 이용시스템에 대해서는 선샤인(Sunshine) 계획 시부터 적극적인 연구개발이 추진되어, 금속계통, 유리계통 및 합성수지계통 재료의 연구를 수행하여, 고효율, 저비용의 선택투과막, 반사방지막을 개발하는 동시에, 진공관식 집열기, 랭킨사이클구동 냉동기, 흡수식 냉동기 등의 요소기기를 개발하였다.

또 이들 연구성과를 토대로 신축개인주택, 기존개인주택, 다세대주택 및 대형건물의 네 가지 방식의 실험시스템의 개발, 운전연구를 통하여 민생용 태양열 이용시스템의 유효성을 실증하였다. 그 후 민생용 태양열 이용시스템의 보급을 촉진하기 위한 각종 시책이 강구되어, 2007년 현재 약 370만대 정도 보급되어 있다.

산업용 태양열 이용시스템 요소기술의 연구로서 지금까지 고효율, 저비용형 집열기, 고성능단열기술, 화학에너지변환기술 등의 기술개발을 실시하였고, 현재는 20℃ 이하의 냉열을 얻는 것을 목적으로 한 금속수소화합물과 수소와의 반응열을 이용한 냉동기술을 개발 중이다. 이 기술개발의 요점은 저온도영역에서 냉동재료에 필요한 여러 특성(평균특성, 반응속도, 수명특성)을 갖는 새로운 고성능 금속수소화합물의 개발과 저온도영역에서 고전열량, 고단열성, 저열용량의 특성을 갖는 신형열교환기, 신형금속수소화합물 충전용기를 개발하는 것이다. 또 냉동시스템의 고효율화를 도모하기 위해 열회수제어, 운전변환제어기술 등의 제어기술도 개발하는 것이다.

- 일본은 **태양열 온수기**의 경우 업체 중심으로 개발 및 상용화하고 있으며, 약 40개 업체가 연간 10만대 규모를 생산하여 보급·수출(약 500만기 보급)
- New Sunshine **계획** : 자연채광 및 제어와 대규모 태양열 냉난방, 온수급탕 시스템의 산업 이용 개발에 주력

③ 유럽

유럽에서는 JOULE계획 및 THERMIE계획에 의해, 건물에 대한 태양열 이용시스템의 적용을 위한 개발이 추진되었다. JOULE계획에서는 설비형 및 자연형 태양열 이용시스템의 요소기술개발과 종합시스템의 최적화연구가 시범건물에 의해 수행되었다. 또한 시스템 기준과 표준화도 시도되었다.

THERMIE계획에서는 대형건물 및 집단주택에 대한 자연형 및 설비형 냉난방시스템의 연구개발이 수행되었다. 또한 진공관형 집열기의 개발도 병행되었다. 태양열 집열기의 생산과 보급상황은 2005년에 5백만 m^2의 설치면적 실적을 얻은 바 있다.

- 유럽은 개발과 보급의 핵심은 **태양열 난방 및 온수기, 대규모 태양열 시스템, 자연형 태양열건물** 등이고, 수출을 목적으로 한 태양열 발전 등 개발 추진 중
- 태양열 건물이용 Program : EU의 JOULE(설비형, 자연형 시스템), THERMIE(대형건물, 집단주택의 냉난방)
- 프랑스(Jordano), 영국(Thermomax), 독일(Daimler-BenzAerospace)등에서 진공관형 집열기 상업화

④ 오스트레일리아

오스트레일리아는 태양열 이용기술이 앞선 국가 중의 하나로서, 주로 태양열에 의한 온수공급기술과 건물의 냉난방기술의 개발이 실용화되고, 보급되어 있다. 또한 산업용의 태양열에 의한 공정가열기술의 개발도 적극적으로 추진하고 있다. 표 4.5는 오스트레일리아에서의 산업용 태양열 이용시스템의 실시사례를 제시한 것이다.

호주는 태양열 온수기를 연 10만대 이상 생산하여 유럽 등에 수출하고 있음.

표 4.5 오스트레일리아의 산업용 태양열 시스템 실시사례

시설소유자	용 도	집열기 형태	집열온도℃	공정온도℃	집열면적
North Eastern Dairy Ltd	우유의 살균	평판형	80~82	-	190
Coca-Cola Bottlers	캔 가열(결로 방지)	평판형	50~60	외기 노점 온도+	78
Southwark Brewery	맥주효모의 살균	평판형	65	60	178
Solo Kool Drinks	병의 세척	평판형	75	62~65	142
IEA Solar Program Task6	냉난방	진공관형	70~90	-	-

⑤ 중국

중국에서는 1980년대 초부터 태양열 온수기, 자연형 태양열 난방시스템, 태양열 건조기, 태양열 취사기의 네 가지에 대한 개발이 시작되었으며, 그 중 태양열 온수기의 개발, 생산이 급속히 성장하였다.

중국은 현재 세계 최대의 태양열온수기 설치 국가이며, 총 설치면적은 3,000만 m^2 이상인 것으로 파악되고 있다. 2003년 현재만 1,200만 m^2 가량이 보급되는 등 연 평균 30% 정도의 성장률을 보이고 있다. 이런 가운데 진공관형 태양열집열기의 시장 점유율이 50%에 달하고 있는 것으로 나타나고 있다.

세계 태양열 온수기 진공관 시장의 70%를 차지하고 있으며, 중국과 독일의 합작회사인 리누오 파라디그마는 중국 태양열 시장의 60%를 차지하고 있다.

태양열 온수기의 연구개발은 높은 효율의 판형 집열기, 진공관형 집열기, 히트파이프형 집열기 및 온수시스템에 집중되었으며, 1980년대 중반에 태양열 온수기 산업은 급속히 발전되었다. 생산 공장은 1,000개소에 달했으며, 제품은 판형 집열기, 진공관형 집열기, 순환이 없는 단순 집열기들이다. 그 중 진공관형 집열기의 점유율은 2000년에 65%(3.96 Mm^2)에 달하고 있으며, 연간 350개 생산라인에서 7천만개의 튜브가 생산되고 있다. 최근 10개 회사에서 연간 매출액은 1억 원(元)에 달하고 있다.

자연형 태양열 난방의 개발이 UNDP의 지원하에 독일과의 기술협력으로 1980년대 초에 개시되었으며, 베이징의 Daxin 신에너지 빌리지와 Gansu 시범센터에 태양열 이용 냉난방시스템이 건립되었다. 이 프로그램으로 중국에서의 태양열난방이 급속히 보급되어, 현재 연면적 7.5 Mm^2에 달하고 있다 한다. 이 자연형 태양열난방은 중국의 국가 에너지 절약프로그램에 포함되어 있으며, 에너지절약과 CO_2 절감에 많은 공헌을 하고 있다.

태양열 건조기와 태양열 취사기도 규모는 작으나 실용화단계에 있으며, 약 100대의 건조기가 곡물, 목재, 야채 및 의약품 건조에 활용되고 있으며, 약 300,000개의 태양열 취사기가 티벳지방에서 판매되어, 연간 약 600~1,000 kg의 목탄연료 절감에 공헌하고 있다 한다.

그림 4.10 48초에 1대씩 태양열 온수기를 생산하는 중국의 공장 전경

중국정부의 신재생에너지 개발 주요계획(2006~2010년)에 따르면 태양열발전 분야에서 2010년까지 MW급 발전설비를 구축하고 2020년께는 20 MW 규모의 태양열발전설비를 구축한다는 계획이다.

(5) 태양열 이용기술 관련 특허 기술

태양열 이용에 관한 특허를 분석하면, 다음과 같이 구분해 볼 수 있다.

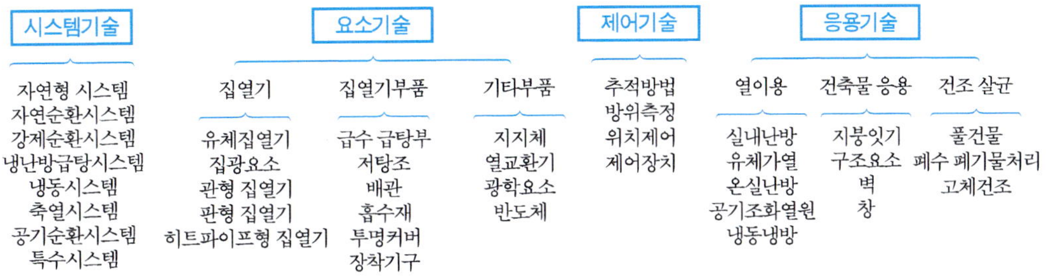

그림 4.11 태양열 이용 특허 분류

1) 시스템기술

① 자연형

자연형은 기계장치 등을 사용하지 않고, 건물의 벽이나 천정의 단열이나 창의 2중화 등에 의해 입사열을 효과적으로 활용하는 수동적인 방법이다.

② 설비형

설비형은 기계장치(집열기, 펌프, 축열조 등)를 사용하여 적극적으로 열을 받아들이는 방법으로서, 자연순환식과 강제순환식으로 분류된다.

- 자연순환식 : 자연순환식은 열매체가 집열기와 축열조 사이에서 자연대류에 의해 순환하는 것으로 태양열 온수기가 주류이다.
- 강제순환식 : 강제순환식은 펌프를 사용하여 열매체를 집열기와 축열조 사이를 강제순환 시키는 방법을 말한다. 이것을 급탕에 사용하느냐, 난방에 사용하느냐, 냉난방에 사용하느냐, 냉방에 사용하느냐에 따라 더 세분된다.

개개의 장치에 대해서는

보조가열(히터, 버너 등에 의한 보조가열)
축열(모래, 자갈 등에 의한 축열, 잠열축열 등)
공기순환(공기를 열매체로 사용)
온실난방(온실에 적용)
특수시스템(태양전지를 병용 등)들을 살펴볼 필요가 있다.

시스템기술의 특허 내용을 분석하면, 일반적으로 축열조 가열방법, 순환시스템 제어, 순환시스템 구조로 정리된다.

축열조 가열방법으로는 직접 열교환식이 압도적으로 많다. 강제순환시스템의 제어에 관한 특허 내용은 검출기와 제어대상으로 구별된다. 검출기에서는 온도검출기를 축열조 하부에 설치하는 것과, 집열매체 출구 근방에 설치하는 것이 많으며, 검출기의 사용목적으로서는 일사량 검출에 관한 것이 있으며, 제어대상으로는 펌프에 관한 것이 많다.

강제순환시스템 구성재의 구조 배열에 대해서는 집열기, 축열조, 집열회로, 펌프, 밸브 및 팽창탱크 등으로 분류되는데, 그 중 집열회로 및 축열조에 관한 것이 많다.

③ 태양열 냉난방 급탕시스템의 기술 개선 동향

냉난방 급탕시스템에 관한 특허에서는 시스템 전체의 기술 개선이 대부분이다. 시스템 개량의 주요 항목을 분석하면 일사량 변동에 대한 대책, 에너지 절약과 효율 향상, 운전제어성의 개량, 이용 확대를 목표로 한 설치의 개량, 그리고 비용 절감 등이다.

- 일사량 변화에의 대응
- 에너지 절약과 효율 향상
- 운전제어성의 향상
- 설치법의 개량
- 신재료를 이용한 새로운 시스템
- 용도 확대와 비용 절감

④ 태양전지 병용시스템

태양전지를 태양열 이용과 병용하는 경우는 크게 나누어 태양전지를 냉각함으로써 전지의 효율을 높이면서 열 회수하는 경우와 태양전지에서 흡수하지 못한 빛을 반사시켜 집열기로 열 회수하는 경우, 그리고 화학에너지 등을 이용하면서 태양전지를 사용하는 경우 등으로 구분된다.

또한 이들을 적절히 조합한 경우도 있다. 대표적 예로 평판형 집열기와 태양전지를 조합한 하이브리드형의 집열기를 그림 4.12(일본공개특허 昭59~5807)에 보여 준다. 그림에서 1은 투과체로서 태양광은 태양전지 6에 의해 일부 전기로 변환되며, 나머지는 열로서 집열판 3에 흡수된다. 3 아래에는 열매체의 순환관 4가 지나가고 있다. 5는 단열재이다. 태양전지를 태양열 이용시스템에 응용한 기술들로는 효율 향상, 구조 간소화, 적용분야 확대 등을 들 수 있다.

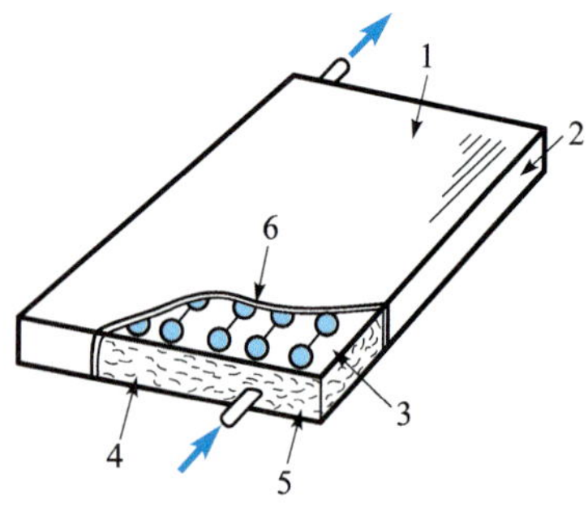

그림 4.12 집열기와 태양전지를 조합한 하이브리드형 집열기

- 효율 향상

태양전지를 냉각하여 최적온도를 유지하면 발전 효율은 최대가 된다.

이를 위해 태양전지의 냉각이 가장 많이 채용되고 있다. 냉각방법은 여러 가지 있는데 증발성 용액에 의한 것(히트파이프), 열전도성이 높은 전열기판에 의한 것, 송풍기로 공기 냉각하는 것 등이 있다. 어느 경우도 열로서 회수된 에너지는 온수나 난방기체로 이용된다. 냉각 이외의 효율 향상으로는 태양전지에서 회수되지 못한 나머지 광을 반사시켜 온수기로 회수하는 방법도 있다.

- 구조의 간소화와 집열면적의 확대

  효율을 향상시키면서 구조를 간소화한 것, 집열면을 넓힌 것 등의 고안이 있었다. 전자에서는 개재하는 절연물을 폐지하고, 고열전도성 절연재를 채용한 것과 전 평면에서 균일하게 수광하도록 한 것이 있었다.

- 적용분야의 확대

  대표적인 것으로 화학적 에너지 회수(빛으로 화학변화하고, 열을 방출하여 원물질로 되돌아감)와 태양전지를 하이브리드한 것이 있다. 또 열로서의 태양열의 회수가 적은 경우, 태양전지로 회수한 전기를 온수제조의 보완으로 사용하는 고안도 있었다.

2) 요소기술

요소기술은 태양열 이용시스템을 구성하는 각종 기기를 요소로 분류한 것으로, 대별하면 집열기, 집열기부품, 기타부품들이 있다.

① 집열기

집열기는 태양열 이용시스템의 심장부라고 할 수 있는 설비로서 태양열을 기내의 열매체에 흡수시키는 기능을 가진다. 특허에서는 유체집열기 전반에 관한 출원이 가장 많으며, 태양열을 열매체 통로에 모으기 위한 집광요소에 관한 것도 많다. 집열기의 형식은 (a) 관형 집열기, (b) 평판형 집열기, (c) 히트파이프형 집열기의 3종으로 분류된다. 이들 3종의 집열기 중에서는 관형 집열기가 가장 많다.

관형 집열기는 집열효율의 향상을 중심으로 한 성능 개량, 설비의 강도와 보수성의 향상 등 운전성의 개량, 양산화 등에 의한 비용 절감 등이다.

구체적 내용에 대하여 기술의 경향을 분석해 보면, 다음과 같은 개량이 제안되고 있다.

- 집광방법에 의해 효율을 향상시키는 방안
- 흡열재와 흡열기구로 효율을 향상시키는 방법
- 집열관의 구조 강화와 구성을 개량하여 효율을 향상시키는 것
- 집열관의 구조 강화에 의해 강도나 보수성을 향상시키는 것
- 집열체의 구성을 개량하여 효율을 향상시키는 것
- 집열체의 구성을 개량하여 양산, 비용절감을 도모하는 것

평판형 집열기는 두 장의 평판 사이에 유체가 지나는 공간을 두어 접합하여 만든 집열기로서, 유로의 형상은 원통형, 장방형, 물결형 등이 일반적이다. 또 판 자체가 집열판이 되어 있으므로, 집열판 재질은 열전도성이 좋은 금속재료가 사용되고 있다.

열매체유동관 각각으로 균일하게 유체를 흐르게 함으로써 집열을 균일하게 하여 효율을 높이는 개량이 많다. 또 데드스페이스의 감축에도 효과가 있다. 집열능력의 증강으로는 선택흡수막을 집열기 전면에 설치한 것과 열매체유동관 내에 다공재를 삽입하여 열전달을 향상시킨 것도 있다.

관 내부에 지주를 세워 관을 강화한 것도 있다. 구조와 내구성의 강화방법으로는 관체의 금속(주로 동)을 보호하기 위해 플라스틱을 삽입하거나 폴리카보네이트를 채용하여 경량이고 강한 집열기를 제작하는 방법도 있다.

주요 기술개량의 흐름은 평판형 집열기를 대량생산할 수 있도록 제조의 간소화를 도모한 것이다. 또 스테인리스강의 표면을 주철로 씌워 외관을 손상하지 않고 시공할 수 있도록 한 것도 있다. 집열기의 부대배관의 간소화도 중요하며, 유로의 개량에 의해 실현한 것도 있다.

히트파이프형 집열기는 집열부에 히트파이프의 증발부를 배치하고, 저탕조내에 히트파이프의 응축부를 배치하여 집열부에서 태양열을 효율적으로 저탕조로 수송하는 집열기이다.

② 집열기 부품

집열기 부품으로서는 주요 부품인 급수부, 급탕부, 저탕조, 배관접속 등이 있으며, 부품으로 흡수재, 투명커버, 장착기구 등이 있다.

③ 기타 부품

기타 부품에는 지지물, 열교환기, 광학요소, 반도체 등 관련 부품이 포함되어 있다.

3) 태양열 이용 제어기술의 동향

태양열 이용 제어기술은 태양열 이용시스템을 가동시키는데 필요한 기본제어에 관한 기술로서 추적방법, 위치제어, 방위측정 및 제어장치가 있다.

① 추적방법

시시각각으로 이동하는 태양을 추적하면서 집광성을 높이기 위해 반사경을 이동시키는 것, 렌즈를 이동시키는 것, 집열기 자체를 이동시키는 것 등이 있다.

② 위치제어

전기나 자기를 사용하지 않고, 주로 기계적 방법으로 위치, 방위를 제어하는 것이다.

③ 방위측정

전자파를 이용한 방위측정기에 관한 것

④ 제어장치

안전장치, 과열방지장치, 결빙방지장치 등에 관한 것

4) 태양열 이용 응용기술의 동향

태양열 이용 응용기술은 태양열 이용시스템을 응용분야에서 본 것으로 열 이용, 건물에의 응용, 건조, 동력 이용의 세 가지로 분류된다.

① 열 이용

가장 기본적인 용도이며, 태양열은 청결한 자연에너지로서 장래가 기대되는 분야이다. 기본적으로는 냉난방급탕시스템의 열원으로서 가정용, 공업용, 농업용 등 폭 넓은 수요와 연결되어 있다. 특허에서 보면 실내난방, 유체 가열, 공기 조화, 온실 이용, 냉동냉방 등 여러 분야에 걸쳐 있다.

- 실내난방 : 특허건수는 가정용 난방에의 이용이 가장 많으며, 온수 또는 온풍에 의한 지역난방에의 응용도 있다. 태양열과 함께 증기, 가스, 전기 등을 사용한 난방방식도 많다.
- 유체 가열 : 태양열을 이용한 히트펌프방식이 주류이다. 히트펌프는 저온열원에서 열을 펌핑하여 고온열원에 이용하는 경우, 냉동기의 역할을 하는 것이다.
- 온실 이용 : 농업용 온실의 난방에 태양열을 이용하는 것으로, 소규모지만 꾸준히 증가하는 추세이다.
- 공기 조화 : 태양열 이용의 공기조화시스템에의 이용으로서 증가추세이다.
- 냉동냉방 : 흡수식 냉동기를 사용한 태양열 이용 냉방이며, 증가추세에 있다.

② 건물에의 응용

태양열 이용시스템 그 자체가 어떤 형태로 건물과 관계가 있으므로 매우 광범위한 용도이다. 집열기 본체의 설치장소는 지붕이 일반적이므로, 따라서 지붕잇기 구조와 밀접한 관련이 있다. 실내풀 등에서는 지붕, 벽, 창 등을 집열기의 일부로서 이용하는 것이 상식적으로 되어 있다.

- 지붕 : 태양열집열기를 설치할 지붕의 지붕잇기 구조에 관한 것으로 가장 많다.
- 벽 : 태양열에 대해 흡수, 절연, 반사기능을 갖는 벽의 구조 등에 관한 특허
- 창 : 태양열이용장치를 시설한 문, 창 등의 구조, 기능에 관한 특허이다.

③ 건조, 동력 이용

폐수처리, 고체건조, 해수담수화, 기계적 동력에의 이용으로서, 특허출원건수는 그리 많지 않으나 앞으로 기대되는 분야이다.

4.3.2 태양광에너지

(1) **태양전지**(Photovoltaic cell)

태양빛의 에너지를 전기에너지로 바꾸는 것이 태양전지이다. 이 태양전지는 지금까지의 화학전지와는 다른 구조를 가진 것으로 '물리전지'라 할 수 있다. 태양전지는 P형 반도체와 N형 반도체라고 하는 2종류의 반도체를 사용해 전기를 일으킨다.

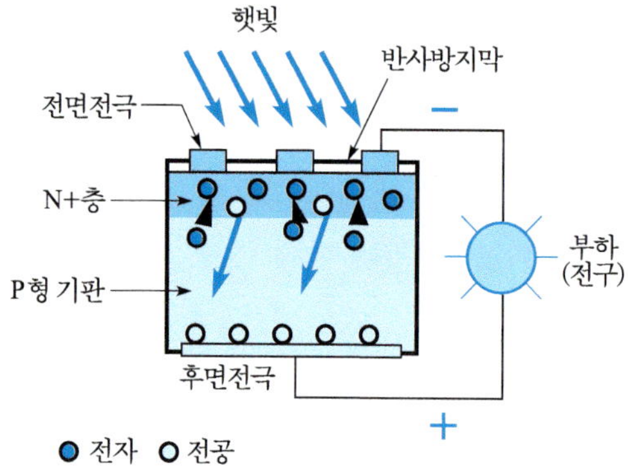

그림 4.13 태양전지의 단면

- N Type 반도체 생성

N Type 반도체는 P, As등의 5족 원소를 Si기판에 doping함으로써 얻어진다.

P, As는 최외각 전자가 5개이므로 최외각 전자가 4개인 Si원자와 공유결합을 형성하면 전자 1개가 남게 되고 이 자유전자에 의해서 전류를 잘 통하게 한다.

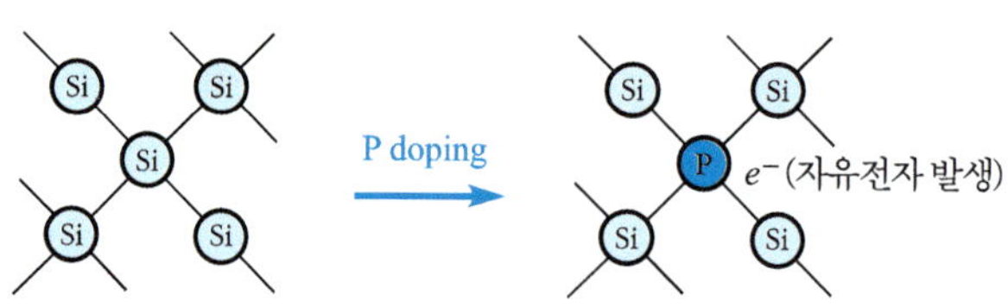

그림 4.14 N Type 반도체 생성

- P Type 반도체 생성

P Type 반도체는 B 등의 3족 원소를 Si기판에 doping함으로써 얻어진다.

B는 최외각 전자가 3개이므로 최외각 전자가 4개인 Si원자와 공유결합을 형성하면 전자 1개가 부족하여 1개의 정공이 형성되고 이로인해 전류를 잘 통하게 한다.

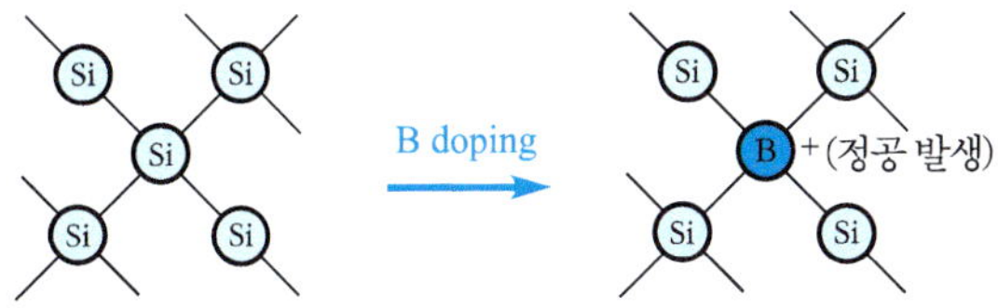

그림 4.15 P Type 반도체 생성

1) 태양전지의 원리

태양전지에 빛을 비추면 내부에서 전자와 정공이 발생한다. 발생된 전하들은 P, N극으로 이동하며 이 현상에 의해 P극과 N극 사이에 전위차(광기전력)가 발생하며 이때, 태양전지에 부하를 연결하면 전류가 흐르게 된다. 이를 광전효과라 한다.

태양전지 모듈은 대형의 시스템에서는 여러 태양전지를 직, 병렬로 연결하여 전력을 꺼낸다. 셀은 전기를 일으키는 최소 단위이며, 모듈은 전기를 꺼내는 최소 단위이고, 현관문의 반만한 크기이다. 어레이는 직, 병렬로 끼어진 여러 패널을 말한다. 서브어레이는 설치 작업이나 유지보수의 편리함 때문에 여러 개의 모듈을 정리한 단위이다.

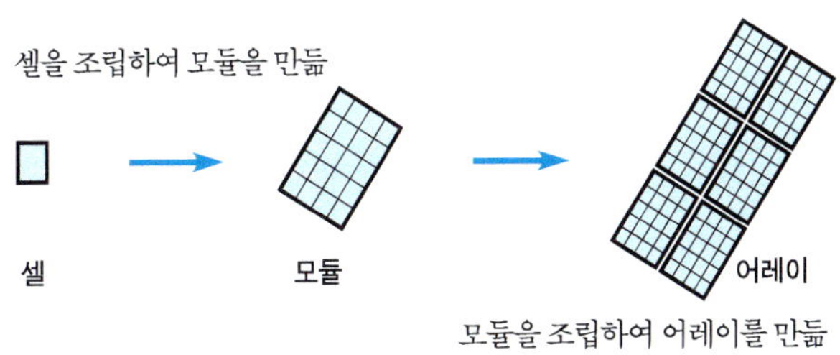

그림 4.16 태양전지의 발전 방법

2) 태양전지의 종류

태양전지는 그림과 같이 크게 결정질 실리콘 태양전지와 박막 태양전지로 구분이 된다. 전체 태양전지 시장의 95% 이상을 차지하는 결정질 실리콘 태양전지는 실리콘 덩어리를 얇은 기판으로 절단하여 제작하며, 실리콘 덩어리의 제조 방법에 따라 단결정과 다결정으로 구분이 된다. 박막태양전지는 얇은 플라스틱이나 유리 기판에 막을 입히는 방식으로 제조하는 태양전지로 막의 종류에 따라 그림과 같이 비정질실리콘 태양전지, CIS 태양전지, CdTe 태양전지, 염료감응 태양전지 등으로 분류할 수 있다.

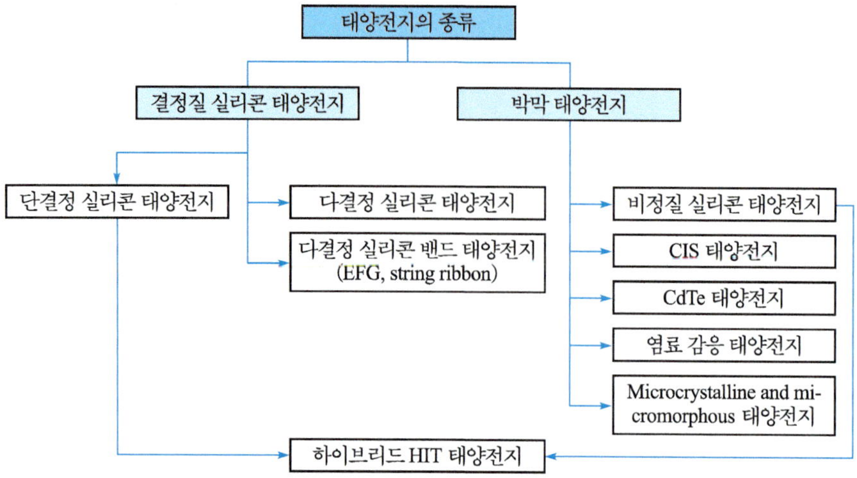

그림 4.17 태양전지의 종류

(2) 무기소재 태양전지

무기소재태양전지에는 반도체(semiconductor)가 사용되므로 먼저 반도체에 대하여 알아보기로 하자.

전자 또는 정공(홀, hole)이 이동하면 전기가 흐르게 되는데 이 때 분자, 원자 및 전자들에 의하여 방해를 받게 되며 이것을 전기저항이라고 한다. 물질에 따라 저항의 크기는 달라지며 전기저항의 역수인 전기전도도의 크기에 의해 물질을 도체, 반도체 그리고 절연체로 구분한다. 전기전도도가 10^3에서 10^7 S/m이면 도체이고 10^{-3}에서 10^4 S/m이면 반도체라고 한다. 전도도가 10^{-3} S/m보다 작은 물질이 절연체이며 전기가 거의 흐르지 않는다. 도체에서는 전자가 각 분자나 원자에 구속되어 있지 않고 자유로이 움직일 수 있으며 금속이나 전도성 고분자들이 이에 속한다. 반면에 절연체에서는 모든 전자들이 분자에 구속되어 있다.

이들 현상이 띠이론(band theory)으로 쉽게 설명될 수 있다. 띠이론을 간단히 설명하면 다음과 같다. 전자들은 두 개의 띠를 만들며 에너지가 낮은 것을 원자가 전자대, 높은 것을 전도대라고 한다. 원자가 전자대의 전자들은 분자에 구속되어 있으므로 전기를 통하지 못하며 전도대에 있는 전자들은 자유로이 이동할 수 있으므로 전기를 통할 수 있다. 도체의 경우에는 원자가 전자대와 전도대 사이의 에너지 차이가 0, 즉 이 두 띠가 서로 붙어 있고 절연체에서는 이 두 띠 사이의 에너지 차이가 아주 커서 높은 온도에서도 전자가 원자가 전자대에서 전도대로 에너지를 얻어 이동할 수 없다. 반도체 역시 두 띠가 떨어져 있지만 에너지 차이가 비교적 작아 온도를 올리면 전자가 에너지를 얻어 원자가 전자대에서 전도대로 이동할 수 있어 전기가 흐르게 된다.

도체에서는 온도가 올라가면 전자의 열운동이 활발해져 전도도가 감소하지만 반도체에서

또는 99.999999999(Eleven-nine)이어야 한다. 이 정도로 순수한 실리콘을 만들려면 시약, 용기, 용매 등등이 순수해야 하며 마지막 단계에는 Zone Refining을 거쳐 만들어진다. 순수한 단결정을 제조하는 공정은 복잡하고 비용이 많이 소용되므로 다결정 및 비정질 반도체들이 개발되고 있다.

태양전지는 단결정, 다결정 및 비정질 태양전지로 분류되며 변환효율은 단결정 태양전지가 가장 높지만 공정이 복잡하고 가격이 비싸므로 공정이 보다 간단하고 제조원가가 저렴한 다결정, 비정질 태양전지가 개발되고 있다. 고순도의 실리콘을 1,500℃에서 처리하여 단결정을 만든 후 dopant를 첨가하여 P-N접합체를 만든다. 빛의 반사를 최소화하기 위한 방지막을 만들어 부착하여 단결정 태양전지를 제조하는 데 공정이 복잡하고 고온이 요구되므로 제조가격이 높다. 따라서 보다 간단하게 만들 수 있는 다결정 태양전지나 비정질 태양전지가 최근에 개발되었다.

표 4.7에 태양전지의 종류와 재료가 비교 설명되고 있다.

표 4.7 태양전지의 종류와 재료

태양전지의 종류		반도체 재료	셀의 변환효율	모듈의 변환효율
실리콘 태양전지	결정계	단결정 Si 다결정 Si	15~24% 10~17%	10~14% 9~12%
	비정질계	비정질 Si 비정질 SiC 비정질 SiGe	8~13%	6~9%
화합물 반도체 태양전지	2원계	GaAs, InP CdS, CdSe	18~30%(GaAs) 10~12%(기타)	- -
	3원계	CuInSe2	10~12%	-
유기반도체 태양전지		멜로시아닌 프탈로시아닌	1% 이하	-

이 표에서 셀(cell)은 태양전지를 구성하는 가장 작은 단위이며 셀 하나의 전압은 0.5볼트 정도에 불과하므로 보통 셀 여러 개가 모아 모듈(module)을 만들며 여러 개의 모듈을 받침대에 설치한 앨리(alley)가 사용되고 있다.

태양전지는 크기에 따라 소규모 분산형 발전장치, 중규모 분산형 발전장치 및 대규모 집중형 발전장치로 나눌 수 있다. 소규모 분산형 발전장치의 용량은 100 W~수10 kW이며 주로 가정, 등대 등에 사용된다. 중규모 분산형 발전장치의 용량은 수10~수100 kW이고 용도는 학교, 병원 등이다. 대규모 집중형 발전장치는 수100 kW 이상의 용량을 가지며 공장, 농어촌, 소도시 등에 사용될 수 있다. 달이나 태양계의 행성, 위성 특히 생명의 존재가능성이 높은 타이탄으로 떠난 우주선의 동력원으로 태양전지가 사용되고 있다. 우주공간은 지표와 달리 태양빛이 대기에 의해 차단되지 않으므로 변환효율이 우수하다.

지금 태양전지를 이용한 에어컨, 냉장고, 보트 등이 개발되어 사용되고 있으며 화석연료 대신 태양전지를 장착한 태양자동차가 자동차경주에 등장하여 스위스에서는 벌써 200대 이상이 운행되고 있다고 한다. 화석연료에 의한 지구온난화, 스모그 및 오존층파괴 등의 환경오염이 없는 태양자동차의 필요성을 절감하고 많은 나라에서 연구 개발에 박차를 가하고 있다. 우리나라에서도 삼성SDI, LG화학, LG셀트론, 현대중공업, 삼포에너지, 경동솔라 등의 기업과 태양전지연구센터(KIER), 서울대학교, KAIST, 광주과기원, KIST 등의 연구기관과 학교에서 태양전지에 관련된 연구가 진행되고 있다. 석탄은 비교적 풍부하지만 석유와 천연가스가 전혀 산출되지 않은 우리나라에서는 태양전지의 실용화가 시급하다. 다행히도 태양빛이 강하고 온도가 높은 여름이 3개월 정도 계속되므로 태양전지에는 유리한 조건을 가지고 있다. 우리나라에서 태양자동차가 실용화될 날을 손꼽아 기다린다.

(3) 태양전지의 종류에 따른 특성

1) 결정질 실리콘 태양전지

① 단결정 실리콘 태양전지

1954년 벨연구소에서 실리콘 단결정을 이용한 태양전지를 개발할 당시만 해도 광전변환 효율은 6~10% 수준으로 고가여서 우주개발에 응용하는 정도였으나 반도체 기술의 발달로 24% 수준의 태양전지가 개발되었다. 실리콘 단결정 전지에는 초크스랄기법과 부유대법으로 육성한 실리콘 단결정이 사용된다. 초크스랄기법은 고온에서 육성하므로 단결정 육성시 실리카에 존재하는 산소원자의 확산이 이루어져 단위입방 cm당 $10^{17\sim18}$개의 산소 침입격자가 결정 내에 존재하여 태양전지 의 수명감소를 가지고 온다.

부유대법은 이물질의 접촉이 없어 초고순도 결정성장이 가능하나 비용이 너무 비싸다. 실리콘 단결정은 0.2~0.5 mm 두께로 절단하여 사용하는데 과거엔 다이아몬드 절단기 사용하였으며 절단시 50%의 손실이 발생하였으나 최근에 멀티와이어 절단공정이 개발 30% 정도 줄일 수 있게 되었다.

PERL(Passivated emitter, rear locally diffused)은 변환효율이 24.7%로 높고 개방전압이 706 mV, 단락 광전류밀도 42.2 mA/cm^2, 곡선율 82.2%로 FZ(Floating Zone)법으로 제작한 저항율 1Ωcm의 P형 실리콘 단결정 실리콘 전지이다.

FZ(Floating Zone)기판과 CZ(Czochralski)기판이 있는데 FZ기판은 성장중에 실리콘이 접촉하는 물질이 없기 때문에 순도가 높은 기판을 제조할 수 있지만 기판가격이 비싸기 때문에 일부 고효율 태양전지에 국한해서 사용되고 있다. CZ기판은 성장중에 용융실리콘의 유동도를 줄요 산소의 유입을 최대한 줄이면서 성장하는 방법으로 산소 농도의 조절이 어려워 변환효율이 약간 떨어진다는 단점을 가지고 있다.

② 다결정 실리콘 태양전지

효율은 단결정 보다 낮지만 저렴한 가격으로 대량생산이 가능한 다결정 실리콘을 이용한 소자개발이 활발하게 진행 중이며 다결정 실리콘 기판은 연속캐스팅법과 전자주조법으로 대량생산이 가능하다. 또 변환효율도 1 cm^2당 18.6~19.8%가 유지되며 225 cm^2대 면적에서도 17%의 고효율이 달성되고 있다.

캐스팅법은 주형을 이용한 대형잉곳(ingot)제조로 가격이 저렴하며, 240 kg 이상의 잉곳제조가 가능하다. 그러나 이 방식은 용액이 직접 주형(SiN을 코팅한 주형)에 접촉하기 때문에 불순물의 혼입을 피할 수가 없다.

전자주조법은 전자 유도용해에 의한 용약의 부유 상태를 이용한 전자주조법은 주형을 사용하지 않아 불순물 혼입을 막을 수 있다. 그러나 전자유도에 의한 반발력을 이용하기 때문에 용액의 탕루를 막기 위해 유도코일 바닥 부분에 안정한 응고면을 유지할 필요가 있다. 이 방법은 잉곳을 응고 냉각 시킬 때 고액계면현상을 구부려서 잉곳 내부에 열응력 유기전위를 발생시키는 원인이 되어 해결해야 할 문제점이다. 그러나 이방법은 5 mm/min의 큰 응고속도 등으로 제조비 절감효과가 크고 길이 7 m인 잉곳의 연속 주조가 가능하다.

2) 비정질 실리콘 태양전지

비정질 실리콘 태양전지는 1960년대 후반에 개발된 이후 전지효율의 지속적인 개선이 이루어지지 않았는데, 이유는 빛을 쪼여줄때 발생하는 비정질 소재 고유의 instrinsic degradation(효율감소)인 staebler-wronski 효과 때문이다. 이러한 문제는 가공기술과 디자인의 효율화로 개선하였다. 비정질 실리콘 태양전지는 결정질 태양전지의 P-N구조와 다르게 불순물을 도핑한 P형 층 및 N형 층 사이에 불순물을 함유하지 않은 I형 층을 넣은 -P-I-N 구조로 되어 있다. 기본구조는 기판에 투명전극(TCO: Transparent Conductive Oxide), 비정질 실리콘(P-I-N)이면 전극, 비정질 실리콘(N-I-O), 투명전극 금속, grid 전극 순으로 형성하는 구조가 있다.

3) 화합물 반도체 태양전지

① I-Ⅲ-$Ⅵ_2$족 박막태양전지

$CuInSe_2$, $CuGaSe_2$, $CuInS_2$과 같은 삼원화합물 반도체나 $Cu(In, Ga)(S, Se)_2$와 같은 다원화합물을 이용한 태양전지에 관하여 많은 연구를 하였으며 대표적인 $CuInSe_2(CIS_2)$ 단결정으로 제조된 태양전지는 성능이 우수하였으나 제조공정이 복잡하여 초기에는 주목을 받지 못하였으나 Kazmerski 등이 다양한 공정조건에 적용 가능함을 입증하면서 활발히 연구되었으며 보잉사 등에서 CIS_2전지 셀을 제작하기 시작하였다.

CIS_2계 전지 셀의 신뢰성은 미국 NREL(National Renewable Energy Laboratory)에

서 옥외시험결과 10년 경과 후에도 효율변화가 없는 것으로 나타났다. CIS_2와 같은 삼원 화합물은 항상 화학량적으로 구리가 약간 부족한 상태에서 단상으로 존재하며 인듐이 과잉한 상태에서는 상분리가 일어나는 것으로 밝혀졌다.

② Ⅱ-Ⅵ족 박막태양전지

다결정 박막 카드뮴 텔루라이드(CdTe)를 사용한 태양전지는 비정질 실리콘 전지나 CIS_2 전지와함께 가장 실용성이 있는 박막형 전지로 평가 받고 있으며 비정질 실리콘 전지에 비해 에너지 변환효율이 높고 성능 안정성이 우수하고 CIS_2계 전지에 비해 대량생산이 매우 용이하다는 장점이 있다.

- CdS박막 제조방법

  이것은 CdTe 태양전지에서 window layer로 작용하는 N-Type Semiconductor Layer 이다. 이막은 Cadmium acetate, Thiourea Ammonia 수용액에서 CBD (Chemical Bath Deposition)방법으로 제조된다. CdS층은 빛의 투과성을 높이기 위하여 최대한 얇게 해야 하며 전기적 특성을 위해 두께를 고르게 해야 한다.

- CdTe 박막제조

  CdTe박막제조는 근접승화법(CSS: Close Spaced sublimation)이 일반적으로 사용되며 소스와 기판의 간격은 수mm이며 소스의 온도는 기판의 온도보다 높게 유지된다. CdTe 소스에서 분해된 Cd와 Te 기체분자는 소스와 기판사이의 평형 증기압 차이로 인해 상대적으로 증기압이 낮은 기판 쪽으로 확산되어 기판에 증착된다.

4) 염료감응 태양전지

염료감응 태양전지(DSSC: Dye-Sensitized Solar Cell)는 일본에서 색소증감 태양전지라고도 하며 1971년 Tributch 가 식물의 광합성 원리를 응용하여 염록소의 클로로필을 사용하는 방식이 처음 제안되었으며 효율이 낮아 주목받지 못하였다. 그 이후 1991년 스위스 Lausanne 공과대학에서 광합성 원리를 이용한 고효율의 광전기 화학적 태양전지를 최초로 개발하였으며 1993년 변환효율을 10.58%로 발표한 후 염료감응 태양전지에 대한 연구가 각국에서 활발히 진행 중이다. 기존의 실리콘 태양전지에 비하여 제조원가가 1/4~1/5수준으로 매우 낮고 원재료인 산화티탄, 색소, 전해질 용액이 자원적인 제약이 없으며 대기압 하에서 인쇄방식이나 계통생산 방식으로 대량 제조할 수 있어서 저가격 고성능의 차세대 태양전지로 각광받고 있다.

색소감응 태양전지는 광전극과 대극 그리고 그 사이에 충진된 수십 나노미터 두께의 전해질로 구성되어 있다.

광전극은 불소를 도포한 산화주석 도전성막($F-SnO_2$)유리기판 위에 TiO_2 나노입자를 10~30나노미터 정도의 두께로 입혀 TiO_2 다공질 막을 형성한다. 이 다공질막의 표면적은 기판의 동일 면적에 비해 1000배 이상이며 TiO_2표면에 Ru색소를 고정시킨다. Ru색소를 구성하는 피리딘계는 카복실기(-COOH)가 있어 TiO_2표면의 수산기(-OH)와 결합 Ru색소를 TiO_2표면에 단일층으로 화학적으로 고정시킨다.

전해질 용액은 레독스(산화환원)계로 구성되어있고 TiO_2반도체 표면으로부터 전해질용액으로 전자가 누출되는 것을 막기 위하여 염기를 첨가한다.

전해질의 용매로는 아세트니트릴, 메톡시아세트니트릴 등 비양자성 유기용매가 사용된다.

대극은 전도성 유리기판위에 백금(Pt)를 입혀 사용한다. Pt의 표면적을 향상시키기 위해 H_2PtCl_6 수용액처리후 소성처리 하여 Pt를 표면에 붙이기도 하며 최근에는 Pt보다 염가인 카본대극 등에 대해서 검토하고 있다.

(4) 태양광(Photovoltaic) 발전

무한정, 무공해의 태양에너지를 직접 전기에너지로 변환시켜 활용하는 기술이다.

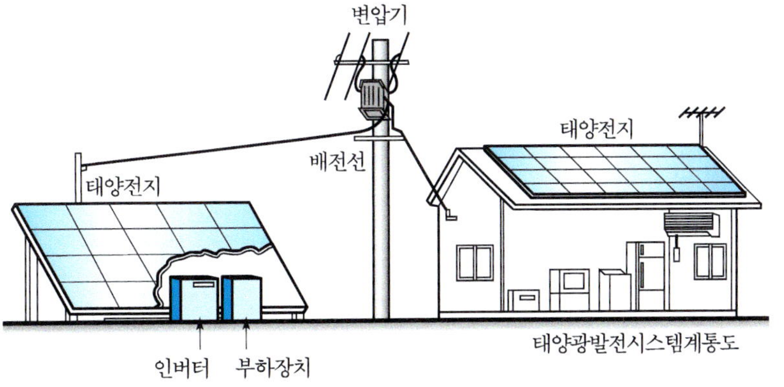

그림 4.18 태양광 발전 모식도

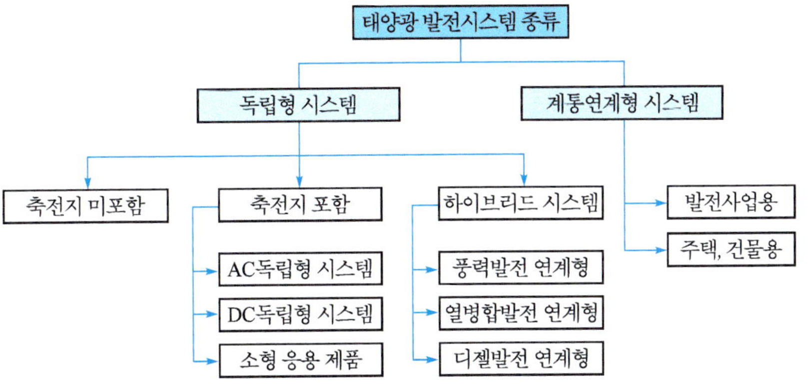

그림 4.19 태양광 발전 시스템

(5) 태양광 발전의 원리

태양전지는 반도체의 성질을 이용하여 빛에너지를 전기에너지로 변환시키는 장치이다.

태양광 발전은 반도체(semiconductor)로 만들어진 태양전지(photovoltaic cell)에 빛에너지(광자)가 투입되면 전자의 이동이 일어나서 전류가 흐르고 전기가 발생하는 원리를 이용하는 것이다. 태양전지는 하나의 크기가 대략 10×10 cm^2로 빛을 받으면 0.6볼트의 전압이 생기고, 최대 1.5와트(W)의 용량을 갖게 된다. 전류의 세기는 태양전지의 크기에 따라 달라진다. 태양전지는 다양한 물질로 만들 수 있지만, 가장 널리 쓰이는 태양전지는 규소로 이루어져 있다. 규소는 순수한 상태에 극히 소량의 다른 원자들이 섞여 들어가면 전기적으로 다른 원소에서 볼 수 없는 현상이 일어나는데, 이 현상을 응용하는 것이 바로 반도체와 태양전지이다.

빛을 반도체에 쪼이면 자유전자가 생겨나고 이 자유전자들은 n－형 쪽으로 끌려 넘어가게 된다. 이러면 n－형 쪽에 자유전자가 계속 쌓이게 된다. 이 때 만약 반도체에 전기선이 연결되어 있다면 전자는 전기선을 통해 외부로 빠져나간다. 따라서 전기선을 따라 전자가 흐르게 되며 전기를 얻게 된다.

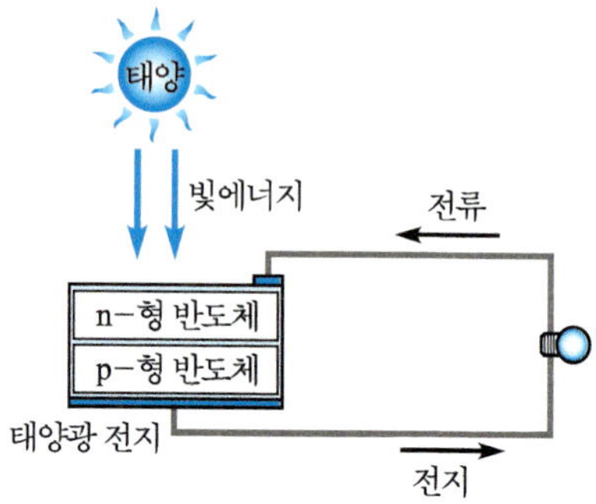

그림 4.20 태양광 전지를 통해 빛에너지가 전기에너지로 바뀌는 과정

1) 빛에너지가 전자의 흐름으로 바뀌게 되는 원리

태양전지에 빛을 쪼였을 때 전기가 발생하는 반응은 두 가지의 현상이 연속적으로 일어나는 것으로 설명될 수 있다.

- P–N접합에 의한 발전원리

태양전지는 실리콘으로 대표되는 반도체이며 반도체기술의 발달과 반도체 특성에 의해 자연스럽게 개발되었다. 태양전지는 전기적 성질이 다른 N(negative)형의 반도체와 P(positive)형의 반도체를 접합시킨 구조를 하고 있으며 2개의 반도체 경계부분을 P–N접합(PN–junction)이라 한다.

이러한 태양전지에 태양빛이 닿으면 태양빛은 태양전지 속으로 흡수되며, 흡수된 태양빛이 가지고 있는 에너지에 의해 반도체내에서 정공(正孔)(+)과 전자(電子)(−)의 전기를 갖는 입자(정공과 전자)가 발생하여 각각 자유롭게 태양전지 속을 움직이게 되지만, 전자(−)는 N형 반도체 쪽으로, 정공(+)는 P형 반도체 쪽으로 모이게 되어 전위가 발생하게 되며 이 때문에 앞면과 뒷면에 붙여 만든 전극에 전구나 모터와 같은 부하를 연결하게 되면 전류가 흐르게 되는 데 이것이 태양전지의 P–N접합에 의한 태양광발전의 원리이다.

대표적인 결정질 실리콘 태양전지는 실리콘에 붕소를 첨가한 P형 실리콘 반도체를 기본으로 하여 그 표면에 인(phosphorous)을 확산시켜 N형 실리콘 반도체 층을 형성함으로서 만들어짐. 이 P-N접합에 의해 전계가 발생한다.

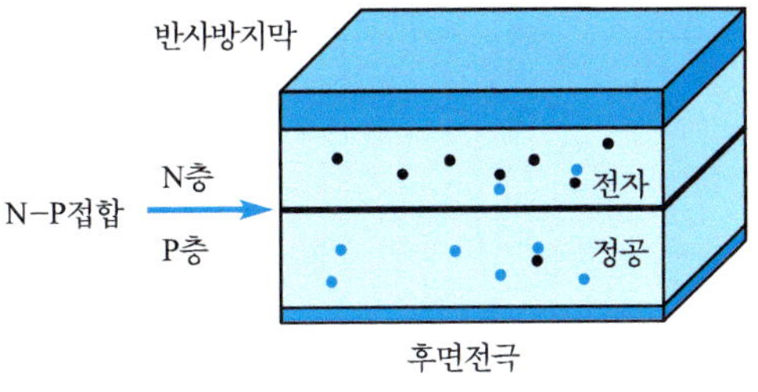

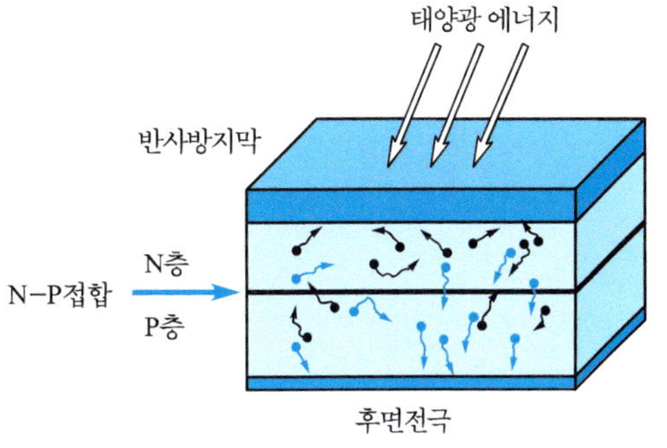

이 태양전지에 빛이 입사되면 반도체내의 전자(−)와 정공(+)이 여기되어 반도체 내부를 자유로이 이동하는 상태가 된다.

자유로이 이동하다가 P-N접합에 의해 생긴 전계에 들어오게 되면 전자(−)는 N형 반도체에, 정공(+)은 P형 반도체에 이르게 됨. P형 반도체와 N형 반도체 표면에 전극을 형성하여 전자를 외부회로로 흐르게 하면 전류가 발생된다.

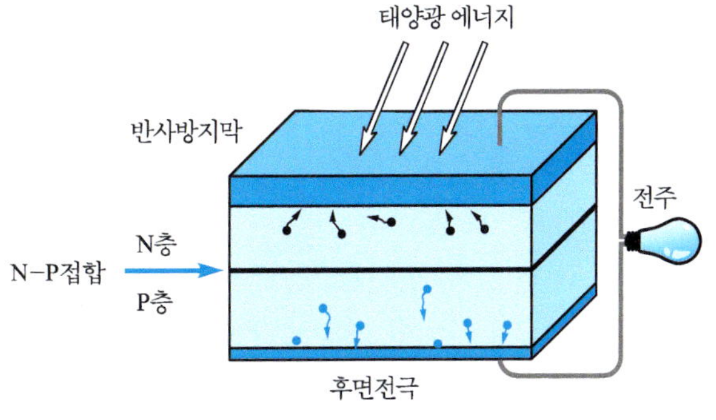

① 자유전자가 발생되는 현상

② 생성된 자유전자를 외부 회로로 내보내어 전기를 유도하는 과정

고체 내부에는 전자가 많이 존재한다. 전자는 묶인 전자와 자유선사로 구분되는데, 이 중에서 자유전자가 전기의 흐름을 담당하게 된다.

반도체는 대체로 전기를 잘 통하지 않는 물질이다. 즉 자유전자를 많이 갖고 있지 않다. 반도체에 빛을 비추면 묶인 전자가 빛에너지를 받아서 자유전자 상태로 된다. 빛에너지는 원자핵에 묶여 있던 전자가 결합을 끊고 자유롭게 되도록 해준다. 그런데 이것만으로는 전기를 얻을 수 없다.

2) 자유전자들이 반도체를 빠져 나와 외부회로에 도달하게 되는 원리

자유전자가 외부회로에 도달하게 하기 위해서 필요한 것이 반도체 p-n접합이다. 이것은 "p-형 반도체"와 "n-형 반도체"를 붙여서 만든 것이다. 이렇게 되면 접합부분에 전기장이 생긴다. 이러한 극성 때문에 자유전자는 p- 형 쪽으로 끌리게 된다.

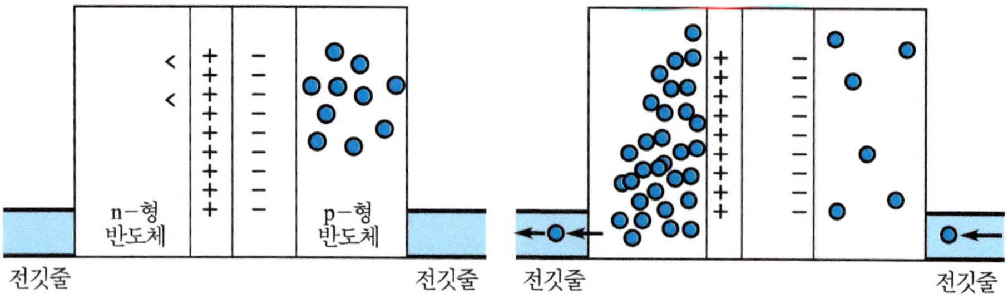

그림 4.21 자유전자들이 반도체를 빠져 나와 외부회로에 도달하는 과정

(6) 태양광 발전의 장·단점

1) 장점

① 햇빛이 있는 곳이면 어느 곳에서나 간단히 설치할 수 있다.

② 한번 설치해 놓으면 유지비용이 거의 들지 않는다. 그리고 태양전지를 많이 설치할수록 많은 양의 전기를 얻을 수 있다.

③ 무한정, 무공해의 태양에너지를 이용하므로 연료비가 불필요하고, 대기오염이나 폐기물 발생이 없으며, 발전 부위가 반도체 素子(소자)이고 제어부가 전자 부품이므로 기계적인 진동과 소음이 없다.

④ 태양전지의 수명이 최소 20년 이상으로 길고 발전 시스템을 半(반)자동화 또는 자동화 시키기에 용이하며, 운전 및 유지 관리에 따른 비용을 최소화할 수 있는 장점을 지니고 있다.

2) 단점

① 에너지 밀도가 낮아, 많은 수의 태양전지를 사용해야 한다.

② 많은 공간이 필요하다.

③ 태양전지의 재료는 값이 비싼 반도체 재료인 실리콘을 사용하고 있어서 태양광 발전시스템을 처음에 설치하는 데는 많은 비용이 든다.

(7) 태양광 발전시스템의 구성

태양전지에서 생산되는 전기는 직류(DC)전기이다. 그러나 우리가 보통 쓰는 전기는 교류(AC)이기 때문에 DC를 AC로 바꾸는 인버터가 필요하다. 그리고 전기를 저장했다가 필요할

때 꺼내 쓸 수 있도록 축전지(Battery)가 필요하다. 또 장마철이나 태풍 등의 영향으로 비교적 장기간 태양전지가 작동할 수 없는 경우를 대비하여 보조발전기(주로 화력발전기)도 있어야 한다. 대표적인 전력계통도를 표시하면 그림 4.22와 같다. 그림에 표시된 전력조절장치는 태양전지가 주어진 조건에서 최대의 전력을 낼 수 있도록 하는 장치이다.

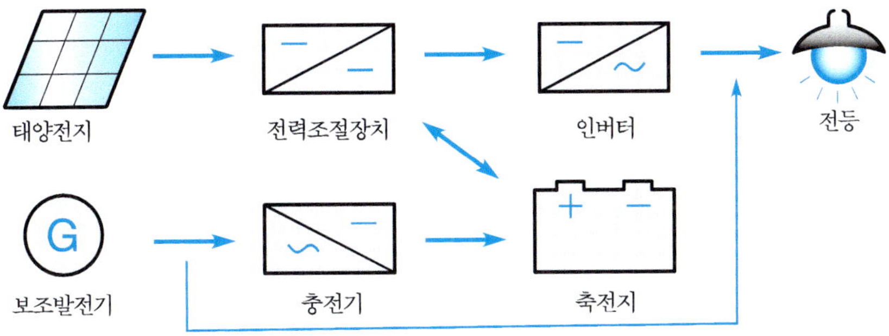

그림 4.22 태양광 발전시스템의 구성도

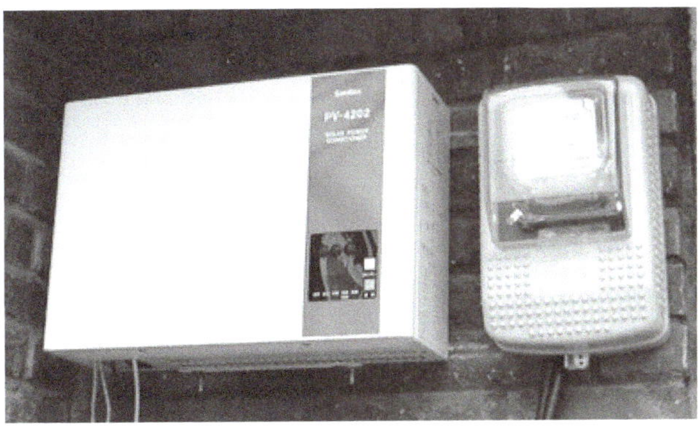

그림 4.23 인버터

- 태양전지
  - 실리콘계
    - 결정질 실리콘
      - 기판형
        - 단결정(Single Crystalline Silicon)
        - 다결정(Poly Crystalline Silicon)
      - 박막형(Poly Crystalline Silicon Thin Film)
    - 비정질 실리콘 박막(Amorphous Silicon Thin Film)
  - 화합물 반도체
    - Ⅱ~Ⅵ족 : CdTe, CIS등
    - Ⅲ~Ⅴ족 : GaAs, InP, InGaAs 등
    - 기타 : Quantum Dot Cell, Dye Cell 등

그림 4.24 태양전지의 분류

(8) 태양광 발전의 종류

1) 독립형 시스템

등대나 섬과 같이 전력 계통이 정비되지 않은 지역에서 이용되며 현재 가장 많이 쓰이고 있다. 태양광으로는 하루 평균 3시간 정도밖에는 발전할 수 없으므로 발전된 전기를 저장하는 기능이 필수적이다. 큰 용량의 축전지가 필요하다.

2) 계통 연계 시스템

태양광으로 발전된 전기와 함께 전력 회사에서 공급하는 전기를 같이 사용하는 방식이다. 태양광으로 발전되지 않는 시간에는 전력 계통으로부터 전력을 공급받을 수 있다. 태양광으로 발전하여 전기를 사용하고도 남는 경우에는 전력 계통에 거꾸로 흘려보낼 수 있다.

(9) 응용사례

1) 우리나라

1970년대 2차례의 석유파동으로 우리나라는 에너지 기술개발의 중요성을 인식하게 되었다. 그 중 태양광 발전은 기초연구 단계를 지나 실용화 단계에 진입하게 되어 소규모 섬 지역을 중심으로 보급을 확대하고 있다.

① 태양광 가로등

② 태양광 분수대(광주 비엔날레 중외 공원)

③ 호도의 태양광 발전소

호도의 태양광 발전소는 현재(1998년 12월) 여러 가지 이유로 극히 미미한 전력만을 생산하고 있다.

그림 4.25 호도 태양광 발전소

- 국내 태양광 발전소 현황

2013년 8월 현재 국내에는 약 100기 이상의 태양광 발전소가 가동 중이며, 태양광발전소 건립 계획이 계속적으로 발표되고 있음.

- 동양건설산업은 독일의 썬텍크닉스사와 함께 24MW급 태양광 발전소를 전라남도 신안군에 건설 하였음. (현재 세계 최대의 태양광 발전소는 97MW 규모의 캐나다 (samia 태양광 발전소임)

표 4.8 국내 주요 태양광 발전소 현황

설치용량		설치위치	설명	비고
1	24MW	전남 신안군	Sinan power plant	
2	20MW	서울특별시	seoul power plant	
3	15MW	전북 고창군	Gochang power plant	
4	13.772MW	충남 태안군	Taean PV plant	
5	3MW	경북 군위군	Gunwi solar power plant	
6	3MW	경북 영주시	Youngzyu Ⅱ solar power plant	
7	3MW	전남 영광군	Yeounggwang solar power plant	
8	3MW	전남 영암군	Youngam-gun power plant	
9	2.2MW	경북 문경군	Mungyeong SP solar Mountain PV plant	
10	2MW	전남 진도군	Jindo PV plant	외 다수

2) 외국

태양광 배, 태양광 주택, 태양광 자동차, 태양광 시계, 태양광 라디오, 태양광 계산기, 인공위성에 응용하고 있다.

우리는 우주에 떠 있는 인공위성이 팔을 펴는 모습을 볼 수 있는데, 이것이 인공위성에서 사용하는 에너지를 공급하기 위하여 태양전지를 펴는 모습이다. 우주에서는 언제나 빛을 얻을 수 있고 햇빛의 세기가 지구의 대기권 내에서 보다 4배나 세기 때문에 태양광 발전을 하기에 좋다. 미국은 태양광 발전을 인공위성의 電源(전원)으로 1960년대부터 이용해 왔는데 지상용 태양광 발전시스템의 실용화를 위하여 1972년부터 5년 주기의 National Photovoltaic Program을 수립하여 기술개발을 추진해오고 있다.

한편 日本은 1974년에 태양광 발전 기술을 개발하기 위한 국가 주도의 Sunshine Project를 수립하여 추진하였으며, 1980년에는 NEDO(New Energy and Industrial

그림 4.26 태양전지를 이용한 인공위성

Technology Development Organization, 新(신)에너지기술종합개발기구)를 설립함으로써 본격적인 태양광 발전 기술의 개발에 착수하였다. 이와 함께 1987년에는 기업과 연구기관 등으로 태양광 발전회(JPEA, Japan Photovoltaic Energy Association)를 구성하여 기술 및 시장에 관한 정보교환과 공동연구를 수행하고 있다.

유럽공동체(EC)의 태양광 발전 기술개발은 비록 소규모이기는 하나 1975년 이후 꾸준히 계속되고 있다. 1989년부터는 1차 3년 3개월의 계획기간을 가진 Non- Nuclear Energy Program JOULE(Joint Opportunities for Unconventional or Longterm Energy Supply)계획을 수립하여 태양광 발전 기술의 연구개발을 계속 추진하고 있다. 이 계획의 2000년까지의 모듈 가격 목표는 1 ECU/Wp이며, 1994년까지의 JOULEⅡ 계획은 상업화를 목적으로 多結晶(다결정) 硅素(규소) 태양전지 제조기술개발과 태양광 발전 시스템에 대한 연구에 중점을 두고 있다. 또한 低價(저가)의 薄膜(박막) 태양전지를 개발, 실용화하기 위한 목적으로 EUROCIS 컨소시엄을 구성하여 독일을 中心으로 $CuInSe_2$태양전지 연구에 주력하여 괄목할 만한 성과를 얻고 있다.

CHAPTER

05 풍력에너지

5.1 풍력발전의 정의

인류는 오래전부터 바람의 힘이나 물의 힘을 직접 이용하여 왔으나 오늘날 사람들은 바람의 힘을 전기로 바꿔 이용하고 있다. 이것이 풍력발전이다. 풍력발전은 수시로 불어오는 바람이 발전기에 붙어 있는 날개를 회전시킴으로써 전기를 얻는 기술이다.

2005년 말 세계 풍력발전 총 설비용량은 5,000만 kW에 달한다. 특히 덴마크는 전력수요의 20%를 풍력발전으로 조달하고 있으며, 독일이나 스페인에서도 풍력발전의 기여율이 높다. 유럽 풍력에너지 협회(EWEC)는 2002년에 "WIND FORCE 12"에서 2020년까지 세계 전력의 12%를 풍력으로 조달한다는 목표를 밝힌바 있다.

풍력발전은 어느 곳에나 산재되어 있는 무공해, 무한정의 바람을 이용하므로 환경에 미치는 영향이 거의 없고, 국토를 효율적으로 이용할 수 있으며, 대규모 발전 단지의 경우에는 발전 단가도 기존의 발전 방식과 경쟁이 가능한 수준의 신에너지 발전 기술이다. 또한 풍력발전 단지의 면적 중에서 실제로 이용되는 면적은 전체 단지 면적의 1%에 불과하며, 나머지 99%의 면적은 목축, 농업 등의 다른 용도로 이용할 수 있다. 풍력발전은 공해물질 저감효과도 매우 커서 200 kW급 풍력발전기 1대가 1년간 운전하여 400,000 kW의 전력을 생산한다면 약 120~200 ton의 석탄을 대체하게 되며, 줄어드는 공해물질의 배출량은 연간 SO_2는 2~3.2 ton, NO_x는 1.2~2.4 ton, CO_2는 300~500 ton, 슬래그(slag)와 분진(ash)은 16~28 ton에 달하며, 부유물질은 연간 약 160~280 kg 정도 배출이 억제되는 효과가 있다.

그러나 바람의 속도와 방향이 자주 바뀌고 지속적이지 못한 경우도 있기 때문에 동력원으로 전환하기 위한 많은 기술이 요구되어 시스템 가격이 상대적으로 높아 발전단가가 높다는 단점이 있으나 최근에는 대용량의 설비들이 양산 체제에 들어감으로서 4¢/kW대가 가능해졌다.

5.2 풍력발전기의 원리

풍력발전기는 바람이 갖고 있는 에너지를 전기에너지로 바꿔 주는 장치이다. 불어오는 바람은 풍력발전기의 날개를 회전시키게 되고 이 때 생긴 날개의 회전력으로 전기를 생산하여 우리가 사용하게 되는 것이다.

현대식 풍력발전기는 구식 풍차와는 모양이 아주 다르다. 풍력발전기는 높은 철제탑이나 콘크리트탑 위에 날개가 두 개 또는 세 개 달린 커다란 회전익이 올라앉아 있는 모습이다. 이 회전익들이 샤프트를 돌려 발전기에 동력을 전달한다. 회전익의 크기와 탑의 높이가 발전 가능량을 결정한다. 바람은 높이 올라갈수록 세게 불고 회전익이 받는 풍량은 날개의 면적에 의해 좌우되기 때문이다. 날개의 길이가 2배로 늘어나면 동력은 4배로 증가한다. 더욱 중요한 것은 바람의 속도다. 풍력은 풍속의 세제곱의 비율로 증가하기 때문이다. 즉 풍속이 배로 늘면 여기서 얻을 수 있는 동력은 8배로 늘어난다. 그러나 풍력발전기가 폭풍을 필요로 하는 것은 아니다. 대부분 풍력발전기는 보퍼트 풍력계급으로 3~10계급(21~97 km/h)이 작동하도록 설계되어 있다. 풍속이 그 이상으로 증가하면 자체보호를 위해 자동적으로 멈추도록 되어 있다. 대부분의 기계들은 항상 비슷한 수준의 동력을 내도록 설계되어 있다. 즉 바람이 세게 불더라도 기계의 회전이 지나치게 가속화하지 않도록 회전익이 자동적으로 "수평화"하는 것이다. 예고 없이 불어오는 강풍을 최대한 활용하기 보다는 풍속에 관계없이 일정한 출력을 내는 편이 이롭기 때문이다.

풍력발전기는 항상 제방향-바람을 마주 보거나 등지는 방향을 유지해야 한다. 이런 이유 때문에 회전익은 회전반 위에 설치되어 바람의 방향을 알려주는 감지기와 연결된 전동기에 의해 조정되도록 되어 있다. 회전익을 수평축이 아닌 수직축에 설치하면 이 풍향문제를 완벽하게 해결할 수 있다. 수직축에 날개를 달면 바람이 어느 쪽에서 불어오건 아무 문제가 없다. 다레이어스 터빈이라고 불리는 이 수직축 발전기는 그밖에도 다른 이점이 있다. 즉 풍력을 전력을 전환시키는 무거운 발전기를 탑 위에 설치하는 대신 지상에 설치할 수 있다. 따라서 수평축 발전기에 비해 회전익이 압력을 적게 받게 된다. 다레이어스 터빈의 한 가지 결점은 회전익을 돌리려면 처음에 손이나 전동기로 밀어 주어야 하는 경우가 가끔 있다는 것이다.

풍력발전기를 설치하는 데 따르는 또 다른 한 가지 중요한 문제점은 환경문제다. 주민들은 풍력발전에 호감을 가지면서도 언덕마다 회전날개로 뒤덮이는 것을 별로 달가워하지 않는다.

풍력터빈을 바다에 설치하는 문제가 진지하게 검토되고 있다. 그러나 이 경우 터빈을 바다 위에 고정시키고 육지로 송전하는 문제가 생긴다. 영국 에너지부는 해안에 가까운 얕은 바다에 풍력터빈을 설치할 경우 영국의 현 전력 수요의 1.5배까지 발전할 수 있을 것으로 추산하고 있지만 전문가들은 우선 육지에서의 성과를 연구하는 데 중점을 두고 있다.

(1) 특징 및 시스템 구성

바람의 힘을 회전력으로 전환시켜 발생되는 유도전기를 전력계통이나 수요자에게 공급하는 기술.

구체적으로 풍력발전기는 날개, 변속장치, 발전기의 세 부분으로 구성되어 있다.

- 날개

날개는 바람에 의해 회전되어 풍력에너지를 기계적인 에너지로 변환시키는 장치

- 변속장치

날개에서 발생한 회전력이 중심 회전축을 통해서 변속기어에 전달되어 발전기에서 요구되는 회전수로 높여서 발전기를 회전시킴

- 발전기

날개에서 발생한 기계적인 에너지를 전기에너지로 변환하는 장치

풍력이 가진 에너지를 흡수, 변환하는 운동량변환장치, 동력전달장치, 동력변환장치, 제어장치 등으로 구성되어 있으며 구성요소들은 독립적으로 그 기능을 발휘하지 못하며 상호 연관되어 전체적인 시스템으로서의 기능 수행한다.

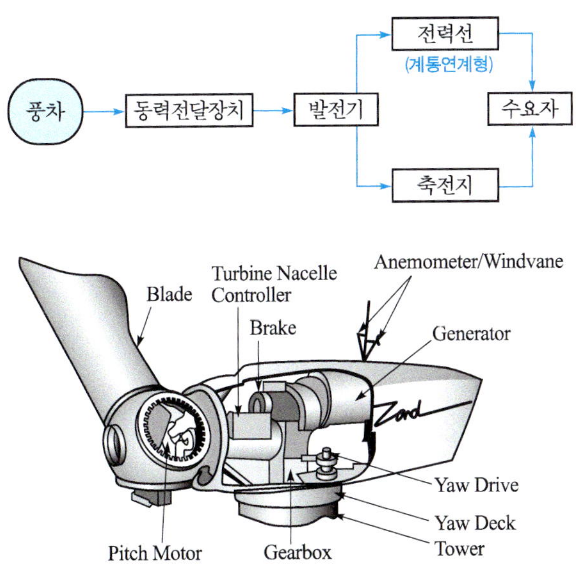

그림 5.1 풍력발전시스템(Geared Type)

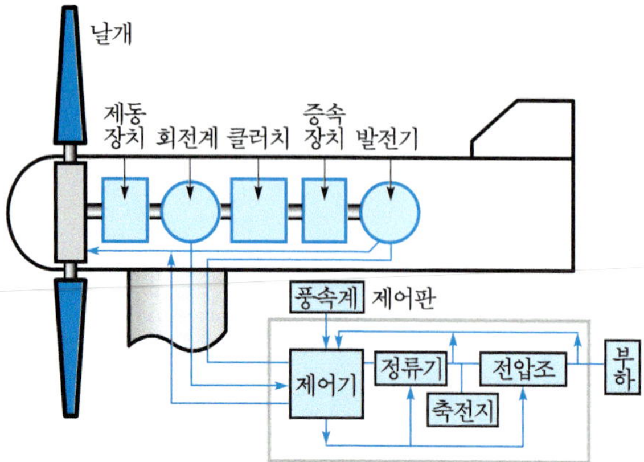

그림 5.1 풍력발전시스템(Geared Type) (계속)

1) 주요 구성 요소

① 기계장치부

바람으로부터 회전력을 생산하는 Blade(회전날개), Shaft(회전축)를 포함한 Rotor (회전자), 이를 적정 속도로 변환하는 증속기(Gearbox)와 기동 · 제동 및 운용 효율성 향상을 위한 Brake, Pitching & System 등의 제어장치 부문으로 구성

Gearless형은 Gearbox 없음

② 전기장치부

발전기 및 기타 안정된 전력을 공급토록 하는 전력안정화 장치로 구성

③ 제어장치부

풍력발전기가 무인 운전이 가능토록 설정, 운전하는 Control System 및 Yawing & Pitching Controller와 원격지 제어 및 지상에서 시스템 상태 판별을 가능케 하는 Monitoring System으로 구성

2) 보퍼트 풍력계급(Beufort wind scale)

보퍼트 풍력계급은 영국의 수로학자이자 군에서 종사하던 보퍼트가 해상상태를 관찰하면서 풍력계급으로 고안하였고 이후 몇 번의 수정으로 오늘날의 보퍼트풍력계급으로 사용되고 있다. 1838년까지는 개인적으로 사용하다가 영국에서부터 공식적으로 사용하였고 오늘날은 해상뿐만 아니라 육상의 바람관측에도 이용되고 있다. 그러나 현재 우리나라의 경우는 기계로 측정되기 때문에 기상청에서는 거의 사용하지 않고 등대나 선박에서 육안으로 바람을 관측할 때 사용한다.

표 5.1 보퍼트 풍력계급

풍력계급	명칭	지상 10 m에서의 상당풍속				육상상태	해면상태
		m/s	knot	km/h	mile/h		
0	고요 (calm)	0~ 0.2	<1	<1	<1	연기가 수직으로 올라감.	거울과 같은 해면
1	실바람 (light air)	0.3 ~ 1.5	1~3	1~5	1~3	풍향은 연기가 날리는 것으로 알 수 있으나, 풍향계는 움직이지 않음.	물결이 생선비늘 같이 작고(파고 0.1 m), 물거품이 없음.
2	남실바람 (light breeze)	1.6~ 3.3	4~ 6	6~ 11	4~ 7	바람이 얼굴에 느껴짐. 나뭇잎이 흔들리며 풍향계도 움직이기 시작함.	물결이 작게 일고(파고 0.2m), 파의 마루가 부서지지 않고 모양이 뚜렷함.
3	산들바람 (gentle breeze)	3.4 ~ 5.4	7~ 10	12~ 19	8~ 12	나뭇잎과 가는 가지가 끊임없이 흔들리고 깃발이 가볍게 날림.	물결이 커지고(파고 0.6 m), 파마루가 부서져서 물거품이 생겨 흰 파도가 간간이 보임.
4	건들바람 (moderate breeze)	5.5~ 7.9	11~ 16	20~ 28	13~ 18	먼지가 일고 종잇조각이 날리며 작은 가지가 흔들림.	파도가 일고(파고 1 m), 파장이 길어지며 흰 파도가 많이 보임.
5	흔들바람 (fresh breeze)	8.0 ~ 10.7	17~ 21	29~ 38	19~ 24	잎이 무성한 작은 나무 전체가 흔들리고 호수에 물결이 일어남.	파도가 조금 높아지고(파고 2 m), 흰 파도가 많이 나타나고 물거품이 생기기 시작함.
6	된바람 (strong breeze)	10.8 ~ 13.8	22~ 27	39~ 49	25~ 31	큰 나뭇가지가 흔들리고 전선이 울리며 우산 받기가 곤란함.	물결이 높아지기 시작하고(파고 3 m), 물거품이 광범위해지며 물보라가 생김.
7	센바람 (near gale)	13.9 ~ 17.1	28~ 33	50~ 61	32~ 38	나무 전체가 흔들리며, 바람을 안고서 걷기가 어려움.	파도가 높아지고(파고 4 m), 파가 부서져서 물거품이 생겨 줄을 이루며 바람에 의해 날림.
8	큰바람 (gale)	17.2 ~ 20.7	34~ 40	62~ 74	39~ 46	작은 나뭇가지가 꺾이며, 바람을 안고서는 걸을 수가 없음.	파도가 제법 높고(파고 5.5 m), 파장이 더 길고 마루의 끝이 거꾸로 됨. 물거품이 강풍에 날림
9	큰센바람 (strong gale)	20.8 ~ 24.4	41~ 47	75~ 88	47~ 54	가옥에 다소 손해가 있음. 굴뚝이 넘어지고 기와가 벗겨짐.	파도가 높고(파고 7 m), 물거품이 바람(풍향)에 따라 짙은 줄무늬를 띰. 마루가 흩어져 말리고 물보라 때문에 시정이 나빠짐.
10	노대바람 (storm)	24.5 ~ 28.4	48~ 55	89~ 102	55~ 63	내륙 지방에서는 보기 드문 현상임. 수목이 뿌리째 뽑히고 가옥에 큰 손해가 일어남.	파도가 옆으로 긴 마루로 되어 몹시 높고(파고 9 m), 물거품이 큰 덩어리가 되어 강풍에 날림. 파도가 심하게 부서지고 시정이 나쁨.
11	왕바람 (violent storm)	28.5 ~ 32.6	56~ 63	103 ~ 117	64~ 72	이런 현상이 생기는 일은 거의 없음. 광범위한 파괴가 생김.	파도는 대단히 높고(파고 11.5 m), 주위의 배는 파도에 가려 볼 수 없고 길게 줄지은 물거품들이 바다를 덮음. 시정이 극히 나쁨.
12	싹쓸바람 (hurricane)	32.7 ~	64~	118~	73~	–	바다는 물거품과 물보라로 가득차(파고 14 m 이상) 지척을 분간하지 못함.

표 5.2 풍력발전시스템 분류

구분	내용
구조상 분류(회전축 방향)	수평축 풍력시스템(HAWT) : 프로펠러형
	수직축 풍력시스템(VAWT) : 다리우스형, 사보니우스형
운전방식	정속운전(fixed roter speed type) : 통상 Geared형
	가변속운전(variable roter speed type) : 통상 Gearless형
출력제어방식	Pitch(날개각) Control
	Stall(실속) Control
전력사용방식	계통연계(유도발전기, 동기발전기)
	독립전원(동기발전기, 직류발전기)

표 5.3 풍력에너지의 장·단점 비교

장 점	단 점
• 무한정의 청정에너지원이다. • 비용이 적게 들고, 건설 및 설치기간이 짧다. • 농사, 목축 등 토지 이용의 효율성을 높인다.	• 시각장애 • 소음공해 • 에너지 밀도가 낮음 • 바람 불 때만 발전 가능 • 우리나라는 적격지가 적음 • 소규모 발전에만 유망

5.3 풍력에너지 응용사례

풍력발전을 하려면 평균 초속 4 m 이상으로 부는 바람이 필요하다. 여기서 말하는 바람의 속도는 우리가 서 있는 땅위가 아니라 풍력발전기의 날개가 있는 높이에서의 속도를 말한다.

5.3.1 국내

우리나라 전 지역의 연간 평균 풍속은 초속 4 m를 넘지 못한다. 하지만 바닷가, 섬, 산간지역의 경우는 풍속이 높아서 제주도를 비롯한 남해, 서해, 동해 및 대관령 진부령 등의 지역은 풍력발전을 할 수 있을 만큼 바람이 많이 분다.

(1) 대관령 풍력발전단지

국내 최대 규모로 연간 5만 가구에 전력을 공급할 수 있는 대관령 풍력발전단지가 본격적인 상업운전 중이다. 대관령 풍력발전단지는 신재생에너지 개발의 모델이 되고 있으며, 2001년 7월 독일 라마이어사, 국내 유니슨사와 양해각서를 체결한 이후 2005년 3월 공사에 착수하여 총 사업비 1,600억 원을 들인 대관령 풍력발전단지는 총 시설용량 98 MW로 2 MW급 풍력발전기 49기가 건설돼 있다. 대관령 풍력발전단지는 소양강 다목적댐발전소 200 MW의 1/2 규모로 연간 244,400 MWh의 전력을 생산, 연간 50,000 가구에 무공해 전력을 공급할 수 있는 국내 최대이자 세계 15위 규모의 상업용 풍력발전단지이다. 대관령 일대를 풍력으로 특화된 신재생에너지 전시관과 풍력실증연구단지 등과 연계해 신재생에너지 종합테마파크로 조성해 관광산업으로 육성할 계획이다.

그림 5.2 대관령 풍력단지

(2) 강원도 태백시

태백시는 오는 2008년 10월까지 2 MW급 풍력발전기 10기(20 MW)를 설치하는 풍력발전 민자유치사업을 추진키로 했다.

풍력발전 민자유치사업을 위해 태백시는 지난 2003년 9~10월 두 달간 풍력발전사업 유망지역에 대해 실사를 진행하고 그 결과를 강원도에 통보한 바 있다.

또 2003년 10월말 후보지역인 하시미동 귀네미골 사업대상지를 대상으로 한국에너지기술연구원이 풍력개발 타당성을 정밀조사하기 위해 계측기를 설치하고 11월부터 2004년 12월말까지 14개월간 풍속을 계측한 결과, 평균풍속이 7.2 m/s로 높게 확인된 것으로 나타났다.

이같이 풍속계측결과가 양호하게 도출되자 시는 지난 2004년 2월에 풍력발전의 개발 및 투자는 한국남부발전(주)이, 행정지원은 태백시가 맡는다는 조건의 양해각서(MOU)를 체결하고, 대상지역주민에 대한 설명회도 개최한 바 있다.

시는 풍력발전 민자유치를 위해 산림청, 환경부를 상대로 올 3월부터 편입부지에 대한 인·허가 협의를 진행하고 있으며 내년 1월부터 본 사업이 착공되는 10월까지 편입 부지를 전량 확보하고 필요한 행정절차도 모두 이행토록 할 방침이다.

태백시는 이번 사업이 내년 10월쯤 착공되면 정부의 친환경 신재생에너지 개발정책에 크게 기여하게 됨은 물론 기 조성되어 상업발전을 하고 있는 매봉산 풍력발전단지와 연계한 신재생에너지를 생산하는 대표적인 도시로 그 기반이 더욱 확고히 구축되는 효과를 가져 올 것으로 기대하고 있다.

태백시는 귀네미골 풍력발전단지가 완공되면 현재 상업발전을 하고 있는 매봉산 풍력발전단지(850 kW급 풍력발전기 8기)와 함께 국내 풍력발전의 중심도시로 부상할 것으로 기대하고 있다.

(3) 경상북도 영덕군

경북 영덕군 영덕읍 창포리 산70번지 일원에 위치한 영덕 풍력발전단지는 국내 최초 상업용 민자 풍력발전소다. 설비용량은 총 39.6 MW이다. 우리나라 총 풍력발전 설비용량의 50%를 웃돈다. 영덕 풍력발전소는 1,650 kW급 24기로 이루어졌으며, 연간 발전량은 9만6,680 MWh 연간매출은 103억6,000만 원에 달한다. 해발고도 205 m인 삿갓봉을 중심으로 주변지형이 150~190 m에 이르는 낮은 야산지대에 허브높이 80 m 회전자 직경 82 m이다.

이곳은 특히 동해에 접해 있으며 북서쪽은 영덕읍이 위치해 주변에 장애물이 없는 지형적 이점까지 갖고 있다. 전력계통선 연계도 좋은 편이다. 또 창포리에서 약 5 km 거리에 영덕변전소(22.9/154 kV)가 위치해 전용선로(22.9 kV) 가설이 용이한 이점을 가지고 있었다. 2005년 3월 상업운전에 들어간 영덕 풍력발전소는 총 사업기간만도 3년 6개월로 2001년 9월 사업타당성 조사에 착수 발전단지 상세 설계를 거쳐 지난 2005년 1월 발전단지 건설공사를 완공했으며, 총 사업비만도 675억 원. 자본금 157억 5,000만 원(23.33%)을 외국 은행에서 54.45% 에너지 합리화 기금 22.22% 사업비를 조달했다. 특히 이 지역은 1만 9,000 가구가 살고 있기 때문에 풍력발전소에서 생산되는 전력만으로도 충분히 사용가능하다.

그림 5.3 영덕 풍력발전소

제주 월령 신재생에너지 시범단지는 한국에너지기술연구소가 제주 월령에 설치한 풍력, 태양광 및 태양열 관련 시설이다. 시범단지 내에는 바람에 의해 움직이는 여러 종류의 풍차 4기가 설치되어 여기서 발생된 전기에너지로 단지 내 건물 및 주변 가로등의 전력을 공급하고 있다.

유력한 풍력발전기 설치지역은 지도에서 보는 것과 같이 바람이 많이 부는 대부분의 해안과 대관령, 지리산, 태백산, 치악산, 소백산 등의 내륙지역이다.

그림 5.4 제주도 월령

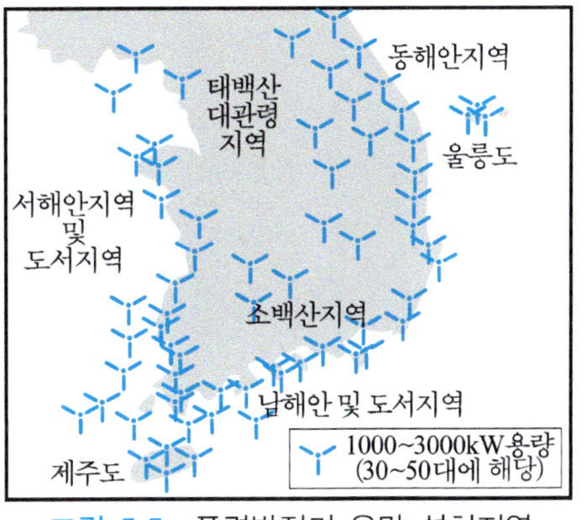

그림 5.5 풍력발전기 유망 설치지역

(4) 기타지역

제주도 한림지역, 전북 새만금 간척지, 경북 포항과 울릉도, 경남 김해, 강원도 대관령, 충남 태안 등으로 10여 곳에 새로 풍력발전단지 조성이 추진 중이다. 제주 월령에 100 kW급 및 30 kW급, 20 kW급 풍력발전기를 여러 개 설치해 가동하고 있으며, 계통 연계형 풍력발전기의 이용기술 개발과 성능과 운전 특성에 대한 각종 측정과 분석작업을 수행하고 있다.

표 5.4 제주도 풍력자원 우수지역(실측)

지 명	연평균 풍속 (m/s)	주 풍향	풍력에너지밀도 (W/m^2)	풍력단지추정규모 (MW)
금등리	7.0	ESE	356.4	10~20
가파리	6.5	SE	451.3	2
용당리	7.0	NW	401.0	10~20
행원리	7.2	NW	481.0	10~15
섭지코지	6.5	ENE	373.1	20~30
우 도	7.5	NW	507.1	10~20

자료 : 한국에너지기술연구원, 2002. 11.

표 5.5 한반도 풍력자원 우수지역(실측)

지 명	연평균 풍속 (m/s)	주 풍향	풍력에너지밀도 (W/m^2)	풍력단지추정규모 (MW)
비응도-신시도	5.6	SSW	252.1	20~50
부사방조제	5.7	NNW	289.5	10~20
신시도	5.5	SSW	241.1	-
태 백	8.0~8.4	W	528.5~745.7	20~50
영 덕	6.9	NW	390.4	20~50
대관령	7.7~8.1	W	711.1~805.0	100~150

자료 : 한국에너지기술연구원, 2002. 11.

이밖에도 제주 중문단지에 250 kW급이 운영되고 있으며, 제주도는 제주지역을 무공해 청정지역으로 발전시킨다는 목표 아래 600 kW급 풍차 4기를 구좌읍에 설치하여 가동하고 있는 한편, 최근에는 강원도가 대관령에, 전라북도가 새만금지역에 풍력단지의 조성을 계획하고 있다.

1) 풍력발전기의 분류

① 구조상 분류

수직축은 바람의 방향에 관계가 없어 사막이나 평원에 많이 설치하여 이용 가능하지만 소재가 비싸고 수평축 풍차에 비해 효율이 떨어지는 단점이 있다. 수평축은 간단한 구조로 이루어져 있어 설치하기 편리하나 바람의 방향에 영향을 받는다. 중대형급 이상은 수평축을 사용하고, 100 kW급 이하 소형은 수직축도 사용된다.

그림 5.6 수직축풍력발전기

그림 5.7 수평축풍력발전기

그림 5.8 수직/수평축 통합형

2) 기존 풍력발전 System의 기술적 문제점

① 구조적 취약점

- 모든 장치가 철탑상부에 수용(풍향변화(Active Yaw Control) 장치 추가, 동력 필요)
- 발전기가 풍향에 따라 회전(출력선 및 제어선이 꼬일 가능성(Twist))

② 기체역학적 취약점

- 풍력발전 System이 대형화
  - Rotor Blades의 Tip Speed 제한성(65~95 m/s)
  - 저속회전으로 주 회전 날개의 회전 Hub 영역
  - 기체역학적 문제로 시스템 효율이 감소
- 풍력발전 System 대형화 – 종합 효율이 향상, 발전단가 저렴
  - 선진국은 System의 대형화 추세(750~1,200 kW)
  - 대형화에 따른 문제점, Rotor Blade의 길이의 증가에 따른 무게의 증가, 제작상의 어려움, 저속회전에 의한 기체 역학적 사각영역의 증대, 증속기의 단(Stage)증가로 증속기 효율의 감소와 기체 역학적 효율 저하 등의 문제점

3) 차세대 한국형 풍력발전기 시스템의 특징

① 수평축과 수직축 발전시스템 장점으로 구성

- 풍향이 순간적으로 변하는 바람의 질이 C급 풍력에 적용 가능
- T자형 유성특수 증속기어 장치(고효율)

② 한국형 시스템의 구조적 특징에 따른 장점

- 철탑상부 무게 감소
- 발전기 출력선(Slip Ring)인 출선 장치 불필요
- 유지보수 용이
- 주 Rotor Blade와 보조 Rotor Blade의 기체역학적 상호보완
- 보조 Rotor Blade에 의한 주 Rotor Blade의 사각지대 보상
- 대형 복합 Rotor Turbine의 주속(Tip Speed) 상쇄 효과

표 5.6 기존 시스템(외국시스템)과 차세대 한국형 시스템의 비교

구 분	기존 시스템	차세대 한국형 시스템	비 고
용 량	300 kW~2,000 kW	1단계 : 30~60 kW 2단계 : 120~600 kW 3단계 : 750~3,000 kW	• 기존 시스템 : 2,000 kW 최대 • 한국형 시스템 : 3,000 kW 실용화 가능

구 분		기존 시스템	차세대 한국형 시스템	비 고
기술	시스템 기술	• 수평축 단일터빈 • 수직축 단일터빈	수평/수직축 복합 2단 터빈	국내/국제 특허 및 우수 발명품 선정
	기어 시스템	유성 또는 일반 기어 시스템	베벨-유성 특수 통합 기어시스템	• 기존 시스템 : 3단 증속 기어시스템 • 한국형 시스템 : 1단 증속 기어시스템
	발전 시스템	단일 다극 발전시스템	복합 다단 발전시스템(가변속 제어에 의한 최적 발전)	다단 발전기 발명 특허 vv
효 율		100%	140%	기존 동일급 시스템 효율 100% 기준
가격 (1 kW당)		고가 (US $1,800~2,000)	저렴 (US $1,000~1,500)	300~600 kW급 국제 거래가격 기준
한국 풍향 적응성		적응력 취약	적응력 우수	한반도 바람의 질(C급 반사급)에 최적
주날개에서 발생하는 저속영역 보상		사각지대 보상방법 없음	보조 날개에 의한 사각지대 보상 가능	주 날개의 저속영역 보상으로 기체역학적 효율 극대화
중량 및 유지 보수		모든 장치가 철탑 상부에 설치되므로 중량 과중 및 유지 보수 곤란(수평축의 경우)	무거운 발전기 등은 철탑 하부에 설치되므로 몸체 무게 경량 및 유지 보수 용이	한국형은 날개와 증속 기어 장치만 철탑상부에 설치
국산화율		철탑 및 주변기기 일부	날개와 증속기 제외 국산화 가능	증속기어와 블레이드는 당분간 특허에 의해 외국제작
운용방식		평균풍속 5.4 m/s에서 발전용량 24.5%. 정격풍속 : 13~18 m/s 일정속 또는 가변속 발전 운용	평균풍속 5.4 m/s부터 다단 발전 운용(1단계 : 30~35%, 2단계 : 80~100%, 3단계 : 120%). 정격풍속 : 7.5~12 m/s 가변풍속에 따른 다단 발전 및 가변속 제어에 의한 최적 운용	풍속에 따라 다단 발전 운용

5.3.2 국외

그린피스의 계획 - 2020년까지 에너지원 10% 풍력에너지로 대체

① 2020년까지 세계 전력 수요의 10%를 제공

→ 이산화탄소 배출량을 100억 ton 이상 감소

② 2020년에는 세계 전력 소비량이 2배 증가 - 풍력발전 사용을 권고

③ 전 세계적으로 유럽을 중심으로 풍력발전 증가 추세

(1) 독일

독일의 풍력발전 성장률은 가히 폭발적이다. 2006년 말 현재 독일의 풍력발전기는 총 1만

8,685기. 발전 용량은 총 2만600 MW이다. 1년 전에 비할 때 10% 신장한 것이다.

바람이 센 북해 연안의 슐레스비히-홀슈타인 지역에 많이 분포돼 있는데, 전체 전력생산량의 6%를 생산하고 있다. 또 1980년 이래로 독일의 풍력 기술 발전은 500배에 달한다고 한다. 이런 추세로 간다면 2020년에는 전체 전력생산량의 20%까지 끌어올릴 수 있다는 게 독일 정부와 관련 업계의 전망이다.

그림 5.9 클레트비츠 풍력파크 전경

대표적인 클레트비츠 풍력파크는 99년에 38개의 풍력발전기가 건설돼 그해 겨울부터 작동했다. 한해 총 발전량은 11만 MWh. 3만 가구에 전기에너지를 공급할 수 있다. 규모 275 ha로 당시 유럽에서 가장 컸는데 1년 후에 6기가 추가됐고, 2003년에 드라이센 지역에 13기가 건설돼 총 66기의 풍력발전기가 돌아가고 있다.

발전기 안 작은 공간에는 안전장비·변압기·20 kW 케이블, 철제 엘리베이터 등 각종 기계와 전자장치가 가득차 있으며, 모든 풍력발전기의 데이터를 수집해서, 잘못된 게 있으면 스스로 명령하고, 문자메시지로 바람의 세기와 발전기의 상태 등을 시시각각 알리는 중앙처리기기가 설치되어 있고 간단한 고장의 경우 집에서 인터넷을 이용해 고칠 수 있다.

이런 전자동 시스템으로 인해 72.6 MW(7만 2,600 kW)의 발전용량을 갖춘 풍력파크의 관리인원은 8명이다. 풍력파크를 건설할 때는 지역 설비생산 회사에 최소 300여개의 새로운 일자리가 창출되는 등 관련 산업은 크게 발전했지만, 발전소 운영 인력은 많지 않다.

1999년 이 곳이 만들어질 때만 해도 유럽 최대의 풍력단지였는데 이제는 독일에만도 이보다 더 큰 단지들이 여러 개 들어섰다.

(2) 일본

일본 미야꼬지마섬은 풍력발전, 태양광 발전을 하여 5만명의 인구가 필요로 하는 전기의 약 30%를 공급하고 있다.

① 가정용 풍력발전기 출현
- 환경 벤처 기업 개발
- 평균 풍속 1.5 m/s의 초미풍지역에서도 발전 가능(1분에 1,500회 회전)

② 새 밀레니엄을 대비한 대체 Energy(풍력)의 개발

③ 일본의 2003년 중·대형 풍력발전시스템의 추정 시장규모는 224억 엔이며, 2004년도는 243억 엔이다. 2003년도부터 2004년도에 걸쳐 시장은 8% 증가했지만, 2005

년도에는 197억 엔 정도로 2003년도 대비 12% 감소할 것으로 예측된다. 2010년도까지 150 MW의 설비를 보급할 계획을 추진 중이다.

(2) 미국

미국의 경우 풍력단지는 내륙지방의 바람이 많이 부는 협곡에 위치하고 있다. 이곳은 3,000여개의 풍차가 있는 곳으로 세계에서 풍력발전기가 가장 많이 모여 있는 캘리포니아 지역이다.

그림 5.10 미국 모하비사막

그림 5.11 미국 PalmSpring

(3) 네덜란드

오래 전부터 풍차의 나라로 불려오던 네덜란드에서 풍차는 낮은 곳의 물을 끌어올리는 펌프를 돌리기도 하고 방앗간의 곡식을 빻는데 이용되기도 했다.

(4) 영국

영국은 유럽에서 풍력발전을 이용할 수 있는 가장 좋은 환경을 갖고 있다. 통계에 의하면 영국은 전역의 5%에 해당하는 지역이 고원지대로 풍력발전을 하기에 좋은 조건이다.

영국은 풍력발전에 알맞은 조건을 가지고 있다. 최근 영국은 해안 및 내륙에 풍력발전소를 건설하려는 계획을 추진하고 있으며 2010년까지 재생가능 에너지원을 이용하여 전체 전력생산의 10%를 생산하려는 계획을 갖고 있다. 최근 영국은 풍력발전능력에 있어서 2 GW를 능가하면서 세계에서 일곱 번째로 2 GW 발전능력을 보유한 국가가 되었다. 스털링(Stirling) 근처의 브래스 오둔(Braes O'Doune)의 풍력발전소가 전기를 생산하면서 이루어졌다. 정부는 2010년까지 재생가능 에너지원을 통해 전체 전기생산의 10%를 생산하는 계획을 세웠다. 36개의 풍력발전기로 이루어진 브래스 오둔 발전단지는 에어트리시티(Airtricity)사에 의해서 건설되고 운영되고 있으며 이 지역의 45,000가구에 전기를 공급하기에 충분한 72 MW를 생산하고 있다고 영국풍력발전연합(British Wind Energy Association,

BWEA)은 밝혔다. 2 GW 생산력은 두 개의 화력발전소의 발전용량과 같은 수준으로 풍력발전이 재생에너지 혁명의 선도적인 역할을 하게 될 것이다. 정부가 추진하고 있는 온실가스 배출 감소정책에서 중요한 역할을 하게 될 것이고, 2020년까지 녹색 에너지원으로부터 전체 전기생산량의 20%를 생산할 것이며 이 목표를 달성하기 위한 장애물을 제거하기 위해 노력할 계획이다.

최근 정부의 자료에 의하면 영국전기 생산량의 4.2%가 재생에너지원으로부터 생산되고 있으며 이 재생에너지원은 풍력과 태양열, 수력 및 바이오매스를 포함한다. 내륙의 풍력발전소는 지역 주민들의 강력한 반대에 부딪히고 있으며 논란을 일으키고 있다. 컴브리아(Cumbria) 지역에 건설계획인 최대의 풍력발전단지는 지난해 3월 레이크 디스트릭트(Lake District) 지역의 경치를 해친다는 반대 캠페인의 주장으로 변경되었다. 5,500만파운드의 개발계획에 따르면, 115 m의 27개의 발전기가 켄달(Kendal) 근처의 위너쉬(Whinash)에 세워질 것이다.

그리고 유럽에서 가장 거대한 해안 풍력발전소가 스코틀랜드 서쪽의 헤브리디스 제도 중에 하나인 루이스 섬(Lewis)에 건설될 예정이었지만, 현재 야생동물보호그룹의 반대에 직면해 있다. 이들은 181개의 발전기 건설은 이탄지(peat bog)의 생태계와 야생조류에 위협이 될 것이라고 주장하고 있다. 하지만 지역 대표자들은 이 5억파운드의 개발계획을 지지하고 있다. 그리고 스코틀랜드 자치정부가 최종결정을 내리게 된다. 유럽에서 최고의 풍력에너지원을 갖고 있음에도 불구하고 영국은 아직도 세계의 선도적인 풍력발전국가들에 뒤처져 있다. 독일은 20 GW의 발전능력을 가지고 있으며 이것은 영국의 발전능력의 10배 정도이다.

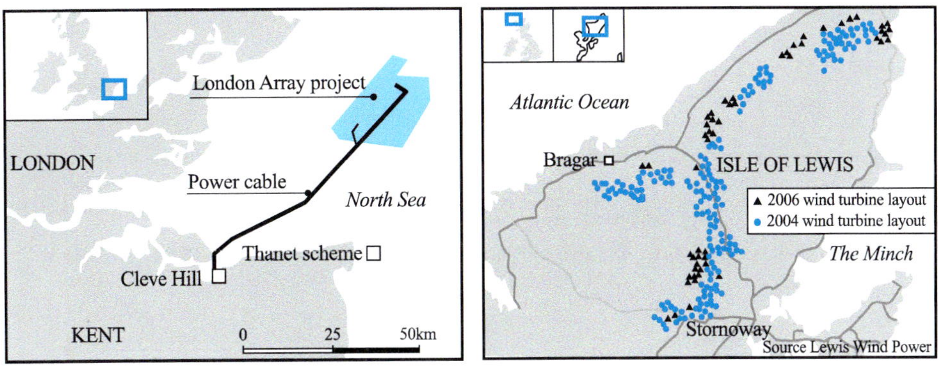

그림 5.12 영국의 해상풍력단지 및 풍력발전 설치지역

영국 템즈 강어귀에 건설계획이 제안된 세계에서 가장 거대한 두 개의 해안풍력발전소 건설이 허가되었다. 이 계획이 100만 가구에 전력을 공급하기에 충분한 재생가능한 에너지를 생산할 수 있다. 이 두 프로젝트 중 좀더 거대한 런던 어레이 프로젝트(London

Array Project)는 켄트의 마게이트(Margate)와 에섹스의 크락튼(Clacton) 지역 사이 90평방마일(232평방킬로미터)의 지역에 건설될 예정이다. 타넷 계획(Thanet scheme)이라고 불리는 두 번째 풍력발전소는 북부 켄트해안지역 13.5평방마일(35평방킬로미터)에 건설될 것이다. 15억 파운드가 투입되는 런던 어레이 계획은 켄트와 에섹스 해안가에서 12마일 떨어진 바다에 341개의 풍력발전기를 건설하게 되며, 해안지역에 부발전소와 네 개의 기후측정 철탑이 건설될 것이다. 이번 계획을 추진하고 있는 컨소시엄은 쉘사의 윈드에너지사(Shell Wind Energy)와 이온(E.ON UK), 그리고 코어(Core)사가 합자형태로 이루어지고 있다.

좀 더 소규모의 타넷 프로젝트에는 4억5,000만 파운드가 투입되며 켄트의 북 포어랜드(North Foreland) 해안에서 7마일 떨어진 곳에 100대의 풍력발전기가 건설될 것이다. 워릭 에너지(Warwick Energy)사에 의해 추진되는 이 계획은 2008년까지 240,000 가구에 전기를 공급할 예정이다. 이 두 가지 계획이 모두 2020년까지 영국에서 재생가능한 에너지원을 다섯 배 증가시키는데 중요한 역할을 할 것이다. 환경단체인 <Friends of the Earth>는 영국에서 사용되는 전기의 1%가 런던 어레이 발전기를 통해 생산될 것이라고 말하는 이 프로젝트는 지구온난화의 문제를 해결하기 위한 방안을 찾기 위해서 해안 풍력발전소를 건설하는 것이다. 그리고 왕립조류학회(RSPB)도 기존 계획에서 영국에서 희귀조류인 아비(red-throated divers)새에 대한 위험요소를 제거한 새로운 계획을 제출한 런던 어레이 프로젝트를 지지했다. 북부 켄트해안에서 2002년과 2005년 사이에 이 희귀조류 7,000마리가 관찰되었으며 이로 인해 풍력발전소 개발업체들이 기존 계획에서 발전기의 숫자를 줄였다. 재생에너지 생산은 지구온난화 문제를 해결하는데 중요하다고 말했다.

런던 어레이사는 그레이브니(Graveney)의 클리브 힐(Cleve Hill)에서 육지의 부발전소를 건설할 계획을 갖고 있지만 건설허가가 스웨일 버러 지역자치단체(Swale Borough Council)에 의해 거부되었다. 이 컨소시엄은 재심을 청구했으며 건설차량이 지나가는 도로가 거주지역에서 벗어나도록 계획을 변경하도록 요구하고 있다. 그리고 재계획심사가 3월 초에 있을 것이다. 타넷 계획은 람스게이트(Ramsgate)에 주요한 경제적인 혜택을 제공하게 될 것이다.

(5) 덴마크

전체 발전량의 8%를 풍력에 의존(235 MW 규모 발전시설추가)

→ 2030년까지는 풍력발전의 비율을 40%까지 늘린다는 계획

그림 5.13 덴마크 Tuno 해양단지

그림 5.14 덴마크 Middelgrunden 해양단지

5.4 풍력발전 발향

풍력발전 관련 기술은 이미 실용화 단계이기 때문에 요소기술 개발보다는 풍력발전기의 저가화와 대형화 및 보급 확대에 치중하는 경향이다. 많은 국가에서 경쟁적으로 풍력발전기를 보급하고 있으며 1994년 말까지 세계적으로는 약 37,600 MW 용량의 풍력발전기를 설치하여 연간 약 45억 kWh 이상의 전력을 생산하고 있다. 2005년 3월 4일 세계 풍력에너지협회(GWEC)가 발표한 수치에 의하면 2004년에 세계 풍력발전산업이 도입한 신규발전용량은 7,976 MW이며, 발전용량 합계는 20% 증가한 47,317 MW로 성장하였다.

발전용량 합계가 많은 국가는 독일(16,629 MW), 스페인(8,263 MW), 미국(6,740 MW), 덴마크(3,117 MW), 인도(3,000 MW) 순이다. 또한, 이탈리아, 네덜란드, 일본, 영국을 포함한 다수의 국가가 1,000 MW 수준 혹은 그 이상의 발전용량을 달성하였다.

유럽은 2004년도 계속적으로 세계의 풍력발전시장을 주도하여 신규 도입발전용량의 72.4%(5,774 MW)를 차지하였다. 아시아의 점유는 15.9%(1,269 MW), 이하 북미 6.4%(512 MW), 태평양지역 4.1%(325 MW)의 순이었다. 중남미 및 카리브해 지역(49 MW), 아프리카(47 MW)의 시장점유는 각각 0.6%가 되었다.

국내의 기술개발 현황은, 1단계 대체에너지 기술개발사업으로 전국 64개 기상청 산하 기상관측소의 통계자료와 도서 및 내륙 일부지역의 측정자료를 이용한 풍력자원 특성 분석이 우리 연구소에 의해 이루어 졌으나 지역적 조건에 크게 영향을 받는 풍력자원의 특성 때문에 아직 기초 통계자료의 정비가 미흡한 실정이다. 따라서 앞으로 풍력발전 유망지역에 대한 풍력자원의 정밀한 평가와 풍력단지 건설에 대한 타당성 평가사업이 지속되어야 한다.

풍력발전기 개발은 한국과학기술연구원이 1단계 대체에너지 기술개발 사업으로 20 kW급 수평축 풍력발전기의 국산화를 시도하였고, 2단계 사업에서는 복합 재료 전문업체인 한국화이바(주)가 다리우스형(Darrieus) 수직축 300 kW급 풍력발전기를 개발하여 시운전을 시도하여 본 결과에 의하면 성능과 신뢰성의 확보가 충분하지는 못하였으나, 본격적인 기술개발의 계기가 되었다.

풍력발전의 국산화와 병행하여 이용 기술을 개발하기 위한 목적으로 한국에너지기술연구소가 이미 신뢰도가 확립된 외국의 풍력 발전시스템의 도입과 국내 시스템운용기술을 접목시켜 제주 월령에 100 kW급 및 30 kW급, 20 kW급 풍력발전기를 여러 개 설치해 가동하고 있으며, 계통 연계형 풍력발전기의 이용 기술 개발과 성능과 운전 특성에 대한 각종 측정과 분석 작업을 수행하고 있다.

이밖에도 제주 중문단지에 250 kW급이 운영되고 있으며, 최근에는 제주도에서 제주지역을 무공해 청정지역으로 발전시킨다는 목표아래 600 kW급 풍차 4기를 구좌읍에 설치하여 가동하는 등 2005년 현재 14기 용량 약 3,500 kW 정도이다.

시스템에서 연간 47억 kW의 전력을 생산하고 있으며 시설추가에 박차를 가하고 있다.

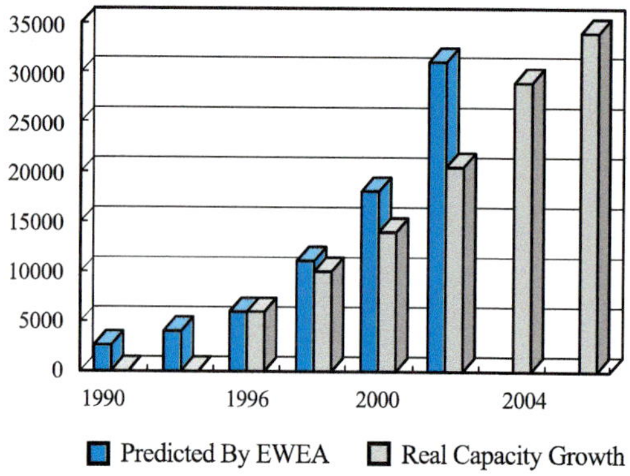

그림 5.15 전세계 풍력시장 예측 및 실제 현황 추이

표 5.7 각 주요 국가별 풍력발전시스템 보급현황

연도 국가	1998년 (MW)	1999년 (MW)	2000년 (MW)	2001년 (MW)	2002년 (MW)	2003년 (MW)	2004년 (MW)	2004년도 추가량 (MW)
독 일	2,872	4,072	6,113	8,750	11,968	14,612	16,649	유럽 : 5,938 (독일 : 2,054) (스페인 : 2,064) (덴마크 : 7) (네덜란드 : 199) 북미 : 516 (미국 : 389) (캐나다 : 123) 아시아 : 571 (인도 : 875) (일본 : 230) (중국 : 98) (한국 : 47)
미 국	1,770	2,502	2,554	4,261	4,674	6,361	6,750	
덴마크	1,433	1,733	2,140	2,417	2,880	3,076	3,083	
인 도	1,015	1,077	1,167	1,407	1,702	2,125	3,000	
스페인	822	1,722	2,250	3,337	5,043	6,420	8,263	
네덜란드	375	428	449	483	727	938	1,081	
일 본	–	–	–	–	486	761	991	
영 국	334	534	400	473.6	570	759	889	
중 국	224	300	265	400	473	571	769	
이탈리아	199	249	420	690	806	922	1,261	
스웨덴	176	216	226	293	372	428	478	

CHAPTER

06 해양에너지

6.1 해양의 특성

6.1.1 해양의 구조

(1) 바다의 모양

① 바다의 넓이 : 지구 전체 표면적의 71%

- 대양(태평양 46%, 대서양 23%, 인도양 20%), 부속해(지중해, 연해)

② 바다의 깊이 : 평균 깊이 3,800 m(음향 측심법으로 잼)

- 수심=1,500m/s × 걸린 시간(s) × $\frac{1}{2}$ (물 속 초음파 속도 = 1,500m/s)

③ 해저의 모양

- 대륙붕 : 깊이 200 m 이하, 경사가 1° 정도의 평탄한 곳
- 대륙 사면 : 평균 경사 4°, 깊이 2,500 m 정도의 경사대
- 대양저 : 2,500~6,000 m에 이르는 평탄하고 넓은 곳
- 해구 : 대양저의 긴 도랑 같은 곳
- 해령 : 대양저가 높게 일어나 산맥처럼 된 곳

(2) 해수의 성질

1) 염분

① 염류 : 바닷물에 녹아 있는 순수한 물 이외의 물질

② 염분 : 바닷물 1 kg 중에 녹아 있는 염류의 총량을 g으로 나타내며, 단위로는 ‰(퍼밀, permile)을 사용

③ 염분의 양 : 장소, 시기 등에 따라 다르나 대양의 평균 염분값은 35‰이다.

2) 바닷물의 온도 : 장소, 깊이, 계절, 시간 등에 따라 다르다.

① 온도 변화 요인 : 태양열의 영향이 가장 크다.

② 바닷물의 온도 변화 : 일변화, 연변화, 깊이에 따라 변한다.

3) 바닷물의 압력과 투명도

① 압력

- 10 m 깊어짐에 따라 약 1기압씩 높아진다(바다 표면의 압력 0으로 한다).
- 사람이 잠수할 수 있는 깊이는 약 30 m까지 가능
- 해수의 압력은 수온과 염분의 농도에 따라 변한다.

② 투명도

- 바닷물의 투명한 정도를 말한다.
- 투명도 판을 사용하여 측정한다.
- 수치가 클수록 바닷물이 투명하다.
- 태양 광선이 바닷물 속에 사는 생물의 눈에 감지되고, 식물의 광합성 작용에 도움을 줄 수 있는 깊이는 약 100 m까지이다.

4) 해수의 운동

① 해류*

- 원인 : 바람, 수온, 염분의 밀도차 등에 의한 힘의 불균형
- 방향 : 지구 자전 영향으로 북반구는 오른쪽으로, 남반구에서는 왼쪽으로 순환한다.
- 우리나라 근해의 해류 : 쓰시마 난류, 동한 난류, 리만 한류, 북한 한류, 등
  * 해류의 빠르기는 노트(knot)나 m/s 등으로 표시

② 조석 : 바닷물의 표면이 일정한 주기로 오르내리는 현상

- 조류 : 조석에 의한 해수의 주기적인 수평 방향의 흐름
- 기조력 : 조석을 일으키는 힘, 즉 해와 달의 인력
- 조석의 주기 : 평균 12시간 25분
- 우리나라는 서해안과 남해안의 조석 현상이 뚜렷하다.
  * 조차 - 밀물과 썰물이 일어날 때 생기는 해면의 높이 차를 말함

③ 파도 : 바닷물의 표면이 계속해서 움직이는 현상

- 풍랑 : 바람에 의해 직접 생긴 파도
- 너울 : 파고가 낮아지고 파장이 길어진 파도
- 쓰나미 : 지각 운동에 의해 생긴 파도

6.2 해양자원의 개발

6.2.1 바닷물 자원

바닷물에는 염소 이온(Cl^-)과 나트륨 이온(Na^+) 등 여러 가지 성분들이 녹아있어서 짠맛이 난다. 바닷물을 민물로 만드는 방법에는 증발법, 빙결법, 전기분해법이 있다.

참 고

바닷물 전기분해법

바닷물을 전기분해해 살균작용을 하는 물질을 만들어내는 것이 핵심이다. 모두 4단계 반응을 거친다. 먼저 바닷물을 전기분해하면 주요 구성성분인 염화나트륨(NaCl·소금)이 나트륨이온(Na+)과 염소이온(Cl−)으로 분해된다. 또 물(H2O)은 수소이온과 수산화기(OH−)로 분해된다. 이후 나트륨과 수산화기가 만나 수산화나트륨(NaOH)이 되고 여기에 염소이온(Cl−)이 붙어 차아염소산나트륨(NaOCl)이 된다. 차아염소산나트륨은 살균작용을 하기 때문에 적조를 일으키는 미생물들을 죽인다. 이후 차아염소산나트륨은 햇빛에 의해 자연 상태의 바닷물로 돌아간다.
바닷물 속에 미세한 플랑크톤이 대량으로 번식해 색깔이 붉게 변하는 현상을 적조라고 한다. 기존에는 적조 제거를 위해 황토살포법을 이용했다. 황토살포법이란 말 그대로 바다에 흙을 집어넣어 플랑크톤들이 흙 알갱이에 달라붙게 해서 바다 속으로 가라앉히는 것이다. 이 방법은 인력이나 비용이 많이 들며 바다에 뿌려진 황토들이 10시간 동안 떠다니며 2차 오염을 일으킬 우려도 있다. 포항공대에서 실시한 실험 결과 적조 발생 때는 유해미생물인 코크로디니움이 바닷물 1 mL당 1,500개, 잠노디니움이 850개에 이르렀으나 실험 실시 후 10분만에 각각 76%, 88%가 제거되었다. 또 실험 시작한 지 2시간만에 이들 플랑크톤이 완전히 없어졌다.

(1) 바닷물의 운동에너지 자원

① 온도차 발전 : 깊은 바닷물의 온도 0~4℃를 유지, 해수가 전체적으로 순환함에 따라 생기는 표면의 따뜻한 물과 심층부의 차가운 물 사이의 20~25℃ 전후 온도차를 이용하는 발전

② 조력 발전 : 조석을 이용하여 연안에 입구가 좁은 반을 막고 터빈을 설치하면 수력 발전소와 같이 전기를 일으킬 수 있다.

③ 파력 발전 : 파도의 해수면이 오르내리는 현상으로, 이 힘을 이용하여 전기를 일으킨다. 해수면이 오르내릴 때 생기는 힘을 이용하여 압축 공기를 만들어서 발전한다.

④ 해류 발전 : 해류의 힘으로 터빈을 구동하여 전기를 생산할 수 있다.

(2) 바다 밑의 자원

① 원유와 천연가스

② 망간 덩어리
③ 다금속 유화 광물 : 열수 광상은 수천 m의 깊은 바다에서 나오는 200~400℃의 뜨거운 해저 온천에서 생성된다. 열수 광상이 분출될 때 함께 나온 금속 혼합물이 찬 바닷물에 닿아 급격히 냉각하면서 침전(침전)하는데 이 퇴적물이 다금속 유화 광물이다.
④ 가스 하이드레이트 : 가스 하이드레이트는 극지(極地) 또는 깊은 바다의 저온·고압 상태에서 천연가스가 물과 결합돼 만들어진 고체로, 메탄이 주성분이다. 생김새가 드라이아이스와 비슷하고 불을 붙이면 타기 때문에 '불타는 얼음'으로 불린다. 메탄이 연소될 때 발생하는 이산화탄소의 양이 휘발유의 70%에 불과해 차세대 청정연료로 꼽힌다.

(3) **해양 생물 자원**

대표적인 것으로 남극양의 크릴(krill)새우 그 외에도 비브리오, 포토 박테리움, 등과 같이 빛을 내는 미생물들은 발광의 특성을 이용하여 산업용 신소재 개발에 이용한다.

6.3 해양에너지의 정의

조력, 파력, 해류, 해수 온도차와 같은 형태로 해양에 존재하는 해양에너지는 주로 발전 에너지 자원으로 주목을 받고 있는 분야로서, 비교적 가용자원이 지구상 특정지역에 편중되어 있기 때문에 몇몇 해양 선진국을 중심으로 기술개발이 활발하게 추진되고 있다. 초기 투자비가 매우 크기 때문에 아직까지 본격적인 실용단계에 이르지 못하고 있는 실정이다.

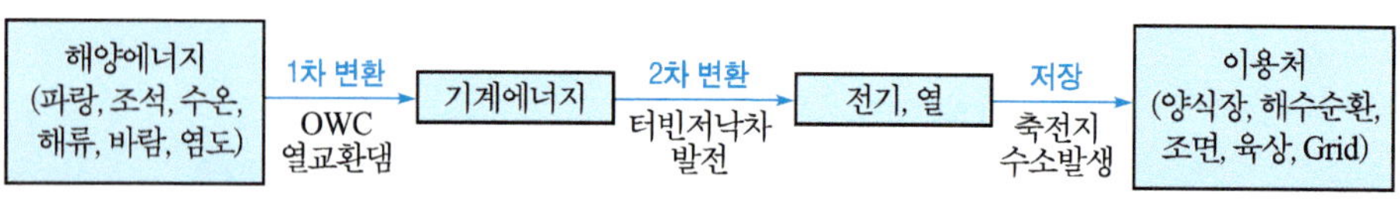

그림 6.1 시스템 구성도

6.3.1 해양에너지의 종류와 원리

(1) **파력 발전**

먼저 파도에 대해서 알아보면, 이의 특성을 알아내기 시작한 일화는 특이할 만하다. 제2차 세계 대전 중에 연합군의 노르망디 상륙 작전에서는 지정된 날의 지정된 시간에 지정된 장소에서 파도가 어떻게 움직일지를 아는 것이 결정적으로 중요했다. 그래서 작전이 실행되기 전에 연합군의 특공대가 적이 점령하고 있는 바닷가로 뚫고 들어가서, 파도가 퇴적물을 어떻게 훑어내고 또 그 퇴적물이 영국 해협의 어디에서 어떻게 모여 쌓이게 되는지를 알아내기 위한 분석 자료로서, 특히 이탄을 중심으로 지질 채집을 감행했다. 한편, 미국의 해양학자인 스베르드럽과 멍크가 입체적으로 실험하여 파도의 특성에 대한 여러 가지 함수 관계들을 밝혀냄으로써, 그 관계에 따라 기상도를 보고 파도의 높이와 주기를 미리 알 수 있었다. 그 뒤로 파도에 대한 연구에 많은 진보가 이루어져서, 바다 수면의 변화에 대해 통계학적으로 훨씬 완벽하게 설명할 수 있게 되었다.

물위로 바람이 불면 파도가 일어난다. 한편, 바다 밑의 지진이나 산사태나 화산 분출 때문에 훨씬 더 세찬 파도가 일어나기도 한다. 바람이 일으킨 파도가 폭풍 지역을 벗어나서 큰 물결을 이루어 먼 거리를 지난 다음에는 길고 낮으면서 높낮이가 고른 물결로 변하여 깊이가 얕은 곳에 다다른다. 그러면 파도의 물마루가 수면에서 치솟아 올랐다가 부서지고, 거품을 인 하얀 파도가 바닷가로 밀려 올라온다.

파도에서는 모든 물 분자들이 수직 원운동을 한다. 그때에 수면에서 원의 지름은 파도의 높이와 같다. 파도가 높게 일수록 그 원의 지름도 따라서 커진다. 파도가 일려면, 센 바람이 넓은 수면 위로 여러 시간 동안 계속 불어야 한다. 보기를 들면, 높이가 18 m인 파도가 일려면 너비가 800 m쯤 되는 넓은 수면 위로 시속 60노트의 바람이 24시간 동안 불어야 한다.

겉으로 보기에 질서가 있는 물결이 가파르고 거센 파도로 바뀌는 현상이 한때에는 마찰 때문에 생긴다고 여겨졌었지만, 전쟁 때에 이루어진 연구에 따르면, 그것은 파도의 원운동에 대한 바다 밑바닥의 저항 때문인 것으로 밝혀졌다. 물이 깊은 곳에서는 그 원운동이, 이웃한 두 파도 꼭대기 사이의 거리인 파장의 절반에까지 이른다. 물이 얕은 곳에서는 원운동이 찌그러져서 무한 궤도식 트랙터의 바퀴에서 볼 수 있는 것과 같은 타원 운동으로 바뀐다. 파도가 물이 얕은 곳으로 잇달아 밀려들어오면, 그 잇단 파도들이 아코디언처럼 늘려서 파장이 줄어들고 그 파도의 모양도 달라진다. 물결은 죽 이어진 가파른 물마루로 변한다. 바닷가를 향한 쪽은 오목하게 들어가고, 물은 물마루의 꼭대기에서 쏟아져 굉장한 힘으로 앞에 있는 물을 때리게 된다.

파도는 해안에 부딪치면서, 넓은 수면 위로 여러 시간 동안 부는 바람에서 받아 모은 모든 에너지를 한꺼번에 쏟아 놓는다. 때로는 거친 파도가 엄청난 피해를 주기도 한다. 네덜란드에서는 파도의 무게가 20 ton이나 나가는 콘크리트 덩어리를 3 m 위로 들어 올려 위험 수위 표지판보다 1.5 m쯤 더 높은 방파제 위에다 올려놓은 적도 있다.

파도 에너지를 개발하는 데에 가장 중요한 것은 바람을 통해 태양에서 바다로 전달된, 액체 상태의 태양에너지를 쓰기에 편리한 에너지 형태로 바꾸는 방법을 찾는 일이다. 이때에 편리한 에너지 형태라 함은 전기에너지를 말한다. 따라서 파도가 거칠게 부서져 그 파도 에너지가 다 흩어져 버리기 전에 미리 그것을 전기에너지로 바꿔야 한다.

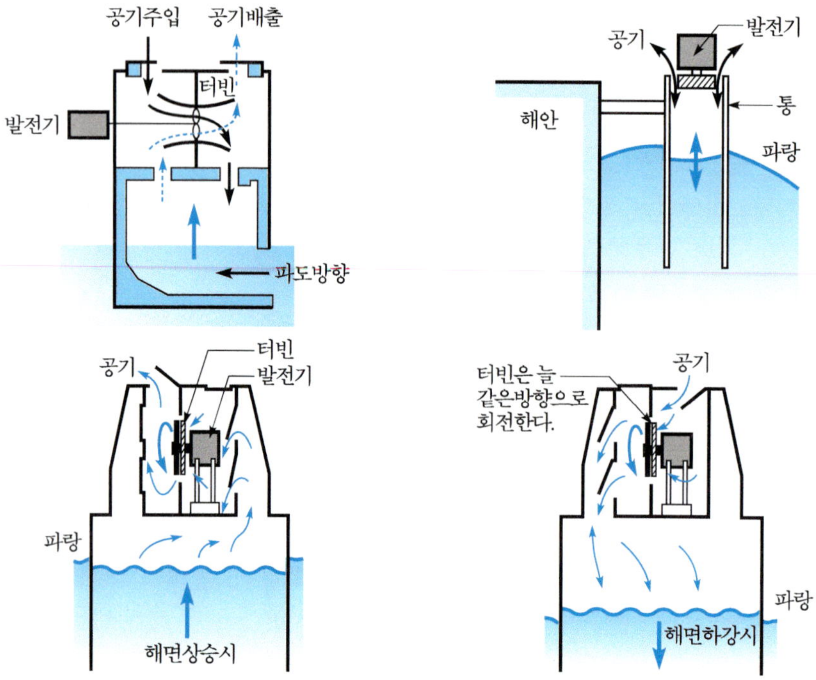

파도의 움직임을 이용한 운동에너지를 이용하는 원리로써, 파도가 방을 따라 들어올 때 수위가 올라간 물은 방밖으로 공기를 밀어낸다. 이때 밀려난 공기는 발전기를 돌리는 터빈을 회전시켜 전기를 발생시킨다.

그림 6.2 파력 발전의 원리

영국은 국토가 온통 바다로 둘러싸여 있어서 파도에너지의 잠재력이 크므로, 영국 정부는 이 에너지에 늘 큰 관심을 가지고 있었다. 1970년대의 끝 무렵에 영국에서는 파도에서 전기를 얻으려는 연구반이 다섯 팀으로서 따로따로 활동하고 있었다. 에딘버러 대학교에 그들이 함께 쓸 수 있는 실험용 탱크가 설치되었다. 컴퓨터로 지정되는 그 탱크는 여태껏 알려진 모든 파도와 역파를 재현할 수 있었다. 또 그것은 자연계에서 한 번도 발생한 적이 없었던 폭풍도 일으킬 수 있었다. 따라서 연구진들은 그 탱크 장치에서 파도에 대한 기본적인 정보를 얻을 수가 있었고, 실용 모형들이 바다에서 겪어야 할 상황을 견뎌낼 능력이 있는지도 실험할 수 있었다.

파력 발전은 파도 자체에 존재하는 운동에너지를 전기에너지로 전환하는 것으로 운동에너지는 터빈을 구동하는데 이용된다. 또 다른 방식의 파력 발전은 파도의 위, 아래 움직임을 이용하여 실린더 내부의 피스톤을 위와 아래로 움직이며 구동시키는 방식이다. 이때 피스톤은 발전기를 회전시킨다. 전 세계에서 약 50여종이 고안되었다.

이 외에도 파력 발전에는 진자식, 펜드럼식, 부체 실린더식 등 다양한 발전 방식이 있다.

파도는 '웰스(Wells)' 터빈(공기의 흐름 방향에 관계없이 본질적으로 동일한 방향으로 회전한다)을 구동시키는 과정에서 고정 또는 유동 구조물로부터 공기를 흡입, 배출할 수 있기 때문에 발전기를 회전시킬 수 있다.

해면에서 바람에 의해 생기는 파도를 이용하는 파도에너지(wave energy)는 파도의 높이와 그 속도에 관계된다. 즉 파도에너지는 파도의 높이의 제곱에 비례하며, 이를 발전에 이용하게 된다. 파도에너지의 개발을 위한 입지로는 지구상에서 위도 40~60°지역의, 바람이 지속적으로 불어오는 해안선을 가장 적합한 장소로 보고 있다. 일본의 동해안선, 노르웨이, 스코틀랜드 및 미국의 서해안선이 이에 속한다.

폭풍 속의 파도력은 거대하여 m당 파도력은 1 MW까지 도달한다. 그러나 북대서양에서의 연평균 파도력 밀도는 이의 10분의 1 내지 20분의 1 이하이며, 1 GW의 발전을 하려면 수십 km에 달하는 파도에너지를 모두 전기로 변환시켜야 가능하나 이는 악조건의 해양환경에서 발전소 운영의 기술적 문제와 변환 효율성 등을 고려할 때 실제로는 매우 어려운 일이다.

그러나 파력 발전은 현재의 기술 수준으로는 초기 제작비가 많이 들어 발전 단가가 화력 발전의 2배에 달한다. 하지만 장기적으로 볼 때 파력 발전이 무공해 청정(clean energy)에너지이고, 한 번 설치해 놓으면 거의 영구적으로 사용할 수 있고 또, 방파제를 겸한 복합기능 발전시스템은 도서 지방에 전기를 공급할 수 있기 때문에 상용화를 위한 연구가 활발히 진행되고 있다.

참 고

파력 발전 시스템을 장착한 부유식 방파제

매립식 방파제는 사석이나 콘크리트 등을 해양에 투석해 파를 막는 방식인 반면에 부유식 방파제는 파에너지의 대부분을 포함하고 있는 자유수면하 20% 정도만을 육지에서 제작한 부유 구조물을 띄워 파를 막는 방식이다.

이러한 방식은 해수 흐름을 방해하지 않아 해양 오염을 줄일 수 있을 뿐만 아니라 파에너지가 집중된 자유수면하 20%만을 막는다는 의미에서 매립식 방파제보다 효율적이다.

또한 파에너지를 흡수할 수 있는 장치를 부유구조물 내에 장착하여 전기에너지를 생산할 수도 있다.

- 부유식 방파제의 장점
  - 해상공사 및 양어장 보호용 등 다용도로 활용가능하다.
  - 중력식 해안구조물보다 시공이 간단하다.
  - 건설비가 싸다
  - 해수 교환성이 우수하다.
  - 지진에 대한 피해가 적다.
  - 해저 지질 조건에 영향을 거의 받지 않는다.

(2) 해양 온도차 발전

熱帶(열대)해역에서 해면의 해수 온도는 20℃를 넘으나 해면으로부터 500~1,000 m 정도 깊이의 심해에서는 4℃에서 거의 변하지 않는다. 이런 표층수와 심층수의 열 경사도를 이용하는 시설은 효율이 5%를 넘지 못하겠지만, 그 에너지의 잠재량은 어마어마하다. 이를테면, 하루 동안 멕시코 만류가 플로리다 주의 바닷가를 지나감으로써 생기는 열 경사도 에너지를 모두 더한 양은 온 미국에서 하루에 쓰는 평균 전기에너지 양의 일만 곱절쯤이 된다.

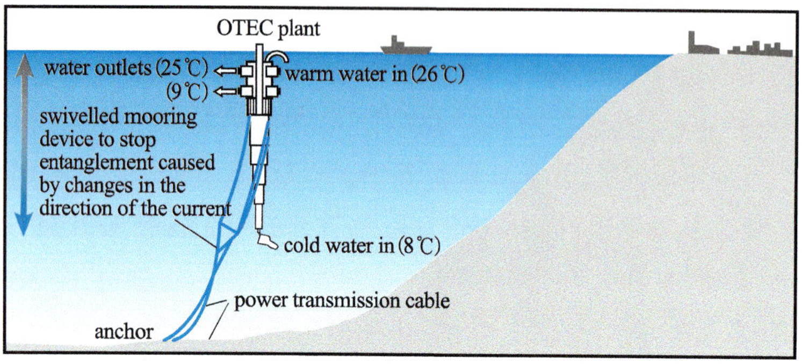

그림 6.3 OTEC system 설치 모식도

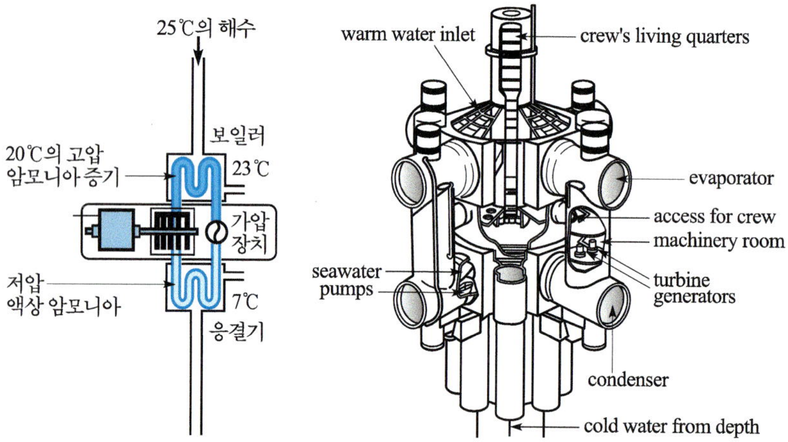

그림 6.4 OTEC system 구조도

이런 표층수와 심층수의 온도차로부터 프레온, 암모니아와 같은 저온 비등 매체(저비점 매체)를 이용하여 발전하는 기술로 표층의 온수로 저온 비등 매체를 증발시킨 후 심층의 냉각수로 응축시켜 그 압력차로 터빈을 돌려 발전하는 방식을 해양 온도차 발전, 줄여서 보통 OTEC(Ocean Thermal Energy Conversion)이라 부른다. 즉, 고온의 열원에서 저온의 열원으로 열이 흘러 들어가 터빈을 구동시켜 전력을 생산하는 방법이다.

기존의 발전소는 재생이 불가능한 화석연료를 사용하여 수백 도의 온도 차이를 발생시켜 플랜트를 가동하는 반면에 OTEC 발전소는 20℃ 내외의 온도차를 이용하여 플랜트를 가동하는 방법으로 기존 화석연료를 전혀 소비하지 않는다는 장점이 있다. 또한 실제로 태양에너지를 이용하는 여러 가지 계획 중에서 24시간 내내 출력을 낼 수 있는 것은 해양 열동력을 이용하는 OTEC 밖에 없다. OTEC 발전소는 무한한 해양에너지를 사용하기 때문에 별도의 에너지 저장시스템이 필요 없어서 그 시스템이 간단해진다. 그림 6.5에는 OTEC 시스템으로부터 얻을 수 있는 여러 가지 효과들을 표시하였다.

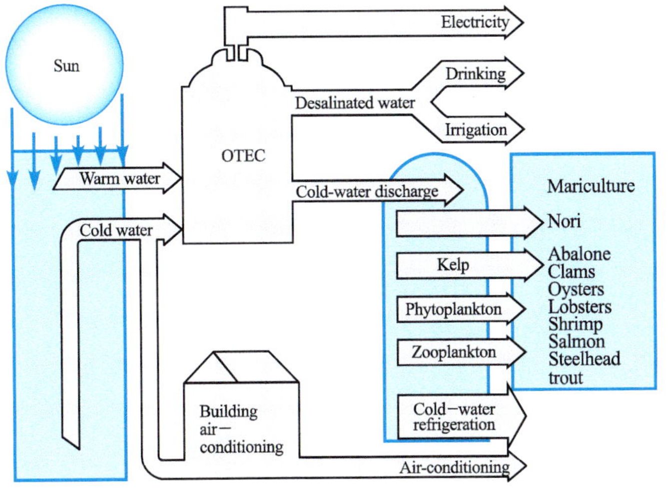

그림 6.5 OTEC system의 다양한 효과

OTEC 발전에서 필요로 하는 것은 단지 심해수와 표면수의 온도차로서, 국내의 바다 환경에 얼마든지 적용할 수 있으며, 그림 6.6에 OTEC system 설치가 가능한 지역을 나타냈다. 또한 궁극적으로 100 MW급의 플랜트를 설치하기 위해서는 조선 기술이 뒷받침되어야 하는데, 국내의 조선 기술은 이미 세계적인 수준이므로 이 또한 문제가 되지 않는다. 따라서 발전소를 탑재한 선박을 건조하여 전세계에 수출하게 되면 그로 인한 부가가치가 크게 증대될 것이다.

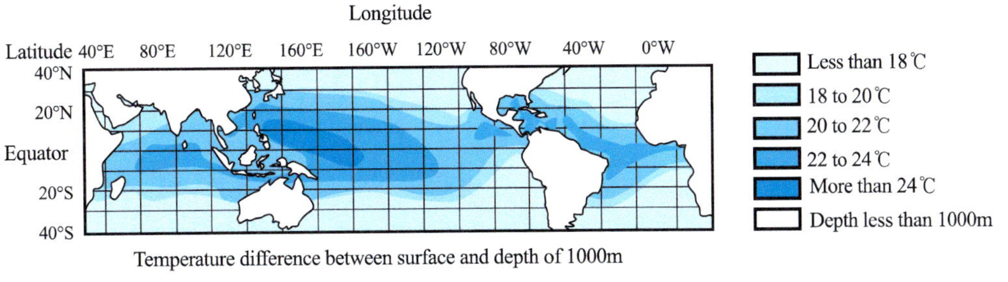

그림 6.6 OTEC system이 가능한 지역

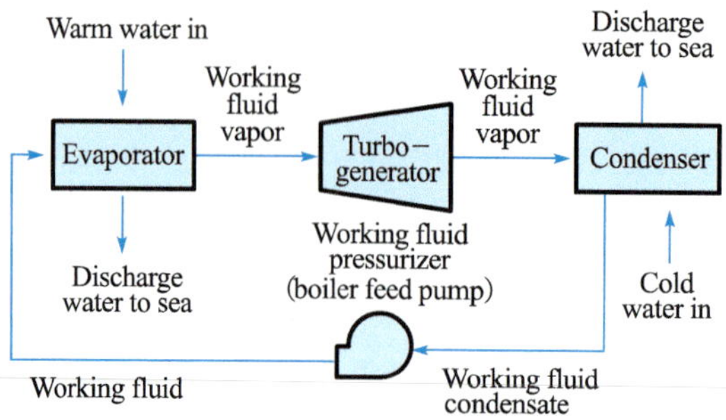

그림 6.7 Closed-loop OTEC system

현재 개발 중에 있는 OTEC 발전 기술은 기본적으로 3가지 종류가 있다. (1) 첫째, Closed-loop cycle system은 표면온수를 사용하여 오존층을 파괴하지 않는 암모니아나 프로필렌 같은 작동유체를 증발시켜 turbine generator를 구동시키는 방법이다. 바다 표면의 온수는 작동유체 시스템에 유입되어 열 교환기를 통하여 열전달이 일어나며 이 때 비등을 통해 작동 증기가 생성된다. 이 생성된 증기가 터빈을 회전시켜 전력을 생산하는 시스템이다. 그 다음 turbine을 나온 증기는 2상 상태가 되어 응축기로 유입된다. 이 때 해저로부터 끌어올린 심층 냉수에 의하여 응축기에서 열교환이 일어나 작동 유체의 대부분이 과냉된 상태에서 즉, 응축액으로 바뀌며 응축기를 나오게 된다. 다음 이 액체는 사이클을 완성하기 위하여 펌프에 의해 압력이 상승하여 증발기로 다시 들어가 재순환 된다. 이 시스템은 간단하여 전력 생산만을 위한 가장 실용적인 방법으로 알려져 있다. 이때 전력전환 효율은 약 5%이며, 터빈 효율, 펌프 효율 등을 포함한 전체 시스템 효율은 약 2.5% 정도이고 plant 설비 단가가 저렴하기 때문에 화석연료 시스템과 경쟁력이 있다고 할 수 있다.

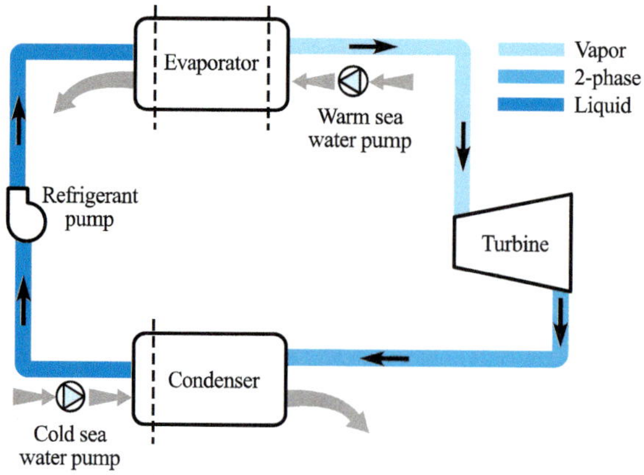

그림 6.8 폐쇄형 Rankine cycle

위의 시스템과 비슷한 것으로 재생형 Rankine 사이클이 있다. 증발기 및 응축기 등은 기존의 폐쇄형 사이클과 거의 유사하다. 다만 터빈으로 들어가 증기의 일부분을 중간 단계에서 추출한 뒤 'Open feed water heater'를 통과하게 하여 증발기에 들어가는 작동유체를 미리 가열하게 하는 것만이 다르다. 따라서 기본적인 폐쇄형 사이클에 비해 'Open feed water heater'와 펌프가 한 개씩 추가적으로 필요하다(그림 6.9 참고).

이보다 좀 더 발전한 것으로 Kalina 사이클 시스템이 있다. Kalina 사이클 시스템은 Rankine 사이클 시스템의 증발기, 터빈, 응축기 그리고 펌프 외에 분류기(separator), 재생기(regenerator), 팽창밸브 그리고 혼합기(mixer)가 추가된 시스템이다. 그림 6.10의 진한 색 선은 액체의 흐름을 나타내고 연한 색 선은 증기를 나타낸다.

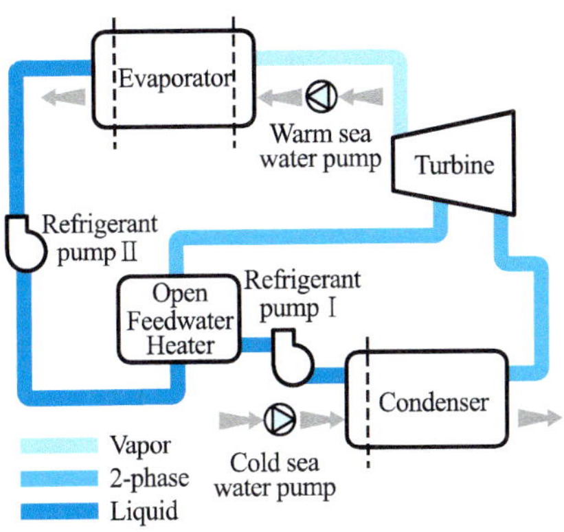

그림 6.9 재생형 Rankine cycle

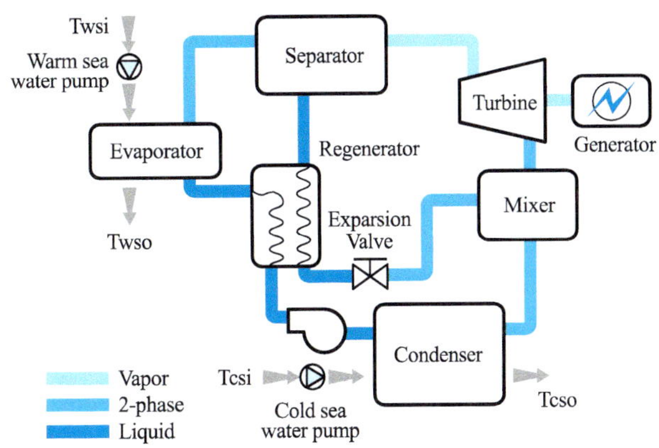

그림 6.10 Kalina cycle

Kalina 사이클의 작동원리는 다음과 같다. 재생기내에서 열교환을 마친 액상의 암모니아-물 혼합물은 증발기내로 유입되어 따뜻한 표층수와의 열교환을 통하여 증발하게 된다. 이때 증발하는 것 중 대부분은 증기압이 큰 암모니아이다. 이렇게 증발한 증기혼합물은 분류기내에서 포화증기, 포화액으로 분리되어진다. 이때 분리된 포화증기는 터빈을 가동시킨 후 단열된 혼합기(adiabatic mixer)로 유입된다. 한편, 분류기로부터 분리되어진 고온의 포화액은 재생기내에서 증발기로 유입되는 과냉액 상태의 암모니아-물 혼합물과 열교환을 한 후, 흡수기로 유입되기 전에 팽창밸브를 거친다. 흡수기에서 합쳐진 2상 상태의 혼합물은 응축기내에서 차가운 해수와의 열교환을 통하여 포화액 상태가 된다. 그리고 이 포화액은 작동유체 펌프에 의해 재생기에 유입되어 사이클을 완성하게 된다.

(2) 둘째로 Open-loop cycle system은 해양표면 온수를 작동 유체로 직접 사용하는 방법이다. 유입유체가 증기압 이하(약 2.5 kPa)로 유지되는 기화기(flash evaporator)에서 순간적으로 기화되어 turbine을 통해 팽창한 후 응축된다. 표면 온수는 펌프로 증발기에 유입

되고, 증발기는 진공펌프로 압력을 낮추어 온수가 상온에서 비등하게 되며, 생성된 증기로 저압터빈을 구동시켜 전력을 생산하게 된다. 이어 터빈을 나온 증기는 심해에서 펌프로 퍼 올려진 냉수로 열교환기에서 응축되어 부산물로 담수를 얻게 한다. 이러한 직접접촉 열교환 방식은 그 효율이 높아 더 많은 전력을 생산하는 장점이 있다. 이 시스템은 현재 선진국에서 테스트 중이며 전력 변환 효율은 약 5.5%이고 전체 시스템의 효율은 약 3.0% 정도로 plant의 단가는 폐회로 시스템보다 약간 비싸나, 도서 지방이나 선진국형에 적합할 것이다.

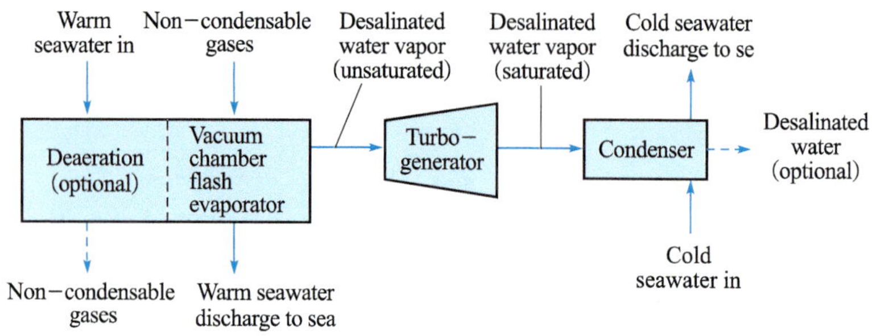

그림 6.11 Open-loop OTEC system

다음은 담수(desalinated water)생산을 고려하기 위해 직접접촉 열교환 방식이 아닌 간접접촉 열교환 방식을 채택한 것이다. 개방형, 혼합형 사이클의 경우 수소, 산소 등 해수에 녹아있던 가스가 기화기 내에서 해수 증발과 동시에 발생하게 된다. 이러한 가스의 존재는 시스템 효율에 치명적인 영향을 끼치게 되므로 불응축가스(Non-Condensable Gas, NCG)를 시스템으로부터 제거하는데 있어 부가적인 에너지를 필요로 한다. 개방형 사이클의 경우 이러한 NCG를 제거하는데 소요되는 동력은 전체출력의 약 10%에 이른다고 보고되어 있다.

개방형 사이클의 효율은 다른 모든 사이클에 비하여 가장 낮다. 하지만 OTEC 사이클로서 개방형 사이클이 고려되어지는 것은 아래와 같은 장점에 기인한다.

첫째, 열을 전달함에 있어서 어떤 일정의 온도차를 필요로 하는 폐쇄형 사이클과는 달리 개방형 사이클의 경우 찬 해수와 더운 해수간의 온도차 대부분을 전력생산에 이용할 수 있다.

둘째, OTEC 사이클의 상용화를 저해하는 요소 중의 하나는 막대한 초기설치비용이며, 열교환기가 차지하는 비중이 가장 크다. 개방형 OTEC 사이클을 이용할 경우 열교환기의 숫자가 감소함으로 초기설치비용은 큰 폭으로 감소한다.

셋째, 환경 친화적이다. 개방형 사이클의 작동유체는 해수이므로 암모니아와 CFC, HCFC, HFC 등을 작동유체로 사용하는 다른 시스템보다 환경 친화적이다.

위에서 열거한 장점 못지않게 개방형 사이클은 또한 많은 단점을 지니고 있다. ① 터빈 입출구의 압력차가 매우 작아 터빈 일의 양이 매우 적고 ② 시스템의 압력 또한 매우 낮아

유체의 비체적이 커짐에 따라 시스템의 크기가 커지게 된다. 마지막으로 ③ 기화기에서 발생한 NCG를 제거하기 위해 추가 에너지를 필요로 한다.

(3) 마지막으로 혼합형 hybrid cycle은 폐회로(closed-loop)와 개회로(open-loop) 시스템의 장점을 결합한 것으로 열원을 최대로 사용하도록 설계하여 전력과 담수를 동시에 얻게 하는 방법이다. 이러한 혼합형 사이클은 기화기 위치에 따라 Integrated 혼합형 사이클과 Joint 혼합형 사이클 2가지 방식으로 나눠진다. Integrated 혼합형 사이클이란 따뜻한 표층수가 증발기내에서 작동유체와 열교환을 한 후 기화기에 유입되어 담수를 생산하는 시스템을 말하며, 이는 그림 6.12에 나타나 있다. Joint 혼합형 사이클이란 따뜻한 표층수가 먼저 기화기 내에서 증발하여 증발기내에서 작동유체와 열교환을 한 후 담수를 생산하는 시스템을 말한다. Uehara 등은 2가지 사이클 중 Integrated 혼합형 사이클을 사용하는 경우가 단위 전력생산 비용이 감소함을 증명하였으며 그 밖에 여러 가지 많은 연구를 Joint 혼합형 사이클과 비교 수행하였다. 그림 6.13에서는 증발기내에서 열교환을 한 표층수는 기화기로 유입되어 증발된 후 응축기에서 온도가 상승한 심층수와 담수 응축기(desalination condenser)내에서 담수탱크(desalination water tank)에 저장되어진다.

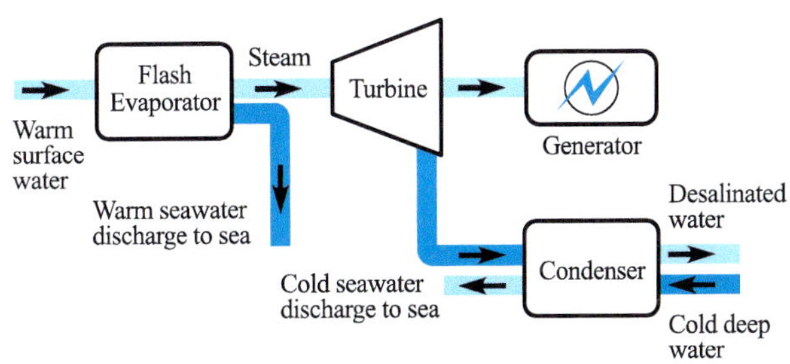

그림 6.12 Open cycle : 간접접촉 열교환 방식

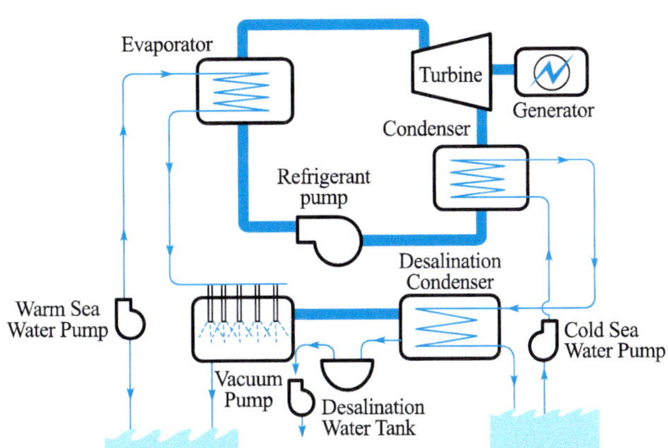

그림 6.13 Hybrid cycle

단순하게 말하면, 유입된 표면온수로 일차적으로 전력을 폐회로 사이클에서 생산하며 여기서 나오는 온수를 이차적으로 개회로 사이클에 보내어 직접 접촉식 증발기를 통과하게 하고 다시 응축기로 보내는 2단계 시스템을 사용함으로써 충분한 담수를 동시에 안정적으로 생산할 수 있게 한다. 아직은 이론적 단계에 있지만 두 시스템의 장점을 조합하였기 때문에 미래의 시스템으로 기대되며, 효율은 개회로 시스템과 거의 같을 것으로 보고되고 있다.

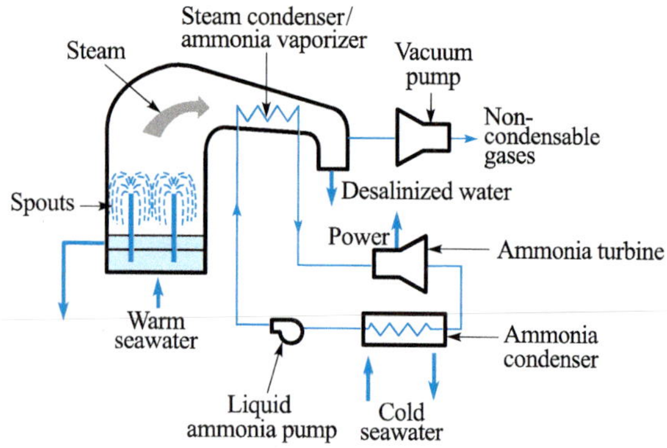

그림 6.14 Hybrid cycle for OTEC application

그러나 OTEC 발전 시스템이 장점만을 갖고 있는 것은 아니다. 실제로 매우 작은 온도차에 의하여 동력을 생산하기 때문에 총 동력효율은 Carnot 사이클의 절반 정도이며, 펌프력 손실, 열교환 효율, 터빈 효율 등을 감안할 때 실제 OTEC 발전을 통한 전력 생산시 열역학 시스템의 총효율은 2.5~3.0% 정도이다. 이러한 이유로 인해 OTEC 발전 시스템에서는 그 무엇보다도 적당한 작동유체를 개발하고 이를 향상된 열역학 사이클에 적용하여 그 성능을 측정하고 특성을 연구하는 일이 절대적으로 필요하다. 또한 OTEC 발전 시스템의 여러 부품 중 총 동력 효율에 가장 큰 영향을 미치는 부품이 저압터빈이므로, 특히 저압터빈의 효율을 개선하는 것이 매우 중요하다.

또한, 최대 출력 5,000~6,000 kW로 전력 출력량이 한정되어 있고, 표면과 심해의 온도차가 20℃ 이상이 되어야 하므로 어느 바다나 가능한 것이 아니어서 설치 장소가 한정된다. 가장 이상적인 곳은 위의 그림에서 나타내었듯이 적도 부근으로 주로 낙도 등에서 이용되고 있다. 그러나 밀폐형이라고는 해도 매체로 사용하는 프레온의 오존층 파괴 때문에 문제가 된다. 또한 발전 비용도 원자력 발전의 10배 정도 비싸다. 심해 냉수의 2차이용 등 합리적인 운용 등으로 장점을 높여 갈 방침이다.

바다에 저장되어 있는 가용한 에너지 자원은 약 10^{13} W이며, 이는 약 10,000대의 핵발전소 발전 용량에 해당한다고 한다. 따라서 거의 무한한 양의 에너지를 OTEC 발전 시스템에 적용하여 활용 가능하고, 원자력 발전소의 막대한 양의 온배수는 고온이므로 배출에 따른 근해의 표면온도 상승으로 인한 환경문제가 있는데, 이 에너지원을 OTEC에 활용하면 전력 생산과 환경문제를 동시에 해결할 수 있어 개발의 박차를 가하고 있다.

또 육지에 가까운 바다에 세운 발전소에서 얻게 되는 전기는 물을 수소와 산소로 나누는 데에 쓰일 수도 있다. 그 수소는 파이프를 통해 육지로 보내져서 전기를 생산하는 연료 전지에 쓰일 수 있다.

美, 日 등 선진국에서는 21세기형 환경 친화적 발전시스템으로 OTEC 시스템의 연구개발이 활발히 진행되고 있으며, 담수생산, 바다양식, 공기조화를 포함한 복합시스템으로의 개발을 서두르고 있다.

(3) 조력 발전

먼저 조수의 힘에 대해서 알아보면, 1087년에 영국의 정복왕 윌리엄 공의 명령으로 만들어진 "토지 대장"에 따르면, 도버에 살던 앵글로색슨 사람들은 곡식을 빻는 데에 조수를 이용하였다. 조수의 힘을 에너지원으로 개발하려는 생각은 오래 전부터 사람들의 마음속에 자리잡고 있었다.

10 m의 조차를 이용하면 1년간에 석탄 380억 ton의 에너지에 해당하는 3,000 kW의 발전이 가능하며, 끊임없이 출렁거리는 파도의 상하운동은 현재의 기술로도 해상조명용 발전이 가능한 수준에 와 있습니다. 지구상 해수의 온도를 1℃ 상승시키려면 태양에너지의 전부로도 2년 이상이나 걸리며, 이 해수가 매초 1 cm라는 속도로 움직인다고 하면 그 운동에너지는 1년에 1×10^{17} kW(석탄 76조 ton의 에너지에 해당)라는 쉽게 상상하기 조차 어려운 숫자로 표현된다. 현재의 과학기술은 해류의 속도가 8 knot인 해역에서 1 m^3의 면적에 대해 32 kW의 발전을 할 수 있는 정도에까지 이르러 있습니다. 또한, 다른 수치로 2000년 무렵에 미국에서 쓰이게 될 모든 에너지 수요를 다 대어주고도 남을 만한 양이라는 것이다.

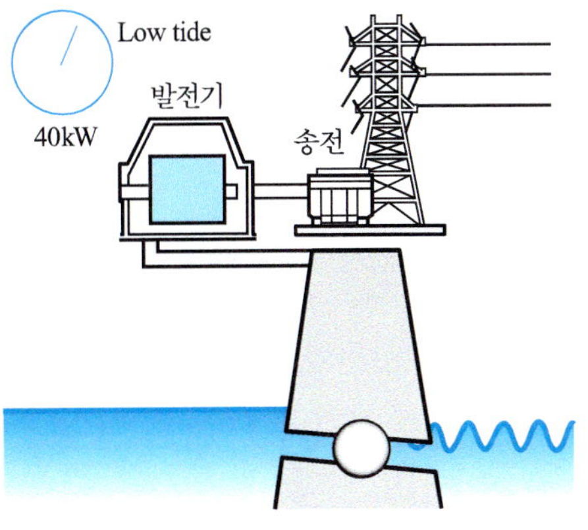

조수가 해안으로 밀려올 때 댐 위쪽에 있는 저장소에 가두어둔 후
조수가 썰물일 때 댐 위쪽의 물들이 일반적인 수력 발전소에서처럼
방류하면서 터빈을 회전시켜 발전하는 방식임

그림 6.15 조력 발전의 원리

조력 발전이란 밀물과 썰물이 발생하는 하구나 만을 방조제로 막아 바닷물을 가두고 수차발전기를 설치하여 조수가 해안으로 밀려올 때, 댐 위쪽에 있는 저장소에 가두어 둔다. 그리고, 조수가 떨어졌을 때, 댐 위쪽의 물들이 일반적인 수력 발전소에서처럼 방류된다. 조수가 약할 때에는 펌프로 물을 퍼 올려 안정된 전기 공급을 할 수 있도록 한다. 이러한 원리로 발전하는 방식으로서 해양에너지에 의한 발전방식 중에서 가장 먼저 개발되었다.

현재 개발 가능한 조력 자원을 보유한 국가는 세계에서 손꼽을 정도로 한정되어 있기 때문에 이들 국가에서는 조력 자원을 미래의 중요한 대체에너지 자원의 하나로 지목하여 이에 대한 조사와 연구를 활발히 진행 중에 있다.

연료비가 들지 않지만 투자비가 매우 크고 건설기간과 수익 회수기간이 길다. 더욱이 조수의 위치변화(Phasing) 때문에 평균 전력 이용률은 전체 터빈 설치용량보다 훨씬 작다.

이것이 잘 작동하도록 하기 위해서는 조수의 차이가 커야 한다. 적어도 487.68 cm 정도의 조수 차가 요구된다. 지구상에서 이러한 조수의 변화가 발생하는 지역은 불과 몇 지역밖에 없다. 만의 차가 큰 곳은 황해·영국해협·아이리시 해의 연안에 있다. 예를 들면, 인천에서는 8.1 m, 리버풀 8.1 m, 안트워프 4.9 m 등이다. 서 프랑스 브레타뉴 지구의 랑스 강 하구에서는 13.5 m나 되며, 여기에서는 대규모의 발전을 하고 있다. 이러한 이론을 이용하여 이미 전기를 만들고 있는 발전소도 있다. 프랑스의 한 발전소에서는 240,000가구에 충분한 에너지를 조력 발전으로 만들어낸다.

위에서도 말한 바와 같이 경비가 수십억 달러가 들기 때문에 개발이 늦춰지고 있는 조력 발전소의 후보지 가운데에는 영국의 세번 바라지, 미국과 캐나다 국경 근처의 펀디 만, 아르헨티나의 산 호세 만 들이 있다. 이런 지역들에서 볼 수 있는 공통점은 조수가 해일을 일으키고 그 해일이 강이나 강어귀에서 세찬 물결이 되어 넘친다는 것이다. 해일의 그 높이가 3 m가 넘고 그 속도는 1초에 5~7 m까지 이른다.

또, 다른 조건으로는 입지적으로는 폐쇄된 만이어야 하며 해저의 지반이 견고하고 송전거리가 가능한 한 짧아야 한다는 것이다.

조력 발전은 발전을 하는 지점이 결정되면 그 지점에 있어서 조위(潮位)의 변화를 예측할 수 있다는 점은 장점이나, 얻어지는 유효낙차가 적고, 또한 조위의 변화가 연간을 통하여 균일하지 않으며, 조위가 일정한 시간대에서는 발전할 수 없다는 문제점들이 있다. 또한 환경면에서 볼 때에 걱정되는 점은 조력 발전 시설이 틀림없이 그 가까이에 사는 해양 생물에 영향을 끼치게 되리라는 사실이다. 실제로 해일을 에너지로 전환시키면 만의 환경이 더 나아질지, 아니면 더 나빠질지는 앞으로 따져봐야 할 문제이다.

(4) 해류 발전

바다 속 海流(해류)가 프로펠러식 터빈을 지날 때의 회전력을 이용하여 발전하는 방식이다.

발전기 제작에 엄청난 비용이 소요됨에도 불구하고 발전 비용이 원자력 발전보다 훨씬 저렴하며 火力(화력) 발전비의 절반 가격 정도로 경제성이 좋은 방법으로 알려져 있다.

실용화 : 발전기 제작에 많은 비용이 소요되며, 해류의 관측이 용이하지 않고, 시설 및 항시적인 운용에 있어 비현실적이다.

해류 발전

- 유지비가 적게 들고 거의 영구적으로 발전이 가능하다.
  연구개발 중이나 실용화에는 아직 미치지 못하고 있다.
  미국의 플로리다 해류의 에너지 연구(1970)
  일본의 일본 해류(또는 쿠로시오 해류)의 에너지 연구
- 해류 에너지 이용의 예
  16세기 초부터 만류의 존재가 알려진 이래, 미국에서 유럽으로 갈 때는 그 만류를 탔고, 거꾸로 유럽에서부터 아메리카 대륙으로 향할 때는 남쪽에 가까운 항로를 택해서 서쪽 방향의 해류를 이용해 왔다.
  영국 – 미국 사이에서 10일, 영국 – 오스트레일리아 사이에서 30일간의 항해일수 절약 가능

그림 6.16 해류 발전의 원리

6.4 해양에너지 개발현황

6.4.1 파력 발전

(1) 프랑스

프랑스 리용에서 1910년 무렵부터 개발이 진행되었다.

(2) 일본

세계 최초로 파력 발전에 성공한 나라로서 1965년에 해상보안청에서 항로 표식인 부표(buoy 부이)용의 전원으로써 쓰였다. 규모가 큰 것으로는 125 kW의 터빈을 8대나 쌓은 실험선이 있다. 이 실험선은 파도가 오르내리면 공기의 압축과 팽창이 되풀이되는 공기 터빈식을 도입했다. 파도가 올라가면 공기가 압축되고 내려가면 팽창한다. 그렇게 되면 거기에 공기의 흐름이 생기고 그 흐름이 터빈을 돌려 발전한다.

또한, 이시가와지마(石川島 : 도쿄 소재) 하리마(播磨) 중공업은 부력식 파력 발전기로는 세계 최대의 파력(波力) 발전실험장치인 "마이티호엘(일명 : 고래호)"을 완성시켜, 미에(三重)현 난세이(南勢)군 고카쇼(五個所)만내의 약 1.7 km 지점에 1998년에 설치했다. 2000년 3월까지로 설정된 시험운용이 성공적일 경우 여러 파력발전기들을 한 줄로 연결할 계획도 짜 놓고 있다. 내년 그렇게 되면 발전량이 늘고 만을 가로지른 발전시설들이 파도를 흡수해 만 안쪽 해역은 언제나 잔잔한 청정어장으로 바뀐다. 생산된 전기로 폭기 장치를 가동시켜

오염물도 제거한다. “마이티호엘”은 길이 5,000 m, 폭 3,000 m, 높이 12 m에 무게 1,260 ton의 철제 부력체로 배수량은 약 4,400 ton에 이른다. 밀려오는 파도가 선두부분에 닿을 때마다 본체내의 공기실에 해수가 유입되어 공기압력을 높인다. 압축된 공기의 힘으로 상부에 설치된 3대의 터빈을 돌려, 발전기를 움직이는 구조로 되어있다. 평균 발전출력은 시간당 14 kW이고 최대 110 kW의 전력을 생산한다. 이 파력발전장치의 발전력은 일반 가정의 4, 5배 정도의 전력을 조달할 뿐이지만 해수의 순환을 방해하지 않고 파도를 흡수하는 방파제 역할과 발생전력으로 해수에 공기를 공급하여 물을 정화하는 역할도 담당할 것으로 기대되고 있다.

일본은 Kaimei에 240 kW급의 해안 고정식 파력 발전 장치를 설치하여 시험 가동하고 있으며, 해양 과학 기술 센터(가나가와(神奈川)현 요코스카(横須賀)시 소재) 주관으로 540 kW급의 부유식 파력 발전소 건설을 진행하고 있다.

(3) 영국

벨파스트의 Queen's 대학에 75 kW급 파력 발전 장치를 설치하여 가동 중이다. 그리고 1995년 여름 2 MW급 파력 발전 시설을 설치하여 시험 가동 중이다.

또한, 영국은 루이스섬 근해의 수심 21 m 해역에서 진동수주방식을 이용하여 5 MW급의 파력 발전소를 건설하여 운영 중이다.

영국의 대서양 해안선의 잠재적인 연간 평균 파도력은 36 GW지만 이용가능한 파도력은 이의 약 절반 정도이며 이를 다시 전기로 변환하는 효율 고려시 약 6 GW 수준으로 추산된다. 영국에서는 파도력 에너지 연구에 10년(1975~1984)을 소비하여 300여가지의 아이디어를 검토하고 9개의 장치가 2 GW 용량의 참고 설계까지 진척되었으나, 발전 단가가 원자력의 3배 이상으로 추정되어 파도력 발전을 하기에 지리적으로 좋은 여건을 가진 영국에서도 파도력 발전이 대규모 전력 생산의 매력적인 대안이 될 수 없었다. 그러나 파도의 표면운동을 자연적으로 증폭시킬 수 있는 암반으로 둘러싸인 협곡 같은 특수한 해안지형을 이용한다면 소규모 연안 파도력 발전소 건설이 가능할 전망이다.

(4) 기타

노르웨이는 500 kW급 발전소를 건설하고 있으며, 덴마크는 34 kW급 발전소에 대한 실증실험을 진행중이다.

인도네시아는 발리섬에 출력 1 MW급의 월파저수식 발전소를 노르웨이의 기술로 건설하여 운영 중이다. 스코틀랜드는 서부 해안에 위치한 아이슬레이(Islay)섬의 전력공급을 위하여 1990년 200 kW급의 소형 파력발전소의 건설이 추진되었다.

(5) 우리나라

우리나라의 실험용 파력 발전 시스템은 출력 60 kW급으로 직경 13 m, 높이 9.5 m의 원통형이며 무게는 415 ton에 달한다. 시스템의 내부는 밑빠진 병 모양으로 아래쪽이 바다에 잠겨 있어 파도가 출렁거리면서 내부 공기를 위 아래로 움직이게 한다. 위쪽의 좁은 구멍에서는 공기의 상하 운동 속도가 빨라져 이 공기가 터빈을 돌려 발전을 하는 것이다.

약 5,000 MW로 추산되는 파력에너지를 이용하기 위한 연구가 진행 중에 있다.

6.4.2 온도차 발전

(1) **일본**

일본은 일찍부터 Sun-Shine 계획의 일부로 해양 온도차 발전 기술의 개발을 추진하여 Tokushima에 50 kW급의 출력향상시험에 1982년에 성공한 적이 있으며, 1974년부터 산학연 공동으로 실험실 규모의 시험을 계속하고 있는데, 1981년 남태평양의 나우르(Nauru) 공화국 해역에서 최대출력 120 kW의 실험발전에 성공한 바 있고, Saga대학에 75 kW급, Toyama에 3.5 kW급, 국제 협력 사업으로 Nauru 섬에 100 kW급 시범 발전소를 건설하여 가동하고 있으며, 1,000 kW급에 대한 실증 실험을 수행하고 있다. 국제 협력 사업으로 Nauru 공화국의 섬에 최대 출력 120 kW급 시범 발전소를 건설하여 가동하고 있으며, 1,000 kW급에 대한 실증 실험을 일본의 사가대학과 인도의 국립해양기술연구소와 공동으로 개발·수행하기로 하였다. 제1단계는 2년 안에 랭킹 사이클을 사용한 사가대학 방식의 플랜트로 설계를 실증하는 것이다. 이것은 프로팅식으로 출력은 1,000 kW이다. 다음에는 3년을 목표로 우에하라 사이클의 실증시험에 들어간다. 최종단계는 그때까지의 실증을 토대로 하여 기술적, 재정적 문제를 해결한 다음 최적한 상용 플랜트를 설립하는 것이다. 인도에 건설하는 1,000 kW급의 실증플랜트 설계개념에서는 해수온도를 표층 28℃, 심층(깊이 800 m) 8℃로 설정하고 있다. 열교환기의 총 전달 열면적이 약 5,000 m^2, 취수관경이 1.5 m, 실제 출력은 약 600 kW의 규모이다. OTEC 기술은 현재 실용레벨에 와 있기는 하지만, 이제까지 120 kW 규모까지의 실증플랜트 정도만 실현된 상태이다. 실용화에는 1,000 kW 규모에서의 검증이 요구된다. 그런 뜻에서 이번 사가대학과 인도와의 공동연구는 실용화에 길을 여는 연구로서 매우 주목된다.

'신에너지재단'에서는 2000년대의 실용화를 목표로 북태평양 해상에 인공섬을 만들어 낮에는 태양열로, 밤에는 해양온도차발전으로 시간당 700 MW 규모의 전력을 생산할 수 있는 해상에너지기지를 건설하려는 계획을 추진하고 있다.

2002년부터 동남아국가에 관련기술을 수출하고 있으며, 남태평양 타히티섬에 5,000 kW급 온도차 발전소 건설을 추진하고 있다.

(2) **미국**

1978년 미국이 하와이 근해에서 50 kW급의 소규모 실험발전에 성공했다.

1980년대 초에 이미 160 kW급의 해양 온도차 발전에 대한 실증 실험을 마친바 있으며, 하와이에는 50 kW급의 상용 발전소가 가동 중이고(Mini OTEC) 10만 kW급의 대규모 발전소가 건설되고 있다. 하와이 주변해역에 해양온도차 발전소를 건설해 운영중인 미국은 2000년부터 해양온도차 발전을 통해 일부 연안지역에 전력을 공급할 계획이다.

(3) 프랑스

프랑스가 이 방법을 처음으로 제안하였으나 처음에는 커다란 기술이 개발되지 않아 진전이 없었다. 그러나 온도차 발전의 연구는 프랑스가 가장 앞서고 있다. 처음 G. 클라우드의 고안에 의해 멕시코만의 선상(船上)에서 많은 실험을 하였다. 1948년 반관반민(半官半民)의 회사 '해양에너지 개발공단'을 조직하였다. 이 공단에 의해서 서아프리카 상아해안에 세계 최초의 온도차발전소가 완성되었다. 서(西)아프리카 상아해안 아비잔에서는 약 30℃의 표층 해수를 증화기에 흡인하여 약 1/25 atm으로 감압해서 비등시켜 증기를 얻는다. 이 증기로 저압터빈을 돌려서 발전한다. 일을 한 증기를 약 400 m 심층에서 취한 8℃의 차가운 바닷물로 냉각하여 일의 능률을 올린다. 냉각한 증기는 담수(淡水)로서 회수한다. 아비잔에서는 7,000 kW 전력과 부산물로서 1일 약 1만 4,000 ton의 담수를 얻는다.

(4) 기타

북구의 핀란드도 스페인과 공동으로 저온도차 OTEC 시스템을 이용한 해수 담수화 장치 개발을 추진하고 있으며, 자마이카에 MW급 발전소 건설을 추진 중이다. 네덜란드도 1980년대 후반부터 개발에 착수하여 인도네시아의 발리 섬에 250 kW급 발전소 건설을 추진 중이며, 영국은 10 MW급 해상 발전소 건설 사업을 추진하고 있다.

(5) 우리나라

최근 지난 30년간에 걸쳐 수행하여 왔던 한국근해 해양조사 관측치를 분석한 결과 우리나라의 동해 연근해역이 세계적으로도 천혜의 조건을 갖춘 미래 에너지인 "해양온도차 상업발전 최적지"로 입지선정이 가능함을 밝혀냈으며, 특히 포항 연근해역이(36°N) 유망한 적지로 나타났다. 한국에너지기술연구원에서 분석한 한국근해 해양조사 관측자료에 의하면 6월의 경우 표면과 200 m 이심층간의 수온차는 15~18℃ 범위를, 8월에는 20℃ 이상을 나타냈으며, 10월의 경우에는 표면과 150 m 이심층간의 수온차는 15~21℃였다. 따라서 우리나라 동해연안에서의 발전소 가동은 6~12월에 걸쳐 상업적으로 이용 가능한 해양온도차 발전소를 가동시킬 수 있을 것으로 전망하고 있다.

또한 외국의 경우 저층수를 상승시키는 파이프 길이가 1,000 m 이상이 요구되고 있으나, 우리나라 동해연안에서는 그 절반인 500 m 이하의 시설만으로도 가능하므로 열효율면이나 시설 설치면에서 유리한 입지에 있다고 보고 있으며, 더욱이 전력생산 이외에도 영양분이 많은 심층해수를 표층으로 올림으로써 좋은 어장 형성과 부수적으로 냉수성 어류양식 및 유용성 성분추출 이용 등의 장점도 있어 앞으로 우리원은 해양온도차 발전소 설치지점의 최적지 선정은 물론 다목적으로 활용할 수 있는 방안에 관한 연구를 지속적으로 수행해 나갈 방침이다.

• 우리나라 해양 온도차 발전소 설치 계획

○ 사업개요

- 최종 20 kW급 해양 온도차 발전플랜트 제작 가동
- 실험실용 1 kW급 해양 온도차 발전시스템 모델에서 세부실증실험을 통하여 20 kW급에로의 Feed-in 기본데이터 수집
- 총연구비 : 57억 원(정부 53, 민간 4)
- 연구기간 : 1996~2005

○ 연도비 투자규모

(단위 : 백만 원)

1996년	480	40	520
1997년	500	40	540
1998년	450	40	490
1999년 이후	3,870	280	4,150
계	5,300	400	5,700

○ 지금까지의 추진 실적

해역 타당성 조사, 실험실용 1 kW OTEC 시스템 모형설계, 최종 20 kW급 OTEC 해상 플랜트 설계

6.4.3 조력 발전

표 6.1 세계의 주요 조력발전소 현황

국 명	위 치	최대조차(M)	최대출력(MW)	완공년도	발전방식
프랑스	링스강 하구	13.0	240	1966	양방향 복류식 발전
영 국	세번 유역	15.5	1,000	취소 (과대 공사비)	건설 유보
캐나다	아나폴리스강 하구	7.1	200	1984	단류식 발전
러시아	키스라야 구바	3.9	0.4	1968	복류식 발전
중 국	지앙시아	8.5	3.2	1985	복류식 발전
한 국	가로림만	13.0	520	2020	2020년까지 준비기간 연장
	시화호	8.8	254	2011	단방향 창조식 발전

(1) 소련

1968년에 완공된 소련의 키슬라야 발전소는 800 kW의 용량이다.

(2) 프랑스

프랑스 랑스 발전소는 1961년에 공사를 시작하여 1967년에 완공되었으며, 양면용 터빈이 설치되어 조수의 흐름이 그 댐의 양쪽으로 다 작용할 수 있다. 용량은 24만 kW이며 전체 전력 생산량 가운데 7/8쯤이 좀 더 다르기 쉬운 썰물 때에 생산된다. 랑즈 천의 간만의 차는 평균 8.4 m로 1만 kW의 발전 장치가 24개 설치되어 발전을 하고 있다. 단저수지식 · 복동조작운전으로, 양수식 발전용인 튜블러형 가역식 펌프 수차를 사용하여 양수를 이용해서 1조 기간에 2회 발전한다. 출력은 완성시의 프랑스 수력 발전량의 약 1%에 해당하는 544 GW이다.

프랑스에는 브르타뉴 지방 쌩 말로 부근에 세계에서 가장 큰 조력이용 공장이 있다.

그림 6.17 프랑스 랑스 조력 발전소

(3) 기타

중국은 1980년에 완공한 지앙시아 발전소는 3 MW의 용량을 가지며, 또 발해에서 북부만에 걸쳐 8기의 조석발전소를 보유하고 있는데 그 용량은 모두 합쳐 6,000 kW이다.

캐나다 아나폴리스 발전소는 1986년에 완공되었으며, 용량이 20,000 kW이다.

일본은 물결이 센 에히메현 내도해협에서 조류발전 실험에 성공했다.

(4) 우리나라

우리나라의 경우 1970년대에 와서 한국해양연구소에 의해 충청남도의 가로림만과 천수만을 대상으로 한 조력발전 예비 타당성조사가 실시된 아래 1980년과 1982년 최적 후보지로 선정된 가로림만에 대한 조력발전 정밀타당성조사 및 기본설계를 프랑스(특히 프랑스 소그레아 회사)와 공동으로 실시하였다. 1986년에는 영국의 기술진과 공동으로 1982년의 조사를 재검토한 결과 최적 시설용량은 40만 kW로 평가된 바 있다. 국내에서는 현재 시험조력발전소 건설에 관한 조사사업을 추진 중에 있는데, 앞으로 연구 개발되어야 할 주요 대상은 주요부분인 수차발전기의 설계제작기술, 발전계통기술, 발전시스템의 자동제어기술, 바닷물에 의한 소재의 부식방지기술 등이다. 우리나라는 끊임없이 재생산되는 무공해 에너지를 바다로부터 얻을 수 있는 좋은 자연환경을 갖고 있으므로 머지않아 해양에너지를 이용하게 될 것이다.

현재(2007년) 인천시는 강화도, 교동도, 석모도, 서검도를 방조제로 연결하고 여기에 수차발전기 32기를 설치하는 강화조력 발전소가 완공되면 연간 1천 536 GWh의 전기를 생산할 수 있을 것으로 시는 판단하고 있다. 총 사업비는 1조 7천 771억 원으로 예상된다. 시는 여러 사전절차를 거쳐 2010년 본 공사에 착수, 2015년부터 상업운전을 한다는 목표다. 이는 인천시 연간 총 전력사용량의 8.4%에 해당하고, 인천의 93만세대 중 43%인 40만세대가 1년 동안 사용할 수 있는 양이라고 한다. 시는 또 연간 유류 대체효과가 중유 32만(516억 원)에 달하고, 연간 123억 원의 이산화탄소 배출권 확보가 가능할 것으로 분석하고 있다. 우리나라는 2013년부터 세계기후변화협약에 따른 이산화탄소 배출량 감소 대상이 된다고 한다.

1) 시화호 조력 발전지

○ 사업개요

- 경기도 안산시 시화방조제(길이 11.2Km) 한 가운데에 건설되고 있는 시화호 조력발전소는 기존의 세계 최대 조력발전소인 프랑스 랑스 발전소(24만KW)보다 용량이 큰, 세계 최대의 규모를(25만4천KW) 자랑하고 있다.
- 조력발전은 조수간만의 차가 큰 하구나 만을 방조제로 막아 호수를 만들고 밀물과 썰물에 의해 발생하는 외해와 호수 내의 수위차를 이용해 전기를 생산하는 방식이다.
- 총 5,204억원의 사업비가 투입되어 2004년 12월 말에 착공해 2011년 11월 준공되었으며, 이에 앞선 2011년 8월 최초 상업발전을 개시하여 무공해 청정에너지를 생산하고 있다.
- 시화호 조력발전소는 하루에 두 번 발생하는 조수간만의 차를 이용해 2012년 현재 3억7천5백만KW의 전력을 생산하고 있다. 연간 최대발전량인 5억5천2백만KW의 생산이 이루어진다면 이는 약 50만명(가정)의 인구가 사용할 수 있는 전력량으로 연간 86만2천 배럴의 유류 대체효과와 31만5천톤의 이산화탄소 저감 효과가 있다.
- 유엔기후변화협약 으로 부터 청정개발체제로 승인을 받아 온실가스 감축의무를 지는 선진국에 배출권 판매를 모색하고 있으며 실제로 거래가 이루어질 경우 국가적 부가가치 창출에도 기여할 것으로 예상된다.

○ 입지조건

- 조력 발전의 원리는 바다에 조력저수지를 설치하고 조석간만 차를 발전낙차로 이용

하여 전력을 생산하는 것임.

- 시화해역은 조석간만차가 커서 조력 발전에 유리함.
  * 평균대조차 : 약 7.9 m
- 시화호를 조력 저수지로 이용함으로써 막대한 토목공사비를 절감할 수 있으므로 조력 발전 경제성 확보가 용이함.
  * 타 후보지의 경우 조력 발전소 총 건설비 중 토목공사비 비율 약 40%
- 수자원공사의 시화호 2분화 계획에 의하면 시화호의 총수면적 56 km^2 중 인공 습지 및 담수호 면적을 뺀 32 km^2의 해수호를 조력 발전에 활용할 수 있음.

○ 발전규모

- 조력 발전소의 규모는 조력 저수지의 크기 및 저수지내의 관리 수위에 의해 좌우됨.
  * 시화호의 경우: 해수호 면적 : 약 32 km^2, 관리수위 : 평균해면
- 시화 조력 발전소 규모 추산
  * 시설용량 : 20만 kW
  * 연간 발전량 : 약 400 GWh
  * 총 공사비 : 약 3,000억 원

○ 기대효과

- 시화호에 조력 발전소를 설치할 경우 전력생산과 함께 해수순환에 의한 수질개선효과를 얻을 수 있음.
- 시화 조력 발전소는 수도권에 무공해 청정에너지 생산시설을 확보하는 측면과 대체에너지 실용화 측면에서의 의미가 클 것임.
- 프랑스 랑스 조력 발전소의 예로 볼 때 시화 조력 발전소는 국내 및 동남아 일대의 과학 관광명소 역할을 할 것임.

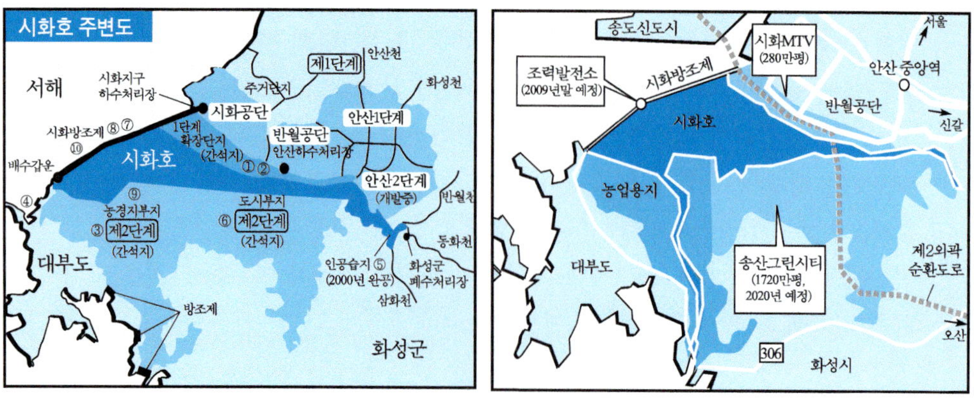

그림 6.18 시화호의 조력 발전 후보지

2) 울돌목에 조류 발전소를 세워라.

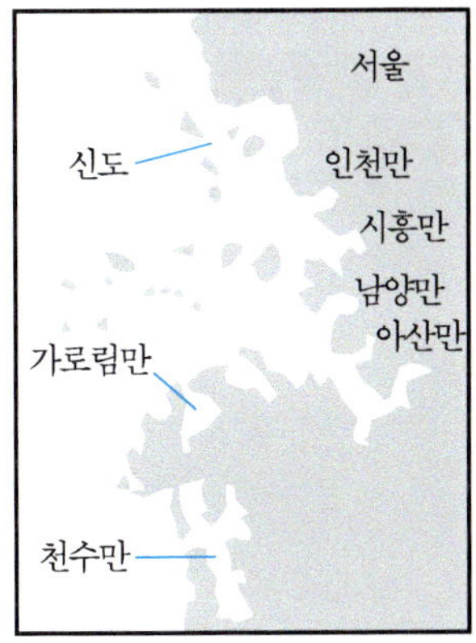

그림 6.19 조력 발전 후보지 가로림만

한 러시아 망명 과학자가 전남 진도와 해남을 잇는 진도대교 옆 울돌목에 조류력 발전소 건설을 주장, 관심을 끌고 있다. 주인공은 알렉산더 고를로프 박사. 그는 이집트 아스완댐 터널 및 수력발전 단지를 설계한 발전분야의 세계적인 전문가다. 지난 '76년 구소련 반체제 작가이자 친구인 솔제니친과 함께 러시아에서 추방돼 미국으로 망명한 고를로프 박사는 미국 노스이스턴대 기계산업공학과 교수를 지냈다.

그는 최근 '해천포럼'(위원장 이정일 민주당 의원)의 초청으로 방한, 울돌목에 조류력 발전소 건설의 필요성을 강조하고 돌아갔다.

고를로프 박사의 조류 발전방식은 기존 조력 발전소와 다르다. 기존 조력 발전소는 프로펠러를 사용하고 물을 가두기 위한 대형 댐이 필요하다. 무공해 에너지를 얻기 위해 환경 파괴가 뒤따른다는 얘기다. 또한 조수간만의 차에 따라 발전할 수 있는 시간이 제한돼 있다.

그러나 고를로프 박사의 조류력 발전은 기존 프로펠러 터빈 대신 헬리칼 터빈(일명 고를로프 터빈)을 사용한다. 이 터빈의 프로펠러는 유전자와 비슷한 나선형 구조를 갖고 있다. 또한 항공기를 뜨게 하는 양력을 이용, 프로펠러의 굵기가 다르다. 고를로프 박사는 "때문에 조류의 움직임, 방향과 상관없이 적은 힘으로 24시간 발전이 가능하다"고 말했다. 또한 별도의 댐을 설치할 필요가 없어 환경 파괴를 최소화할 수 있다는 것이 그의 설명이다.

고를로프 박사가 제안한 울돌목 조류력 발전소는 해상에 바지선 같은 대형 부표를 띄우고 여기서 해저로 길이 1 m짜리 헬리칼 터빈 15개를 수직으로 세우는 방식. 연결된 15개 터빈이 1개 세트가 된다. 고를로프 박사는 "울돌목의 조류 속도가 평균 초속 6 m 수준인 점을 감안하면 터빈 1개당 시간당 64 kW의 전력을 생산할 수 있다"면서 "울돌목에서는 최대 477 MW의 전기를 생산할 수 있다"고 설명했다. 또 진도 서남부인 장죽수도에서는 최대 1,231 MW, 진도 남부인 맹골수도에선 1,911 MW의 전력 생산이 가능하다고 덧붙였다. 그는 특히 "북한의 경우 해주만이 조류의 흐름이 빨라 동양 최대의 발전소를 건설할 수 있다"고 말했다. 건설비용도 다른 에너지에 비해 높지 않다. 태양에너지는 1 kW를 생산하는 데 5,000~8,000 달러의 투자비가 필요하고 수력도 1,500~2,000 달러가 든다. 울돌목의 경우 1 kW 생산에 필요한 투자비는 1,200 달러 정도로 계산됐다. 고를로프 박사는 미국 에너지성과 함께 미국 메인주 비날헤이븐 지역에 헬리칼 터빈을 이용한 소규모 조류력 발전소를 건설하고 있다. 특히 헬리칼 터빈은 물의 흐름만 있으면 발전이 가능해 강에도 설치할 수 있는 장점이 있다. 고를로프 박사는 이미 휴대용 발전기로 쓸 수 있는 이동식 헬리칼 터빈도 개발했다. 해천포럼은 한강 교량의 야간조명을 위해 헬리칼 터빈을 사용하는 방안을 서울시에 제안했다.

고를로프 박사는 "화석에너지는 유한하고 환경 파괴를 수반한다."면서 "조력 발전소를 만들지 않는 것은 후손에 대한 범죄행위와 다를 바 없다."고 강조한 바 있다.

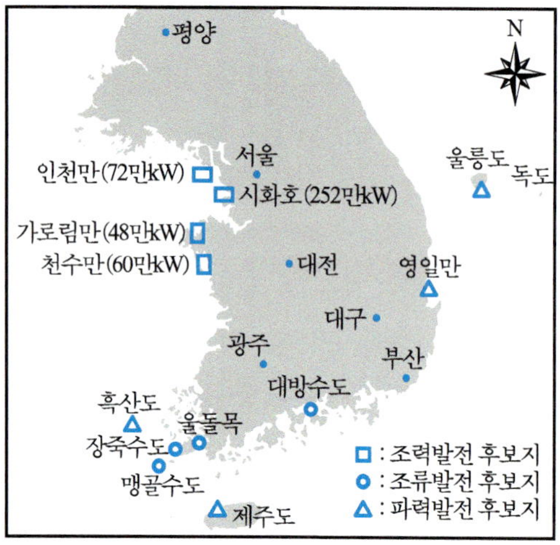

그림 6.20 해양에너지 개발 유망후보지

표 6.2 우리나라의 해양에너지 부존량

구 분	계	조력(서해안)	조류(서·남해안)	파력(전해안)
부존량(추정)	1,400만 kW 이상	650만 kW	100만 kW	650만 kW

CHAPTER

07 연료전지

7.1 전 지

전지는 화학에너지를 전기화학적 산화, 환원반응에 의해 전기에너지로 변환하는 장치로서, 일차전지와 이차전지, 연료전지 그리고 광에너지를 전기에너지로 변환시켜주는 태양전지 등이 있으며, 크게 분류하면 화학전지와 물리전지로 분류하게 된다. 전지는 1794년 이탈리아의 Volta에 의해 세상에 알려졌으며, 모든 전지는 양극(cathode or positive electrode)과 음극(anode or negative electrode)이라는 활물질들을 가지고 있고 격리막(Separator)에 의해 분리되어 있으며, 전해질이 양극과 음극사이의 이온전달을 가능케 하여 산화와 환원반응을 일으키게 된다.

7.1.1 전지의 분류

표 7.1 전지의 종류

<table>
<tr><td rowspan="4">전 지</td><td rowspan="3">화학전지</td><td>1차 전지</td><td>망간건전지
알칼리건전지
산화은전지
리튬전지</td></tr>
<tr><td>2차 전지</td><td>납축전지
소형실납축전지
니카드전지
니켈수소축전지
리튬 2차 전지</td></tr>
<tr><td>연료전지</td><td>알코올 연료전지
고체 전해질연료전지
수소, 산소 연료전지
인산형 연료전지
용해 탄산염 연료전지</td></tr>
<tr><td>물리전지</td><td colspan="2">태양전지
열전기력전지
원자력전지</td></tr>
</table>

- 1차 전지(Primary Battery) : 한번 사용 후 버리는 전지
- 2차 전지(Secondary or Rechargeable Battery) : 충·방전이 가능하며 반복 사용할 수 있는 전지

7.1.2 전지의 원리

전지의 발명자는 Volta(이탈리아)로서, 묽은 황산 중에 동판과 아연판을 넣고, 그 사이를 도체로 연결하여 연속해 전기가 꺼낼 수 있는 전지를 발명했다. 이것이 현재의 화학 전지의 원리가 되는 "볼타전지"이다.

아연을 묽은 황산(또는 식염수)에 끓이면, 아연이 −(마이너스)의 성질을 가지는 전자를 남겨 용해하고, 아연판은 −전기를 대전. 동판은 녹지 않고 +(플러스)가 된다. 그 두 개를 도선으로 연결하면 구리로부터 아연으로 전류가 흐른다.

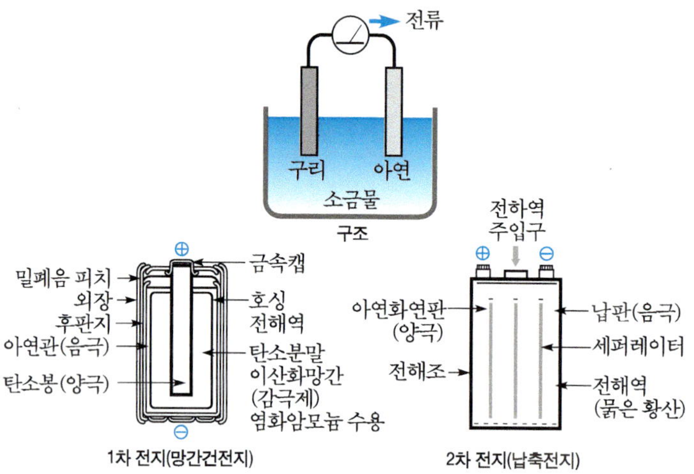

그림 7.1 볼타전지의 원리

7.1.3 상용 볼타전지

(1) Zinc-carbon건전지(Leclanche건전지)

Zinc의 껍질통이 산화전극으로 작용하며, 환원전극은 가운데 흑연봉이다. Manganese dioxide(MnO_2), Carbon Black의 반죽으로 둘러싸여 있다. 그 바깥은 ammonium chloride(NH_4Cl)와 Zinc chloride($ZnCl_2$)의 또 다른 반죽이 둘러싸고 있다. 손전등, 라디오 동력으로 사용된다.

- 반응식

Anode : $Zn(s) \rightarrow Zn^{2+}(aq) + 2e^-$

Cathode : $2NH_4^+(aq) + 2MnO_2(s) + 2e^- \rightarrow Mn_2O_3(s) + H_2O(l) + 2NH_3^+(aq)$

(2) 알칼리건전지

Leclanche 건전지와 유사한 전지로 ammonium chloride 대신에 potassium hydroxide를 사용한 전지이다.

- 반응식

Anode : $Zn(s) + 2OH^-(aq) \rightarrow Zn(OH)_2(s) + 2e^-$

Cathode : $2MnO_2(s) + H_2O(l) + 2e^- \rightarrow Mn_2O_3(s) + 2OH^-(aq)$

(3) lithium-iodine battery

고체상태전지로 이 전지는 산화전극으로 Li금속을 환원전극으로 I_2착화합물을 사용한 볼타 전지이다. 고체상태전지의 두 전극은 얇은 lithium-iodine 결정층으로 분리되어 있다. Li^+ 이온의 확산으로 전류가 결정을 통과해서 흐를 수는 있지만 전지의 저항이 아주 커서 전류는 매우 적다. 이 전지는 매우 안정되어 있어 심장박동기의 동력으로도 사용된다.

(4) 납축전지

다공성납을 입힌 납을 산화전극으로, lead dioxide를 입힌 납을 환원전극으로 각각 구성한 볼타전지이다. 두 전극은 황산수용액에 담겨 있다.

- 방전이 일어날 때의 반반응

Anode : $Pb(s) + HSO_4^-(aq) \rightarrow PbSO_4(s) + H^+(aq) + 2e^-$

Cathode : $PbO_2 + 3H^+(aq) + HSO_4^-(aq) + 2e^- \rightarrow PbSO_4(s) + 2H_2O(l)$

방전이 일어나는 동안 각 전극표면 에 흰색의 lead(II) sulfate가 덮히고, 황산이 소모된다. 각 전지에서 약 2 V의 전위차가 얻어지며, 축전지가 보통 6개의 전지로 구성되므로 전체전위차는 12 V가 얻어진다.

납축전지가 방전되면, 외부전류로 충전된다. 외부전류로 충전된다. 충전될 때의 반반응은 방전 때 반반응의 역반응이다. 이때 물의 일부가 수소와 산소로 분해된다. 따라서 일정 간격을 두고 물을 보충해야 한다. 물론 신형축전지는 물의 보충이 필요 없는데, 이 축전지는 약간의 Ca금속을 포함한 납전극을 사용하고 있어서 Ca-Pb합금이 물의 분해를 억제하기 때문이다. 이로써 축전지를 밀봉할 수 있게 되었다.

(5) nickel-cadmium 건전지(nicad cell)

이 전지는 Cd을 산화전극으로, 수화된 nickel oxide(개략적으로 NiOOH)로 처리된 Ni을 환원전극으로 각각 구성한 전지이다. 이때 전해질은 potassium hydroxide이다.

Nicad전지는 계산기, 휴대용전동구, 전기면도기, 전기칫솔 등의 동력으로 사용된다.

- 방전될 때의 반반응은 다음과 같다.

Anode : $Cd(s) + 2OH^-(aq) \rightarrow Cd(OH)_2(s) + 2e^-$

Cathode : $NiOOH(s) + H_2O(l) + e^- \rightarrow Ni(OH)_2(s) + OH^-(aq)$

충전될 때는 위의 반반응이 역으로 일어난다. Nicad전지는 여러 번 재충전하여 사용할 수 있다.

7.2 연료전지

- 연료전지

연료전지(fuel cell)는 연료가 가진 화학에너지를 화학반응에 의해 직접 전기에너지로 바꾸는 에너지 전환장치이다. 일반 배터리와는 달리, 연료전지는 재충전이 필요없이 연료가 공급되는 한 계속해서 전기를 만들어낼 수 있는 발전시스템이다.

7.2.1 연료전지의 원리

(1) 발전원리

연료전지(Fuel cell)는 연료로 사용되는 수소와 산소가 가지는 고유의 화학에너지를 전기에너지로 변환시키는 장치이다. 연료전지는 한번 쓰고 버리는 1차 전지와 충전해서 다시 쓰는 2차 전지와 달리 연료로 사용되는 수소와 산소를 공급하면 계속적으로 전기를 발생시킬 수 있는 발전의 개념을 가지고 있는 차세대 전지이다.

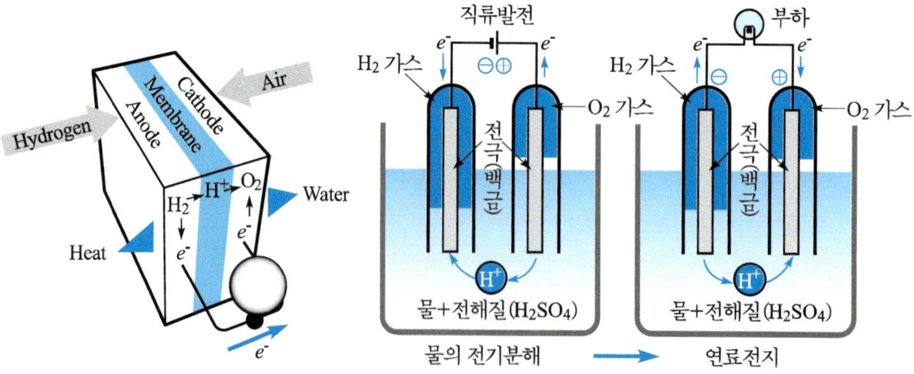

그림 7.2 연료전지의 원리

수소와 산소는 각각 산화전극(Anode)과 환원전극(Cathode)로 공급된다. 산화전극으로 공급된 수소는 전극 촉매상에 수소이온(H^+)과 전자(e^-)로 분해되고, 이 중 수소이온만이 선택적으로 고분자 전해질막(Membrane)을 통과하여, 환원전극으로 전달된다. 동시에 전자는 외부도선을 통해서 환원전극으로 이동하는데, 이들이 산화전극에 공급된 산소와 만나서 물을 생성하는 반응을 일으킨다. 이때에 일어난 전자의 흐름으로 인해 전류가 생성되고, 물 생성 반응에서 열도 부수적으로 발생한다.

$$\text{Anode : } 2H_2 \rightarrow 4H^+ + 4e^-$$
$$\text{Cathode : } O_2 + 4H^+ + 4e^- \rightarrow 2H_2O$$
$$\text{Overall : } 2H_2 + O_2 \rightarrow 2H_2O + energy$$

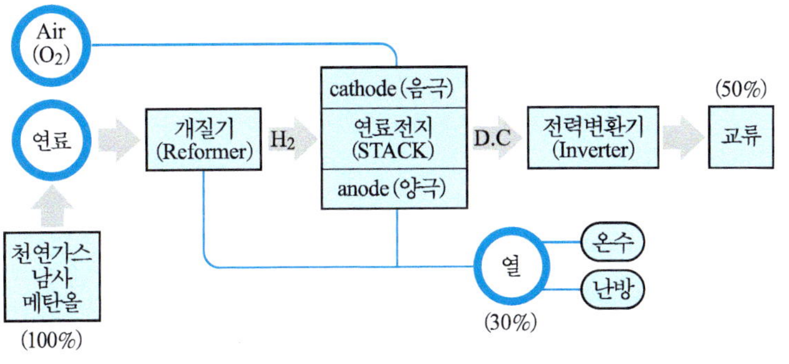

그림 7.3 연료전지 발전시스템 구성도

수소이온교환 특성을 갖는 고분자막을 전해질로 사용하는 고분자전해질 연료전지는 메탄올이나 수소 등의 화학연료를 전기에너지로 직접 바꾸는 고효율, 무공해, 무소음의 미래형 발전기술의 일종으로서, 기존의 내연기관에 비해 1.5배 이상의 에너지변환 효율을 갖고 있을 뿐만 아니라 유독한 대기오염 물질을 전혀 배출하지 않는 장점을 갖고 있다. 특히 고분자전해질 연료전지는 다른 형태의 연료전지에 비하여 전류밀도가 큰 고출력 연료전지로서 100℃ 미만의 온도에서 작동되고 구조가 간단하며 빠른 시동과 응답특성, 우수한 내구성을 가지고 있는 동시에 수소 이외에도 메탄올이나 천연가스를 연료로 사용할 수 있어 자동차의 동력원으로서 적합한 시스템이다. 이와 같은 고분자전해질 연료전지는 무공해자동차의 동력원 외에도 분산형 현지설치용 발전, 군수용 전원, 우주선용 전원 등으로 응용될 수 있는 등 그 응용범위가 매우 광범위하다. 특히 최근 연료전지를 이용한 차량이 차세대 차량으로 채택되어 세계적으로 활발한 연구가 진행 중이다.

(2) 연료전지의 기본구성

연료전지의 구성단위를 셀(단위전지라고도 함)이라고 하지만, 셀은 건전지 같이 플러스의 전극판(공기극이라고 함)과 마이너스의 전극판(연료극이라고 함)이 전해질을 포함한 층이 샌드위치 같은 구조를 하고 있다.

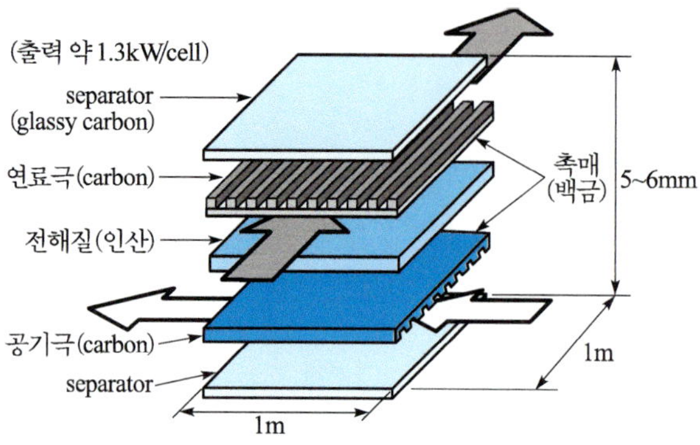

그림 7.4 전지 본체를 구성하는 단위 셀의 구조

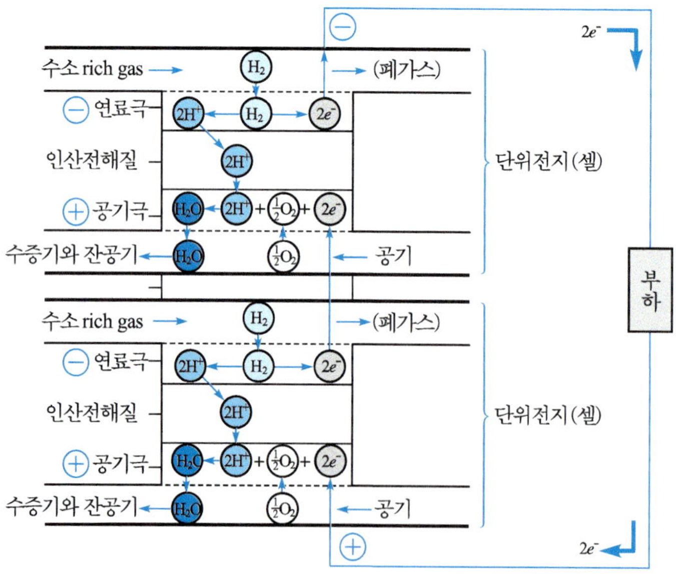

그림 7.5 인산형 연료전지의 반응(단위전지 2매를 직렬로 접속한 예)

공기극과 연료극에는 수많은 좁은 도랑이 있어, 여기를 외부에서 공급된 산소와 수소가 통과하면서 반응이 일어난다. 수소는 전해질을 접하는 면까지 파고 들어가, 전자를 유리해 수소이온이 되고, 전자는 밖으로 나간다. 전해질 중으로 이동한 수소이온은 반대측의 전극에 보내진 산소와 외부에서 전선을 통해 들어온 전자와 반응해 물이 된다. 이 전자와 이온으로 분리되는 것이 연료전지에 대한 원리의 중요한 점으로, 전자가 전선을 이동하는 것은 전류가 흐르는 것, 즉, 전기가 발생되는 것을 말한다.

(3) 연료전지 발전부의 구조

가로, 세로 1 m, 두께 5~6 mm의 크기의 셀(단위전지)에서 발생하는 전기는 전압이 0.65 V, 전력이 1.3 kW 정도이다(현재는 세로, 가로의 치수로 50 cm~1 m 정도의 것이 사용). 따라서, 필요한 전기 출력을 얻기 위해서는 단위전지를 직렬로 셀을 겹쳐 쌓는다(상하의 셀 사이에는 수소와 산소의 통로를 나누는 것과 동시에 전기적으로 연결 역할을 하는 세퍼레이터가 있음). 이 셀을 겹쳐 쌓은 것을 cell stack(연료전지 본체)이라고 하는데, 200 kW 출력의 연료전지라면 200층 정도의 셀이 적층된다.

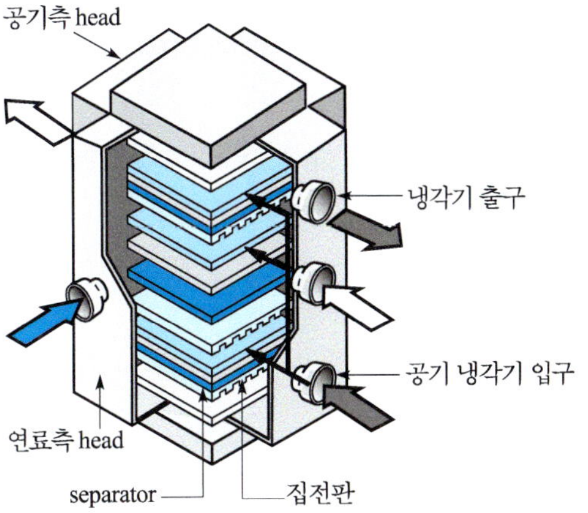

그림 7.6 스택(stack) 개념도

(4) 연료전지에 의한 코제너레이션

이상적으로는 모든 반응이 전기에너지가 되는 것이지만, 실제로는 셀의 내부에서 여러 가지 전기저항에 의하여 일부가 전기가 아닌 열에너지로 바뀌어 버린다. 따라서 셀에서 발열이 생겨 셀의 온도가 올라 버리므로, 냉각수를 통과시키는 관을 cell stack의 군데군데에 사이에 두어 셀이 적당한 온도(인산형 연료전지의 경우, 200℃ 정도)가 되도록 냉각한다. 냉각수는 반대로 따뜻하게 데워지므로 외부에서 급탕이나 난방 등에 이용할 수 있게 된다.

바로 이것에 의해 연료전지는 전기와 열을 양쪽을 발생하는 코제너레이션 시스템이 되는 것으로, 코제너레이션이 되면, 원료의 도시가스가 가지는 에너지가 최대로 80% 이상이 전기와 열의 형태로 유효하게 이용되므로, 에너지조성에 크게 공헌할 수 있다.

7.2.2 연료전지의 상용화

(1) 인산형 연료전지

개발이 진척되어 현재 상용화 단계가 되고 있다. 전기 출력이 50~200 kW급의 소형의 것은 빌딩 등에 설치하여 도시가스의 배관으로 연결뿐만 아니라 연료전지로 운전할 수 있는 타입으로서 일본에서는 200곳 이상의 건물에서 실제로 설치・운전되고, 발생한 전기는 건물 내의 조명등, 또 발생한 열은 급탕 등에 이용되고 있다. 금후, 상품으로 널리 보급해 가는 것이 기대되고 있다.

(2) 기타 연료전지

고분자형 연료전지(Polymer Electrolyte Fuel Cell)는 자동차용으로 연구개발이 진행되며, 크린 자동차 실현에로의 기대가 높아져 왔다.

또, 용해 탄산염형 연료전지(Molten Carbonate Fuel Cell), 고체 전해질형 연료전지(Solid Oxide Fuel Cell)는 인산형이나 고체 고분자형보다도 높은 발전효율을 기대할 수 있는 것으로 왕성하게 연구개발이 행해지고 있지만, 현상은 아직 실증 시험 단계이다.

아직 일반의 민생용으로는 되지 않습니다만, 알칼리형 연료전지(Alkaline Fuel Cell)는 순수소, 순산소를 원료로 발전하는 우주선의 전원용으로 스페이스 셔틀에 탑재 실용화되고 있다.

7.2.3 패키지형 연료전지(도시가스)

(1) 패키지형 연료전지 발전장치

현재 실용화되고 있는 인산형 연료전지는 빌딩 등에 설치하고, 도시가스를 원료로 해 운전되는 발전장치로서, 가정 등의 창고나 헛간에 둘 수 있는 상자형의 패키지 타입이다.

선반이나 지면에 설치하여 패키지의 일단에 도시가스의 배관을 연결시키고, 다른 단으로부터 발생하는 전기의 배선과 열(온수나 증기)의 배관을 설치하면 운전 준비 완료이다.

(2) 패키지형 연료전지 구성기기

① 연료전지 본체(Cell Stack)
② 연료개질장치
③ 인버터
④ 폐열회수장치

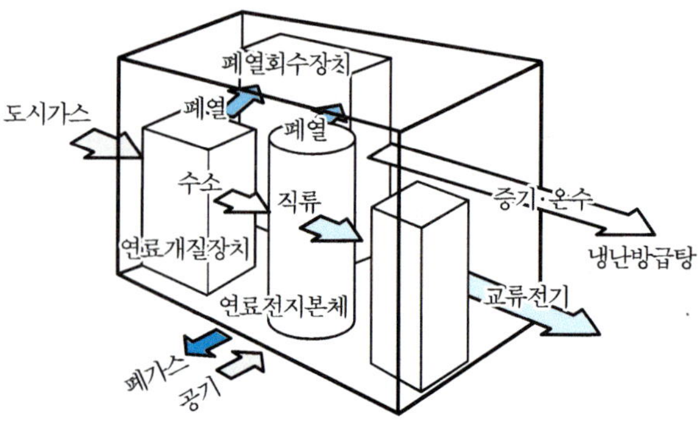

그림 7.7 패키지형 연료전지 구성도

7.2.4 연료전지의 장·단점

(1) **장점**

화력발전은 건설비가 싸고 연료를 쉽게 구한다. 그래서 전력수요에 잘 대처한다. 그러나 공해는 문제점이다. 열효율도 낮다. 배출된 이산화탄소는 온실효과의 주범이다. 자동차, 선박 등 화석원료를 사용하는 원동기에서도 같은 문제가 생긴다. 개선이 필요하다. 연료전지는 현실적이고 유력한 대안(대체에너지)이다.

1) 열효율이 높다.

연료전지를 이용하면 어떠한 경우이든, 기존의 방식보다 열효율이 최소한 10~20%는 더 높다. 태우지 않고 물질에서 바로 전기를 뽑기 때문이다.

순수한 수소를 사용하면, 열효율은 이론상 최대 80%이다. 수소에너지의 80%를 전기로 바꾼다. 아주 높은 비율이다. (그러나 개질기를 사용하여 메탄올을 수소로 바꾸면 효율이 30~40%로 떨어진다) 따라서 순수한 수소만 얻을 수 있다면, 연료전지를 이용한 발전이 기존의 화력발전보다 낫다.

대개의 연료전지는 총에너지의 40% 정도를 전기로 바꾼다. 나머지 40%는 열로 바꾼다. 그러므로 전기와 열을 함께 이용하면 열효율이 80%로 된다.

온수가 필요한 가정이나, 전기와 온수를 생산하는 열 병합 발전소에 적절하다. 사막지역에서 사용하면, 발전 후 나온 열로 담수를 만들 수 있다. 연료전지에서 나온 열로 증기터빈을 가동해도 전체 열효율은 높아진다.

기존의 화력발전소는 일정한 규모가 있어야 한다. 그러나 연료전지는 규모가 작아도 효율에 변함이 없다. 연료전지는 자동차, 기차, 선박, 항공기 등 원동기가 있는 여러 분야에서 쓰일 수 있다.

자동차의 경우를 보면, 가솔린 자동차의 열효율은 약 14~20% 정도이다. 가솔린 엔진만의 열효율은 최대 30% 정도이다. 그러나 메탄올 자동차는 24~32% 정도이다. 훨씬 높다. (메탄올이 전기로 바뀔 때 30~40% 효율, 만들어진 직류전기가 교류로 바뀌어 모터를 움직일 때 80% 효율. 30~40×80=24~32%)

– 연료전지로 열효율이 높아지면, 에너지 수입국인 한국은 무역수지를 개선한다.

2) 자연환경을 해치지 않는다.

연료전지의 원료인 수소와 산소는 무해하다. 결과물인 물도 무해하다. 화력발전소에서 생기는 이산화탄소나 나쁜 배기가스, 미세먼지가 없다(온실가스 감축에 유리). 소음이나 진동도 없다. (모터를 돌릴 때의 소음은 무시할 정도로 작다) 화력발전소의 냉각수도 필요없다.

환경을 해치지 않기 때문에, 연료전지 발전시설은 주택가나 대형병원에도 설치할 수 있다. (분산발전) 이러면 송배전 설치(비용)가 줄며, 여기서 생기는 전력손실(4~5%)도 줄인다.

개질기를 사용하면 이산화탄소와 나쁜 가스가 일부 생긴다. 그렇더라도 화력 발전에 비하면 양이 매우 적다.

3) 간편하게, 다양한 크기로 설지하고 탄력적으로 가동한다. 화석연료도 쓸 수 있다.

연료전지 발전장치는 부품 덩어리 몇 개로 구성된다. 화력발전에 비하면 설치가 간편하다. 스택의 양을 늘리면 발전량이 늘기 때문에 증설이 쉽고, 다양한 용량으로 건설할 수 있다.

화력발전소의 대형 보일러는 전기가 필요 없는 낮에는 껐다가 밤에는 다시 켜는 일을 할 수 없다. 그러나 연료전지 발전은 부하에 맞추어서 탄력적으로 가동한다.

우주선, 잠수함처럼 중요한 경우에는 순수한 수소를 사용한다. 그러나 일반적인 발전에서는 천연가스나 매립지 가스, 휘발유 등 다양한 연료를 쓸 수 있다. 그러므로 가스 배관망이 있으면 가정에서도 연료전지를 쓸 수 있다.

4) 유한한 화석연료에 연연하지 않는다.

수소는 우주에서 가장 많다. 우주의 75%이다. 지구에서는 9번째로 많다. 태양에너지 등 다른 에너지에서 수소를 만들 수도 있다. 그러므로 수소는 영원히 사용할 수 있다. 반면 석유, 천연가스, 석탄 등은 매장량이 유한하다.

(2) **단점**

1) 비용 대비 효율성이 낮다.

연료전지에서 사용되는 전해질 막(membrane)이나 백금 촉매는 비싸다. 핵심부품이 비싸서 연료전지는 내연기관에 비해 원가 경쟁력이 부족하다. 상용화되지 못한 가장 큰 이유일 것이다.

대안 : 값싼 새 고분자전해질 등을 연구·개발한다. 대량 생산한다.

현재 시험가동 중인 연료전지는 주문에 의해 소량 생산한다. 그러나 부품 산업이 발전하고 대량 생산되면 연료전지 생산비용은 하락할 것이다. 비싼 촉매나 전해질을 대체하는 값싼 물질을 신개발해도 가격이 내려간다.

2) 수소는 대량으로 값싸게 얻기가 힘들다.

연료전지는 수소를 사용한다. 그러므로 연료전지가 상용화(일상생활에서 사용)되려면 먼저 수소를 값싸게 대량으로 얻어야 한다. 그러나 아직 방법이 없다.

물론 기존의 발전소에서 수소를 얻을 수 있다. 그러나 이렇게 얻은 수소로 연료전지를 사용하면 전체 효율이 3배 이상 하락한다(이러면 최종 소비자는 비싼 가격을 지불한다).

에너지효율 3배 이상	발전소 전기 → 물 분해 → 수소 획득 → 연료전지 발전 → 선풍기 가동 에너지 손실 발전소 전기 → 선풍기 가동

이런 이유로 현재까지는 우주비행선이나 잠수함처럼 비용에 상관없는 분야에서 연료전지가 사용.

대안 : 당분간은 천연가스 같은 탄화수소계열을 이용한다.

개질로 천연가스 등의 탄화수소에서 수소를 얻는다. 그러나 이는 탄화수소물 획득이 전제이기 때문에, 천연가스 등을 저렴하게 얻을 때에만 적절하다.

천연가스 등은 비교적 저렴하고 대량 채굴된다. 따라서 가스 공급이 용이하거나 이미 천연가스 등을 사용하고 있는 분야에서는, 탄화수소물에서 수소를 얻을 수 있다. 그러나 천연가스도 매장량에 한계가 있다. 장기적인 방안은 아니다.

심야전력처럼 남는 전기에너지로 물을 전기분해하면 수소를 얻는다. 그러나 많은 수소를 만들 수는 없다. 원자력 발전소의 값싼 전기로 물을 분해하여 수소를 만들어도 효율 손실은 여전하다. 발전소의 방사능 폐기물도 문제이다.

핵융합 발전소를 상용화하면 값싼 전기를 대량으로 얻는다. 그러나 이는 미래의 이야기이다.

열대 사막의 태양에너지로 수소를 값싸게 만든다. 이를 소비지로 운송하여 사용한다. 이것 역시 아이디어에 불과하다.

3) 수소는 저장하기가 힘들다.

수소를 기체로 저장하면 강철탱크에 압축해도 전체 용량이 작다. 곧 바닥이 난다. 물론 액체로 저장하면 많이 저장한다. 그러나 수소는 어는점이 영하 240도이다. 이 온도 유지는 일반인에게 어렵다. 수소는 폭발 위험성도 크다. 이런 까닭에 수소는 저장이 힘들다.

대안 : 수소저장합금을 이용한다.

특정한 금속합금은 수소와 화합하거나 수소를 흡수한다. 이를 이용하면 수소를 장기간 안전하고 대량으로 저장한다. 이때 쓰이는 합금을 수소저장합금이라고 하는데, 여러 종류가 개발되고 있다. 최근에는 수소를 저장하는 특수 액체도 개발되고 있다.

4) 연료전지는 아직 연구 · 개발 중이다.

개발이 완료되지 않았다. 전체적으로 보면 상용화 직전의 단계로 볼 수 있으나, 기술적인 난관이 완전히 제거된 것은 아니다. 완전한 상용화를 위해서는 내구성 증대 등 개선이 더 필요하다.

7.2.5 단점을 해결하기 위한 방안

(1) 수소 개질

1) 수소 개질

화석에너지의 고갈과 화석에너지의 사용에 의한 환경오염에 따른 대체에너지 개발의 일환으로 연료전지의 개발이 이루어지고 있다. 수소 제조방법으로는 화석연료의 개질, 물의 전기분해, 물의 광분해, biomass의 가스화, 미생물을 이용한 물분해 등이 있으나, 경제적인 측면이나 기존의 infrastructure 사용이 가능한 측면에서는 화석연료의 개질에 의한 수소제조가 가장 바람직하다.

연료전지에 이용되는 수소는 탄화수소의 개질반응으로부터 얻게 되는데, 화석연료인 천연가스, 메탄올, 석유, LPG, DME, 석탄 등이 이용되어지고 있다.

각각의 반응식은 아래와 같다.

$$CH_3OH + H_2O \leftrightarrow CO_2 + 3H_2 \qquad \Delta H_{298} = +131\ kJ$$

$$CH_3OH + 1/2O_2 \leftrightarrow CO_2 + 2H_2 \qquad \Delta H_{298} = -155\ kJ$$

2) 수소 개질의 방법

① 수증기 개질(Steam Reforming, SR)

수증기 개질법은 식 (7.1) 및 식 (7.4)에 나타난 바와 같이 LNG, LPG 등의 탄화수소를 스팀과 함께 800~1,000도의 고온 및 0~20기압의 압력하에서 촉매화학반응을 통하여 수소를 생산하는 방식이다.

- LNG 개질 반응식

$$CH_4 + H_2O + Heat = 3H_2 + CO \qquad (7.1)$$

$$CO + H_2O = H_2 + CO_2 + Heat \qquad (7.2)$$

$$CH_4 + 2H_2O + Heat = 4H_2 + CO_2 \qquad (7.3)$$

- LPG 개질 반응식

$$C_3H_8 + 3H_2O + Heat = 7H_2 + 3CO \qquad (7.4)$$

$$3CO + 3H_2O = 3H_2 + 3CO_2 + Heat \qquad (7.5)$$

$$C_3H_8 + 6H_2O + Heat = 10H_2 + 3CO_2 \qquad (7.6)$$

탄화수소의 전환율을 높이고 촉매의 성능을 저하시키는 카본 등의 침적을 방지하기 위하여 온도, 압력, 수증기/탄화수소 공급비 등의 운전조건을 적절하게 유지하도록 장치를 설계하는 것이 중요하다고 할 수 있다.

② 부분 산화법(Partial Oxidation, POX)
메탄올 산소로 불완전 연소시켜서 CO 및 H_2를 얻는 방법이다. 이때, 먼저 메탄의 일부는 완전연소하여 다량의 열을 발생한다.

$$CH_4 + 2O_2 \rightarrow CO_2 + 2H_2O + 19{,}200\ \text{cal}$$

이때 생성한 CO_2와 H_2O는 각각 메탄과 반응하여 앞서 말한 흡열반응을 일으킨다. 따라서 열의 평형이 이루어진다.

수증기 개질법에서는 외열용 연료로서 원료가스를 사용하면 그것의 약 60%가 소비된다는 것을 계산하면 같은 양의 원료가스로 발생하는 $CO+H_2$의 양은 부분산화법에 의하는 쪽이 훨씬 많게 된다.

③ 자열 반응법(Autothermal Reformer, ATR)
공급되는 연료의 일부를 부분 산화반응으로 개질하고 여기서 나온 열로 나머지 연료의 수증기 개질을 진행하므로 외부로부터의 열 공급이 필요 없고 부하 변동에 따른 응답 속도도 빠르다.

- 얻어지는 개질 가스의 수소 농도는 수증기 개질방법과 부분 산화방법의 중간
- Fuel Reforming 방법 : CO Clean-Up(일산화탄소 정화)
- 화석연료를 개질하는 과정에서는 필연적으로 CO가 생성
- 개질과정에서 발생되는 CO는 연료전지의 성능을 급격히 감소시키므로 반드시 CO를 제거하는 공정 필요 (10 ppm 이하로 제거)

④ 메탄화 반응(Methanation)
한편 메탄올 개질법은 LNG, LPG에 비하여 비교적 용이한데 200~300도의 중저온 및 0~20기압의 압력하에서 촉매화학반응을 통하여 수소를 생산한다.

- 메탄올 개질 반응식

$$CH_3OH + Heat = 2H_2 + CO \tag{7.7}$$

$$CO + H_2O = H_2 + CO_2 + Heat \tag{7.8}$$

$$CH_3OH + H_2O + Heat = 3H_2 + CO_2 \tag{7.9}$$

그리고 수증기 개질반응기 내에서는 수증기 개질반응 외에도 식 (7.2), (7.5), (7.8)과 같

은 일산화탄소 전환반응이 일어나는데 이 반응은 저온에서 반응이 잘 진행되는 미약한 발열반응이다.

따라서 개질반응기 후단에는 고온의 생산가스의 온도를 조절하고 일산화탄소의 농도를 낮추기 위한 여러가지 보조 열교환기 및 촉매반응기가 필요하게 된다.

수소가 65~75% 존재하는 가스 중 소량의 공기를 주입하여 0.5~1%의 일산화탄소만 선택적으로 산화하여 제거

- 수소비가 높고 공기 중 질소로 인한 수소농도 저하 등 문제점 해결을 위해 CO와 H_2를 반응시켜 다시 메탄으로 전환시키는 반응
- 반응온도가 저온수성 온도보다 높은 300℃이므로 열효율 문제가 있으나 최근 저온수성 반응과 비슷한 온도에서 반응이 진행되도록 하는 촉매 개발 중

3) 전력 변환장치

전력분야에서는 교류와 직류간의 변환, 교류의 주파수 상호변환, 상수(相數)의 변환 등을 하는 장치를 말한다. 좁은 뜻으로는 교류 → 직류의 변환을 컨버터(converter), 직류 → 교류의 변환을 인버터(inverter), 어느 주파수에서 다른 주파수로의 변환을 사이클로컨버터(cycloconverter)라고 하여 구별한다.

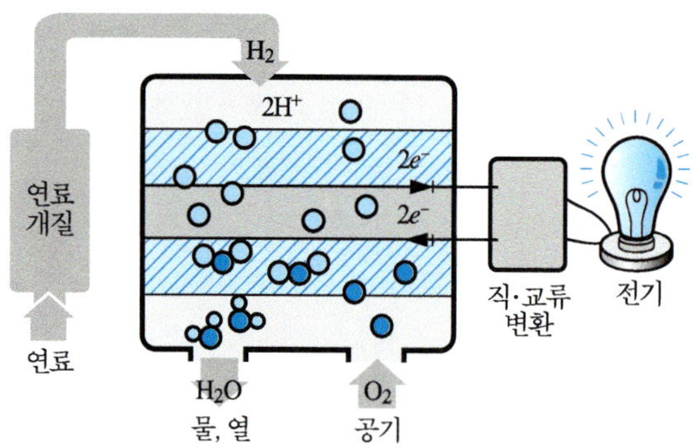

그림 7.8 전력 변환의 흐름도

4) 전력 변환장치의 종류

① 계통연계시스템

- 계통연계시스템은 주택의 지붕에 인버터의 입력전압에 맞는 직렬접속된 태양전지 어레이를 병렬접속하여 발전전력을 결정한다. 태양전지 어레이의 병렬접속수에 맞추어 직류배전반이 결정되고 이것을 경유하여 인버터에 직류전력이 공급된다.
- 부하기기의 가동이 적은 경우, 인버터는 잉여전력을 계통에 역조류시켜 전력을 상용계

통에 공급하게 된다.

- 최근 외국에서는 인버터에 자립운전(정전시에도 태양광발전으로 운전 가능)기능을 내장시켜 나가고 있기 때문에 전용 부하기기에 전력을 공급할 수 있다. 더욱이, 축전지를 추가 설치함으로서 비상전원 및 부하평준화시스템으로 활용도 가능하게 기능을 다양화하고 있다.

② 독립전원시스템

독립전원시스템은 상용계통이 없는 경우 채용되어 전력계통망이 발전되지 않은 개발도상국 등에서는 상당수 채용되고 있다. 독립전원은 주간의 태양광발전 전력을 축전지에 저장하여 필요시에 직류부하에 직접 공급하거나, CVCF 인버터 또는 모터제어용 인버터(VVVF: 가변전압 · 가변주파수) 등에 의해 교류전력으로 변환하여 부하에 전력을 공급하게 된다. 용도로서는 조명, 비상동력, 분수, 낙도전원, 관개용수용시스템 등이 있다.

5) 수소 개질의 장점

① 반도체 : wafer 가공시 분위기 가스
 ex) 에칭공정, 실리콘 제조 등

② 전자 : 광섬유 제조 및 브라운관 제조시 고온 융착용 가스
 ex) 전자총, 트랜지스터 제조 등

③ 기계/금속 : 초경합금, 공구, 냉연강판 제조시 열처리용 분위기 가스
 ex) 텅스텐 분말 제조, 다이아몬드공구 가공, 스테인리스스틸 제조 등

④ 식품 : 불포화 유지의 포화 공정용의 연료가스
 ex) 마가린 제조 등

⑤ 화학 : 각종 수소화반응 및 수소첨가공정 및 탈황공정의 원료가스
 ex) TPA, 솔비톨, 스타이렌산 제조, 정유공장의 탈황설비 등

⑥ 우주 항공 : 로케트/우주선 추진 원료

⑦ 신에너지 : 전기자동차 및 연료전지발전시스템의 연료개질장치(Fuel processor, Reformer)

(2) 수소저장

1) 수소저장합금의 조건

① 활성화가 용이

② 수소의 저장능력이 클 것

③ 수소의 흡수 및 방출속도가 클 것

④ 사용온도에 적합한 생성열(반응열)을 가지고 있을 것

⑤ 수소의 흡수와 방출과정에 평탄압력을 나타내는 Plateau 영역이 크고, 그 경사도가 작을 것

⑥ 합금의 미분화가 작고, 내구성이 우수할 것

2) 수소저장합금에 의한 저장

수소저장합금은 수소와 반응하여 금속수소화물을 만든다. 금속수소화물들이 액체수소 이상의 밀도로 수소를 저상할 수 있으므로, 고압가스로 수소를 저장하는 것보다 저장효율 향상이 기대되어 수소저장용으로 금속수소화물의 개발이 이루어지고 있다. 금속 및 합금 M이 수소와 반응하여 금속수소화물을 만드는 반응에서 반응열을 ΔH라고 하면, 다음과 같은 식으로 나타낼 수 있다.

$$2/n\mathrm{M} + \mathrm{H_2} \underset{\text{방출(흡열)}}{\overset{\text{흡수(발열)}}{\rightleftarrows}} 2/n\mathrm{MH}_n \pm \Delta H$$

일반적으로 수소를 흡수하는 반응은 발열반응이며, 수소를 방출하는 반응은 흡열반응이다. 이들 반응은 수소의 압력과도 관계하게 되므로 온도 및 압력을 조절하여 수소를 저장하거나 저장된 수소를 다시 방출시킬 수 있다.

타이타늄의 합금으로 TiFe는 가격이 저렴하고 실온에서 수소의 해리압도 수 기압으로 실용화의 가능성이 크지만 활성화가 어려운 문제가 있다. 희토류의 합금으로 $LaNi_5$는 우수한 수소의 흡수방출 특성을 가지고 있으므로 가장 유망한 수소저장합금으로 꼽히고 있으나 가격이 비싸다. 때문에 La 대신에 가격이 저렴한 희토류 금속의 혼합물인 Misch metal을 이용한 M_mNi_5 및 M_mCo_5 등의 합금에 대한 연구도 활발하다.

3) 수소저장합금의 에너지변환과 응용분야

수소저장합금의 응용으로 최초로 착안한 것은 합금에 수소가스를 저장·수송하는 방법이다. 이 방법은 합금이 수소와 반응하여 금속수소화물 형태로 수소를 저장하고, 가열 또는 감압하면 수소를 방출한다는 성질을 이용하는 것이다. 1970년 초반부터 이런 합금의 성질을 응용하여 수소저장·수송용기, 수소자동차용 연료탱크, 수소분리·정제장치 등의 개발이 진행되고 있으며, 몇 가지 분야에서는 상용화도 이루어지고 있다.

한편 수소저장합금은 가역적으로 수소를 저장·방출하는 능력을 갖고 있으며, 그 반응속도도 빠르고, 저장시에 발열·방출시에 흡열을 수반한다는 성질로부터 에너지변환기능을 갖는 재료로서도 주목을 받고 있다. 1980년대에 들어서부터 합금을 이용한 축열장치, 히트펌프, 냉·난방장치, 냉동시스템, 컴프레서, 니켈-수소화물 2차전지 등의 개발이 왕성하게 진행되고 있으며, 최근에는 상온핵융합의 중수전해법의 음극재료로서도 이용되고 있다. 이것은 수소저장합금이 수소라는 화학에너지를 열, 기계 또는 전기에너지로 변환하

는 에너지변환 재료로서 이용되고 있는 것이다. 이런 본래의 목적으로서 시작된 수소의 저장·수송기술이 아닌 이외의 응용분야로 합금의 이용이 미래의 에너지분야로 크게 기대되고 있다.

수소저장합금에 수소의 흡수와 방출이 열의 출입에 의해 이루어질 수 있으므로 이를 이용하여 폐열이나 잉여열을 유효하게 이용할 수 있을 것이다. 이 경우의 수소는 그 온도에 대한 평형해리압에 상당하는 압력을 갖고 있으므로, 기계에너지로의 변환도 가능하다. 따라서 열에너지의 기계에너지로의 변환으로 컴프레서, 엑추에이터, 센서 등에의 이용으로 열에너지의 기계에너지로의 변환이 가능하다. 또 합금에 저장된 수소를 화학에너지로서 직접 전기에너지로 변환할 수 있다. 이것이 합금과 수소의 가역반응의 기능을 만든 니켈-수소화물 2차 전지의 예이다. 이렇게, 합금과 수소의 가역반응을 교묘하게 이용하여 화학(수소)－열(반응열)－기계(평형수소압)－전기(전력)에너지를 상호 변환시키는 것이 가능하여 수소저장합금에 대한 각종 응용기술이 실용화 기술개발로 최근에 널리 이루어지고 있다.

① VVVF

전력전자 기술에 의한 1차 주파수제어 회전속도 제어방식은 전동기에 인가되는 전압과 주파수를 연속적으로 변화시켜 회전수를 제어하는 방식으로서 실제로는 전압과 주파수비를 일정하게 되도록 조정하기 때문에 가변전압 가변주파수(VVVF: Variable Voltage Variable Frequency)방식으로 불리운다.

② CVCF

Constant Voltage Constant Frequency의 약자로 일정전압 및 일정주파수를 발생하는 교류전원이다. 즉 전력 변환장치로, 양질의 전력을 부하에 공급할 수 있는 교류전원 시스템이며, 구성요소는 UPS로부터 축전지 설비와 전환 스위치를 생략한 것이 된다. 따라서 CVCF는 상용전원의 정전에 대한 백업기능은 없는데, 상용전원에 전압변동이나 주파수변동(단, 변동범위는 규정된다)이 생겨도 부하에는 보다 한층 안정된 교류전력을 공급할 수 있다.

③ Plateau 영역

1,230 V까지는 계수가 전혀 되지 않다가 1,235 V부터 계수가 되기 시작했다. 계수율이 급격히 증가를 하다가 1,260 V부터는 어느 정도 안정된 계수율을 보이기 시작했다. 이를 통해 plateau의 시작 전압이 1,260 V임을 추측할 수 있다. 실험에서 사용된 인가전압이 1,500 V까지 였는데 이 전압까지는 plateau 이후에 계수율이 다시 증가하는 구간을 확인할 수 없었다. 따라서 실험에서는 정확하게 plateau의 정확한 끝 전압을 관찰할 수는 없

었다. 측정 데이터를 토대로 추정할 수 있는 plateau의 영역은 다음과 같다.

Plateau 영역 : 1,260~1,500 V

4) 수소저장합금의 특성

수소는 폭발력으로 인해 매우 효과적인 에너지원이며, 연소시 공해물질이 생기지 않는 청정에너지, 무한한 양의 에너지원이지만 저장문제가 큰 제약요소로 가장 가벼운 기체인 만큼, 많은 양의 수소를 저장하기 위해서는 150기압 정도의 높은 압력으로 압축해야 하므로 고압으로 인한 안정성이 문제가 있으며 부피를 줄이기 위한 방법으로 액체수소를 이용하기도 하는데 이 경우에도 액체가 되는 -253℃ 이하로 온도를 낮추어야 하므로 에너지가 많이 들어가고, 단열이 완벽한 저온용기가 필요하여 경제성에 문제가 있다.

수소저장합금을 사용해서 수소를 저장하면, 과거와 같이 무거운 고압 봄베를 사용하거나 극저온에서 액화시키지 않아도 되며, 폭발의 위험이 있는 수소를 안전하게 저장, 운반할 수 있으며, 또 수소의 흡열, 발열 반응이 일어나는 성질을 이용해 냉・난방 장치와 공장의 폐열 회수 시스템으로 사용 가능 할 수 있다.

7.2.6 연료전지의 역사

(1) 연료전지의 시작

연료전지의 개발의 역사는 지금부터 150년 이상 앞의 1839년 영국인 과학자 글로브경이 연료전지에 의한 발전 실험이 성공한 것에 시작된다. 그러나 실험실에서 간단하게 할 수 있는 수준으로부터 실용 수준이 되기까지는 긴 세월이 필요했다.

(2) 달까지 간 연료전지

연료전지가 실용 레벨이 된 것은 1960연대에 미국의 제미니, 아폴로 우주선의 전원용으로 개발되고서부터이다. 아폴로 11호가 인류 최초 달에 내려섰을 때, 그 우주선의 전원은 연료전지였으므로 순수소와 순산소를 원료로 하는 이 연료전지는 현재의 스페이스 셔틀에도 탑재 활약하고 있다.

(3) 개발은 우주로부터 지상으로

값이 비싼 순수소, 순산소를 대신에 도시가스(수소를 주성분으로 하는 가스로 비교적 용이하게 변환)와 공기(공기 중에는 약 20%의 산소가 포함)를 원료로 지상의 건물 등에서 사용할 수 있는 연료전지의 개발은 1970연대부터 활발하게 행해져 왔습니다. 세계는 1970연대 전반의 석유 위기를 계기로 연료전지의 개발이 진행되고 있다.

(4) 연료전지의 시장 도입

현재, 가지각색인 업종의 건물에서 운전되고 있는 연료전지는 성능은 말할 것도 없으며, 내구성이나 신뢰성도 충분하게 실증되고, 실용의 발전장치로 이용되고 있다. 단, 연료전지 발전장치의 가격은 아직 종래의 시스템에 비교해 높기 때문에 본격적으로 상품으로 많은 건물에 설치보급하기 위해서는 현재 가격의 1/2 정도에 내리는 것이 요구되고 있다.

(5) 연료전지의 발전추이

1) 알칼리형 연료전지(AFC: Alkaline Fuel Cell)

① 1960년대 군사용(우주선 : 아폴로 11호)으로 개발

② 순 수소 및 순 산소를 사용

2) 인산형 연료전지(PAFC: Phosphoric Acid Fuel Cell)

① 1970년대 민간차원에서 처음으로 기술개발된 1세대 연료전지로 병원, 호텔, 건물 등 분산형 전원으로 이용

② 현재 가장 앞선 기술로 미국, 일본에서 실용화 단계에 있다.

3) 용융탄산염형 연료전지(MCFC: Molten Carbonate Fuel Cell)

① 1980년대에 기술개발된 2세대 연료전지로 대형발전소, 아파트단지, 대형건물의 분산형 전원으로 이용

② 미국, 일본에서 기술개발을 완료하고 성능평가 진행 중(250 kW 상용화, 2 MW 실증)

4) 고체산화물형 연료전지(SOFC: Solid Oxide Fuel Cell)

① 1980년대에 본격적으로 기술개발된 3세대로서, MCFC보다 효율이 우수한 연료전지, 대형발전소, 아파트단지 및 대형건물의 분산형 전원으로 이용

② 최근 선진국에서는 가정용, 자동차용 등으로도 연구를 진행하고 있으나 우리나라는 다른 연료전지에 비해 기술력이 가장 낮다.

5) 고분자전해질형 연료전지(Polymer electrolyte membrane fuel cell : PEMFC)

① 1990년대에 기술개발된 4세대 연료전지로 가정용, 자동차용, 이동용 전원으로 이용

② 가장 활발하게 연구되는 분야이며, 실용화 및 상용화도 타 연료전지보다 빠르게 진행되고 있다.

7.2.7 연료전지의 종류

연료전지는 내부 전해질에 의하여 아래 표와 같은 형태로 구분되어진다. 각 연료전지는 근본적으로 같은 원리에 의해서 작동하지만, 서로 다른 점은 연료의 종류, 운전 온도, 촉매와

전해질이다.

- 알칼리 연료전지(Alkaline fuel cell: AFC)
- 인산형 연료전지(Phosphoric acid fuel cell: PAFC)
- 용융탄산염 연료전지(Molten carbon fuel cell: MCFC)
- 고체 산화물 연료전지(Solid oxide fuel cell: SOFC)
- 고분자 전해질 연료전지(Polymer electrolyte cell: PEFC)

표 7.2 연료전지의 형태에 따른 구분

연료전지의 형태	촉 매	운전온도(℃)
인산형(PAFC)	platinum on PTFE/carbon	200
알칼리형(AFC)	platinum on carbon	80
고분자전해질형(PEMFC)	platinum on carbon	85~100
용융탄산염형(MCFC)	니켈 또는 니켈 화합물	650
고체산화물형(SOFC)	니켈/Zirconia cement	1000
직접메탄올(DMFC)	Pt-Ru or Pt/C	25~130

(1) 인산형 연료전지

인산형 연료전지 기술은 20년 이상 개발되고 개선되어 왔고, 전기 생산에 비교적 순수한 수소(70% 이상)를 요구한다. 인산형 연료전지 내의 전극은 탄소 지지체의 표면적 위에 촉매로써 백금이나 백금 혼합물을 포함한다.

인산형 연료전지의 운전온도는 약 200℃이다. 이것은 인산 전해질의 안정도를 위하여 허용하는 최대값이다. 이 기술로 현재까지 순수한 발전효율은 40~50% 정도이다. 이 수준보다 높은 효율을 갖기 위해서는 전지와 스택 구성품의 지속적인 개발에 의한 종합시스템 제어에 의존하여야 한다. 일례로 인산형 연료전지의 반응이 발열반응이므로 연료전지가 반응온도인 200℃로 유지함이 최적의 운전조건이 된다. 따라서 연료전지 반응시 반응열을 냉각시켜야 하며 이때 생성되는 반응열을 이용하면 효율을 70% 이상 높일 수 있다.

인산은 저온 연료전지를 위한 전해질로써 필요한 수명을 가진 그런 유일한 물질로 알려져 있다. 이것이 낮은 이온 도전율을 가지고 있다할지라도 이것의 안정도는 전류상태를 증진시키는 전지개발에 기여하였다. 인산형 연료전지 응용은 휴대용, 자동차용 및 고정용 전원을 포함한다. 인산형의 경우 상업적으로 실용화가 가장 많이 이루어진 연료전지의 형태이다. 200개 이상의 연료전지 시스템은 전 세계에서 병원, 개인병원, 호텔, 사무빌딩, 학교, 발전소 공항 터미널, 심지어 쓰레기 매립지에도 사용된다. 인산 연료전지는 전기를 일으키는 효율이 40% 이상으로 매우 높은 편이다. 그리고 연료전기가 발생하는 85%의 열은 열 병합 발전으로 사용된다.

(2) 용융탄산염형 연료전지(MCFC)

용융탄산염형 연료전지의 전해질은 낮은 용융점을 가지는 탄화리튬과 탄화포타슘의 혼합물이다. 전극은 다공성 니켈로 만든다. 전극의 부식성과 내구성은 아직 개발에 중요한 애로점이다.

산 또는 알칼리 연료전지 기술 보다 용융탄산염형 기술의 뚜렷한 장점은 일산화탄소, 이산화탄소 및 수소에 대하여 내성이 있는 점이다. 이것은 일산화탄소와 이산화탄소를 분리하는 공정을 필요로 하는 다른 것들보다 초기 투자비가 낮고 시스템 설계가 매우 단순해지는 결과를 가져온다. 용융탄산염형 연료전지의 운전 온도는 약 650℃이고, 전지 스택의 열로 전지 내부의 탄화수소 기체의 개질을 허용한다. 내부 개질의 장점은 30% 또는 그 이상의 비용을 감소시킨다.

용융탄산염 연료전지를 상업화하기 전에 내구성과 신뢰도를 개량시킬 필요가 있다. 운전 온도가 높아 정상 운전되는 동안 용융탄산염 전해질의 결핍과 증발로 인하여 양이 줄어들기 때문이다. 이것이 운전의 안정성과 현재 용융탄산염형 연료전지의 유효 수명의 제한점이다.

융해탄산염 연료전지는 높은 전기효과를 가지며 700℃의 높은 온도를 발생한다. 용융탄산염 연료전지는 산소, 용융탄산염, 프로판, 매립가스, 디젤, 그리고 석탄의 가스를 연료로 하여 사용된다. 10 kW에서 2 mW 다양한 융해된 탄산염 연료전지가 실험이 이루어졌으며 탄산염 전지의 안정성은 일본과 이탈리아에 의하여 입증되었다.

(3) 고분자 전해질 연료전지(PEMFC)

80℃에서 작동되는 저온 연료전지로 무공해 연료전지 자동차 동력원, 현지 설치형 자가발전 전원 등으로의 응용가능성이 매우 높은 차세대 무공해 발전장치이다. 배터리와 연계된 하이브리드 시스템 및 전력제어 시스템 개발을 목표로 하고 있으며 현대자동차와 KIST에서 5 kW급 스택 개발 중이다.

그림 7.9 고분자 전해질 스택

(4) 고체산화물 연료전지(SOFC)

고체산화물형 연료전지의 특징은 탄화수소를 직접 전기로 변화시킬 수 있는데 있다. 전해질은 안정화된 산화이트륨으로 가스가 스며들지 않은 산 이온이 효율적으로 접촉하고 있는 얇은 산화지르코늄 층이다. Cathode는 안정된 산화이트륨으로 된 지르코늄으로 만들어졌고, anode는 니켈-지르코늄 세라믹 합금으로 만들어졌다.

고체산화물형 연료전지의 가장 독특한 특성은 운전온도는 약 1,000℃로써 매우 높다는 것이다. 이 온도에서는 수소와 일산화탄소의 전기화학적 산화반응이 일어나고 촉매 없이 연료가 개질된다. 운전온도 1,000℃에서 금속재료의 적당한 열적 - 기계적 강도를 요구하기 때문에 가스 누출 방지가 가장 중요한 애로사항이다. 세라믹 재료기술의 개발은 고체산화물형 연료전지가 상업적으로 발전을 시작하기 전에 필요한 기술이다. 고체산화물형 연료전지는 상업적으로 자동차 응용에 연구되어지고 있다. 자동차에 사용하기 위한 이 전지기술의 모형화가 배터리 전원공급형 자동차가 아닌 전위밀도를 요구하는 것과 접목시키는 것이 궁극적인 목적이다.

650~1,000℃의 고온에서 작동되는 연료전지로 양질의 폐열을 이용한 열병합 발전이 가능하여 대형 발전에 적합하며, 자동차의 보조 동력원, 현지 설치형 자가발전 전원 등으로의 응용 가능성이 매우 높은 차세대 무공해 발전장치이다.

다른 어떤 것 보다 전지로 만들 수 있는 가능성이 높은 고체산화 연료전지는 산업에서의 높은 동력 전달과 대규모의 전기 저장 발전소에 사용된다. 고체산화물 시스템은 전해질 용액 대신 보통 단단한 세라믹 금속을 사용함으로써 60% 효율을 나타낸다. SOFC의 한 가지 형태는 긴 금속 튜브를 사용한다. 그리고 다른 것은 스프 깡통의 윗부분과 비슷한 압축된 평면판과 비슷한 형태를 지닌다. 관 모양의 SOFC기술은 220 kW를 생산하는 것으로 알려져 있다.

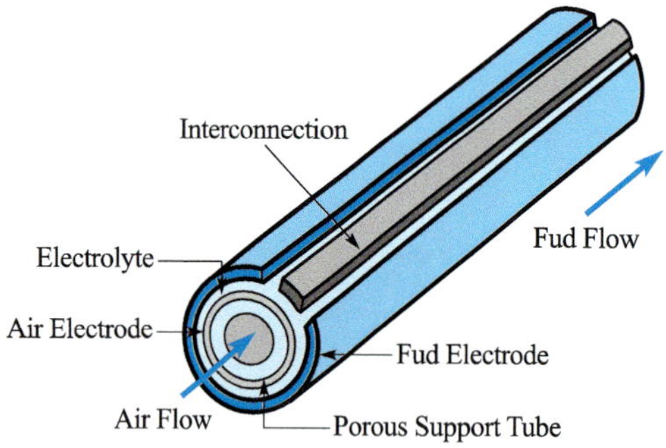

그림 7.10 원통형 및 평판형 고체산화물 연료전지

(5) 직접메탄올 연료전지(DMFC)

DMFC는 메탄올을 직접, 전기화학 반응시켜 발전하는 시스템이다. 전해질은 이온 교환막에 인산을 담지시킨 것이다. 작동온도는 150℃로 비교적 저온이다. PEFC와 비교하여 개질기를 제거할 수 있으며, 시스템의 간소화와 부하 응답성의 향상이 도모될 수 있는 장점을 갖고 있다. 이 전지는 전해질로써 고분자막을 사용한다는 점에서 PEM과 비슷하다. 그러나 연료로써 액체인 메탄올을 사용함으로써 연료의 이동이 용이하여 소형 이동형기기의 전원으로 각광받고 있다.

그러나 반응속도가 낮은 것에 의한 저출력 밀도, 다량의 백금 촉매의 사용과 메탄올과 산화제의 Cross Over(고체 고분자 막을 통과하는 것) 등의 단점도 있다.

표 7.3 연료전지의 형태에 따른 특성

	Phosphoric Acid Fuel Cells (PAFC)	Alkaline Fuel Cells (AFC)	Molten Carbonate Fuel Cells (MCFC)	Solid Oxide Fuel Cells (SOFC)	Proton Exchange Membrane Fuel Cells (PEMFC)	Direct Methanol Fuel Cells (DMFC)
Electrolytes	Immobilized Liquid Phosphoric Acid	Potassium hydroxide	Immobilized Liquid Molten Carbonate	Ceramic	Ion Exchange membrane	Polymer
Catalysts	Pt	Pt, Ni	Ni, Ni compounds	Ni-Zirconia cermet	Pt	Pt/Ru
Fuels	LNG, Methanol	Hydrogen	LNG	LNG	Hydrogen	Methanol
Operating Temperature	150~200℃	Room temp~100℃	600~700℃	700~1,000℃	Room temp~100℃	Room temp~100℃
Efficiency	35~40%	45~60%	45~60%	50~65%	40~60%	40%
Typical Electrical Power	>50 kW	up to 20 kW	>1 MW	>200 kW	up to 250 kW	<10 kW
Possible Applications	Power stations	Submarines, Spacecraft	Power stations	Power stations	Vehicles, small stationary	Portable application

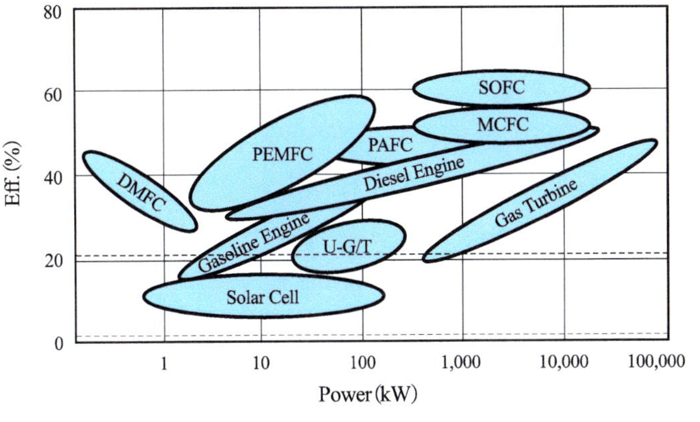

그림 7.11 연료전지의 효율성(Efficiency of Fuel Cells)

7.2.8 연료전지를 상용화시키기 위한 노력

(1) 도시가스회사에 있어서의 연료전지 개발(인산형 연료전지)

1) 1973년 : 미국 TARGET계획 12.5 kW기

도시가스를 원료로 발전하는 시작품으로 우주선 전원용으로 개발된 연료전지가 지상에서 민생용으로 이용할 수 있는 것이 실증되었다.

2) 1984년 : 미국 GRI계획 40 kW기

폐열회수 장치를 조합한 코제너레이션 타입으로 하나의 상자의 안에 구성기기가 모두 수납된 패키지형으로 연료전지 상품의 원형이 확립되었다.

3) 1989년 : 200 kW기

업무용 연료전지로 운전 연구가 대판의 호텔에서 실시되었으며 연료전지의 연구개발이 왕성하게 진행되어 왔다.

4) 1990년~

일본 가스3사(도쿄 가스, 오사카 가스, 토후 가스)는 후지 전기와 공동으로 50 kW, 100 kW기의 연료전지 상품화 개발에 착수하여 실제의 건물에 설치하고 실용 운전하는 필드 테스트를 개시했다. 또, 미국제 200 kW기의 필드 테스트도 개시되었다.

5) 1996년~

미국 ONSI사 제 200 kW기의 도입을 개시했고 따라서, 연료전지의 초기 시장 도입 상품기로 기대되고 있다.

7.2.9 자동차 업계의 연료전지 개발현황[1] – 하이브리드 자동차

(1) 자동차 하이브리드 시스템

자동차에 의한 에너지 과다 소모와 심각한 공해 발생의 문제로 인해 연료 효율이 높고 배출가스가 적은 "친환경차량"에 대한 연구가 시작되었다. 1960년대 이후 친환경 차량 연구 개발은 세 갈래로 이뤄져 왔는데 가장 먼저 시도된 것이 전기 자동차다. 그러나 전기 자동차는 배터리의 크기와 긴 충전시간, 짧은 주행거리등의 단점으로 인해 실용성이 낮았다. 그래서 그 대안으로 1990년대에 들어 전기 자동차의 단점을 상당 부분 극복하면서 기름 소모량도 대폭 줄일 수 있다는 장점으로 본격 개발되기 시작한 것이 하이브리드 자동차이다. 비록 완전 무공해차량을 목적으로 개발된 연료전지 차에는 미치지 못하지만 연료 전지 기술이 아

1) 출처 : my.dreamwiz.com/autopiaz/newtech/cell2.html

직 낮은 수준인데다 비용도 매우 비싸 2010년 이후에나 시장에 본격적으로 출시될 것이라는 전망으로 인해 하이브리드 자동차는 그 과도기를 겨냥하여 출시되기 시작했으며 현제 그 과도기적 입지를 탄탄히 하고 있다. 서계 주요 자동차 생산 업체들은 각각 하이브리드 자동차의 개발에 주력하고 있고, 일부 업체는 이미 상용화하여 판매를 하고 있는 상황이다. 하이브리드 자동차는 일반 자동차와 다리 엔진 외에 모터를 추가 탑재 하고 있다. 엔진으로는 발전기를 구동하여 발생하는 전력으로 모터를 회전(시리즈 Type)시키거나, 또는 엔진을 모터로 어시스트 하여 엔진에 걸리는 부하를 감소(페러렐Type)시키는 형태의 작동방식을 하고 있다.

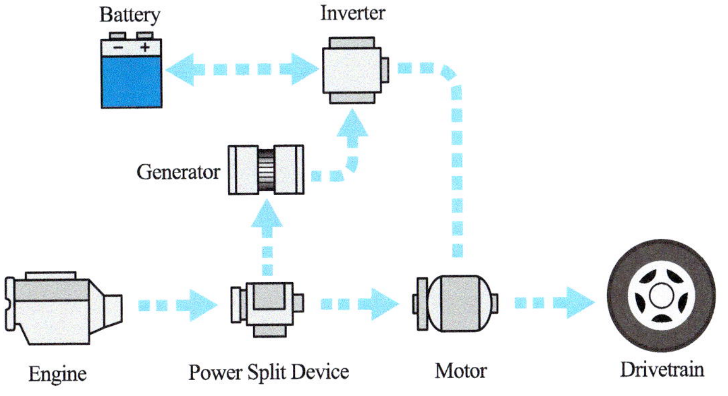

그림 7.12 하이브리드 자동차 시스템

① 직렬 하이브리드 시스템(Series Hybrid System)

이 시스템은 전기자동차에 근사한 구조로서 전기자동차에 엔진과 발전기를 추가한 것으로 동력은 모터로부터 얻어진다. 엔진은 주행거리가 짧은 전기자동차의 단점을 보완하기 위한 발전용으로서 탑재하는데 이와 같이 구동력은 전부 모터로 전달되기 때문에 모터와 배터리가 대형이고 중량이 커서 원가와 공간면에서 불리하다. 또한 엔진의 구동력으로 발전된 교류전류를 직류로 변환하여 배터리에 충전하고 모터를 구동할 때에는 다시 교류로 변환하여야 함으로 전류변환손실이 발생되어 직접구동보다 연비가 불리하여 큰 구동력을 얻을 수 없는 단점이 있으나 모터로 제어되므로 제어가 용이하다. 또한 배출가스가 깨끗한 장점이 있다 배출 가스중 CO, HC, NOx와 같은 유독성 가스가 보통 가솔린 자동차보다 약 1/20정도 감소하는 것으로 알려져 있고, 연비 또한 엔진의 최적운전에 의해 보통의 가솔린 자동차보다 약 2배의 효율을 달성할 수 있다. 하지만 여러 가지 단점이 있어 실용화가 어려운 것이 현실인데, 따라서 패러렐(병렬) 방식이 주류를 이루고 있다.

② 병렬 하이브리드 시스템(Parallel Hybrid System)

최근에 연구 개발된 하이브리드 자동차의 주류를 이루고 있는 시스템으로서 이 시스템은 시동 시 전기모터를 통해 엔진을 시동함으로써 시동 초기의 연료소모를 최소화하고 엔진의 배기가스를 극소로 줄이게 된다. 또한 차량 가속시에는 일정 시속 동안 전기배터리에 의해 움직이는 전기 모터가 엔진의 동력을 보조하게 된다. 즉 저속에서는 전기의 힘으로 차가 움직이도록 설계되어 있다. 차량 주행시에는 일정 속도를 넘을 경우 최저 연비가 이루어지는 구간에서 가솔린 또는 디젤을 연료로 쓰는 엔진을 사용하게 되는 방식이다. 또한 제동시에는 구동 모터가 발전기가 되어 운전 에너지를 회수한다. 모터는 구동력을 발생하지 않을 때는 발전기가 되어 배터리를 충전하는데, 엔진과 모터 어느 쪽으로 구동되더라도 전기를 충전하면서 주행가능하고 구동성능도 우수하다. 그러나 동력 교체시 난점이 있고 엔진룸에의 장착성이 어렵다는 단점이 있다. 이 시스템 구성의 특징은 엔진은 직렬 하이브리드 시스템보다 크나 모터와 배터리를 소형이며 소용량화 한 것인데 배출가스 중 CO, HC, NOx와 같은 유독성 물질은 보통 가솔린 자동차의 약 1/10정도로 알려져 있고, 연비에 있어서는 직렬 하이브리드 시스템과 같이 보통 가솔린 자동차보다 약 2배 정도 높다.

(2) 하이브리드 자동차 연구동향

현재 연료전지를 이용한 자동차개발에 참여하고 있는 자동차 메이커들은 Daimler Chrysler, Nissan, Toyota, Honda, Audi 등 대부분의 자동차 회사들이 연료전지 자동차의 개발에 투자하고 있으며 시장 선점을 위한 각축전을 벌이고 있다.

① Daimler-Chrysler

세계 메이커들의 개발동향을 보면 Daimler-Chrysler가 가장 선두에 서있다.

1994년에 세계최초로 수소저장방식의 연료전지 자동차인 NECAR1(New Electric Car)을 개발한 후 NECAR2와 NECAR3를 96년, 97년 개발하였으며 최근에는 혁신적으로 부피를 줄이고 효율을 높인 NECAR4를 발표하였다.

초기 NECAR1은 VAN을 모델로 만들어졌고 연료전지 장치인 각종 탱크와 파이프가 화물칸을 채우고 있어 실제 승객이 탈 수 있는 공간이 없었다.

그러나 그 뒤로 계속적으로 연료전지의 부피를 줄인 모델을 선보였으며 NECAR4의 경우 소형 벤츠 A-Class모델을 외관으로 하였고 차량 바닥부분에 연료전지 장치를 탑재하여 5명의 승객이 탈 수 있도록 하였다.

5명의 승객을 태우고 시속 140Km로 약 450Km를 주행할 수 있다.

그림 7.13 연료전지 자동차 NECAR3와 NECAR4

NECAR4의 경우 액체수소를 저장한 탱크를 자동차에 탑재하는 수소저장방식을 채택했는데 NECAR3의 경우는 메탄올 Reformer를 장착한 연료변환 방식으로 두 가지 방식의 차량개발을 병행하고 있다.

또한 Daimler-Chrysler사는 수소연료 공급에 관한 기반구축을 위해 정유 회사인Shell과 연계하고 있으며 Ford사와도 연료전지 개발에 관한 기술 협력을 하고 있다.

이 기술 협력에는 캐나다에 위치한 Ballard Power System사가 같이 참여하고 있는데 Ballard사는 차량용 연료전지 분야에서 세계적인 선도 업체이며 Daimler-Chrysler, Ford 뿐 아니라 Honda, Nissan, Mazda사에 차량용 연료전지를 공급하고 있다.

② Ford

최근 포드자동차가 2세대 풀-하이브리드 시스템(저속 주행 시 전기 모터)를 갖춘 중형 세단 '2012년형 퓨전 하이브리드'를 공식 출시했다. '퓨전 하이브리드'는 전 세계 베스트셀링 모델 '퓨전'의 플랫폼에 포드가 지난 10년간 발전시켜온 하이브리드 기술을 결합시킨 가솔린 하이브리드 중형 세단이다. 2010년 최초로 출시된 이후, '2010년 북미 올해의 차(디트로이트 오토쇼)', '2010년 올해의 차(모터트렌드, 자동차 전문 매거진)', '2010년 베스트 10(카앤드라이브, 자동차 전문 매거진)', '2011년 하이브리드 중형 세단 분야 최고의 차 (U.S 뉴스)' 등을 수상하며 동급 최고의 하이브리드 모델로 평가 받아 왔다. 특히, 2012년형 퓨전 하이브리드는 US뉴스가 선정한 '2012년 베스트 하이브리드 패밀리 카'에 선전됨으로써 가족을 위한 최고의 하이브리드 세단이라는 평가를 받기도 했다. 2012년형 퓨전 하이브리드는 직렬 4기통 2.5L 엣킨슨 사이클 엔진과 전기 모터로 총 191마력의 최고 출력을 구현했고, 다른 모델들에 비해 20% 이상 파워를 높인 2세대 하이브리드 시스템과 기존 세대 대비 23% 경량화한 고압 배터리를 장착했다. 연료소비 없이 전기 모터만으로 최고 시속 76km/h까지 주행 가능하며, 배터리 단독 주행 거리는 최대 3.2km까지 가능하다. 엔진과 모터 간 변환을 자동으로 조절하는 독자 기술 '파워스플릿 테크놀로지시스템'을 적용하여 연비 효율을 최적화 하였으며, LCD 계기판을 통하여 차량정보를 실시간으로 전달하여 운전자가 연료

효율성을 높이는 주행을 할 수 있도록 도와준다. 또한 기존 퓨전이 지닌 주행 감각과 민첩한 핸들링을 그대로 살릴 뿐 아니라, 무단 자동 변속기를 적용해 주행 중 지속적으로 일어나는 엔진과 모터 사이의 전환을 부드럽게 만들었다.

그림 7.14 포드자동차, 하이브리드 중형 세단 '2012년형'

③ Toyota

일본 자동차 메이커들도 연료전지 자동차 개발에 많은 노력을 기울이고 있는데 Toyota의 경우 이미 오래 전부터 전기자동차 개발에 참여한 이후 연료전지에 관한 기술도 상당한 수준에 와있다.

97년 최초로 하이브리드 자동차를 상업화 하였고 최근 RV인 RAV4를 베이스로 하여 수소탑재 방식과 메탄올변환 방식의 두 가지 방식에 대한 연료전지 자동차를 개발하여 공개하였다.

특히 Toyota는 Daimler-Chrysler, Ford, Nissan, Honda등이 캐나다 Ballard사와의 협력으로 연료전지를 개발한 반면 독자적으로 연료전지를 개발해 왔다. Toyota역시 Exxon사와 함께 가솔린에서 수소를 추출하는 기술을 개발하고 있다.

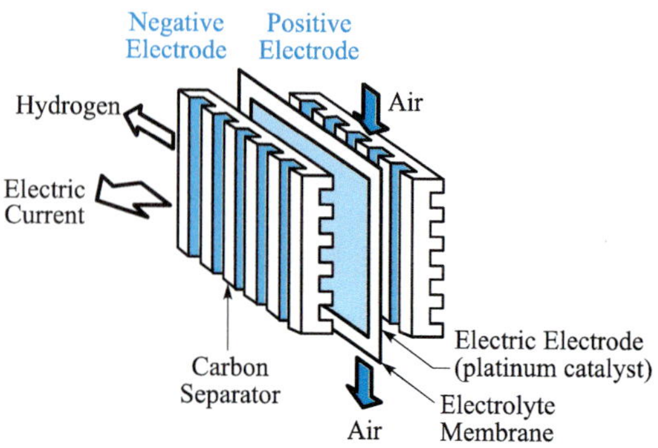

그림 7.15 연료전지 자동차 RAV4

*** 도요타 하이브리드 3종 차량**

다른 자동차들의 과도기적인 하이브리드 방식에 회의적인 반응을 보이며 기존엔진의 개선이나 대체에너지 연구에 매달리고 있을 때 도요타는 투자를 망설이지 않았다. 덕분에 지금은 업계의 선두에 서서 다른 메이커들의 그 기술을 제공하는 경지에 이르렀다. 요근래, 도요타는 프리우스 PHV가 20.8km의 코스를 얼마나 적은 연료로 달릴 수 있나에 초점을 맞춰 테스트를 진행했다. 총 20분 59초 만에 한 바퀴를 완주한 프리우스 PHV에 찍힌 연비는 리터당 247km였다.

RAV 4-3300만 원대　　캠리-3500만 원대　　프리우스-3800만 원대

그림 7.16 도요타 하이브리드 3대 차량

④ Nissan

Nissan은 1990년대 초 Ballard사의 연료전지를 차량용에 적용하는 실험을 수행한 이후 계속적으로 연료전지 자동차 개발에 투자해 왔다. 98년 Prototype을 공개하였고 2003년에서 2005년 사이에 메탄올을 이용한 연료전지 자동차 생산계획을 공표한바 있다.

또한 스즈키와 함께 관련업체, 대학 등과 공동으로 다이렉트 메탄올 연료전지(DMFC)의 개발에 착수한다는 방침을 결정했다.

다이렉트 메탄올 연료전지는 메탄올에서 수소를 추출하는 변환기를 생략하고 직접 메탄올을 연료전지에 공급함으로서 연료전지 시스템의 부피를 줄여 소형차에 용이하게 탑재할 수 있다는 특징을 갖고 있으며 2003년도에 Prototype완성을 목표로 개발에 착수했다. 닛산(Nissan) 자동차의 향후 전망은 2010년대의 빠른 시기에 양산화하는 것에 중점을 두고 있다.

그림 7.17 연료전지 자동차 Prototype

⑤ Honda

프리우스와 비슷한 시가에 하이브리드 자동차 '인사이트'를 미국 시장에 수출하기 시작했으며, 미국 내 시판차 중 연료 효율이 가장 높은 자동차가 혼다 인사이트라 선정되기도 하였다.

하지만, 2인승이라는 한계 때문에 상업적인 성공은 도요타에 양보해야만 했다. 혼다는 이를 만회하기 위해 소형 세단은 시빅과 중형 세단 어코드의 하이브리드 버전에 힘을 쏟고 있다. 하이브리드는 승용차에 국한된 것이 아니다. SUV와 픽업트럭은 물론 스포츠카와 상용차, 군용차 등 가리지 않는다. 포드 이스케이프의 하이브리드 버전은 세계 최초의 양산 하이브리드 SUV로, 연료 효율이 가장 높은 SUV 선정되었다. 이 차는 기존의 휘발유 엔진 버전에 비해 75% 높은 연비를 자랑한다. 또한 GM의 경우 시보레와 GMC 브랜드에서 하이브리드 버전의 픽업트럭도 판매하고 있다. SUV와 픽업 등은 시장의 높은 인기에도 불구하고 기름의 과소비가 항상 문제점으로 지적되어온 만큼 하이브리드화를 통한 이미지 개선 효과도 기대하고 있다. 하이브리드의 효과는 주행거리가 많고, 연료 소모가 심한 대형차, 상용차에서 더욱 크게 나타난다. 미국에서는 GM이 공급한 하이브리드 버스가 운행되었는데, 이 버스는 일반적인 디젤 버스에 비해 연비가 60%가 높고 매연은 90% 적지만 가속력은 오히려 50% 뛰어나다고 한다.

그림 7.18 Honda 프리우스 1세대 모델 택시

⑥ Audi

독일 자동차 메이커 아우디는 1월 6일 개막하는 CES(소비자 가전 쇼) 14에서 "스포츠 콰드로 레이저 라이트 컨셉"을 첫 공개하였다. 이 차량은 아우디가 2013년 9월 프랑크푸르트 모터쇼 13에서 월드 프리미어했다. "스포츠 콰트로 컨셉" 의 진화형. 아우디 르망 레이서에서 선보인 2014년 형 'R18 e-트론 콰트로'에 채용된 신기술로써 "레이저 라이트" 장비하고 있다. 신개발의 레이저 빛은 주요 LED 헤드 램프를 보완하는 역할을 담당하는 블루 레이저 빔을 발휘하는 것이다. 종전보다 균일하게 노면을 비출 수 있는 것이 특징이다. 스포츠 콰트로 레이저 라이트 컨셉의 경우 외부 로우 빔으로 개량한 신형이다. 'A8'에도 소개된 '매트릭스 LED'를 채용. 그리고 내부 상향에 레이저 빛을 사용한다. 아우디에 따르면, 레이저 다이오드는 직경이 수 미크론 및 LED 다이오드보다 훨씬 작기는 하지만 일반적인 LED 하이빔과 비교하여 조사 거리가 약 2배인 약 500M 밝기는 약 3배라고 한다. 파워 트레인에 변경이 아니라 플러그인 하이브리드 (PHV)를 탑재. 엔진이 'S8'등이 축적 직분 사 4.0 리터 V 8 기통 가솔린 트윈 터보 "TFSI" 최대 출력 560ps, 최대 토크는 71.4Kgm을 이끌어낸다. 공회전이나 저 부하 주행시 8기통의 절반 4기통을 중단하는 COD(실린더 온 디맨드)를 채용하였고 모터는 엔진과 8단 팁트로닉 변속기 사이에 위치한다. 최대 출력 150PS, 최대 토크는 40.8kgm을 발생한다. 이차 전지는 축전 용량 14.1 kWh 리튬 이온 배터리. EV모드는 최대 50KM를 제로 에미 션 달릴 수 있다. 엔진과 모터를 합친 총 출력은 최대 출력 700ps, 최대 토크가 81.6kgm로서 매우 강력하다. EV 모드 효과도 있어, 유럽 복합 모드 기준 연비 40Km/L, CO_2 배출량 59g/km의 뛰어난 환경 성능을 실현하고 있다.

그림 7.19 2014 아우디 A8 하이브리드

◆ 출처

http://mandolife.blog.me/90108101804

http://biz.chosun.com/site/data/html_dir/2014/07/28/2014072802704.html

http://sjysjysj.blog.me/140151659398

http://blog.naver.com/macgapa3?Redirect=Log&logNo=50186529713

⑦ 우리나라 자동차회사에서의 노력[2)]

현대자동차가 미국의 연료전지 전문업체인 미국 IFC(International Fuel Cells Co.)와 제휴해서 연료전지 자동차 개발에 나선다. 양사는 포드 다임러크라이슬러 혼다 폴크스바겐과 텍사코 쉘 등 정유회사, 연료전지 전문 메이커인 발라드 등이 이끄는 연료전지 개발 컨소시엄인 '캘리포니아 연료전지 파트너십'에도 참가키로 했다.

양사는 향후 3년간 4천만 달러를 연료전지 개발에 투자하고 올해 압축수소를 쓰는 연료전지차 시제품을 개발키로 했다. 시제품은 75kW급 연료전지 시스템을 적용한 차량으로 현대가 다음 달 출시할 예정인 4륜구동 싼타페가 연료전지차의 모델로 정해졌다. 양사는 연료전지차 양산시기를 2005년으로 잡았고, 현대차는 연료전지차에 알루미늄 차체를 적용해 리터당 33km의 연비와 최고 시속 1백 24km를 낼 수 있는 차량을 개발에 착수했다. 이번 제휴에 따라 현대차는 차량과 연료전지용 전용 모터 및 제어기 개발을 맡고 IFC는 연료전지시스템 개발을 담당하게 된다. 현대와 손잡은 IFC는 유나이티드 테크놀러지 그룹의 자회사로 64년부터 아폴로우주선 및 우주왕복선용 연료전지시스템을 NASA(미 항공우주국)에 공급중이며 76년 연료전지 발전소를 최초로 상업화해 높은 기술력을 인정받고 있다. 이충구 사장은 "이번 제휴를 통해 차세대 자동차로 부상하고 있는 연료전지차에 대한 세계적 기술표준화 작업에 능동적으로 참여할 수 있는 기반을 마련했다."고 평가했다.

– 현대(HYUNDAI)

국내에서는 현대자동차가 하이브리드카 50대를 정부에 납품하면서 양산 준비 단계에 돌입했다. 개발비로 100억 원이 들었기 때문에 초기에는 대당가격이 2억 원을 넘는 고가였지만, 수년이 흐른 지금기존 모델들과 크게 가격차가 줄어들어 이제는 가격경쟁력이 생겼다.

그림 7.20 소나타 하이브리드 자동차

배기량 : 1999cc

최고출력 : 191마력

2) 출처 : paxcapital.com/news/datacenter

최대토크 : 18.3kg.m

연비 : 16.8~21.0km/L

기존 자동변속기에서 사용하던 토크 컨버터 대신 엔진클러치를 탑재하여 연비효율을 늘렸다. 회생 제동 브레이크 시스템으로 제동, 감속시 모터가 제너레이터로 동작하여 소모되는 에너지를 전기에너지로 변환시켜 배터리를 충전. 가상 엔진 사운드 시스템이 탑재되어 엔진이 작동하지 않는 전치차모드로 주행시에 엔진소리가 들리지 않아 보행자가 인지 못하여 발생하는 사고를 미연에 방지한다.

그림 7.21 한국 첫 양산 하이브리드차 '아반테 LPI'

아반떼 LPi 하이브리드는 현대차가 3년 7개월의 기간 동안 2,508억원을 투입해 개발한 세계 최초의 LPi 하이브리드 모델로 '세계 최초로 청정연료를 사용하는 고성능/고연비/저유지비의 준중형 LPi 하이브리드'를 컨셉으로 개발됐다. 아반떼 LPi 하이브리드는 1.6 감마 LPi 엔진, 무단변속기와 함께 전기모터, 인버터, 컨버터, 배터리 등으로 이뤄졌으며, 현대차는 전기모터, 인버터, 컨버터, 배터리 등 4가지 핵심전기동력부품의 독자개발 및 국산화에 성공했다. 이를 통해 아반떼 LPi 하이브리드는 LPi 엔진 출력 114마력, 전기모터 출력 20마력의 강력한 동력성능을 자랑하며, 연비도 공인연비 17.8km/l, 유가 환산 연비 39km/l(가솔린 가격 : 1,654원/l, LPG가격 : 754원, 한국석유공사기준)의 뛰어난 경제성을 자랑한다. 이는 동급 가솔린 차종대비 연간 약 135만원의 유류비용을 절약할 수 있다. 뿐만 아니라, 이산화탄소 배출량이 99g/km로 LPG 연료 차량 중 세계 최초로 북미배기가스규제인 SULEV(Super Ultra Low Emission Vehicle)를 만족시켰을 뿐만 아니라, 국내 최저 이산화탄소 배출 차량으로 등극했다. 또한, 차량 정차시 엔진을 정지시키는 '오토스톱기능'이 적용돼 불필요한 공회전으로 인한 연료소비를 방지, 경제성을 더욱 높였다.

그림 7.22 기아(KIA) K7 하이브리드 자동차

K7 하이브리드 700h에는 에너지 손실을 줄여 연비를 높여주는 하이브리드 전용 세타Ⅱ 2.4 MPI 엔진과 35킬로와트(kW)의 전기모터가 장착됐다. 복합연비는 휘발유 1리터(L)당 16km (1등급)로 경차급이다. 기존 K7 연비(10~11.3km)보다 대폭 개선됐다. 실제 K7 하이브리드를 17일 경부고속도로와 천안고속도로, 호남고속도로 560km 정도를 운행한 뒤 나온 연비는 16.4km 정도이다. K7 하이브리드는 최고출력 159마력, 최대토크는 21kg·m로 동급 K7 2.4GDI(201마력, 최대토크 25.5kg·m) 보다는 힘은 약해졌다.

7.2.10 고분자 연료전지의 미래

미국 캘리포니아의 무공해차량 시행령은 2003년에는 10%를 무공해 차로 할 것을 정하고 있다. 이 기준을 적용한다 해도 2003년에는 19만대의 무공해 자동차가 판매될 것이다.

전 세계의 자동차 수는 현재 6억대에서 2015년에는 10억대로 증가할 것으로 예상하고 있다. 1998년 연료전지의 가격은 KW당 1,500~1,000 달러 수준이며 1994년 보다 50%정도 가격이 떨어진 것이다.

연료전지의 가격이 KW당 50달러 수준이 되면 현재의 내연기관 자동차와 가격경쟁을 할 수 있다. 연료전지의 설계 기술과 제조 기술이 향상되면 연료전지의 가격은 더욱 떨어질 것이다.

또 하나의 특징인 연료전지 자동차의 높은 효율로 인해 연료 사용량이 현재 가솔린 자동차의 절반이하가 된다. DBB는 2010년 200만대의 연료전지 자동차가 나올 것으로 예상하고 있으며 2020년에는 3500만대의 연료전지 자동차가 운행될 것으로 예측하고 있다.

연료전지 자동차의 비율이 급격히 상승할 것은 쉽게 예상할 수 있다. 그러나 급격한 기술의 발전이 이룩되면 연료전지 자동차는 현재의 예측을 훨씬 더 초월할 것이다.

국내에서도 자동차에 의한 도시 환경오염이 심각해지면서 2004년 이전에 대도시에서의 연료전지 자동차의 시범 운행이 가능할 것이다. 캘리포니아처럼 무공해 자동차의 비율을 법제화 할 경우 연료전지 자동차의 수요는 크게 증가할 것이다.

표 7.4 국내 · 외 기술현황 비교

구 분	인산형	용융탄산염형	고체산화물형	고분자전해질형
용 도	건물, 병원	대형건물, 발전소	대형건물, 발전소	자동차, 이동용, 가정용
용 량	100 kW~MW 이하	MW 이상	MW 이상	100 W~100 kW 이하
건설단가 (현재/목표)	3,000 $/kW (1,500$)	4,000 $/kW (1,200$)	5,000 $/kW (1,500$)	4,000 $/kW (1,500$)
기술개발 미 국	200 kW급 제품판매	280 kW급 스택개발 2 MW급 플랜트 실증	25 kW급 스택개발 250 kW급 실증	7.5 kW급 가정용으로 실증
기술개발 한 국	50 kW급 시스템 개발중	250 kW급 시스템 개발중	100 W급 실패	5 kW급 시스템 개발중
실용화시기 (미국/한국)	1999 (2006)	2005 (2008)	–	2004 (2006)
향후 기술개발 추진 계획	–	2006년까지 250 kW급 시스템 실증	–	2006년 이후 3 kW급 국산화하여 보급

◆ **참고문헌**

일반화학

◆ **인터넷자료**

html.yonsei.ac.kr/~ikyluke

경남대 : eletrochem.kyungnam.ac.kr/battery/연료전지/6.htm

연료전지연구회 : nfcrc.kier.re.kr/nfcrc/kind_fc.htm

한국과학기술원 : webhost.kist.re.kr/team/FUELCELL

팍스넷 : paxcapital.com/news/datacenter

ETIS기술분석지(제10권) : www.etis.net

7.3 국내·외 발전 동향

7.3.1 미국(연료전지 개발 선도국)

(1) 1962년 : 제미니 계획에 의하여 우주 및 군용의 알칼리 연료전지 연구를 처음 시작

(2) 1969년 : 28개 가스회사가 중심이 되어, 주거용 및 상업용 인산염형 연료 전지 기술 개발을 위한 9년 프로그램을 수립, 이를 UTC(United Technology Corp. 현재 IFC : International Fuel Cell)사에 개발을 위탁함으로써 시작

(3) 최근 : IFC, WH(Westinghouse)사에서 전기 사업용 MW급 연료전지 기술 개발사업을 수행 중

25~400 kW급의 현지 설치형을 개발하여 200 kW급은 이미 상용화되었으며, 제조단가를 현재의 약 3,000 $/kW에서 1,500~1,000 $/kW 이하로 낮추고 수명을 40,000 시간 이상 지속시킬 수 있는 발전시스템을 개발하기 위해 노력 중

7.3.2 일본

(1) 1981~1987년 : 6년 동안 에너지 절약기술 개발계획(Moonlight Project)의 일환으로 연료전지의 신뢰성 향상과 고효율화 기술의 개발을 추진, 인산염형의 경우 1,000 kW급 발전 설비의 독자 개발과 실증 실험, 200 kW급 현지 설치형의 상용화를 목표로 하여 연구개발을 추진

(2) 최근 : New Sunshine 계획에 의해 1996년까지 가압형 5 MW, 상압형 1 MW급 발전 설비의 실증 실험을 목표로, 9개의 전력 회사와 4개의 가스회사 및 전력중앙연구소로 구성된 연구 조합을 구성

NEDO 주관 하에 대규모 실용화 연구를 수행 중, 현재의 기술 수준은 화력 대체와 분산 전원용으로 이미 1 MW급 실증 플랜트의 운전 시험을 완료하였으며, 동경전력은 11 MW급 인산염형 연료전지 발전소를 1991년 완공하여 운전시험을 계속하고 있다.

7.3.3 유럽

(1) 연료전지 기술 개발은 미국과 일본의 기술 독점에 대한 방어적 개념에서 개발 추진 중 : 연료 개질기, 전력 변환 및 System Engineering 관련 기술을 기업이 보유

(2) 네덜란드 : '86년부터 PEO주도로 미국의 IGT에서 핵심기술을 도입하여 ECN에서 MCFC를 개발 중

(3) 이탈리아 : '86년부터 ENEA 주도로 VOLTA 계획을 추진하여 PAFC, MCFC, SOFC를 개발 중

7.3.4 캐나다

(1) 자동차용 고분자 전해질형 연료전지 개발을 주도하고 있으며, Ballard Power System Inc.에서 연료전지 버스와 승용차 개발 중

7.3.5 우리나라

(1) 1985년부터 한국에너지기술연구소와 한전기술연구원 공동으로 5.9 kW급 인산염형 연료전지 본체를 수입하여 국내 최초로 발전시스템을 구성하여 성능 실험을 실시한 것이 효시

이를 계기로 국내에서도 연료전지 개발의 중요성을 인식하게 되었으며, 최근에는 연구 개발 사업이 활성화되어 인산염형, 용융 탄산염형, 고체 전해질형 및 고분자 전해질 연료전지도 개발 중

한국에너지기술연구소

- 1987년부터 6년 동안 과기처 국책 연구 사업을 주관하여 연구소, 대학 등이 공동으로 참여하는 인산염형 연료전지 개발 연구를 수행
- 92년도에는 1 kW 인산염형 연료전지 본체를 성공적으로 개발

이 사업은 '93년부터 시작된 국가 선도 기술 개발 사업으로 연계되어 산·학·연 공동 참여에 의해 실질적인 50 kW급 인산염형 연료전지의 실용화를 위한 요소 기술을 개발하고 있으며, 2000년까지 200 kW급 인산염형 연료전지 발전시스템 개발을 목표로 설정

(2) 1989년부터는 통상산업부의 대체에너지 기술 개발 사업으로 40 kW급 인산염형 연료전지 발전시스템의 개발 사업을 수행

연료전지 본체 개발은 호남정유, 연료 개질기는 유공, 전력 변환장치는 금성산전(현 LG 산전), 계통 연계 기술 개발은 한국전기연구소가 담당하고 가스공사가 사업을 주관하는 공동 연구 체제를 구성

(3) 현재 국내의 기술 수준은 전반적으로 기초 연구 단계이나, 연료전지 본체를 포함한 연료 개질, 전력 변환장치 등의 소규모 시제품 개발을 목표로 하여 추진 중이며 최근 10 kW급 인산형 발전시스템과 5 kW급 고체고분자 발전시스템이 한국에너지기술연구소에 의해 개발되었으므로 이러한 발전추세로 보아 단기간 내 현재의 선진 기술 수준에 근접할 수 있을 것으로 전망

7.4 연료전지의 전망

(1) 고분자고체 전해질막
- 내구성 : 약 2,000시간(2004년) ⇒ 3,200시간(2007년) ⇒ 5,000시간(2010년)
- 사용재료 : 불산계 수지(2004년) ⇒ 탄화수소계 수지(2010년)
- 막두께 : 50μm(2004년) ⇒ 18μm(2005년, 실험실단계) ⇒ 15μm(2010년)

(2) 저온구동온도
- 25℃ 이상(2005년) ⇒ 30℃(2010년)

(3) 출력밀도
- 1.43 kW/I(2005년) ⇒ 1.8 kW/I(2007년) ⇒ 2.5 kW/I(2010년)

(4) 단가
- 85 $/kW(2005년) ⇒ 30 $/kW(2010년)

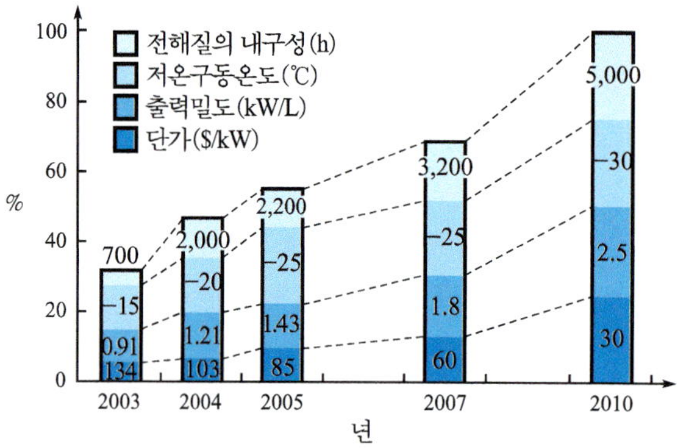

그림 7.23 2015년 연료전지차 상용화를 위한 연료전지 로드맵

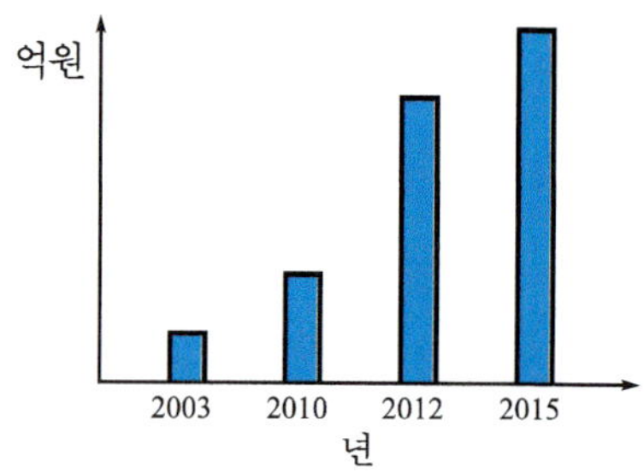

그림 7.24 휴대용 연료전지 시장 전망 (출처: 일본 노무라 경제연구소)

표 7.5 연료전지의 시장규모 전망

구 분	2010년	2020년	2030년
연료전지 자동차	5만대	500만대	1,500만대
도입차종	업무용		
	-	일반승용	
고정용 연료전지	220만 kW	1,000만 kW	1,250만 kW
상정된 수소 수요	4만 ton	58만 ton	약 151만 ton
상정된 수소스테이션	약 500개소	약 3,500개소	약 8,500개소
상정된 수소의 공급	화석연료개질, 수소, 물의 전기분해		
	-	바이오매스, 물의 열분해	

CHAPTER

08 커패시터

8.1 커패시터(Capacitor) 개요

8.1.1 콘덴서와 커패시터 차이점

커패시터(Capacitor)를 설명하기 전에 우선, 콘덴서(condenser)를 설명하지 않을 수 없다. 콘덴서란 그림 8.1에서처럼 2개의 전극 판 각각에 다른 부호의 전기가 축적되는 구조를 가지고 있다. 즉, 콘덴서라는 것은 전기를 축적할 수 있는 부품으로서, 전기를 모을 수 있는 장소는 한 쌍의 전극이고 거기에 각각 반대부호의 정전기를 모은다고 할 수 있다. 충전하면 그 정전기가 증가하고, 방전되면 그 양에 따라 정전기가 감소한다. 정전기가 나가고 들어오는 것만 반복하기 때문에 고장 나지 않고 수명이 길다.

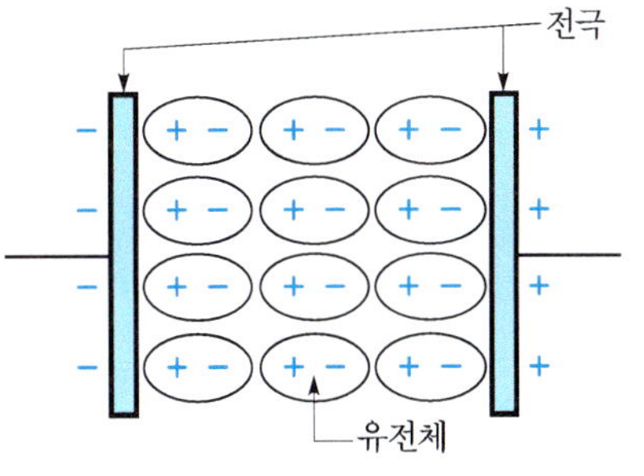

그림 8.1 콘덴서의 원리

하지만 전극과 전극사이를 보면, 거기에 공간이 있고 이것을 빈 공간인 채로(공기) 두는가 또는 어떤 재료를 넣는가에 따라 성능이 변한다. 즉, 이 전극과 전극 사이에 유전체라고 하는 재료를 넣는 것으로 정전용량을 향상시킬 수 있다. 이것은 **유전체**[용어해설1)]가 전극의 전하를 없애려는 방향으로 배향하려는 결과, 전극사이에 형성되는 전기장을 없애려는 움직임을 가진다. 그러면 전극에는 더욱 많은 전하가 축적될 수 있게 되어, 정전용량이 상승하게 되는 원리이다. 다르게 설명하면, 같은 전압을 콘덴서에 걸 경우, 얼마만큼 전하가 축적될 수 있는지가 변해간다. 유전체가 있다면 그것이 작용하는 반대방향의 전기장이 전압의 상승을 없애주기 위해, 결과로서 같은 전압이라도 많은 전하를 전극에 모을 수 있게 된다.

Capacitor는 특별히 다른 장치가 아니고 콘덴서나 capacitor나 기본적으로 축전장치를 지향하고 있다고 할 수 있다. 차이점은 『평판 콘덴서』의 원리에 기초를 둔 전극에 전하를 축적하고 대부분의 경우, 유전체를 이용하는 것을 『콘덴서』라 칭하고, 전기이중층에 전하를 축전하는 것을 『capacitor』라 칭한다. 더욱이 전지와 같이 산화·환원반응을 이용하지만,

전지보다도 capacitor 거동에 가까운 것도 넓은 의미로는 「capacitor」에 포함시킨다(redox capacitor 혹은 의사(擬似) capacitor라고 한다). 단순히 표현하면, 「유전체를 이용하고 있는가 아닌가」가 실질상의 분별법이 되고, 대용량이지만 전극표면의 산화피막을 유전체로서 이용하는 「전해콘덴서」는 역시 콘덴서 쪽으로 분류된다.

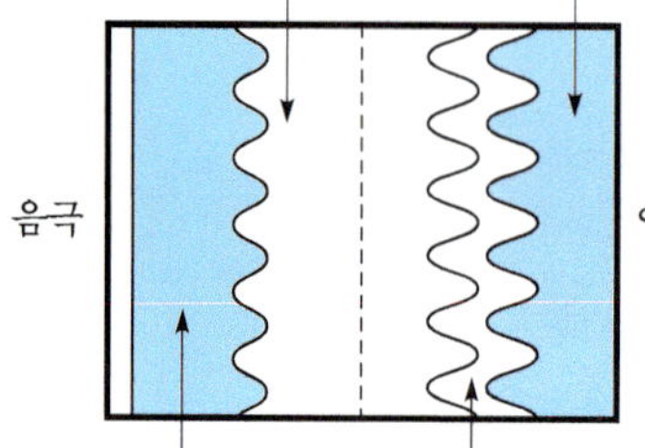

그림 8.2 전해콘덴서의 구조

관용적으로 사용되고 있는 차이점은, 간단히 전지에 가까운 대용량의 축전장치를 콘덴서와 구별하여 capacitor라 칭하는 것이다. 이것은 원리로서 구별하는 것이 아니기 때문에 확실하지는 않다. 예를 들어, 전해콘덴서이지만 월등한 대용량의 것은 「capacitor」로 부를 수 있다. 확실히 전지의 보조·대용품이 될 수 있는 고속작동의 축전장치는 원리에 관계없이 capacitor라 불러도 상관없을 것이다. 이렇게 대개 2가지 정의에 기초를 두어 생각하지만 어느 쪽의 정의를 따라도 사실상은 거의 차이가 없다.

8.1.2 정전용량(Capacitance)

이제까지는 주로 고등학교의 물리교과서와 같이 정전용량이라는 말을 사용해왔지만, 이제부터는 그것에 대응하는 영어 「capacitance」를 사용하기로 하자. Capaci-tance(종종 C로 표현한다)는 단위 「Farad(F)」로 나타낸다. Farad는 축적하고 있는 전하(Q)「단위: 쿨롱(C)」를 걸고 있는 전압(V)「단위: 볼트(V)」으로 나눈 것이기 때문에, $C = Q/V$로 쓸 수 있다.

수식이 서투른 사람에서 알기 쉽게 표현하자면, capacitance라는 것은 「한정된 전압 중에서 얼마만큼 많은 전기를 축적할 수 있는가」라는 능력을 표현한다고 할 수 있다. 방금 전의 유전체를 이용한 콘덴서의 예에서는 유전체가 전극의 전기장 방향과 반대방향으로 분극하여 전기장을 없애주기 때문에, 전극에 축적하고 있는 전하에 비해 콘덴서의 전압상승이 억제되기 때문에 유전체가 없는 경우보다 capacitance가 증가하는 것을 알 수 있다. 즉, 용량이 큰 콘덴서 또는 capacitor는 단위전압당 많은 전하를 축적할 수 있다.

8.1.3 전기이중층 커패시터(Electric Double Layer Capacitor)

이전에 서술한 정의(첫 번째)에 따르면 유전체를 사용하지 않는 것의 대표는 「전기이중층 capacitor」이고, capacitor라면 전기이중층형이라는 느낌으로 그야말로 capacitor의 대표라 할 수 있다.

전기이중층 capacitor는 영어로는 Electric Double Layer Capacitor로 앞문자만을 취하여 EDLC로 자주 표기된다. 그림 8.3에 그 원리를 나타낸다. 내부에는 활성탄 등의 표면적이 매우 큰 전극이 한 쌍이 있고, 농도가 짙은 염의 전해액이 들어있다. 전기이중층 capacitor는 충전하면 전극에는 +, − 양쪽의 전기가 각각의 전극에 저장되고 동시에 그 전하와 반대부호의 이온이 대응한 면이 생성되며 이것이 「전기이중층(Electric Double Layer)」이다. 전기이중층은 이렇게 전극내의 전하가 모인 면과 전해액측의 이온 전하가 모인 면이 서로 마주보는 형태로 구성되고 있다. 이렇게 2개의 전하면에서 생기기 때문에 「전기이중층」이라고 부른다. 전기이중층을 상세하게 보면 그림 「Stern의 모델」에 있어서 「Helmholtz 이중층」에 해당한다. 전기이중층에는 또한 용액 쪽에 「확산이중층」이 존재한다. 확산이중층이 형성되는 원인은 열적인 동요(흔들림)가 존재하는 것이지만 물리화학적인 표현으로 바꿔 말하면 어느 온도에 있어서 이온의 운동에너지는 일정하지 않고 총계적인 분포에 따라 각각 다른 에너지를 가지고 있다는 것이 원인이다. 즉, 전극에서의 정전인력과 다양한 열에너지를 가진 이온이 정전기력에서 벗어나려고 하는 힘이 균형을 이루어 확산이중층이 형성된다.

기존의 고농도 전해액에서는 확산이중층의 정전용량은 Helmholtz 이중층보다 매우 크기 때문에 전기이중층의 전체용량은 용량이 작은 쪽의 Helmholtz 이중층으로 결정된다.

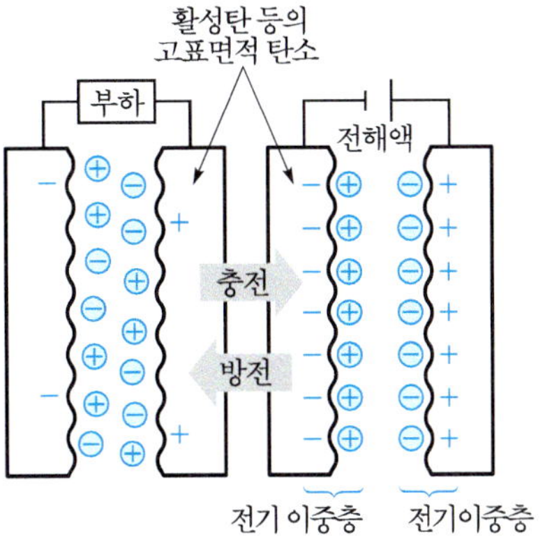

그림 8.3 전기이중층 커패시터의 원리

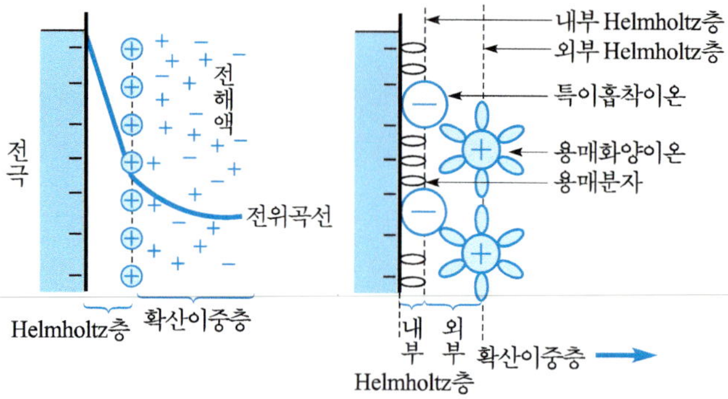

그림 8.4 Stern(왼쪽)과 Graham(오른쪽)의 이중층 모델

또한, 이 Helmholtz이중층은 좀 더 세분화된 내부구조가 있다. 이것을 표현하는 것이 「Graham(그레헴)의 모델」이다. 그림 8.4와 같이 전극의 가장 가까운 부근에는 「내부 Helmholtz층」이 있고, 용매의 흡착과 반대부호의 이온의 특이흡착이 나타난다. 이 바깥쪽에 「외부 Helmholtz층」이 있고, 여기서는 가장 유력한 흡착이온이 존재한다. 여기서 그림과 같이 이온에는 용매화가 일어날 가능성이 있다. 결국 이 모델에 의하면 전극표면과 이온의 중심거리는 용매를 무시한 경우와 비교해 매우 멀고, 그림에서는 용매의 쌍극자 모멘트 방향의 2배의 거리가 이온반경에 부가된다. Capacitance는 전극과 이온과의 거리에 반비례하기 때문에 용량증가를 위해서는 이 거리를 줄일 수 있는 용매와 전해질을 선택하는 방법이 있다. 이것은 평판전극에서는 올바르다고 생각되지만 다공성의 capacitor용 활성탄에 대해서는 들어맞지 않는 것이 많고, 이것은 세공의 크기에 의해 전기이중층의 기본구조가 변화하는 것을 암시할지도 모른다.

전기이중층은 대항하는 2개의 전하 면에서 생기기 때문에, 이것은 정말로 콘덴서의 전극구성과 같다. 즉, 전기이중층이라는 것은 전극과 전해액이 접하는 계면을 사이에 두고 마주보는, 말하자면 콘덴서인 것이다. 좀 더 자세히 capacitor 전체를 보면 이 전기이중층은 하나의 전극 표면에 하나 생기기 때문에, 2개의 전극을 가진 capacitor에서는 전기이중층이 2개이고 그것이 전해액을 사이에 두고 직렬로 연결되어 있는 것을 알 수 있다. 결국 전기이중층 capacitor는 내부에 전기이중층을 반드시 2개 가진 장치라고 하는 것이 된다.

전기이중층 capacitor는 이렇게 충전에서는 이온이 전극표면에 흡착하고 방전에서는 전극중의 전하를 방출하는 동시에 전극표면의 이온이 떨어진다. 충전과 방전에서 일어나는 것은 기본적으로 이것이 전부이고 매우 간단하다. 이로부터 아래의 장점이 생긴다.

1) 짧은 시간으로 충전할 수 있다.

화학반응을 수반하지 않고, 이온의 흡착과 탈리만으로 충전과 방전 반응이 일어나기 때문에 충전이나 방전의 속도가 빠르다는 특징이 있다. 이것은 반응의 **활성화 에너지**[용어해설2)]

가 작다(낮다)고 할 수 있다.

2) 대전류로 충·방전을 할 수 있고, 고출력(high power)이다.

반응의 속도가 빠르다는 것은 큰 전류가 출입가능하다는 것이 된다. 따라서 짧은 시간에 큰 전류를 발생할 수 있기 때문에 출력이 높다는 특징이 생긴다.

3) 충·방전의 반복회수 수명이 길다.

충·방전의 구조가 간단하다는 것은 부반응이 일어나기 어렵고, 충·방전을 반복해도 전극재료 또는 전해액의 열화가 적으며 수명이 길다는 장점으로 연결된다. 10만~100만회의 충·방전의 반복이 가능하다.

8.1.4 전지와 Capacitor의 차이점

전지는 전기를 저장하는(모으는) 장치의 대표격이기 때문에 전지와 capacitor의 비교를 하는 것은 중요하다. 충전과 방전을 반복할 수 있는 전지는 **축전지**, **충전지**, 혹은 **2차전지**[용어해설3]가 있다. 이 2차전지와 capacitor를 비교해 보자.

어느 쪽도 전기를 저장하는(모으는) 장치이지만 특성에 결정적인 차이가 있다. 그것은 전지는 충전 및 방전 중에도 전압의 변화가 적지만, capacitor는 충전을 진행함에 따라 서서히 전압이 상승해 가고, 방전에서는 그 반대로 진행함에 따라 전압이 점점 내려간다(그림 8.5). 예를 들어, 일정한 전류로 충전 혹은 방전을 반복했다고 하자. 전지는 충전이 시작되면 전압은 곧 상승하고, 그 후의 변화는 상승한 만큼 일어나지 않는다. 방전에서는 마지막의 급격한 전압저하까지는 그 만큼 감소하지 않는다. 한편, capacitor의 경우는 이러한 충·방전 방식에서는 충전시간에 비례해서 전압이 상승하고, 방전에서는 그 반대로 시간에 비례하여 전압이 저하한다. 즉, 충·방전의 동작시에는 전압이 일정하게 되는 상태가 없다. 같은 전기를 저장하는(모으는) 장치라고 해도 이것은 큰 차이이다.

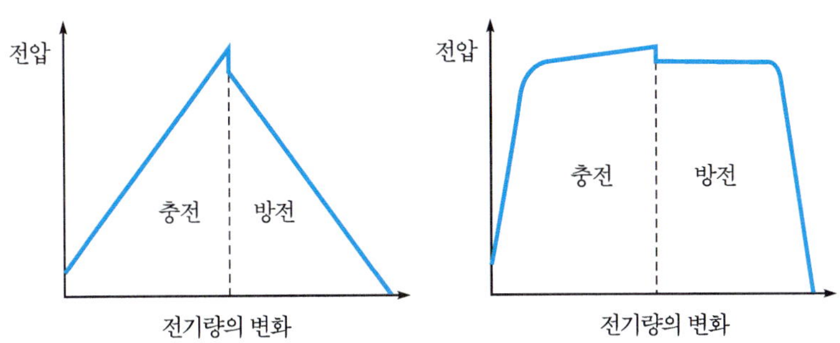

그림 8.5 Capacitor(좌측)와 전지(우측)의 충방전과 전압

전기이중층 capacitor에서는 전극계면에 생기는 전기이중층에 전하를 모으고, 이전에 서술했듯이 이것이 콘덴서와 같은 원리에 기초를 둔 것을 생각한다면 전압이 일정하게 되지 않는 것을 이해할 수 있을 것이다. 평판 콘덴서의 전압이 전극에 모인 전기량에 비례하는 것은 아주 같은 이치이다.

이러한 것으로부터 최대전압이 같고 설령 크기가 같다고 해도 2차전지를 capacitor로 간단하게 교체할 수 없다. 실제로 사용방식이나 목적이 2차전지와 capacitor에서는 상당히 다르다. 이것은 나중에 설명하기로 하자. 여기서는 그 외의 중요한 차이를 들어보자.

(1) 일반적으로 축적할 수 있는 전기량은 2차전지가 크다.

대용량 capacitor가 계속 개발되어왔다고는 하나, 2007년 시점에서 같은 크기로 비교하면 전기이중층 capacitor는 고성능 2차전지(**리튬이온전지**[용어해설4)] 등)와 비교해 축적할 수 있는 전기량은 1/10 이하이다. 긴 역사를 가진 전지는 전기를 축적하는 양적인 능력에서는 역시 출중하다. 2차전지가 축전양의 능력에 뛰어난 최대 이유는 충·방전 반응에 화학반응, 정확히는 산화환원반응을 이용하고 있기 때문이다. 이용할 재료의 중량당 얼마만큼의 전자를 축적할 수 있는가라는 관점에서 생각하면 결국은 재료의 1분자당 몇 개의 전자를 출입할 수 있는가라는 고찰에 부딪친다. 그러면 사용할 재료를 잘 이용하기 위해서는 전극의 표면만이 아닌 내부 방향, 즉 3차원적으로 재료를 이용하도록 설계하는 것이 기본이다.

한편, capacitor는 이온의 흡착이 일어나는 장소에서 전하를 축적하고 있기 때문에 기본적으로는「표면」에서 전하를 축적하고 있다. 표면이기 때문에 반응이 일어나는 장소는 기본적으로 2차원적이다. 따라서 capacitor의 경우는 전극 설계가 좋지 않으면 전지와 비교해 축전양이 더욱 불리하게 된다. 이러한 차이점에서 전지가 대체로 대용량인 것은 이해할 수 있을 것이다. 나중에 설명하겠지만 capacitor의 용량을 크게 끌어올리기 위해서 전지와 같은 산화환원반응(redox 반응이라고도 한다)을 이용한 capacitor도 개발되어 있다. 이것은 redox capacitor라 불리며「순수한」capacitor가 아니기 때문에 의사(擬似) capacitor(영어로는 pseudo-capacitor)라고도 한다.

(2) Capacitor는 2차전지보다 고속의 충·방전이 가능하고 사용수명도 길다.

Capacitor는 산화·환원반응을 이용하지 않는다는 것이 장점이다. 산화·환원반응을 이용하는 2차전지에서는 화학반응에 수반하는 화학결합의 변화, 결정구조의 변화 등, 단순하게 전자가 출입하는 것만으로 끝나지 않고 물질로서의 큰 변화를 수반한다. 그 결과, 충·방전의 반응속도가 늦게 되어 짧은 시간의 충·방전이나 큰 전류의 충·방전이 곤란하다. 또한, 화학반응의 본질로서 목적이 되는 화학반응(여기서는 충·방전에 수반되는 산화환원반응)만을 100% 이상적으로 일어나는 것은 곤란하고 약간의 다른 반응이 일어나는 것이 있다면,

수십~수백회의 충·방전을 반복하면 반응에 참여할 수 있는 재료가 점점 줄어들게 되어 성능이 급격 또는 서서히 저하된다.

한편, capacitor는 화학반응을 충·방전에 이용하지 않고 이온의 흡·탈착만으로 충·방전하고 있기 때문에, 반응에 의한 물질의 변화가 거의 없어 충·방전의 반응속도가 매우 빠르다는 장점이 있다. 결국 대전류의 충·방전도 가능하다. 더욱이 산화·환원반응을 수반하지 않기 때문에 부반응이 일어나기 어렵고, 사용수명도 길게 된다. 또한 의사(擬似) capacitor는 전지와 같은 산화·환원반응을 이용하고 있기 때문에, 순수한 capacitor와 같은 고속성과 장기수명을 잃어버릴 수 있는 경우도 있다는 것을 생각하지 않으면 안 된다.

8.1.5 Capacitor의 에너지

Capacitor가 저장할 수 있는 에너지를 간단하게 어림잡기 위해서, 다음과 같이 고려해보자. 저장될 수 있는 에너지는 축적되어 있는 전하와 걸려있는 전압과의 곱으로 결정된다. 축적되어 있는 전하 Q는 capacitance C를 사용하면 $C = Q/V$에서 $Q = CV$로 표현된다. 이것에 더욱 전압을 걸어주면 좋지만 앞에서 서술했듯이 capacitor의 전압은 방전하는 전기량에 비례하여 떨어지기 때문에, 결국 저장될 수 있는 에너지의 설계는 그림 8.6과 같이 적분하면, 전체 에너지는 삼각형의 면적에 해당한다. 즉, $1/2 \times CV^2$ [J: 단위는 joule]이 된다. 이렇게 1/2이 걸리는 것이 capacitor의 에너지 추정치의 특징이다. 덧붙이자면 전지는 거의 일정한 전압으로 방전하기 때문에, 축적되어 있는 에너지는 1/2과 같은 항이 불필요하여 QV[J]가 된다(그림 8.7). 이렇게 capacitor의 에너지는 capacitance에 비례하고 전압의 제곱에 비례하는 것이 특징이다.

전지와 비교해 서술했듯이 capacitor에 있어서 1/2의 인자가 에너지적으로 불리하다는 것은 부정할 수 없다. 이것은 본질적으로 「capacitor는 축적되는 전하에 비례하여 전압이 변하는 장치이다」라는 것이며, 피하기 어려운 특징인 것이다.

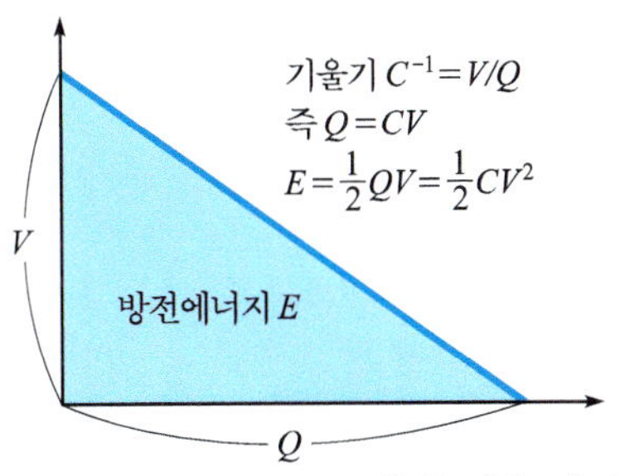

그림 8.6 Capacitor에 축적된 에너지

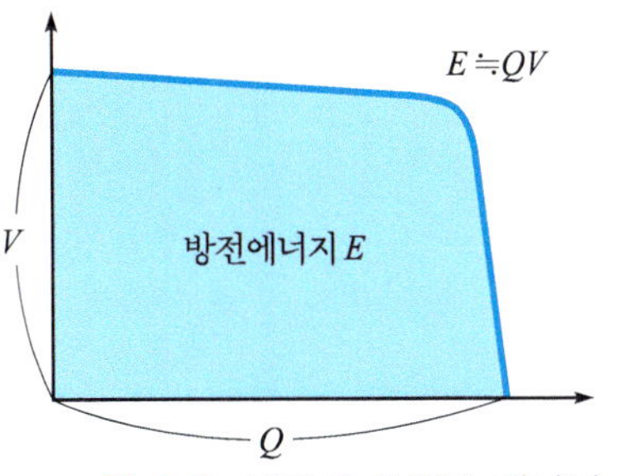

그림 8.7 전지에 축적된 에너지

8.1.6 Capacitor와 Power

Power(출력)의 단위는 watt[W]로 이것은 단위시간당 발생하는 에너지이기 때문에 단위계는 에너지(J)를 시간(s: 초)로 나눈 것으로 $[W=Js^{-1}]$이다. 또한 power는 전압과 전류의 곱으로도 표현되기 때문에 [W=VA]의 관계도 있다.

Capacitor에서 일정한 power로 출력하려고 할 경우, 방전을 함에 따라 전류를 차츰 증가시키지 않으면 안 된다. 왜냐하면 방전함에 따라 전압이 감소하기 때문에 그것만큼 전류를 증가시켜 전류×전압의 곱을 일정하게 유지시키는 것이 필요하기 때문이다. 다르게 설명하자면, 일정한 전류로 방전시키고 있는 capacitor는 경과시간에 비례하여 power가 감소해간다. 전지와의 차이도 여기에 있고, 방전 중에도 전압의 변화가 적은 전지는 일정한 전류에서 전류×전압이 거의 일정하여 출력이 크게 변하지 않는다. 이러한 차이는 회로의 설계 또는 응용방법에 크게 영향을 미친다는 것을 상상할 수 있을 것이다.

에너지와 power의 이야기가 나왔는데, 이 두 가지를 정리한 표시방법이 있다. 이것을 라곤 차트 또는 라곤 plot(Ragone Chart, Ragone Plot)이라고 부르며, 일반적으로 종축과 횡축 각각에 장치의 에너지와 power를 나타내어 양자의 관계를 나타낸 것으로 전지 또는 capacitor의 기본적인 특성을 잘 나타낼 수 있다. 이 차트에서 보이는 에너지와 power는 각각 장치의 중량당 또는 체적당 값을 사용하는 것이 보통이며, 각각을 에너지 밀도, power 밀도라고 부른다. 이렇게 함으로서 절대적인 장치 크기에 관계없이 어는 중량당 또는 체적당이라는 관점에서 특성비교를 할 수 있게 된다. 이것을 이용하면 원리가 다른 장치의 성능비교 혹은 같은 종류의 장치라도 다른 제조사의 제품 끼리를 비교하는 것도 수월하게 된다.

그림 8.8에 Ragone Plot의 예를 나타낸다. 다른 장치에서도 말할 수 있겠지만 power가 올라가면 에너지가 저하해 간다. 이것은 큰 전류에 의한 에너지의 손실이 있기 때문에 장치의 **내부저항**[용어해설5)]에 의한 손실, 열의 발생, 반응저항에 의한 전압의 손실 등이 원인이다. 즉, power는 어딘가에 실용적으로는 한계가 있다는 것도 간파할 수 있다.

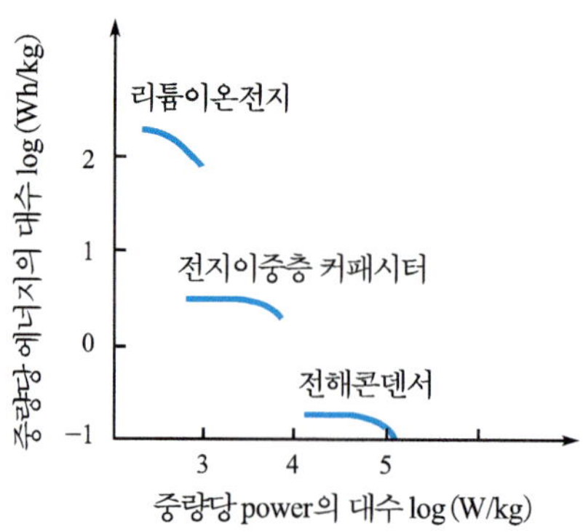

그림 8.8 Ragone Plot의 예

장치에 의한 plot의 차이를 보자면, 리튬이온전지와 capacitor를 비교했을 때 전자는 에너지 특성이 뛰어나고, 후자는 power 특성이 뛰어나다는 것을 한 번에 알 수 있다. 이렇게 각각의 특성을 이해하는 것이 중요하고 경우에 따라서는 이 차이를 해소하고 차세대의 장치를 개발하는 것도 있을 수 있다. 실제로 전지 개발자는 capacitor의 장점(뛰어난 power 특성)을 취하려고 하고, 한편 capacitor 개발자는 전지의 장점(뛰어난 에너지 특성)을 얻으려고 노력하고 있다. 우선 좋건 나쁘건 capacitor의 특성을 잘 이해하여 에너지 분야를 조망하도록 하자. 8.2절에서는 capacitor의 특징을 활용한 응용분야에 대해서 설명한다.

8.2 커패시터(Capacitor)의 응용

8.2.1 전자회로 부품

전기이중층 capacitor를 양산 수준으로 처음 실용화한 것은 일본으로 1970년대 후반의 일이었다. 기존 콘덴서에서 최고용량의 형태는 전해 콘덴서였지만, 같은 크기라도 용량이 약 천배나 큰 전기이중층 capacitor(당시는 전기이중층 콘덴서라는 명칭이 일반적이었다)는 콘덴서의 세계에 큰 영향을 주었다.

단, 전해 콘덴서가 수백 볼트(V) 이상에서 작동하는 것에 비해, 전기이중층 capacitor는 수 볼트(V)에서 작동하기 때문에 그대로 장치의 대체사용은 할 수 없었다. 전기이중층 capacitor의 특성에 맞는 저전압이고 많은 전하의 축적을 행세할 사용방법은 당시 그만큼 많지 않았다. 우선, 전자회로의 메모리 back-up용 등에 사용되었다. 최근에는 전자회로의 작동전압이 저하한 것이나 power에 대한 요구가 높아진 것에 의해, 전기이중층 capacitor의 특징이 사용목적에 꼭 들어맞게 되어 많이 사용되고 있다. 이렇게 전기이중층 capacitor는 전자회로부품으로 기존의 용도로부터 이를 위한 소형 부품으로서 수많이 생산되고 있다. 또한, 회로부품에 준하여 매우 작은 capacitor라도 축전양이 많기 때문에 태양전지 발전의 손목시계 등의 구동용 전원으로서 이용되고 있다. 즉, 초소형의 「축전지」로서의 응용 예라고 할 수 있다. 이러한 회로부품 및 그 이외의 소형 capacitor 용도를 표 8.1에 나타낸다.

표 8.1 전자회로용 · 소형의 전기이중층 capacitor의 사용 예

용도·목적	역 할
AV기기의 timer · 전자회로	Memory back-up
Mobile 기기의 전지교환	Back-up 전원
태양전지 탑재 손목시계	축전지
가스 안전판	긴급시의 구동전원

8.2.2 기존 Power 용도

Capacitor의 기존 power 용도는 반복하여 짧은 시간에 사용할 경우에 많은 특성을 보여준다. 그 실 예로서 전동칫솔의 축전부분에 사용되고 있다. 전동칫솔은 크기로서는 비교적 큰 power가 필요하지만 사람의 칫솔시간은 2, 3분 정도의 몇 분 정도이기 때문에 그 만큼 많은 에너지는 필요하지 않다. 또한 매일 수명(數人)이 수회 사용되기 때문에 일상적으로 반복 사용되는 용도이다. 따라서 짧은 시간에 큰 power를 낼 수 있고 장기 수명이라는 장점을 가진 capacitor에 딱 맞는 용도이다. 충전은 전동칫솔의 수납대를 겸하는 충전대에 놓으면 자동적으로 행해지도록 되어있고 물론 전지의 교환도 불필요하기 때문에 매우 편리한 전동칫솔을 실현하고 있다.

또한, 어린이용 완구의 응용 예인데, capacitor는 급속으로 충・방전이 가능하고 장수명이라는 특징이 있어서 코스를 달리는 장난감의 미니자동차 등에 사용되고 있다. 장난감이지만 capacitor의 사용방법을 잘 보면 전지와 capacitor 각각의 특징을 잘 알 수 있다. 충전대의 전지에서 미니자동차 내부의 capacitor에 충전을 우선적으로 행하게 된다. 충전 완료 후 코스에 미니자동차를 설치하고 손을 놓으면 capacitor가 급속하게 방전하는 것에 의해 힘좋게 달리기 시작한다. 달리는 미니자동차는 점점 전압이 저하하기 때문에 서서히 속도가 떨어지고 그러는 사이 멈춘다. Capacitor를 충전하기 위한 전지는 전기를 제공하는 역할만을 하기 때문에 충전기능은 필요하지 않고 시판되는 알칼리전지를 사용할 수 있다. 만약 미니자동차에 충전지를 장착했다고 생각해보자. 이 경우 수명은 capacitor의 경우보다 상당히 짧아질 것이라 생각된다. 그것은 '충전지는 특히 급속으로 충・방전을 행하면 수명이 한층 짧아진다.'라는 일반적인 결점이 있기 때문이다.

그 밖의 용도를 보자면 손으로 흔들어 기계적으로 발생하는 기구를 갖춘 비상용 라이터의 축전부, 광발전 기능을 갖춘 손목시계의 축전부분 등으로의 응용이 있다. 이들 응용에서는 에너지는 크지 않지만 충전의 출입이 꾸준히 발생한다거나, 불규칙적으로 일어나는 type의 충・방전이 관련되어 있다. 이렇게 충・방전 조건이 불규칙하고, 게다가 다수 반복되는 용도에는 capacitor가 매우 적합하다.

8.2.3 에너지 절약

기존 전기이중층 capacitor의 용도는 전자회로 수준을 포함해 모두 소규모의 전력을 취급하는 용도가 중심이었다. 그러나 최근 들어와서 어느 정도의 전력을 요구하는 사용방법이 제안되어 신상품의 개발에 공헌하고 있다.

이 대표적인 예로서 사무실 용도의 레이저 프린터・복사 복합기에 capacitor를 사용하는 것이 있다.

Capacitor를 탑재한 장점은 다음과 같다. 사무실 용도의 레이저 프린터 혹은 복사기는 큰 전력을 필요하고 사용할 때에 예열해 두지 않으면 곧 인쇄할 수 없는 문제가 있다. 현실에서는 항상 예열해 두어 전기료가 많이 들고 거꾸로 대기 중에 전혀 예열해 두지 않으면 인쇄할 때마다 항상 시간이 걸리게 된다. 따라서 현실에서는 프로그램에 의해 당분간 사용하지 않는 상태가 되면 자동적으로 예열을 멈추도록 설정해 둔다. 여기에서 capacitor가 등장한다. capacitor에 의해 단숨에 큰 전류를 방출하여 예열하지 않아도 사용할 수 있는 상태로 가열해버린다. 이 장점은 큰 비중을 차지하며, 전원을 끊어 둔 상태에서도 곧 인쇄할 수 있다. 이것은 단순히 「곧 사용할 수 있다」라는 장점뿐만이 아니라 대기전력을 끊어 에너지 절약에 크게 공헌한다는 의미가 있다.

이렇게 우리들의 생활사회에는 「대기전력」이나 「예열전력」과 같은 빨리 사용하도록 하는 등의 사용 환경을 좋게 하기위해, 사용 시 이외에도 사용되고 있는 전력이 매우 많다. 대기전력이 없어도 큰 power로 사용가능한 상태를 짧은 시간으로 실현하는 capacitor는 에너지 절약에 크게 공헌할 수 있다. 현재 다양한 분야에서 이러한 사용방법이 기대되고 있다.

8.2.4 자동차의 응용

자동차의 축전장치 사용방법으로 제일 먼저 떠오르는 것은 전기자동차(Electric Vehicle, EV)의 전원이다. 실제 **니켈수소전지**[용어해설6] 혹은 리튬이온전지, 경우에 따라서는 예전부터 사용되고 있는 납축전지를 이용한 방법이 연구·개발되고 있다. 실제로 주행거리 혹은 장소, 적재능력을 한정한 형태에서는 이미 전기자동차의 전원으로서 사용되고 있다. 그러나 capacitor를 이러한 전기자동차의 주행용 전원으로서 단독으로 사용하기 위해서는 현시점에서 문제가 있다. Capacitor의 power(출력) 혹은 사용수명의 측면에서는 문제점이 없지만 축전량 그 자체, 즉 축전할 수 있는 에너지 측면에서 보자면 아직 전지와 비교해 충분하지 않다.

더욱이 capacitor의 일반적인 문제점으로서 「자가방전」이라는 현상이 있다. 이것은 사용하지 않아도 시간이 경과함에 따라 서서히 전압이 저하해 가는 현상이다(그림 8.9). 2차전지에서도 이 현상이 일어난다. 고성능 전지라도 니켈-수소전지에서는 비교적 이것이 일어나기 쉽고, 시간이 경과함에 따라 전압이 저하해버린다(최근에는 이 점을 개량한 니켈-수소전지도 판매되고 있다).

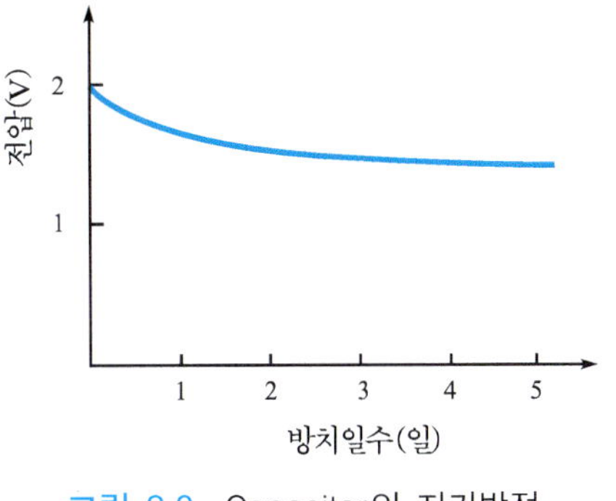

그림 8.9 Capacitor의 자가방전

리튬이온전지 혹은 납축전지에서 자기방전은 일어나기 어렵고, 몇 개월 보관해도 그다지 문제가 되지 않는다. 하지만 capacitor의 경우는 이 자가방전이 일어나기 쉽고 몇 일만에 상당히 전압이 저하한다. 원인은 단순하지 않고 여러 가지 원인이 밝혀지고 있지만, 주로 전극내부로 충전이 고루 미치지 않는 부분이 있는 경우, 시간이 경과함에 따라 그것이 균일화되어 가면 전압이 내려가는 현상이 알려지고 있다. 또한 충전된 전극과 전해액사이에 무언가의 부반응이 일어나면 전극이 전하를 잃어버려 전압이 내려간다. 이외에도 전극에 이용되고 있는 탄소의 미립자가 떨어져 나가 전해액 속으로 이동하면 2개의 전극 사이에 「누설전류」라 불리는 capacitor 내부에서의 약한 전류가 흘러 전극의 전하가 소비되어 버려 전압이 떨어지게 된다.

Capacitor는 이러한 원인으로 자가방전이 일어나기 쉽고, 이러한 원인을 한가지로 정리해서 표현하자면 「전극의 전하와 전하에 이끌려진 이온의 흡착에 의한 전하축적 mechanism이 단순하고, 2차 전지와 같이 산화·환원반응 등의 물리변화를 이용하여 전하를 축적하고 있지 않기 때문에 capacitor의 전극전하는 잃어버리기 쉽다 혹은 이동하기 쉽다」라고 할 수 있다(그림 8.10). 이러한 단순함이 고속 충·방전을 가능하게 하고, 장기수명과 연결되고 있다는 것은 전에 서술한 대로이고, 자가방전을 유발하는 것에도 연결된다.

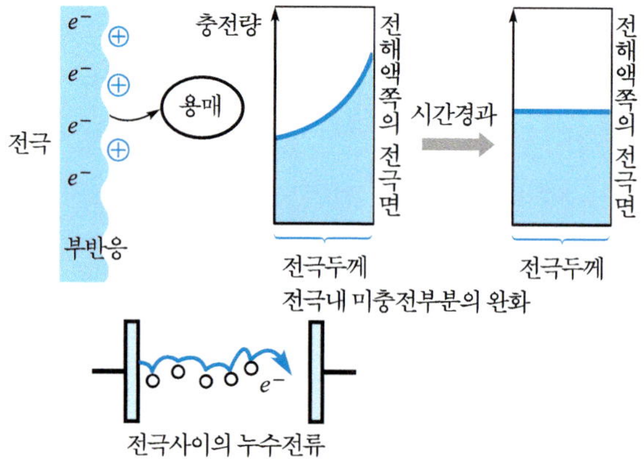

그림 8.10 자가방전의 Mechanism

현재의 capacitor로 자동차에 사용될 가능성이 우선 기대되고 있는 것은 Hybrid 자동차(HEV)의 용도이다. 이것은 엔진과 함께 2차 전지, capacitor 둘 다 탑재되어 있는 기존 자동차와 전기자동차의 Hybrid형이다. 이 HEV에도 크게 분류하여 3가지가 있는데 Series Hybrid, Parallel Hybrid, 그리고 Series · Parallel Hybrid(별칭: Split Hybrid) 방식이 있다(그림 8.11).

Series Hybrid 방식은 엔진은 2차 전지로 전기를 저장하는 전용의 발전기를 작동시키지만 직접차량을 구동하는 일은 없다. 즉, 발전용의 엔진을 탑재한 전기자동차라고도 할 수 있다. 한편, Parallel Hybrid 방식은 2차 전지와 엔진이 동시에 차량을 구동할 수 있다. 이 방식의 이점은 주행이나 에너지 효율이 좋은 쪽을 축차(逐次) 컴퓨터가 선택, 전환하여 사용할 수 있다. 시가지(도심지)에서의 주행과 같이 발진이나 정지를 반복한다거나 저속으로 주행할 경우는, 엔진에서 주행하는 것보다 전지에 의한 모터로 주행하는 것이 에너지 효율이 뛰어나다. 거기에서 발진이나 정지를 반복하는 주행에서는 주로 전지와 모터로 주행하고, 비교적 일정한 속도 혹은 특히 고속으로 주행할 경우는 엔진이 주로 작동한다. 또한 Series · Parallel Hybrid 방식은 Parallel Hybrid를 기본으로 하고 이것에 Series Hybrid와 같은 전용의 발전기를 탑재한 것이다. 그리고 Series와 Parallel을 축차(逐次) 전환한다. 경우에 따라서는 병용한다. 이것에 의해 단순한 Parallel 방식보다도 더욱 에너지 효율을 높이고 있다. 당연히 Parallel 방식보다 더욱 복잡한 전환제어가 필요하게 되지만, 오늘날의 컴퓨터 제어기술이 이것을 가능하게 한다(그림 8.12).

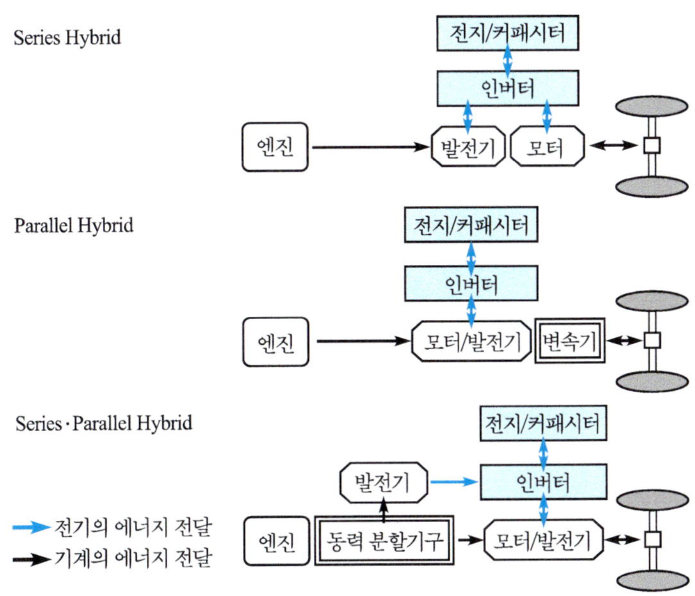

그림 8.11 Hybrid 자동차의 구조
(참고: 환경재생보존기구자료·다양한 저공해차)

이들 방식에서 전지의 충전은 무엇에 의해 행해지는가 하면, 엔진이 작동하고 있는 때에 발전기가 작동하여 충전하는 것과 「회생 브레이크」라고 하는 차를 감속하는 브레이크가 발전기가 되어 충전하는 것이 있다. 즉, 열에너지로서 버려지는 브레이크의 제동에너지를 전기에너지로 회생시키는 장치로서 이것에 의해 2차 전지를 충전하고, 에너지를 효율 좋게 이용하는 것이다(그림 8.12).

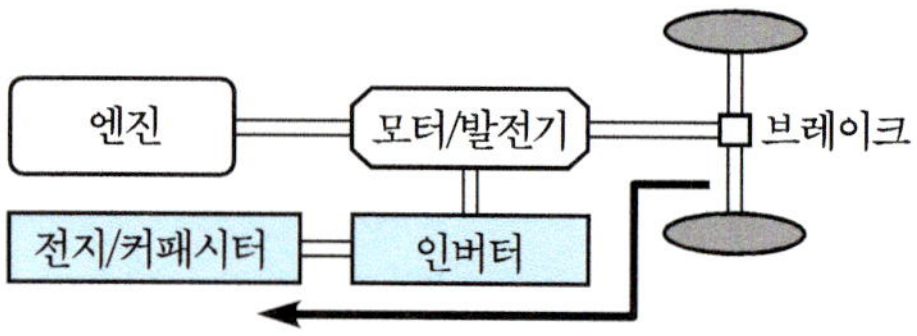

그림 8.12 회생 브레이크에 의한 에너지 회수

현재 이러한 Hybrid 차에 이용되고 있는 것은 주로 2차 전지로, 실적이 있는 것은 니켈수소전지이다. 최근에는 리튬이온전지도 사용되고 있다. 한편, capacitor의 사용실적은 아직 적지만 유명한 것은 디젤 엔진과 capacitor를 병용한 트럭이다. 이것은 아직 양산되고 있지 않은데 그 최대 이유는 비용으로서 시판하는 데는 아직 너무 고가이다. 일반적으로 얘기하자면 자동차의 구성부품은 비용절감 요구가 심하고, 대형의 축전장치의 경우는 특히 비용면에서 capacitor는 아직 2차 전지보다도 고가이다.

한편, 최근 연료전지 자동차의 개발도 매우 중점적으로 진행되고 있다. **연료전지**[용어해설7)]를 탑재한 자동차가 합리적인 가격으로 시판되는 것은 아직 멀었다고 생각되지만, 연료전지 특징은 이미 밝혀졌기 때문에 연료전지의 능력을 활용할 설계의 하나로서 capacitor의 사용이 검토되고 있다.

이상은 capacitor에서 공급하는 전기에너지를 구동하기 위해 주로 사용하는 예였지만 이미 설명했듯이 2차 전지와의 경쟁도 있고, 향후의 용도가 될 것이다.

8.2.5 가정 및 산업계에서의 응용

급속 충전이 가능하고 불규칙한 충·방전에서도 수명이 줄지 않으며 비상시에 high power를 발휘하는 capacitor는 Hybrid 자동차와 같은 회생 시스템과 매우 잘 맞을 것이다. 거기에서 자동차 이외에도 다양한 사용방식이 검토되고 있다. 예를 들어, 엘리베이터의 정지에너지를 회생하여 capacitor에 저장하고, 시동 시에 그 에너지를 capacitor에서 출력하면 전기에너지를 상당히 절약할 수 있다. 이러한 개념은 중량급인 것일수록 효과적이기 때문에 열차 등에도 사용이 검토되고 있다. 또한, 일반 자동차에서는 아니지만 최근 지게차와 같은 특히 power를 필요로 하는 작업차에 capacitor가 응용되고 있다. 실내에서도 작업할 가능성이 있는 지게차는 엔진에서의 배기가스가 실내작업 환경상 문제가 되기 때문에 기존부터 전지를 구동으로 사용하는 것이 있었다. 여기에 capacitor를 사용하는 것으로 더욱 전력효율을 높이게 된다. 여기에서는 2차 전지와 capacitor를 병용하여 회생에너지를 capacitor로 회수하고 있다. 지게차는 시가지(도심지) 주행의 일반 승용차와 비교해 발진, 급정지, 방향전환, 전진후진 교체가 뛰어나고 많은 차종이다. 따라서 에너지 회생의 기회가 매우 많고, 큰 전류에 대해서 에너지 손실이 적은 capacitor가 대활약할 수 있는 용도라 할 수 있다.

가정에서의 capacitor 사용제품은 아직 없지만, 자연에너지 혹은 연료전지 발전이 가정에 보급된다면 유지보수가 거의 필요 없는 capacitor가 활약할 곳이 넓어질 것이다. 그 시대를 맞이하기 전에 가정 내에 있어서 급속가열, 급속냉각, power assist 등 응용분야는 매우 넓다고 생각한다. 이 분야는 미개발 영역이고 이후의 개발이 기대되고 있다.

산업용도로 얘기를 돌리면 capacitor의 하나의 중요한 사용방식이 있다. 그것은 「Back-up 전원」으로서의 사용이다. 전자회로의 응용에서도 back-up 전원으로서 이용에 언급했지만, 메모리 back-up이라는 매우 작은 에너지의 세계였다. 여기에서 기술하는 것은 좀 더 규모가 큰 비상용전원(별칭은 무정전전원 : UPS=Uninterrup-tible Power Supply)으로서의 사용이다.

컴퓨터의 전력 수준은 물론, 매우 큰 전력의 예에서는 어쩌면 하나의 공장 전체의 back-up을 생각하고 있다. 구체적으로는 공장의 생산 line 전체를 지탱할 능력에 대응하고 있다. 예를 들어, 반도체 공장과 같이 고품질 제품을 연속해서 생산하고 있는 경우, 소위 순정(瞬停)[용어해설8)]이라고 불리는 1초에도 미지치 않는 순간적인 정전에서도 막대한 손실이 되는 일이 있다. 이렇기 때문에 「순정(瞬停)대책」으로서 비상용전원이 필요하게 되고, 정전을 감지하며 재빨리 전력을 공급하도록 설계되어 있다. 이것에는 종래 납축전지 등의 2차전지가 사용되었다. 전지이기 때문에 기본적으로 용량은 크고 순정(瞬停)때 뿐만 아니라 수분에서 10분정도 연속으로 비상용전원으로서 기능한다. 그러나 요구되는 기능은 시간보다도 「빠르기」이다. 순정(瞬停)에서도 다양한 길이가 있고, 매우 짧은 순간에서도 장치에 의해서는 좋지 않은 상태를 나타내는 경우가 있다. 예를 들어, 수십 밀리초(msec)라는 순간적인 정전에서도 가변속 모터, 전기개페기, CPU등이 정지, 혹은 이상이 발생하는 일이 있다. 그렇다는 것은 이러한 장치에 대해서도 정전이 일어나면 이러한 짧은 시간보다 더욱 단시간으로 무정전전원장치가 작동할 필요가 있다. 그러나 이 정도의 단시간에 갑자기 큰 전류를 제공하는 것은 이차전지 탑재(납축전지가 자주 사용된다)가 무정전전원장치에서는 어렵고, 곧 작동할 수 있도록 항시 교류전력을 컨버터를 통하여 축전지로, 축전지에서 인버터를 통해 급전하기 때문에 축전지의 수명이 몇 년 안에 끝나버린다.

여기에서 capacitor 탑재의 무정전전원이 개발되고 있다. Capacitor는 순간적으로 큰 전류를 발생할 수 있기 때문에 보통은 직류전력을 공급하고 있고, 정전시에 초고속 스위치로 전환되어 매우 짧은 시간(2~10 ms)에 정전이전과 같은 전력을 공급할 수 있는 것도 개발되고 있다. 이들은 순정(瞬停)이 허락되지 않는 곳에서는 불가결한 것으로서 환영받고 있다(그림 8.13).

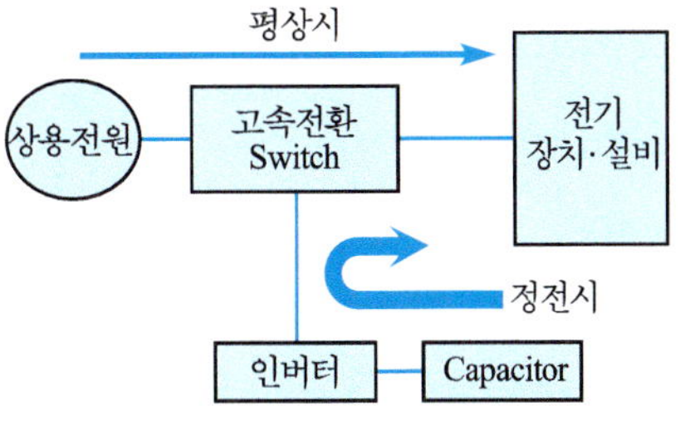

그림 8.13 Capacitor에 의한 UPS 장치

8.2.6 자연에너지와 Capacitor

최근에는 태양광 발전, 풍력발전 등의 환경에 친화적인, 자연에너지에 친화적인 발전이 주목되고 있고, 미래사회의 전력원으로서 기대되고 있다. 이들은 지상이라면 어디에서도 이용할 수 있는 편리한 에너지원이다. 그러나 자연에너지이기 때문에 변동하기 쉬운 에너지원인 것이 결점이다. 날씨에 따라 일조량, 풍속 등은 빈번하게 변한다. 이외에 사용할 경우에서도 기후와는 관계없는 사용량의 변동이 있다. 예를 들어, 취사시간에 전력의 사용량이 늘어나는 것 등이다. 이렇게 발전측도 사용측도 관련 없는 이유로 변동하기 때문에, 이 사이에 일단 전력을 축적하는 장치가 불가결하다. 통상 이 장치에는 2차전지가 사용되었고 경우에 따라서는 충분하다. 그러나 충·방전 전류가 매우 클 경우 또는 그 변동이 짧은 시간으로 매우 빈번한 경우에는 capacitor를 사용하는 것이 좋다. 또한 2차전지로 대응이 가능해도 전지의 수명을 길게 하고 싶은 경우 capacitor와 전지를 병용하면 매우 효율적이다.

8.3 커패시터(Capacitor)와 재료

8.3.1 활성탄

Capacitor란 일반적으로 전기이중층 capacitor를 말한다. 전기이중층 capacitor의 대용량을 가능하게 하는 것이 전극의 주된 재료로 사용되고 있는 활성탄이다. 활성탄은 탄소섬유나 수지 등을 고온에서 소성한 후, 더욱 고온인 상태로 수증기나 이산화탄소 또는 알칼리로 「활성화」[용어해설9)]라는 처리를 하여 매우 미세한 구멍을 생성시킨 것이다. 이와 같은 방법에 의해 제조된 capacitor용 활성탄은 1 g당 1,000 m^2에서 2,000 m^2가 조금 넘는 경이적인 크기의 면적을 가지게 된다. 면적이 크다고 하는 것은 전극과 전해액이 접촉하는 계면이 매우 넓다는 것을 의미한다. 즉, 전극의 전하와 전해질 중의 이온이 접근하여 형성되는 「전기이중층」이 큰 면적으로 형성되어 대용량이 되는 이유이다.

그러나 중량당 면적이 크면 클수록 좋은 것은 아니다. 실제로 1 g당 면적이 2,000 m^2 부근을 넘으면 체적당 capacitance는 거꾸로 감소하기 시작한다(그림 8.14). 이것은 재료 내부에 세공이 너무 증가하여 「경석(輕石)」이나 스펀지와 같이 비중이 감소해버리는 것이 원인이다.

또한, 더욱 중요한 것은 세공의 구조이다. 세공을 가는 관과 같은 구멍에 비유하면, 구멍에는 직경이 있고 이것의 크기에 의해 이중층이 효과적으로 생성되는지의 여부가 결정된다. 예를 들면, 대표적인 유기 전해액을 사용한 경우, 직경이 1나노미터(nm) 보다 작아지면 이중층이 형성되지 않게 된다. 수계 전해액의 경우에는 조금 더 작더라도 사용할 수 있지만 한계는 그다지 변하지 않는다. 이것은 흡착할 이온을 받아들일 수 있는 구멍의 크기에는 하한이 있기 때문이다. 바꾸어 말하면, 매우 작은 구멍이 아무리 많더라도 이온이 들어갈 수 없으면 capacitance는 조금도 증가하지 않는다. 증가하기는 커녕 거꾸로 중량 특히, 체적당 capacitance는 감소해버린다. 이와 같은 상황은 1 g당의 면적이 2,500 m^2 부근을 상회할 경우 확연해진다.

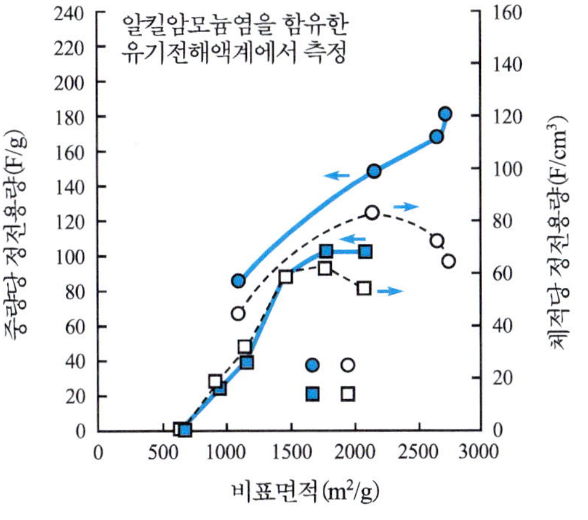

그림 8.14 활성탄의 비표면적과 중량 및 체적당 Capacitance의 관계
(www.nedo.go.jp/itd/teian/annmtg/fy14/yokopdf/san/g26-29/g26-y.pdf 참조)

또한, 반대로 너무 넓은 구멍에서는 전기이중층이 형성될 면적 이외에, 필요 이상의 전해액을 함유한 내부 공간을 구멍 안에 가지게 되어, 중량・체적당 capacitance는 양호하지 않게 된다. 따라서 이중층 형성에 가장 효과적인 크기의 세공을 선택적으로 효율 좋게 형성하는 기술이 필요하게 된다.

활성탄의 세공[용어해설10)]은 이온이 흡착하는 장소를 제공하여, 전기이중층을 형성하는 것뿐만 아니라 이온의 통로이기도 하다. 따라서 이온의 확산을 방해하는 구조는 적합하지 않고, 이온이 원활하게 출입할 수 있는 구조가 필요하다(그림 8.15). 예를 들면, 적합하지 않은 구조로는 「Bottle Neck 구조」가 있다. 활성탄 내부에 충분한 크기의 세공이 발달해 있어도 표면의 입구 부근에 좁은 곳이 한 곳 있으면, 이온이 설령 통과하더라도 충・방전 속도가 제한을 받게 되는 경우가 있다. 물리화학적인 표현을 이용하자면, 세공 구조는 「속도론적으로」 최적화되어 있어야만 한다.

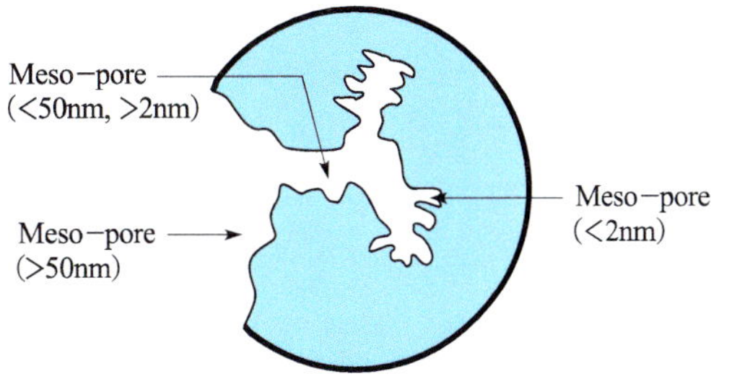

그림 8.15 활성탄의 세공 구조

또한, 전해액에 의해 활성탄이 쉽게 적셔져야 하는 물성도 필요하다. 이와 같은 표면의 물성을 실제로 「젖음성」이라고 한다. 물론 활성탄은 주로 탄소로 구성되지만, 그 표면이 완전히 탄소로 구성되어 있다면 실제로 전해액에 대한 젖음성은 좋지 않다. Capacitor용의 활성탄 표면에는 수%의 산소가 함유되어 있는데, 이것은 수산화기, 카르보닐기 등의 산소 함유 관능기가 표면에 존재하고 있기 때문으로, 극성(유전성)을 가진 전해액과 잘 융합하는 성질을 부여한다. 물론 이러한 표면 작용기는 의도적으로 남겨진 것이지만, 이 관능기가 너무 많으면 충·방전을 개시했을 때 가스가 발생하는 원인이 된다거나, 자가방전을 촉진시키는 문제 등을 유발한다.

끝으로 전자 물성의 관점에서 중요한 점은, 당연한 것이기도 하지만 활성탄은 전자전도성을 가져야만 한다. 전극재료이기 때문에 필요한 성질이다. 단, 활성탄은 양호한 전도체인 흑연과 비교하면 전도성은 떨어진다. 게다가 활성탄 입자간의 접촉부분이 저항이 되기 때문에 전도성은 더욱 저하된다. 이러한 전도성의 저하가 현저해지면 capacitor의 내부저항이 증가하기 때문에 고속 충·방전이 불가능해진다. 그래서 전도성을 가능한 한 저하시키지 않도록 하는 고안이 필요하게 된다.

8.3.2 나노탄소 재료

여기서는 최근 검토되고 있는 몇 가지의 나노 카본계의 전극에 관해서 설명한다. 나노탄소란 나노미터(nm) 수준의 구조와 크기를 가진 탄소재료로서, 구상(球狀)에 가까운 것은 풀러린(Fullerene)(특히 C_{60}은 축구공과 동일한 면구조)이라고 불리고, 원통형(튜브 형상) 구조를 가진 것은 카본나노튜브라고 불린다. 전극재료로서 검토되고 있는 것은, 주로 후자의 카본나노튜브(carbon nanotube, CNT)이다. CNT는 직경이 수nm에서 수십nm의 두께이고, 길이는 수마이크론(μ)으로부터 긴 것은 수밀리미터(mm)에 달한다. 또한, 기본적으로 흑연의 육각 그물면으로 이루어진 평면을 원통형으로 말은 구조를 하고 있고, 이것이 한 층만으로 된 것을 single wall carbon nanotube(SWCNT), 복수의 층으로 된 것을 multi wall carbon nanotube(MWCNT)라고 부른다(그림 8.16). 구조에 의해 결정되는 물성의 특징으로는, SWCNT는 반도체 특성을 가진 이성체를 함유하고 있고, MWCNT는 흑연과 같은 금속전도에 가까운 높은 전도성을 가지고 있다. 한편, 전기이중층 형성의 관점에서 생각하면 단층으로 이루어진 SWCNT가 중량당 표면적이 크기 때문에 중량당 이중층 용량이 크다고 알려져 있다.

현재로는 튜브의 안쪽에도 이온이 침입하여 전기이중층이 형성된다는 확실한 증거는 없다. 그러나 비록 튜브의 바깥쪽 면에서만 이중층이 형성된다 하더라도 이온의 흡착에 이용되기 쉬운 표면을 가지고 있고, 대부분의 경우에 높은 전자전도성을 가지기 때문에 고출력을 발휘하는 capacitor용 전극재료로써 기대되고 있다.

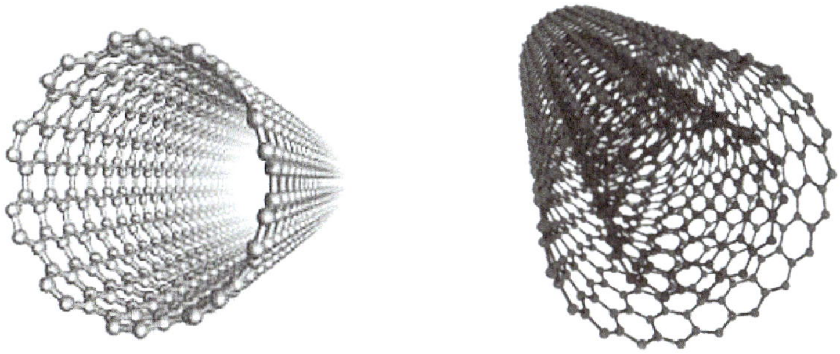

그림 8.16 SWCNT(좌)와 MWCNT(우)

그렇지만 CNT의 일반적인 문제점으로는 「Bundle 구조」로 불리는 응집체가 CNT 입자들끼리 쉽게 형성된다는 것이다. 이것은 스웨터의 보풀과 같이 서로 얽혀 뭉쳐진 것 또는 CNT 입자 측면끼리의 상호작용에 의해 밀집된 것이 관찰된다. 이러한 원인은 CNT 입자간의 상호작용이 매우 강하기 때문이며, 번들이 형성되면 전기이중층 형성에 이용가능한 표면적이 극도로 작아져 전극의 용량특성이 나빠지는 경향이 있다. 실제로 전극을 제작하는데 있어서 통상적인 활성탄 전극과 동일한 방법을 이용하면 CNT 입자가 서로 충분히 떨어지지 않아 즉, 분산이 불충분해져 많은 양의 번들구조를 포함한 전극이 되어버린다. 중량당 이중층 형성이 불충분해지는 것은 물론이고 전자전도성의 관점에서도 이러한 상태로는 우수한 전극이 아니다. 이런 사실로부터 전극 중에 나노튜브가 불균일하게 존재하게 되는 것과 CNT 측면의 접촉부분이 증가해도 전자전도성은 그다지 개선되지 않는다는 것을 알 수 있다.

8.3.3 전해질(Electrolyte)

전기이중층 capacitor에 이용되는 전해질에 요구되는 조건은, 간단하게 말해서 많은 양의 이온을 공급해주어야 하며, 또한 그렇게 공급된 이온이 고속으로 움직일 수 있어야 한다는 것이다. 많은 양의 이온을 공급한다는 것은 전해질의 성질로서, 이용할 용매에 잘 녹을 뿐만 아니라 실제로 이온으로서 해리되어 있지 않으면 안 된다. 즉, 녹아 있더라도 「이온으로 해리」되지 않고 있으면 전기적으로 중성 상태인 염으로 존재하고 있는 것이기 때문에 전해질로는 무의미하며, 따라서 해리한 이온종으로 되어 있을 필요가 있다. 또한, 낮은 농도에서 완전히 해리되는 어떤 염도 농도가 높아지면 반드시 해리도가 저하된다. 따라서 우수한 염은 해리도가 저하되는 농도가 가능한 한 고농도측에 있는 것이라고 말할 수 있다. 실제로 사용되는 염 중에서 가장 일반적인 것은 tetraalkylammounium 염이다. 이러한 염 중에서 양이온의 크기가 가장 작은 것은 tetramethylammounium 염이다. 양이온이 작다는 것은 양이온의 전하밀도가 매우 높다는 것을 의미하며, 전하밀도가 높을수록 정전기력이 강하기 때문에 음이온을 강하게 끌어당기게 되어 해리되기 어렵게 된다. 실제로 tetramethylammounium 염은 용해도와 해리도가 매우 낮아 capacitor의 전해질로는 적합하지 않다.

Tetraalkylammounium 염 중에서 가장 유명한 것은 tetraethylammounium 염이다. 이 염은 이온의 직경이 적당한 크기 때문에 전하밀도가 저하되어 음이온과의 상호작용이 작아짐으로 인해 해리도가 높다. 그 이유는 이온의 직경이 너무 크면 고농도에서 사용할 때, 이온들끼리 접근하기 쉬워져 해리도 측면에서 불리해지기 때문이다. 이와 같은 개념은 제한된 부피의 공간속에 같은 개수의 공을 넣는 경우(동일 몰농도에 대응한다), 야구공과 축구공 중에서 어느 쪽이 공 사이의 공간에 여유가 있는지를 생각해보면 이해할 수 있다. 이온이 커지면 그만큼 전하밀도가 저하되어 이온들 간의 정전기적 상호작용이 감소하는 것은 틀림없지만 이온들 간의 접촉이 문제가 되는 농도(단위체적당의 수)에서는 큰 쪽이 서로 접촉하기 쉬워지는 것을 이해할 수 있다(그림 8.17).

이온이 너무 크면 capacitor용 전해질로서 적합하지 않은 이유가 추가적으로 두 가지 있다. 그 하나는 이온이 커지면 전극의 세공 내에 들어갈 수 없게 되어 이중층 용량이 저하될 가능성이 있다는 것이다. 이중층 용량이 발휘되지 않으면 아무리 해리도가 높아도 무의미하기 때문에, 이처럼 전극의 세공 분포와 이온의 크기가 조화되느냐의 여부가 중요하다. 또 한 가지의 이유는 이온이 너무 크면 **이온의 이동도**[용어해설11)] 저하된다는 것이다. 일반적으로 이온이 이동한다고 하는 현상에 있어서 큰 이온이 저항을 받기 쉬운 경향이 있다. 이것은 사람이 붐비는 곳에서 움직이는 경우, 체격이 큰 어른과 작은 어린이 중에 누가 앞으로 나아가기 쉬운지를 생각해보면 이해할 수 있다.

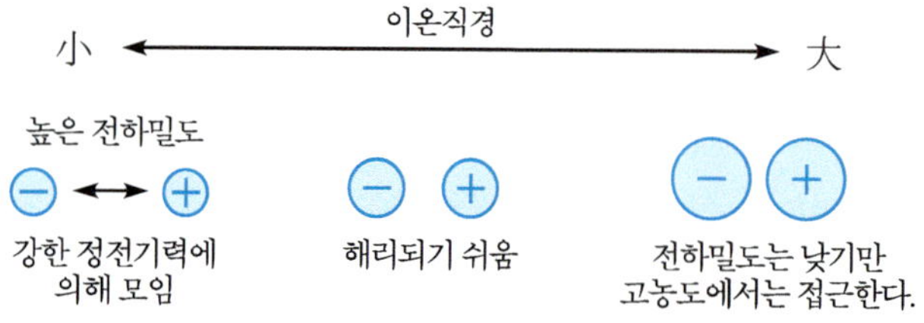

그림 8.17 이온 크기와 해리 · 회합

이동도가 저하된다는 것은 급속한 충·방전을 하려고 하여도 이온의 이동이 따라오지 못할 가능성이 있다는 것이다. 이온이 고속으로 움직이는 것이 가능한 조건을 주체로 생각하면, 앞서 설명했듯이 너무 큰 이온이 불리할 뿐만 아니라 너무 작은 이온도 불리하게 된다. 그 이유는 전하밀도가 높아지면 이온들끼리, 또한, 용매와도 상호작용이 강해져 정전기적 상호작용의 속박에 의해 이동도가 저하되기 때문이다. 이처럼 이동속도의 관점에서도 적절한 크기의 이온이 요구된다.

8.3.4 Gel 전해질

Capacitor와 2차전지 등의 축전 장치는 물론이고 어떠한 장치라 하더라도 액체 성분을 최대한 줄일 수 있다면, 액체의 누수 등이 일어나기 어렵고 내구성이 우수한 장치 제작을 기대할 수 있다. 예를 들면, 리튬이온전지에서는 아주 오래전부터 이와 같은 것이 시도되어, 액체성분을 전혀 포함하지 않은 고체 전해질로 폴리에틸렌옥사이드(polyethylene oxide)계의 고분자에 전해질 염을 혼합시킨 것이 일찍이 활발하게 검토되었다. 결과적으로 액체성분을 전혀 포함하지 않음에도 불구하고 리튬이온전지의 작동이 가능하다는 것은 찾아냈지만, 어느 정도의 고온이 아닌 실온 이하에서는 제대로 작동하지 않는 것이 알려져 있다. 이것은 액체성분을 함유하지 않은 전해질은 여러 가지로 머리를 짜내어 궁리를 하여도 결국에는 액체계의 전해질보다 이온전도도가 떨어지는 것이 원인이다. 또한, 고분자가 아닌 무기재료 중에도 액체계에 필적하는 높은 이온전도도를 나타내는 것이 발견되어 있지만, 매우 단단하며 유연성이 없는 것이 대부분으로 전극과의 조합이 좋지 않아서 리튬이온전지에는 아직 실용화되어있지 않다.

Capacitor에도 이와 같은 고체 전해질이 적용될 수 있을까? 이것은 리튬이온전지보다 훨씬 어려울 것 같다. 왜냐하면 capacitor의 생명이라 할 수 있는 급속 충·방전 성능을 발휘하기 위해서는 리튬이온전지와 비교하여 더욱 고속으로 이온이 이동할 수 있어야만 한다. 이것은 고체 전해질에 있어서 매우 힘든 조건이다. 또한, 앞서 언급한 무기의 고체 전해질은 한 종류의 이온만이 이동할 수 있는(예들 들면, 리튬이온만이 이동하는) 것이 다수이며 설령 이온전도도가 높더라도 양이온과 음이온 모두가 이동해야만 하는 capacitor에는 그대로 사용할 수 없다.

그래서 capacitor에 고체계에 가까운 재료를 이용할 경우, 완전한 고체가 아니라 액체성분을 가소제로서 함유시켜 겔화시킨 『겔 전해질』을 이용한다. 일반적으로 겔 전해질은 전체 형상을 유지시키기 위해 사용하는 고분자, 액체 전해액과 동일하게 전해질 염, 아울러 가소제로서의 용매로 구성된다(그림 8.18). 이것들 모두는 겔 전해질을 위해 특별히 새롭게 설계하지 않더라도, 고분자는 고체 전해질의 개발로 발견된 것을, 전해질 염과 가소제는 액체 전해질에서 사용되고 있는 전해질 염과 용매를 거의 그대로 적용할 수 있다.

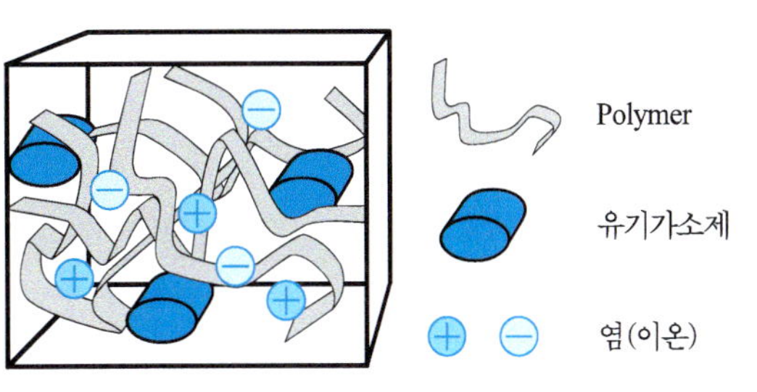

그림 8.18 Capacitor용 겔 전해질

이 겔 전해질의 특징은 액체 전해질에 필적하는 높은 이온전도도를 발휘하면서 액체성분이 안정화되어있기 때문에 용매의 휘발과 누출을 상당부분 억제할 수 있다는 것이다. 또한, 구성을 적절히 선택하면 기계적 강도도 높일 수 있어 경질의 고무와 같은 강도를 가지게 하는 것이 가능하다. 이와 같이 어느 정도의 강도를 가진 겔 전해질을 적용하면 전극과 전극을 갈라놓는 격막[용어해설12)]으로서의 역할도 겸할 수가 있어 격막을 사용하지 않아도 된다.

겔 전해질을 사용하는 장점은 앞에서 설명한 액체성분의 안정화 이외에도, 전해질 부분을 얇게 할 수가 있어서(수마이크론도 가능) 다수의 얇은 셀을 직결로 쌓아올리는 것에 의해, 작으면서도 간결한 형태의 고전압 capacitor를 구현 가능하다.

8.3.5 이온성 액체 전해질

최근 실용적인 전해액으로서 갑작스럽게 각광을 받고 있는 것이 「이온성 액체」이다. 이것은 음이온과 양이온으로 구성된 염으로, 용매를 함유하고 있지 않음에도 액체의 성질을 가지고 있는 약간 별난 「염」이다. 이온성 액체는 유기물로 이루어진 것과 무기물로 이루어진 것이 있다. 본래 실온에서는 고체인 보통의 염이라 하더라도, 실제로 200℃나 300℃ 이상의 고온 환경에서는 융점에 도달하여 액체가 되는 것이 많다(먼저 분해온도에 도달하여 분해되어 버리는 것도 있다). 그러나 염 중에는 이 액화하는 온도가 극단적으로 낮은 것이 있고, 실온 또는 매우 저온에서도 액체 상태를 유지하는 것이 있다. 이러한 염들은 특히 「상온 이온성 액체」라고 불리는 것이 있다. 또한, 무기화합물 중 이와 같은 종류의 염을 「용융염」, 그리고 실온 부근에서 액체인 것을 「상온 용융염」이라고 부르기도 한다.

현재 리튬이온전지와 capacitor에서 특히 주목받고 있는 것은 유기화합물의 염인 상온 이온성 액체이다(그림 8.19). 여기에는 여러 형태가 있는데 대표적인 예를 들면 양이온이 이미다졸계(유명한 것은 ethylmethylimidazole 양이온 : EMI), 또는 특별한 구조의 암모늄염이 널리 알려져 있다. 암모늄염은 앞서 설명한 tetraalkyl- ammonium 보다도 더욱 복잡한 구조이며 오원환 또는 육원환의 지방족 환형 구조를 가진 것이 검토되어 있다. 이미다졸계의 양이온을 이용한 것은 점도가 낮아지는 경향이 있어 고속 이온이동에 유리하다. 단, 약간 환원에 약한 (환원되어 분해되기 쉬운) 성질을 가지고 있다. 한편, 음이온은 다음의 두 가지가 특히 유명한데, 그것은 통상적인 염에서도 등장했던 tetrafluoroboric 이온(BF_4^-)과 bis(trifluoro- methanesulfon)amide ($(CF_3SO_2)_2N^-$)로 후자는 종종 TFSI라는 약어로 표기한다. 전자는 높은 전도도를 나타내지만 흡습성이 있어 취급하기 어려운 단점이 있는 반면, 후자는 수분을 흡수하기 어려워 건조가 용이한 것이 장점이다.

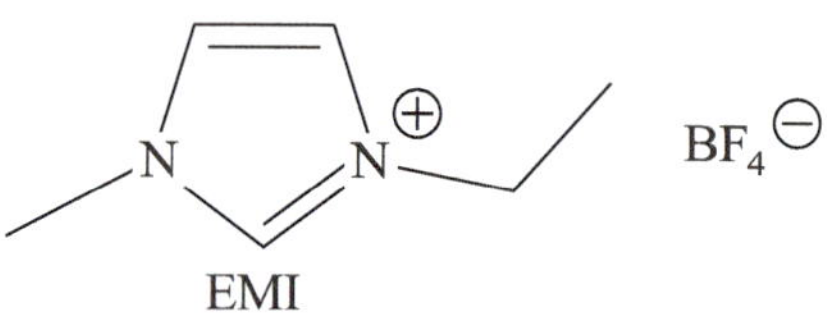

그림 8.19 대표적인 이미다졸계 이온성 액체

이러한 상온 이온성 액체는 한마디로 말하면 결정화되기 매우 어려운 구조를 가지고 있다. 바꾸어 말해서 대다수의 염은 용매가 존재하지 않은 경우에 결정화되어 에너지 측면에서 안정화되지만(결정화 엔탈피 또는 격자에너지에 상당하는 열을 방출한다), 이온성 액체는 이러한 안정화 에너지가 극단적으로 작기 때문에 상온에서도 여전히 액체 상태인 것이다. 이와 같은 이유로 용매를 함유한 통상적인 전해액과 마찬가지로 이온성 액체를 리튬이온전지와 capacitor에 사용하는 시도가 최근 이루어지고 있다.

8.4 커패시터(Capacitor)와 새로운 시도

8.4.1 Redox capacitor(1) - 무기재료

지금까지 설명한 capacitor는 전기이중층 capacitor로, capacitance(정전용량)는 전부 전기이중층에서 유래되는 것이다. 전극재료로는 주로 활성탄이 사용되지만 이 경우 중량당 capacitance는 유기전해액에서는 약 200 F/g 이하이고, 수용액 전해액에서도 300 F/g 이하이며 이 이상을 넘기는 곤란하다. 이것은 탄소전극의 표면에 형성되는 전기이중층 용량에는 한계가 있기 때문이다. 또 중량당 용량을 확대시키는 것만 주력하여, 흡착이온에 맞는 세공을 더 증가시켜도 재료체적당의 용량이 감소하는 문제에 직면하게 된다. 이것은 스펀지나 경석(輕石)과 같은 재료처럼 capacitance는 비교적 『부피가 큰』 전극이 되기 때문에 실용적인 부분에 문제가 있다.

이러한 상황에서 종래의 새로운 축전 메커니즘을 도입한 capacitor의 개발이 검토되고 있다. 이것은 산화환원반응(Redox 반응)을 도입한 capacitor이다. 이것을 "Redox capacitor", 혹은 "의사(擬似) 커패시터", 영어로는 "Pseudo-capacitor"로 불린다.

Redox 반응은 기존 전지의 전극반응에 이용되고 있고, Redox형의 축전장치라고 말하는 것은 전지 그 자체를 가리키는 것이었다. 전지에 있어서 Redox 반응은 정극(양극)에서도 부극(음극)에서도 어느 특정한 전위에서 일어나기 때문에 양전극의 전위차에 해당하는 전지전체의 전압은 작동 중에는 일정하다. 이것이 전지의 중요한 특징 중 하나이다. 한편 Redox capacitor는 Redox를 이용하면서도 충·방전 중 전위가 일정하지 않고 전기이중층 capacitor와 같이 연속적으로 변화하는 것이다. 이러한 특별한 성질을 보이는 전극재료는 무기계, 유기계 등 다양한 종류가 알려져 있다.

Redox capacitor 전극에 적용하는 무기화합물로서는 루테늄산화물(RuO) 등을 들 수 있다. 이것은 수용액에서 500 F/g 이상, 경우에 따라 1,000 F/g을 넘는 용량이 발견되는 매우 흥미로운 것이었다. 실제로 초소형 capacitor로서 상품화가 시도되고 있고 대형화하는 것은 앞으로의 개발에 달려있다. 이러한 화합물은 산화·환원반응이 일어나는 에너지가 분산되어 있어 전지와 같은 단일 전위에서 반응이 일어나지 않는다. 자세한 것은 아직 불분명한 점이 많지만 산화·환원에 수반하는 이동 이온종인 수소이온이나 수산화물이온의 확산 에너지에 분산이 있다는 것도 지적되고 있다.

Redox capacitor의 과제가 되는 점을 들자면 충·방전 반복 사이클 안정성을 더욱 높일 필요가 있고 효율의 향상을 진전시켜야만 하는 것이다. 효율의 향상을 위해서는 이러한 산화물의 표면적을 늘리거나 혹은 내부에 다공성이나 층상 구조를 도입하는 것이 시도되었다. 이러한 대책은 전극재료를 3차원적으로 이용하기 때문에 유효하다. 당연히 활성탄의 경우와 동일하게 표면적 증대를 진행하면 체적당 용량이 저하하는 즉『부피가 큰』전극이 될 염려가 있다. 그러므로 결국 전극의 효율과 재료의 밀도는 상반되는 factor라는 것을 인식하고 최적의 재료를 설계할 필요가 있다. 또한 이러한 재료는 원래 빠른 부수의 산화·환원반응을 이용하고 있지만, 고속 충·방전을 위해서는 앞에서 말했던 것처럼 3차원적인 이용이 가능한 구조로 하여 전류가 걸리는 재료의 부담을 낮출 필요가 있다. 다만 이것을 너무 진행하면 밀도가 저하해버리는 것은 앞에서도 설명한 대로이다.

한편, 이러한 이온 이동의 개선과 함께 검토할 가치가 있는 것은 재료의 전자전도성의 개선이다. 이를 위해서 전자전도성이 좋은 탄소재료, 즉 흑연계의 입자나 탄소나노튜브 등과의 복합화가 검토되고 있다.

루테늄의 산화물은 매우 높은 용량을 나타내지만 루테늄이 고가이고 자원적으로 풍부하지 못한 아쉬움이 있다. 그러므로 자동차 구동용 전원 등의 대형 capacitor에는 그 외의 저가이면서도 자원적으로 풍부한 금속산화물의 사용도 검토되고 있다. 대표적인 Redox capacitor 재료는 망간산화물이다. 일반적으로 Redox capacitor 전극용의 금속산화물에는 1) 충·방전 속도에 의해 충·방전 전기량 vs. 전압변화의 형태가 변화한다, 2) 전극의 내구성이나 셀 용기의 내구성이 필요하다, 3) 고온에서 내구성의 개선이 요구된다, 4) 작동되는 전위의 적절한 제어가 필요하다 등의 과제가 있지만 중량당 고용량 성능은 매력적이다. 코인형 등의 소형 type으로 우선 시장의 반응을 지켜보아야 하는 것이다.

8.4.2 Redox capacitor(2) – 고분자 재료

Capacitor에 산화·환원반응의 용량을 도입할 수 있는 재료로서 유기재료에도 관심이 모여지고 있다. 특히 고분자재료는 리튬 2차전지의 전극, 특히 양극재료로서도 오래전부터 검토되었다. 특정 종류의 방향족 화합물, 복수환 화합물은 산화중합하는 것으로 고분자가 되지만 이렇게 합성한 고분자는 전기전도성을 나타내고 한편 산화·환원반응을 가역적으로 반복수행할 수 있는 것이 있다. 이러한 고분자로는 polyaniline, polypyrrole, polythiopene 등이 있다. 이들을 합성할 원료는 각각『폴리』를 떼어낸 명칭에 대응하는 모노머이다(예:

polyaniline의 원료는 aniline).

산화중합의 방법으로는 산화제에 의한 화학중합과 전기화학적 중합이 있다. 이러한 종류의 고분자 특징은 중합방법을 제어하는 것으로 전지의 정극용(전하량에 대한 전위변화가 작다), capacitor용(전위변화가 크다)을 별도로 만들 수 있다. 또 한, 이러한 고분자는 산화·환원에 수반하여 전기적으로 중성상태(환원상태)와 정전하의 발생(산화상태)이 있다. 여기서 산화상태에서는 정전하가 발생하므로 그 전하를 정전기적으로 보상하기 위해 anion이 고분자에 들어가게 된다(그림 8.20). 이 이온이 들어가는 것을 dope라고 하고 anion이므로 『anion dope』 혹은 『p형 dope』라고 한다. 결국 anion이 전극 내에 출입하는 현상은 전기 이중층 capacitor의 정극과 유사하다.

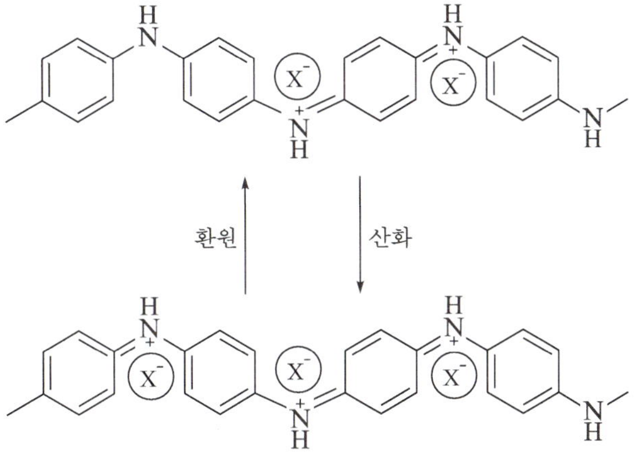

그림 8.20 고분자의 음이온 dope (p형 dope)

이러한 재료를 양쪽의 전극에 사용하면 Redox capacitor가 완성된다. 이것을 고분자재료를 이용한 Redox capacitor의 『I 형』으로 부른다(그림 8.21). 이 타입은 같은 재료를 양쪽의 전극에 사용하기 때문에 작동전위가 가깝고, 전위차를 얻을 수 없기 때문에 그다지 높은 전압이 발생되지 않는다. 여기서 다른 종류의 고분자를 이용하여 산화·환원전위가 높은 재료를 정극(양극), 낮은 재료를 부극(음극)으로 이용하며 전위차를 크게 하여 기전력을 높이는 방법이 고려되고 있다. 이것을 『II형』으로 부른다. 이것을 위해서는 다른 환상구조의 모노머를 이용하던가 같은 기본구조여도 치환기가 다른 것을 이용하는 것으로 가능하게 된다. 즉 전자 흡인성, 전자공여성의 치환기의 존재는 각각 산화환원 전위를 플러스(+)쪽, 마이너스(−)쪽으로 이동시킨다. 이 효과에 의해 정극과 부극 각각 적당한 재료의 설계가 행해진다. 여기서 더욱이 anion이 아닌 cation이 이동할 수 있도록 한 고분자를 등장시켰다. 이것은 원래 cation이 들어가 있는 고분자를 이용하던가 혹은 통상의 정전하 발생형의 고분자에 anion성의 고분자를 혼합하는 것으로 가능하게 된다. 결국 환원상태에서는 정전하가 부족하므로 전하보상을 위해 cation이 dope하도록 되어있다. 이 현상을 『cation dope』 혹은 『n형 dope』라 부른다. 이 고분자 재료를 부극쪽에 사용하고 정극쪽에 통상의 anion dope형(p형 dope) 고분자 재료를 이용하면, 마치 통상의 전기이중층 capacitor처럼 충전시에 cation과 anion이 각각 부극과 정극에 dope되어, 방전시에 각각의 이온이 탈 dope된다. 이러한 Redox capacitor를 『Ⅲ형』이라 부른다.

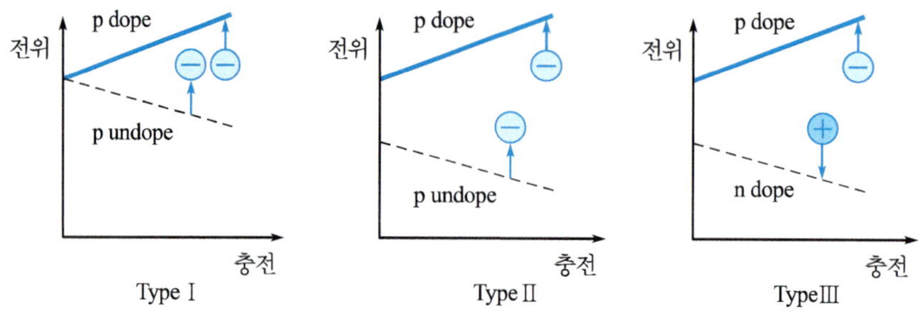

그림 8.21 Redox Capacitor의 3가지 Type

여기에서 언급한 세 가지 Redox capacitor는 작동전위나 반응기구가 다르지만 전도성 고분자를 이용한 capacitor는 그 분자구조나 구성, 작동전위에 의해 반응기구가 설명한 것처럼 크게 변화한다. 이것은 설계의 자유도를 높이는 것이 되어 바람직한 측면도 있지만, 재료가 충·방전을 반복하는 것으로 인해 열화되면 반응기구 그 자체가 변화하거나, 혹은 축전향에 대한 전압의 값 등의 충·방전 거동에 변화가 나타난다. 이들 고분자 재료를 포함한 유기물의 Redox 반응에서는 부반응을 어떻게 제어하는가가 문제이다. 1회 충·방전 cycle에서는 약 0.1%만 부반응이 일어나도 1000회의 cycle에 대해 치명적이다. 이 cycle 가역성도 치환기로 상당한 제어가 가능한 것으로 알려져 있다. 용량도 재료에 따라 다양하지만 미래형 capacitor에 채용되기 위해서는 높은 전류밀도에서 충·방전이 가능하고, 고속 충·방전 특성이 발휘될 수 있어야 하며 cycle 안정성(가역성)이 더욱 향상될 필요가 있다.

8.4.3 Hybrid capacitor

Hybrid capacitor는 capacitor와 전지반응을 절충시킨 장치이다. 단, 단일의 전극반응으로 capacitor적인 반응과 전지적인 반응이 합쳐져 일어나는 것이 아니라, 일대일의 전극 반응기구끼리가 별도로, 예를 들어 부극이 전지반응, 정극이 전기이중층형 반응을 나타내는 장치를 특히 Hybrid capacitor라고 부른다. Hybrid capacitor는 두개의 전극 각각이 별도의 역사를 배경으로 하고 있기 때문에, 이 각각의 전극이 하나의 셀에서 만나는 장치라고 할 수 있다.

실제 잘 알려진 예로 흑연계의 부극과 활성탄계의 정극을 이용하고 리튬염을 전해질로 이용한 것이다. 이것은 부극에서는 리튬이온의 intercalation이 일어나므로 충·방전 중에는 리튬의 산화·환원 전위 부근에서 일정하게 된다(그림 8.22). 이에 대해서 정극은 통상의 활성탄전극 그대로의 전위변화가 일어난다. 실제반응은 좀 더 복잡하지만 기본적으로 충전시에는 리튬이온이 부극, anion이 활성탄전극으로 향하고 방전시에는 이 역반응이 일어난다.

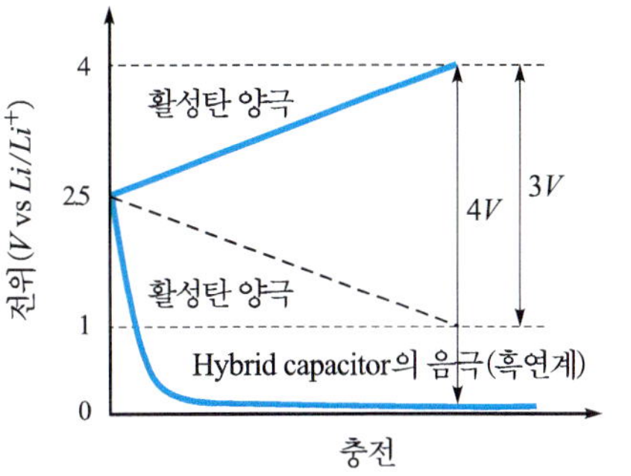

그림 8.22 Hybrid capacitor의 전압변화

여기서 두 전극이 전위 변화하는 통상의 전기이중층 capacitor와 비교하면 다음과 같은 것을 알 수 있다. 우선 같은 전기용량을 축적하는 경우라도 부극의 전위가 변화하지 않는 Hybrid capacitor에서는 capacitance가 배로 증가하는 것을 알 수 있다. 이것은 capacitance가 전압당 축적전하로 정의되기 때문에 두 전극이 전위 변화하는 전기이중층 capacitor와 비교해 절반밖에 cell 전압이 증가하지 않는 Hybrid capacitor는 원리적으로 2배가 되기 때문이다. 또한 Hybrid capacitor에서는 부극은 리튬 2차전지의 환원전위에 가깝게 반응이 일어나고 정극은 리튬을 기준으로 2.5 V 보다 높은 전위에서 작동한다. 충전시에 정극의 전위는 점점 상승하고 리튬이온전지와 같이 4 V 세기로 전해액의 현실의 분해전위에 달하여 이것이 전압의 한계가 된다(자세하게 얘기하자면 리튬이온전지의 정극보다 표면적이 큰 활성탄 전극에서는 전해액의 산화분해전위가 약간 낮아지게 된다).

결국 부극과의 전위차는 부극이 0 V 그대로이므로 Hybrid capacitor의 최대전압은 4 V 그 이상 정도가 된다. 이것은 리튬이온전지의 전압과 같은 레벨이지만 전기이중층 capacitor의 전압에 비교하면 매우 높은 전압이다.

순수한 전기이중층 커패시터에서 부극의 작동전위는 전지의 흑연전극에 비교해 상당히 높은 곳에 있다. 결국 낮게 어림잡아도 활성탄의 초기전위는 리튬 기준으로 2.5 V는 되므로 충전이 시작되고 여기부터 부극전위가 1.5 V 떨어져 1 V가 되면, 정극은 반대로 1.5 V 늘어나 4 V에 달한다. 이때 두 전극 전위차는 3 V이다. 현재의 전기이중층 capacitor에서는 고표면적 전극이 갖는 고활성 때문에 전해액이 약간 분해되기 쉽고 3 V도 꽤 곤란하다. 이 충전 후의 상태에는 부극은 1 V 정도이므로 아직도 환원측에서 즉, 마이너스 전위측에 여유를 남겨놓는다.

이처럼 정극재료(활성탄)를 사용하여도 전기이중층 capacitor와 비교해 Hybrid capacitor에서는 1 V 정도 고전압화 할 수 있다. 이 1 V 정도의 고전압화와 capacitance의 두 배 증대가 이런 Hybrid capacitor의 최대 장점이다.

한편 주의해야 할 점은 통상의 리튬이온전지의 정극이 『리튬이온원』으로서 기능하는 것에 대해 Hybrid capacitor에서는 이러한 리튬원이 정극에는 없다. 이것은 정극이 활성탄이기 때문에, 원래 리튬이온을 조성으로서 함유하지 않으므로 당연하다. 이러한 사정으로 cell을 구성할 때 리튬이온의 도입이 필요하게 된다. 이것을 위해서 이루어지는 것이 『리튬 dope』라는 방법이다. 예를 들어 금속 리튬을 흑연계 부극에 붙여 리튬을 강제적으로 집어넣는다. 혹은 정극을 전기적으로 분리해 두고, 부극 전위를 (−)로 해서 전기화학적으로 리튬이온을 집어넣는다(이때에 이용할 상대전극이 따로 필요하게 된다). 또한 부극이 리튬이온 삽입 전극이므로 고속으로 충전하는 것으로 금속 리튬이 석출해 버리는 등, 속도 특성에 주의할 필요가 있다. 이 부근에서 부극과 정극의 양적인 균형을 최적화하여 다양한 성능이 기대했던 것처럼 되도록 철저하게 설계해야 할 필요가 있다.

8.4.4 차세대 Capacitor

지금까지 고성능 capacitor의 기본이 되는 전기이중층 capacitor에 대해 설명했고 더불어 Super capacitor나 Hybrid capacitor 등 전기이중층으로부터 파생한 새로운 제안에 대해서도 소개했다. 『차세대 Capacitor』는 정말로 현재의 고성능형과 새로운 제안의 연장선상에 있는 것이고, 이제까지 다 적지 못한 다양한 문제점까지 포함하여 해결할 수 있게 등장할 것이다. 예를 들어 1) 용매 등의 가연성 성분을 포함하지 않은 것에도 불구하고 저온 작동특성이 뛰어나다, 2) 우주 등의 고진공하에서도 혹은 100℃ 이상의 온도 변화가 일상적으로 일어나는 환경에서도 장기 신뢰성이 있는 것, 3) 실제로 과충전을 행해도 cell이 손상되지 않고 그대로 정상적으로 사용할 수 있다, 4) 자가방전이 일어나지 않으며 장기 충전 보존이 되는 전기이중층 capacitor 등, 곧 실현이 어려워도 도전할 가치가 있는 특성이 여러 가지 떠오르고 있다.

8.5 용어해설

(1) 유전체

전압을 가했을 때에 유전분극이 일어나는 물체. 유전분극은 전장의 작용에 의해 분자의 원자핵과 전자운의 위치가 벗어나는 것이 원인이다. 한편, 배향분극은 분자의 극성에 유래하는 쌍극자가 전장방향으로 배향함으로 인해 생긴다. 재료에 따라 분극이 일어나기 쉬운지 어려운지의 정도를 나타내고 있는 것이 유전율이다. 또한, 진공에서의 유전율에 대한 비로 나타낸 것이 비유전율이다.

(2) 활성화 에너지

화학반응과 물리현상의 속도를 결정하는 에너지 장벽을 말한다. 활성화 에너지가 작으면 반응속도는 증가하지만 속도상수와 활성화 에너지와의 관계는 아레니우스의 식으로 나타낼 수 있다. 이 식에 따르면 일반적으로 속도상수는 활성화 에너지의 지수함수이다.

(3) 축전지, 충전지, 이차전지

충전이 가능하지 않아 한번 쓰고 버리는 전지를 일차전지라고 하고, 재충전이 가능하여 반복하여 충방전을 할 수 있는 전지를 이차전지, 축전지 또는 충전지라고 부른다. 납축전지가 널리 보급되어 있지만 고성능 이차전지로서는 니켈－수소전지, 리튬이온전지가 유명하다.

(4) 리튬이온전지

가장 고성능인 이차전지로서 알려져 있고, 4 V 이상의 고전압을 발휘하며 고에너지인 것, 경량인 것, 자기방전이 작아 장기보존이 가능한 것 등이 특징이다. 1990년대 초반에 일본에서 실용화되었으며, 당초에는 출력이 조금 낮았지만 최근에는 고출력의 전지가 개발되어 있다. 주로 음극에 흑연, 양극에 코발트, 니켈, 망간 등의 산화물을 사용하며, 비수계의 전해질을 사용하고 있다. 유기 전해액은 본래의 성질상 연소하기 쉽기 때문에, 이것을 방지하기 위한 대책이 세워져 있고 현재에도 개량이 계속되고 있다. 60℃ 이상의 고온에서 작동시키면 수명이 짧아지는 것의 개량과 보다 높은 전압에서의 작동을 목표로 하는 등 자동차에의 적용을 염두에 두어 정력적으로 고성능화가 진행되고 있다.

(5) 내부저항

전지와 커패시터의 내부구조와 조성에 유래하는 각 저항성분을 직렬로 더한 전체 저항을 의미하지만, 작동 중에는 거기에 반응저항이 더해진 총 저항을 가리키는 경우도 있다. 내부구조와 조성에 유래하는 저항은, 리드 부분과 집전 부분 및 전극 내부의 전자전도 저항과 전해액의 이온전도 저항이 포함된다. 반응저항은 반응의 활성화 에너지에 의해 결정되지만, 전지와 비교하여 반응의 활성화 에너지가 낮은 커패시터는 반응속도가 작은 것이 특징이다.

(6) 니켈수소전지

알칼리 전해액을 이용한 이차전지인 니켈－카드뮴전지에 수소저장합금인 음극을 적용하여 카드뮴을 사용하지 않은 고성능 이차전지로 전압은 건전지 정도이지만, 고출력이며 과충전에도 강한 특징이 있다. 내구성도 우수하며 시판되는 하이브리드 자동차의 주행용 전원으로서 충분한 실적이 있다. 자기방전이 빠르다는 단점이 있지만 최근 이것을 극복한 전지도 시판되고 있다.

(7) 연료전지

수소와 산소를 반응시켜 전기에너지를 발생시키는 동시에 물이 생성되는 장치로, 물을 전기분해하는 반응의 역반응을 기본으로 하는 발전장치. 전지라고 부르지만 태양전지와 마찬가지로 그 자체에 축전능력은 없다. 취급이 어려우며 위험한 수소 대신에 알코올류와 다른 종류의 전자 공급원을 이용하는 것도 검토되고 있다. 전해질의 종류에 따라 작동온도가 전혀 다르고, 자동차에의 사용이 가장 기대되고 있는 것은 고분자 전해질을 사용한 고체고분자형 연료전지(Polymer Electrolyte Fuel Cell, PEFC)이며, 100℃ 이하에서 사용된다. 시판용 자동차에 대규모로 사용되는 것은 가격이 비싸고 자원의 제약이 있어서 먼 미래가 될 것이라는 견해도 있다.

(8) 순정(瞬停)

순간정전의 약어로 주로 1초 미만의 단시간 정전을 가리킨다. 기기에 영향을 미친다면 1초 미만의 전압강하도 순정에 포함시키는 경우가 많다. 전력 공급라인의 가까이에 대출력을 소비하는 시설이나 장치가 있는 경우, 낙뢰 등에 의해 일어나는 경우가 일반적이다.

(9) 활성화

활성탄을 생성시키는 중요한 프로세스는 탄화와 활성화이다. 탄화의 과정 및 그 후에 가스와 약품을 고온(300~900℃ 또는 그 이상)에서 흘려보내, 탄화된 재료에 나노 크기, 마이크로 크기의 구멍을 만드는 것을 활성화라 한다. 활성화에는 수증기, 이산화탄소, 강알칼리 용액 등이 종종 사용된다. 활성화에 사용하는 가스, 활성화 온도, 시간 등을 제어하는 것에 의해 설계한대로의 세공을 가지는 활성탄을 제조하는 것이 가능하다.

(10) 활성탄의 세공

활성화에 의해 생성된 활성탄의 세공은 매크로 구멍(50 nm 이상), 메소 구멍(50 nm 이하 2 nm 이상), 마이크로 구멍(2 nm 이하)으로 분류된다. 마이크로 구멍은 슈퍼마이크로 구멍(0.7 nm 이상), 울트라마이크로 구멍(0.7 nm 이하)으로 분류되기도 한다. 이중층 용량에 영향을 끼치는 것은 메소 구멍의 하한 부근에서 슈퍼마이크로 구멍까지이고 이것보다 좁은 세공에는 이온이 침투할 수 없다.

(11) 이온의 이동도

단위전장강도당의 이온속도를 말한다. 속도와 관계가 있기 때문에 전류에 영향을 주는 전해액의 중요한 파라미터이다.

(12) 격막

전지, 커패시터 등의 내부에서 양극과 음극이 직접 접촉하지 않도록 하기 위해 갈라놓는 역할을 하고 있다. 그와 동시에 전해액을 함유하여 전극간 이온이동의 통로이기도 하다. 따라서 전극에 대해 안정해야 하기 때문에, 내산화성, 내환원성, 전해액보유성, 낮은 이온저항성을 가질 필요가 있다. 재료로서는 폴리에틸렌, 폴리프로필렌, 셀룰로오스, 유리섬유 등이 이용되지만 친수화 표면처리를 한 그 밖의 재료도 사용하는 것이 가능하다.

CHAPTER 09 수소에너지

수소에너지는 석유에너지의 한계성과 경제적 친환경에너지의 창조라는 측면에서 환경개선 화학기술(BT)로 그 연구와 실용화 기술이 부각되고 있으며, 수소는 물의 전기분해, 접촉 연소이용구조로부터 우주산업에 이르기까지 수소에너지 시스템으로 환경문제와 대체에너지 영역으로 폭넓게 응용되고 있다.

수소는 분산전원용 연료전지에 공급하여 전기를 생산하면, 첨두부하(Peak Load)비용을 줄일 수 있고, 저장매체(Storage Medium)로서 재생에너지의 사용을 촉진시킬 수 있다.

수소는 사용 시 대기오염을 일으키지 않으며, 수소 제조시 이산화탄소의 배출을 최소화하거나 회수할 수 있다. 수소와 같은 국내 조달 가능에너지의 사용은 에너지 안보(Energy Security)에도 직결된다.

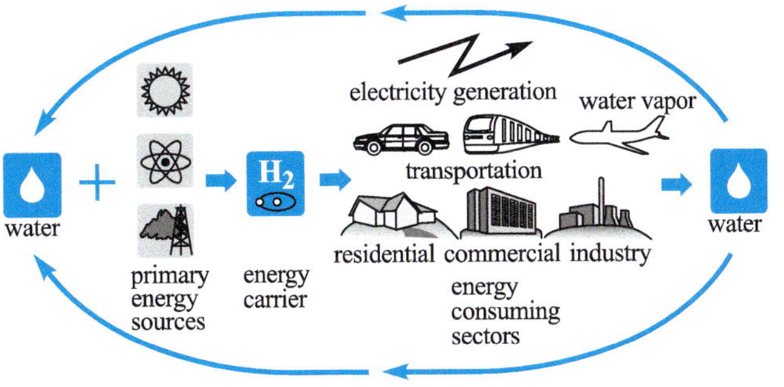

그림 9.1 수소의 생산 및 응용분야

9.1 수소에너지의 특징

수소는 화학제품의 원료 및 화학공장의 공정가스로 널리 사용되고 있으며, 현재 인류가 당면하고 있는 환경문제 및 화석연료의 가격상승이나 고갈을 예상할 때 궁극적인 미래의 대체 에너지원 또는 에너지 매체(Energy carrier)로 생각되고 있다. 이는 현재의 에너지시스템에 이용되는 화석연료가 사용 후 NO_x, SO_x, 분진 등과 같은 대기오염물을 배출하여 지구의 환경을 오염시키고 있을 뿐만 아니라 최근에는 화석연료 연소에 따라 배출되는 이산화탄소의 대기 중 농도증가로 지구온난화의 우려를 가중시키고 있다. 또 다른 에너지원인 원자력은 그 사용과정이나 사용 후에도 방사능오염에 대한 문제점이 야기되고 있어, 이들 에너지원의 지속적인 사용이 지구 생태계를 파괴시켜 인류의 생존을 위협하고 있다는 우려의 목소리도 있음이 현실이다.

이에 비하여 에너지원으로의 수소는 다음과 같은 장점을 가지고 있어 미래의 에너지시스템에 가장 적합한 것으로 판단되고 있다.

- 풍부한 자원(물)으로부터 얻을 수 있는 청정 2차에너지이다.
- 연소생성물이 환경을 오염시키지 않는다.
- 에너지의 저장 및 수송이 가능한 화학적 매체이다.
- 석유 대체에너지로 자동차, 항공기, 로켓 등의 연료로 사용가능하다.
- 연료전지 시스템을 사용 직접 발전이 가능하다.
- 에너지변환 매체이다.

이와 같은 좋은 특징을 가진 수소가 대량으로 값싸게 제조되어서 보급된다면 현재의 에너지 시스템에 큰 변화를 가져올 것이 확실하며 머지않아 현재의 전력 경제에 맞먹는 수소 경제가 이루어질 것이 기대된다. 최근 선진 각국에서는 에너지 문제의 근본적인 해결은 물론 많은 에너지를 필요로 하는 에너지의 다소비 사회에서 환경오염 등의 심각성을 인식하고 해결하기 위하여 전담 기구가 발족되어서 운영되고 있는 실정이다. 이러한 계획들은 대개 태양에너지, 지열에너지, 석탄의 가스화와 변환 및 수소에너지와 같은 4개의 주요 골격을 가지고 진행되고 있다. 이 중 수소는 무한히 존재하는 물을 분해하여 얻을 수 있고 얻어진 수소의 연소 과정에서 많은 에너지가 얻어진다. 또한 연소의 3대 공해 요소인 매진과 SO_x에

표 9.1 수소 및 메탄가스의 연소 관련 물성 비교

연소물성	수 소	메 탄
발열량 (질량기준, kcal/kg) (용적기준, kcal/Nm^3)	2만 870	1만 1,930
이론공기량 (Nm^3/Nm^3 fuel)	2.38	9.52
이론배기량 (Nm^3/Nm^3 fuel) N_2 CO_2 H_2O	1.88 0.0 1.0	7.52 1.0 2.0
공기 중 폭발범위 (vol%)	4.0~75	5.3~15
최소 발화에너지 (mJ)	0.02	0.29
연소속도 (cm/s)	265~325	37~45
자기발화온도 (K)	858	813
확산정수 (cm/s)	0.61	0.16

대해서는 문제가 전혀 없으며 그 연소 생성물은 물(H_2O)이기 때문에 지구상의 물질 순환 시스템을 해치지 않는다는 특징을 갖고 있으므로 에너지 기술의 개발에 큰 기대를 걸고 있다.

9.2 수소에너지의 제조/저장/이용에 관한 각국의 연구실태

대규모 실용화를 목표로 1980년대 중반 독일에서 시작된 수소기술 개발계획은 이후 미국과 일본에서도 본격적인 계획 수립에 착수하여 미국은 1990년, 일본은 1993년을 기점으로 각각 대규모 수소기술 개발 프로그램(WE-NET)을 시작하였다. 또한 아이슬란드는 세계 최초로 수소에너지 경제권의 창조를 목적으로 국가프로젝트를 시작하였다.

9.2.1 미국

미국의회는 1990년, 이른바 마츠나가 수소연구개발법안(Matsunaga Hydrogen Research and Development Act)을 통과시켜, 5년 계획으로 미국의 에너지성(DOE)으로 하여금 수소에너지 시대를 대비한 요소기술(Critical Technology)을 개발하도록 하고 있다. 이 법안은 학계, 산업계의 수소관련전문가로 구성된, 수소기술자문위원회(HTAP; Hydrogen Technical Advisory Panel)를 설립하여 수소에너지 개발에 대한 자문을 하도록 하고 있다. 미국도 향후 2025년까지 단기(~2005년) / 중기(~2010년) / 장기(~2025년)로 나누어 수소 도입목표를 정량적으로 제시하고 있으며, 장기목표로서는 2025년 전체에너지 공급량의 10%(미국의 경우 원유의존도가 50% 수준으로 낮추어질 것으로 전망)를 태양 등 재생가능에너지로부터 제조된 수소를 공급하는 의욕적인 것이다. 1996년 미의회는 또 수소미래법안(Hydrogen Future Act)을 통과시켜, 1996년부터 2001년까지 1.6억 달러를 수소의 생산/저장/이용 등에 관한 연구와 실증사업에 투자하도록 하였다. 이러한 법안에 힘입어 미국 에너지성은 수소에너지프로그램을 진행 중에 있으며, 중장기적인 안목으로 수소를 에너지 체계에 도입하고자 시도하고 있다.

2003년 1월에는 미국의 부시 대통령이 2003년 국회 연두교서 발표에서 석유고갈에 대비해 향후 5년동안 17억 달러를 수소 기술개발에 투입하겠다는 발표를 하여 수소를 미래의 에너지원으로 만들기 위한 기술개발에 많은 관심을 표명하였다.

미국은 이미 우주개발, 군사 등 특수분야에서 실용화 기술을 확보하고 있다. 세계 최대의 에너지 소비국인 미국은 1990년에 마즈가나 수소연구개발법안(Matsunaga Hydrogen Research and Development Act)이 성립되었고, Hydrogen Program이 확정되고부터 본격적인 기술개발이 시작되어 연평균 1,800만 달러가 투자되고 있다. Hydrogen Program은 수소의 제조, 저장, 안전성확보, 인프라구축, 응용 등의 수소에 대한 전반적인 기술개발에 관련된 프로그램이다. 이를 통하여 2015년쯤 실용화 기술을 개발하여 2030년경부터는 수소경제를 실현화시킨다는 목표를 가지고 있다.

현재 미국은 수소에너지 연구개발을 에너지 정책의 최우선으로 간주하고 있으며, 부시행정부는 2001년 5월 취임 초반부터 국가에너지정책(National Energy Policy)을 발표하는 등 에너지와 환경문제를 집중적으로 다루기 시작하였다.

대부분의 수소연료전지연구개발을 DOE(Department of Energy)를 통해 수행하며, 정부는 위험성이 높은 초기 연구개발 분야에 중점적으로 기금을 투자하는 것을 연구개발 전략으로 설정하였다.

미국 정부는 2003년을 기점으로 5년간 12억 달러를 투자하는 “Hydrogen Fuel Initiative”를 시작하면서 연구개발 규모를 비약적으로 증가시키기 시작하였다. 이 후 “Freedom Car and Fuel Program”을 통해 투자비용을 5억 달러 증액시켰다.

제조기술 연구개발은 제조비용 절감을 위한 과제를 중점적으로 진행 중이다. 현재 기술수준이 성숙 단계에 도달한 천연가스 개질스테이션을 통한 제조 가격을 현재 5 $/kg(gge)에서 2010년 1.5 $/kg로 저감하기 위한 연구개발에 주력하고 있다.

저장기술은 정치형 및 이동형 분야의 발전을 위한 핵심기술로 300마일 이상 운전이 가능한 자동차용 수소저장 시스템 및 수소 운반, 충전 인프라, 전력 단지, 자동차 충전용 인터페이스시스템 등에 대한 연구개발을 중점적으로 진행 중이다.

EC에서 발간한 보고서[11]에 따르면 수소 연료전지 분야 연구개발비는 2004년 €195.5백만, 2005년 €239.2, 2006년 €242.1백만로 증가하였다.

2005년과 2006년의 연구비증가는 이 분야의 연구의 관심이 높아지고 있음을 보여준다. 연구비 비중은 수소에너지분야에서는 제조와 수송, 연료전지 분야는 스텍 기술이 가장 높다. 연료전지 자동차 개발에 대한 관심이 매우 높아 이 분야 연구개발비는 2006년 €83백만 수준에 도달하였다. 2040년경에는 수소·연료전지가 현재 미국의 1일 석유수입량수준인 1,100만배럴의 석유 수요를 대체할 것으로 추산되어진다.

향후 5년 동안 『Hydrogen Fuel Initiative(수소인프라)』와 『Freedom CAR(연료전지차 연구파트너십)』에 17억불 투자를 계획하고 있고, 부시행정부 출범이후, 「수소경제로의 이행을 위한 국가비전」을 제시('01.11월)하였으며, 연료전지차를 포함한 자동차관련 기술개발 프로그램인 『Freedom CAR』 발표('02.1월)하였다.

『2003년 대통령 연두교서』에서 향후 5년간 약 12억불을 투자하겠다고 발표하고, 2003년 11월 IPHE를 결성하여 수소경제의 구현을 위한 기술개발, 실증/보급, 표준화, 안전, 교육/홍보 등 국제적인 협력을 주도하고 있다.

'05년도 예산교서에서 에너지 관련 예산은 '04년 대비 1.8% 감소, 연료전지 관련 예산은 18.9% 증가한 7,750만 달러이며, 수소 기술개발은 16.3% 증가한 9,532만 달러이다.

9.2.2 독일

많은 유럽연합(EU) 국가들이 수소와 연료전지의 상용화를 위한 기술개발을 적극적으로 추진하고 있다. EU는 협동연구 및 공동출자를 통한 노력을 진행중이며, 교토 의정서의 온실가스 저감 및 에너지 공급의 안정성을 만족시키는 것을 목표로 하고 있다. EU의 장기적인 비전은 20~30년 이내에 수소연료전지를 통한 에너지 공급체계로의 전환을 이루는 것이다. 수소에너지 프로그램과 관련하여 유럽에서는 독일이 풍부한 경험과 기술을 보유하고 있다.

최근 代替電源(대체전원)으로부터 수소의 제조와 저장, 그리고 이를 연료전지, 수소보일러, 수소자동차 등에 이용하는 수소에너지 시스템기술 實證(실증)플랜트를 설치, 운용하는 등 수소에너지 시대에 대비하고 있다. 그리고 미국과 같이 포괄적인 수소도입을 목표로 설정하고 있지는 않지만, 개별적인 프로젝트의 도입 목적을 뚜렷이 하고 있다. 대표적인 예가 뮌헨공항의 차량 수소화 프로젝트인데, 1998년에는 공항내 수소자동차의 운행을 개시하였고, 1999년까지 40대 정도의 수소자동차 도입을 목표로 한 바 있다.

독일은 수소연료전지 연구개발 관련 세계 선두 위치에 있다. 특히 자동차 기술 강국의 특성상 연료전지 분야에 연구개발을 집중하고 있다. 자국 내 연료전지 산업체 종사자는 3,000명에 이르며 정부의 수소에너지 관련 연구개발 투자총액은 연간 4.1천만 달러에 이른다. 독일 정부의 경제노동부(BMWA)는 다양한 프로그램을 통하여 수소연료전지 연구, 개발 및 실증 사업을 지원하였다. 1988년부터 심층적인 수소 기술관련 RD&D를 시작하였고 여러 프로젝트 수행을 통해 수소 제조, 저장 연구 및 태양광 수소에너지 경제에 대한 실증을 수행하였다. 이 과제는 1999년에 종료되었으며 그 결과로 수소에너지 시스템의 기본 요소가 개발되었다.

그러나 수소에너지 경제 상용화 가능성은 확보하지 못하였다. 결과적으로 1995년 이후 해마다 8~10백만 달러를 지원하여 연료전지에 대한 연구를 중점적으로 수행하고 있다.

독일의 주요 연료전지 회사와 자동차 회사들은 PEM, MTU(MCFC 관련) 기술에 가장 큰 관심을 지닌다. 청정에너지파트너쉽(Clean energy Partnership)은 독일에서 수행한 가장 중요한 프로젝트로 평가되며, 2002년 시작되었고 독일 정부는 €33백만를 투자하였다.

실증 관련 연구는 2004년에 시작되어 5년간 수행 예정으로 진행 중이다. 본 프로젝트의 주요 내용은 연료전지 자동차의 대규모 실증, 설비 및 인프라 개발 그리고 대중의 기술 포용성 증대 등으로 구성된다.

9.2.3 일본

일본은 수소 경제 구축을 위한 연구개발 뿐만 아니라 수소 생산 계획에 있어서도 세계에서 가장 중요한 역할을 수행하는 나라중의 하나이다. 일본 정부는 WE-NET을 중심으로 수소와 관련된 모든 사업을 수행하고 있으며, 수소에너지의 효과적인 공급과 이용을 위한 네트워크를 준비하고 있다.

따라서 2005년 수소자동차 도입과 5곳의 수소 스테이션 구축을 목표로 환경성, 경제산업성 및 국토교통성에서 인프라 구축에 나서고 있다.

신에너지, 산업기술 종합개발기구(NEDO; New Energy and Industrial Technology Development Organization)는 수소를 이용한 전력을 공급한다는 시스템을 개발하기 위해 2007년까지 수소의 제조 및 저장 기술 개발에 600억 엔을 쓸 계획이며, 2020년에는 수소를 에너지로 쓰는 연료전지차를 500만대까지 보급한다는 계획을 세우고 있다.

일본은 수소 경제 구축을 위한 연구개발 뿐만 아니라 수소 생산 계획에 있어서도 세계에서 가장 중요한 활동을 수행하는 나라 중의 하나이다.

일본은 다음의 3가지 사항(교토의정서를 통해 협약된 2010년까지 6%의 온실가스 감축, 원유수입 의존성 과다, 신에너지기술과 관련한 일본의 선두위치 확보)에 의해 수소 경제 개발과 관련한 많은 투자를 쏟고 있다.

일본 정부는 1993년 기존의 Sunshine 프로그램, Moonlight 프로그램, 환경기술 연구개발 프로그램을 통합하여 새로운 에너지/환경기술 연구개발 계획인 New Sunshine Program을 시작하였다.

이 가운데 1992년 설립된 수소에너지 기술 연구개발 계획(Japanese Hydrogen Program)인 WE-NET(World Energy Network)을 중심으로 수소와 관련된 모든 국책연구사업(민간 관련 포함)을 수행 중이다.

일본은 연료전지 기술을 경제 재 부흥의 돌파구로 기대하고 있을 정도로 많은 정책지원 및 투자를 쏟고 있다. 일본의 기본 계획을 보면, 2005년까지 기본적인 준비작업과 기술 검증을 완료하고 FCV와 FC를 출시할 예정이다.

2010년까지 FCV 5만대 및 가정용/건물용 연료전지 210만 kW를 보급하여 시장침투를 도모하고 2020년까지 FCV 5백만대와 천만 kW급 연료전지 시스템 보급 계획을 수립하였다.

NEDO는 2005년 수소연료전지 연구개발 분야에 2억 달러의 예산을 투입하여, PEFC 실용화, SOFC, 연료전지용 리튬전지, 고내구성 LPG 개질기, 수소 인프라, 수소제조 기초기술, 수소 경제 관련 코드 및 규약 개발 등의 프로젝트를 수행하였다.

또한 2006년 연구 분야를 크게 3가지로 나누어(자동차용 연료전지, 정치형 연료전지, 수소 이용기술) 중점적으로 연구개발을 지원하였다.

WE-NET project로 1993년부터 2020년까지 24억 달러 연구투자 계획하고 있다.

일본은 에너지 자급과 연료전지의 산업화를 위하여 자동차 및 가정용/건물용 연료전지 개발에 주력하여, 2003년 연료전지 자동차 시판, 6개의 수소스테이션 시범설치, 2010년까지 연료전지 자동차 5만대, 2020년 5백만대 보급 예정, 2010년까지 가정용/건물용 연료전지 210만 kW, 2020년 1,000만 kW 공급을 목표로 설정하고 있다.

9.2.4 캐나다

캐나다의 수소연료전지 연구개발 프로그램의 비전은 이 분야에서 세계적인 기술 우위를 계속하여 유지시키고, 수소연료전지 기술을 전 세계에 상용화시키는 것이다.

따라서 캐나다 정부는 수소연료전지 연구개발과 인프라 개발 그리고 본 기술의 조기 상용화 구축을 위해 많은 노력을 진행 중이다.

캐나다 산업부(Industry Canada)는 수소기술의 조기 채택, 개발, 상용화를 목표로 chnologies Partnership 프로그램을 수립하였다. 프로그램을 위한 지원 금액은 2003년 기준 2.15억 달러이다.

캐나다 연방정부는 수소 경제활동과 관련하여 8.5천만 달러를 책정하였고, 이와 별도로 실증 프로젝트 실행을 위해 6천만 달러를 책정하였다.

9.2.5 EU

EU는 협동연구 및 공동 출자 등을 통한 노력을 진행 중이며 그 목표는 교토 의정서에 따른 온실가스 배출 저감 및 에너지 공급 안정성과 기업체의 경쟁력을 향상시키는 것이다. EU의 장기적인 비전은 20~30년 이내에 신재생에너지와 수소연료전지를 통한 에너지 공급체계로의 전환을 이루는 것으로, 수소연료 자동차의 비율을 2030년까지 15% 그리고 2040년까지는 이의 두 배인 30%에 이르도록 하기 위한 계획을 수립하였다. 현재 진행 중인 제6차 FP5(Framework Program)에서는 수소와 연료전지에, 제5차 유럽연합공동프로그램, 2002~2006년 FP보다 두 배나 증가된, 약 4억 달러를 투자하였다. 그 중 약 40%는 수소 생산 및 분배 분야와 수송 응용분야에 투자하고 있으며, 제7차 FP를 통해 지속적으로 연구 개발되고 있다. 2005년 기준 유럽 내 국가의 연구비 투자규모는 독일이 €72백만로 가장 높고, 프랑스 €60백만, 영국과 이탈리아는 각각 €30백만이다. FP의 주요목표는 연료전지 생산비용 절감, 성능, 내구성 및 안전성 제고를 꾀하고, 수소와 연료전지의 실증사업을 널리 보급하여 2020년에는 동 분야의 상업화가 가능할 수 있게끔 경쟁력을 키우는 것이다.

CUTE 프로젝트는 유럽에서 수행한 수소연료전지 분야 프로젝트 중 가장 성과가 큰 것으로 평가되고 있다. 본 프로젝트는 연료전지 버스의 유럽 전역에 걸친 실증을 통해 활용 이의 가능성을 발전시켰고, 수소충전소 개발을 통해 수소와 연료전지 기술을 보다 접목시키도록 하였다. 총 비용은 53.4백만 달러로 이중 EC에서 18.6백만 달러를 분담하였다.

유럽에서는 수소에너지 연구와 관련하여 제조 및 저장분야에 관심 초점을 두고 있다. 저장분야에서는 금속 수소화물에 대한 연구를 중점적으로 수행하고 있으며 이를 수소 인프라 개발 관련 핵심기술로 평가하고 있다.

연료전지 연구와 관련하여 비용 절감과 내구성을 높이기 위한 기술개발을 중점적으로 진행 중이다. 유럽의 나라별로 관심을 지니는 연료전지 종류가 달라 중점적으로 연구하는 연료전지 종류가 각기 다르다.

9.2.6 아이슬란드

1999년 2월 아이슬란드는 2030년까지 수소에너지 체계로 전환하겠다는 목표를 발표하여 세계로부터 주목을 받았다. 인구가 적고, 화석연료 자원이 없는 아이슬란드는 수력 및 지열발전을 통해 전체에너지 필요량의 50%와 전력소요량의 100%를 충당하고 있다.

대부분의 원유 수입이 자동차 및 어선의 수요에 의해 이루어지고 있으며 수소에너지로의 전환의 주 대상이 바로 이 두 분야이다. 아이슬란드는 전력 단가가 2 센트/kWh로 매우 낮음에도 불구하고 수송 부문에 적용하기 위해 이미 연간 2,000 ton의 수소를 전기분해 방법을 사용하여 생산하고 있다.

해외의 수소 프로젝트의 공통적인 특징은 다음과 같다.

- 기존의 기술을 활용하여 실용시스템을 만들고, 이용시 문제점을 찾아 해결할 뿐만 아니라, 시민에 대한 계몽을 하여 장래의 시장 도입을 용이하게 한다.
- 환경개선효과가 큰 수소자동차의 개발 도입에 중점을 둔다.
- 공공기관이 개발자금을 부담하여 적극적으로 개발을 지원한다.
- 수소공급원으로서 중단기적으로는 천연가스 개질, 수전해, 바이오매스 가스화 등으로 수소를 공급하고, 재생가능 에너지 이용에 의한 대량공급을 장기 목표로 한다.

9.2.7 우리나라

우리나라에서는 수소에 관한 연구는 1970년대 말부터 관련 기초연구가 시작되었으며, 1989년 과기처의 지원으로 한국에너지기술연구소가 연구를 총괄하여 수소에너지 관련 기초연구를 대학 및 연구소에서 공동으로 수행하였으나, 1단계의 연구지원으로 마감되었으며, 이후 G7 과제에 채택되지 않음에 따라 대체에너지 기술개발사업 및 관련 연구소에서의 중장기 연구계획에 따른 연구가 수행되고 있다. 1989년부터 1992년까지 특정과제로 추진되었던 연구내용은 수소의 제조기술, 수소의 저장기술 및 수소의 안전대책기술 관련으로 9개의 연구과제가 수행되었다. 한편 1988년부터 시작된 대체에너지 기술개발사업에 따라 1992년부터 수소에너지 분야의 연구개발도 지원되기 시작하였는데, 대부분이 대학에서 기초연구 수준으로 진행되고 있다. 한국에너지기술연구소에서는 지속적으로 수소에너지 관련 연구를 수행하고 있으며, 열화학법에 의한 수소제조기술, PV시스템을 이용한 수소제조기술, SPE에 의한 수소제조기술, 저가의 청정연료 제조기술, 금속수소화물을 이용한 열 수송기술의 등의 연구가 수행되었거나 진행 중에 있다.

현재 우리나라의 수소에너지 기술은 세계 5위 수준에 달한다는 것이 전문가들의 평가다. 과학기술부 김종원 프런티어 사업단장은 "우리나라의 기술력은 미국과 유럽, 일본에 이어 세계 5위권에 속한다고 할 수 있다."고 설명했다. 산업자원부는 지난 5월 29일 서울 삼청동 총리 공관에 수소연료전지를 시범 설치해 가동에 들어갔다. 공관에 설치된 가정용 연료전지는 1킬로와트(1 kW)급으로 액화천연가스 등을 이용해 수소를 생산하고 이를 연료로 전기와 온수, 난방을 공급하는 시스템이다. 이 연료전지 시스템은 기존 도시가스 설비보다 효율이 30% 가량 높고 대표적 온실가스인 이산화탄소 발생량을 40% 가량 줄일 수 있는 장점이 있다. 또 수소연료 모니터링 사업을 위해 2년 안에 버스 4대와 승용차 30대를 시범 운영하기로 했다.

이와 같이, 수소에너지 기술은 이미 그 중요성이 국제사회에 너무나 널리 알려져 왔으므로, 미국·일본을 비롯한 기술선진국들은 21세기 에너지문제와 환경문제를 한꺼번에 해결할 수 있는 거의 유일한 대안으로 수소에너지 기술의 연구에 심혈을 기울여 왔으며 이미 상당한 성과를 거두고 있다. 무한정인 물과 유기물질(바이오매스)을 원료로 하여 수소를 제조 이용한다면, 재순환되므로 자원 고갈 우려가 없어, 화석연료 자원이 빈약한 국가에 적합한 에너지원이다. 따라서 21세기에 우리나라가 선진국의 기술 종속국이 되는 것을 방지하고 선진국과 대등하게 경쟁하기 위해서는 지금부터라도 체계적이고 합리적인 기술개발 프로그램을 조속히 수립, 실천하여야 할 것이다.

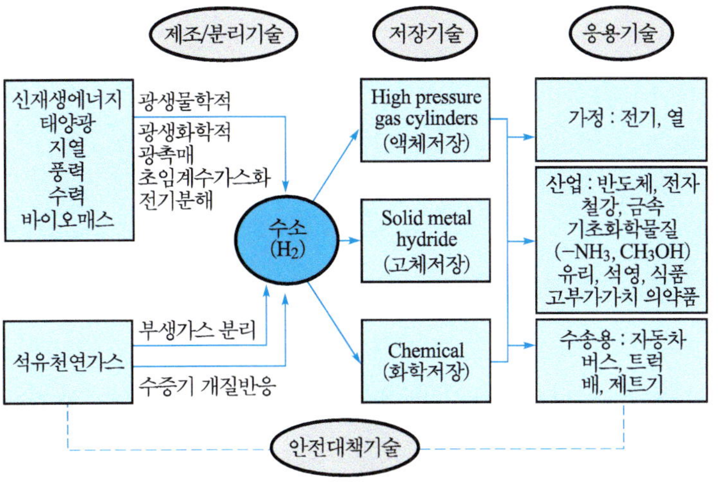

그림 9.2 수소 제조기술 로드맵

9.3 수소의 제조기술 현황

장래 수소에너지 시스템을 완성시키려면, 수소를 저렴하게 대량 생산하는 제조기술의 개발이 무엇보다 중요하다. 앞으로 희석연료의 고갈에 따라 이를 원료로 사용하는 방법은 경제적 의미가 없다.

9.3.1 현재 사용되는 수소 제조법

(1) 수증기 개질법

수증기 개질법에 의한 수소의 제조원료로는 천연가스(주성분 : 메탄)정유공장의 산물(메탄, 프로판, 부탄 등의 혼합물)에서 중나포타에 이르기까지 사용된다.

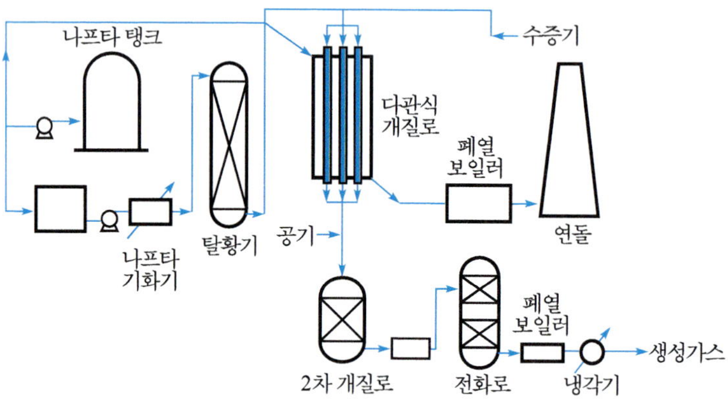

그림 9.3 ICI식 개질법의 공정도

위 공정의 반응은

$$C_MH_M + MH_2O \rightarrow MCO + (M+N/2)H_2$$

$$C_MH_M + 2MH_2O \rightarrow MCO + (2M+N/2)H_2$$

$$CO + H_2O \rightarrow CO_2 + 3H_2$$

와 같으며 위 반응은 촉매가 없을 때 1,400℃ 이상에서 1초 이상을 반응시켜야 한다. 반면에 촉매를 사용하면 반응온도를 1,000℃ 이하로 낮출 수 있다. 촉매로는 Ni/Al_2O_3가 주로 쓰인다.

(2) NaCl전해로부터 부산물로 얻는 방법

식염전해법으로는 격막법, 수은법, 이온교환법 등이 있다.

(3) 물의 고온 직접 열분해

4,300K 이상에서 물은 수소와 산소로 분해된다.

(4) 미래의 수소 제조법

1) 고체 고분자 전해질을 이용한 물의 전해

알칼리 수용액 전해질을 대신한 이온교환막의 일종으로 고체 고분자 전해질(SPE)을 사용한 새로운 밀도가 큰, 높은 효율의 전해법에 대한 연구개발이 진행되고 있다.

2) 열화학사이클에 의한 수소 제조(Thermochemical cycles for hydrogen production from water)

물을 분해하여 수소를 제조하는 생물학적 방법, 광화학적 방법, 전기분해, 직접열분해 및 열화학적인 방법이 있으며, 전기분해의 경우는 고전적인 방법은 실용화되어 있고, 기타기술은 아직 연구단계에 있다. 직접 열분해법은 물을 3,300K 이상으로 가열하여 직접 수소와 산소로 해리하는 방법으로 고온의 열원과, 고온의 상태에서 수소를 분해하는 것이 가장 큰 문제로 제일 어려운 방법이라 하겠다. 따라서, 물분해를 단계적 반응으로 나누어 비교적 낮은 온도(1,300K 이하)의 화학반응들로 구성하여 전체적으로는 물을 분해하는 폐사이클(Close cycle)이 되도록 할 수 있는데, 이것이 열화학법에 의한 수소 제조방법이다. 열원으로는 고온의 가스로 또는 집열된 태양열, 핵반응로를 예상하고 있으며, 제철소 용광로 폐열 등의 이용도 고려되고 있다. 흡열반응에 필요한 열과 발열 등을 상쇄하면 이론상 전기분해법보다 높은 열효율을 얻을 수 있으므로 1967년 이래 200여개가 넘는 많은 사이클이 제안되어 있는 상태이며, 현재 몇 가지 방법들은 실험적으로 검토되고 있다.

3) 광 생물학적 물 분해 및 CO_2 고정화에 의한 수소 생산

태양광을 에너지로 이용하며, 물이나 유기물질로부터 미생물 내에 존재하는 자가 증식형 메커니즘에 의한 수소 생산은 에너지 생산기술일 뿐만 아니라, 공기중 이산화탄소를 변환하여 탄수화물로 미생물 내에 축적하는 이산화탄소 저감 환경기술이며, 유기물질 농도가 높은 식품계 공장 폐수에 적용할 경우 유기물질로부터 수소를 생산하고 폐수의 COD를 낮추는 환경처리도 할 수 있다. 또한 광합성 미생물 자체에 축적되는 β-carotene, astaxanthin과 같은 고부가가치 식품의약품의 생산기술로도 활용되고 있다. 생물학적 수소생산 기술은 다양하여 기질로 사용되는 원료물질에 따라 물, 유기물, 가스로 크게 구분되며, 또한 미생물의 다양한 메커니즘에 따라 여러 가지 기술이 알려져 있으며 아직도 새로운 기술 및 다양한 수소 생산 미생물에 대한 연구가 왕성하게 진행되고 있다.

Cyanobacteria, algae, purple non-sulfur bacteria와 같은 자연계 미생물은 각각 녹

색과 붉은색을 띄는 미생물로 태양에너지 중 일정한 파장의 빛을 흡수하여 물과 유기물로부터 수소를 발생시킨다. Cyanobacteria는 또한 공기중의 이산화탄소를 흡수하여 균체가 성장하고 이와 같이 생성된 균체는 일정 조건에서 태양에너지를 이용하여 hydrogenase, nitrogenase와 같은 효소들이 활성화되어 수소가스를 발생하게 된다. 아래 그림 9.4는 대표적인 광합성 미생물의 수소 발생 mechanism을 도식화 한 것으로 미생물의 종류에 따라 약간의 차이는 있다. 표 9.2와 같은 미생물에 의한 수소 생산기술은 동시에 산소 발생, 이산화탄소 흡수 등 환경에 이로운 방향으로 진행될 뿐만 아니라, 미생물 자체가 갖는 생물 산업성도 높아서 vitamin, 천연색소, 피부암 치료제등의 고부가가치 물질의 생산도 활성화된다.

이러한 광합성 미생물에 의한 수소생산의 장점은 첫째, 반응이 모두 박테리아 체내에서 행해지기 때문에 반응조가 기본적으로 간단하고 아주 작은 규모로부터 대규모 플랜트까지 가능하다.

둘째, 재생산 가능한 자원, 바이오매스를 원료로 한다는 것이다. 바이오매스로서는 여러 형태가 있지만 모든 재료는 태양에너지를 변환시키는 것이므로 자연에너지를 유효하게 이용할 수 있게 된다.

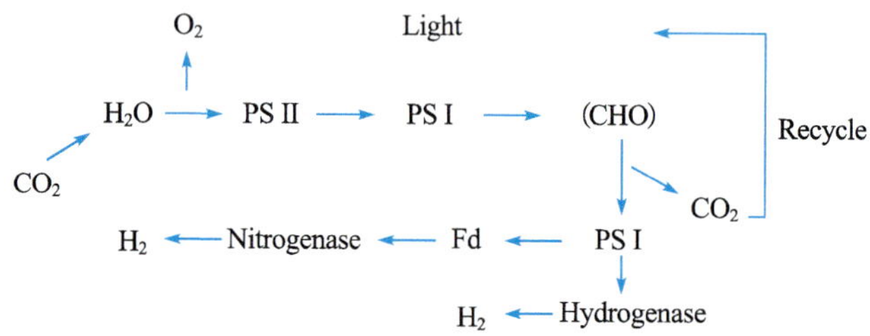

PS I, photosynthetic system I; PS II, photosynthetic system II; Fd, ferredoxin
미생물 : Algae(green, blue-green); Purple non-sulfur bacteria

그림 9.4 광합성 미생물의 수소 생산 Mechanism

표 9.2 수소를 발생하는 자연계 미생물의 종류

구 분	종 류
Photosynthetic bacteria	Rhodopseudomonas sp., Rhodospirillum rubrum, Rhodomicrobiumnas capsulata, Rhodomicrobium vannielii, Chromatium vinosum, Thiocapsa roseopersicina, Chiorobium thiosulfatophilum
Blue green algae (=cyanobacteria)	Anabaena cylindrica, Synechococcus elongatus, Synechocystis sp, Nostoc muscorum
Green algae	Chlamydomonas reinhardtii Chlorella fusca, Scenedesmus obliquus, Ulva lactuca
Non-photosynthetic bacteria	Eschericia coli, Porphyriduim curentum Klebsiella pneumoniae Alcaligincs eutrophus, Desulfovibrio vulgaris, Clostridium pasteurianum Methanobacterium sp., Rhizobium leguminosarum, Azotobacter vineladdii

4) 광촉매 이용 수소 제조법

광촉매의 소재는 주로 이산화티탄과 같은 반도체물질이다. 고체물질의 전자구조는 흔히 띠-이론(band-theory)으로서 설명하는데 반도체의 경우에는 전자에 의해 가득 채워진 가장 높은 에너지띠인 공유 띠(valence band)와 전자가 점유하지 않아 비어있는 전도 띠(Conduction Band) 사이에는 전자가 점유할 수 없는 금지된 에너지 띠 간격(band gap : E_g)이 존재한다. 고체는 주로 전기 전도도에 따라 전도체, 반도체, 절연체로 분류되는데 이는 근본적으로 보면 에너지띠의 전자 점유 양식에 따라 전자가 에너지 띠 내에서 자유로이 움직일 수 있다. 반도체와 절연체는 전자 점유양식은 기본적으로 같으나 E_g의 크기가 0.3~3.5 eV에 걸쳐 있으며 반도체, 그 이상이면 절연체로 분류된다.

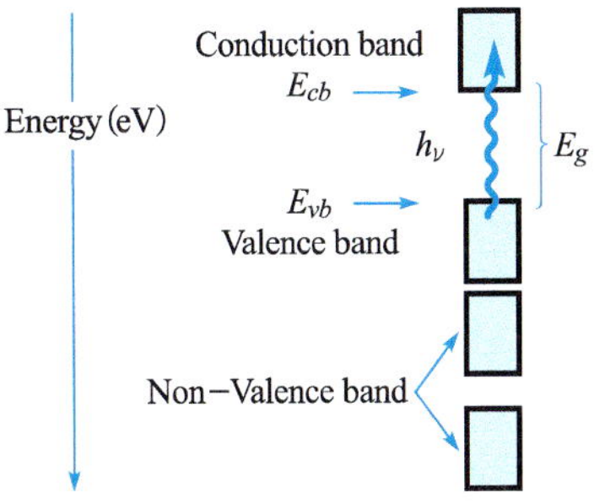

그림 9.5 광촉매에 의한 전자의 이동

반도체는 띠 간격 이상의 에너지를 갖는 광자($h\nu \geq E_g$)를 흡수하여 공유 띠에서 전도띠로 전자 여기를 일으키고 이때 공유 띠에는 정공(hole)이, 전도띠에는 전자가 생성된다.

이 때 TiO_2 같이 띠 간격이 큰 반도체(3.0~3.2 eV)는 짧은 파장의 빛만을 흡수하고 태양에너지의 대부분을 차지하는 가시광을 흡수하지 못하는 반면 Si와 같이 띠 간격이 적은 반도체는 가시광을 흡수하여 여기 될 수 있다.

이러한 반도체의 광 여기(Photoexcitation)는 빛에너지가 전기(PV cell)나 화학에너지(광촉매)로 전환되는 첫 번째 단계이다. 금속도 빛을 흡수하여 여기되나 전도띠 내의 에너지 준위가 연속적이어서 전자와 정공의 재결합이 엄청나게 빠르다. 이런 상황 하에서는 흡수된 빛에너지가 다른 형태의 에너지로 전화될 시간적 여지가 전혀 없다.

반도체에 의하여 흡수된 띠 간격 이상의 광 에너지는 전자와 정공을 생성시키게 되는데 이를 외부회로에 연결하여 전력을 얻는 것이 PV라면, 이 전자와 정공의 화학전위 에너지를 이용하여 계면에서 환원과 산화반응을 일으켜 빛에너지를 화학에너지로 전환하는 것이 광촉매이다. 따라서 PV는 전력을 생성시켜 물을 전기분해하여 수소를 얻는데 비하여 광촉매에서는 태양에너지를 직접 물 분해에 응용하여 수소를 얻기 때문에 이론적으로 더 높은 효율을 얻을 수 있다

물의 광분해 반응에 있어서 광촉매 상에서는 궁극적으로 다음과 같은 반응이 일어나야 한다.

$$H_2O \rightarrow H_2 + 1/2\ O_2$$

이 반응은 열역학적으로 비자발적인 반응으로서, 반응이 일어나기 위해서는 약 1.23 eV의 에너지가 필요하다. 이 에너지를 빛으로부터 얻어서 일견 불가능해 보이는 반응을 가능하게 해주는 것이 광촉매의 작용이다.

따라서 물의 광분해에 사용할 수 있는 촉매는 띠 간격이 1.23 eV보다 커야 한다. 그런데, 실제로 광촉매가 물 분해반응을 수행하기 위해서는 적어도 2.43 eV 이상의 띠 간격을 가져야 하는데, 이는 물 분해에 필요한 1.23 eV 이외에도 광촉매 시스템에 포함되어 있는 각각의 반응들의 효율손실에 의한 과전압을 고려해야 하기 때문이다.

일반적으로 띠 간격이 클수록 정공과 전자의 산화환원반응에 대한 구동력이 커지는 장점이 있으나 높은 에너지의 광자가 요구되므로 태양광을 효율적으로 이용할 수 없다는 단점이 뒤따른다. 반대로, 띠 간격이 작으면 태양광을 좀 더 많이 흡수할 수 있으나 산화환원반응에 대한 구동력은 떨어진다. 반도체 광촉매의 또 다른 조건은 반도체의 화학적, 광화학적 안정성이다. 몇몇 반도체는 산, 염기에 대하여 화학적으로 매우 불안정하여 광촉매로 쓰이기에는 부적절하다. 무엇보다 가장 많이 논의되고 있는 광촉매의 중요한 조건은 태양광의 이용이다. 광촉매로 널리 쓰이는 산화물 반도체 대부분 띠 간격이 커서 가시광선을 거의 흡수하지 않는다. 띠 간격이 작아지면 앞에서 언급했듯이 반응에 대한 열역학적 구동력이 떨어진다. 이 밖에 실제적 의미로 중요한 광촉매의 조건으로 가격과 구입의 용이성을 들 수가 있다. 이러한 여러 조건들을 고려해서 가장 만족스러운 광촉매 물질을 찾아내거나 합성하는 일이 이 분야 연구의 가장 중요한 부분이다. 현재 가장 널리 사용되는 반도체 광촉매는 TiO_2이다. TiO_2는 화학적, 광화학적으로 매우 안정하며 그 용도가 다양하여 공업적으로 대량으로 생산된다. 현재 광촉매 연구의 핵심은 높은 양자 수율, 특히 가시광선 하에서 높은 효율을 보이는 촉매 물질의 개발이 핵심이며, 다양한 시도가 이루어지고 있다.

9.4 수소의 저장기술 및 연구개발 현황

9.4.1 수소의 저장기술

현재 수소의 저장은 대부분 기체상태로 행해진다. 제한된 체적의 용기에 다량의 수소를 채우기 위해서는 압력을 가하여 15 내지 20 MPa의 고압 수소가스로 하여 고정식에는 구형의 대용량 탱크가 이용되고, 저장과 수송용에는 수소실린더라는 내압 용기가 사용되고 있다. 이 때문에 얇고 가벼운 강재 용기가 필요하며, 이 결과 용기의 총중량이 증가하고 코스트도 증가한다. 고압 수소저장용 실린더는 12 내지 15 MPa의 압력으로, 40 L와 47 L인 용기를 사용하므로 수소를 약 5 내지 7 m^3를 저장하게 되며, 이 용기의 총중량은 대략 55 kg이다.

이 때문에 다른 연료에 비해 체적 및 질량당의 에너지밀도는 작다. 수소를 −253℃의 극저온으로 액화시키면 상압의 기체수소에 비해 체적은 1/800로 할 수 있다. 액체수소는 통상의 고압수소로 만들고, 수소 1 kg당의 액화공정에서 10~14 kW의 전력을 필요로 한다. 또한 액체수소는 증발이 용이하고, 단열성이 높은 특수한 용기에만 저장할 수 있으므로 저장과 이용에 많은 비용이 소요된다. 따라서 에너지의 손실을 최소화하기 위해서는 체적당 저장이 가능한 수소의 밀도를 크게 하는 필요하다.

어떤 종류의 금속이나 합금은 수소와 반응하여 금속수소화물을 만들며, 이때 저장되는 수소의 양은 단위체적당 액체수소와 동등하거나 그 이상의 밀도로 수소를 저장한다. 표 9.3에 여러 가지 수소 저장방법에 대하여 비교하여 보았으며, 이들의 장단점에 대하여도 살펴보았다.

표 9.3 수소의 저장방법 비교

방 법	압축가스	액체수소	지하저장	수소저장합금
내 용	고압·상온 내압탱크 : 10~30 atm ~25,000 Nm^3 봄베 등 : 150~200 atm ~2,800 Nm^3	−253℃·상압 70.8 kg/m^3 단열용기(Dewer 또는 탱크) 최대 : 3,200 m^3	고압·상온 폐갱, 암염층 대수층에 압입 106~109 Nm^3 실용실적 있음	상온상압근방 금속수소화물의 생성 1/1,000로 축소 열교환형식의 반응용기 필요 실용실적 있음
장 점	보급기술 저에너지소비 (저 장)	고중량 밀도 체적 밀도도 큼 대량 저장 가능	코스트가 쌈 대량 저장 가능 장기 저장 가능	안전성이 큼 체적 밀도가 큼 열에 의한 방출
단 점	고 압 저충진 밀도 소중용량	액화의 동력 코스트가 큼 boil-off flush	적지가 한정	합금값이 비싸고 무거움 초기 활성화, 미분화, 피독

9.4.2 수소의 저장기술 연구개발

미래의 운송수단을 위하여 연료전지와 연계된 수소 저장기술은 아주 중요한 이슈이다. 수소저장에 있어서는 가격, 저장용량, 충전시간, 효율 등이 고객의 주된 요구이다. 현재로서는 고객의 요구를 만족시키는 적합한 수소 저장기술은 없으며, 새로운 개념의 기술이 요구되고 있다. 이를 위해서는 여러 가지 저장기술을 결합한 것이 해답이 될 가능성이 있다.

다양한 수소 저장기술들이 연구되고 있으나, 아직도 자동차용으로 요구되는 용량을 만족시키지 못하고 있는 실정이다. 또한 단순히 수소 저장용량의 증대뿐만 아니라 이에 수반되는 전체에너지 효율에 대한 고려도 매우 중요한 요소이다.

(1) 초고압 기체 저장

현재 가장 널리 사용되고 있는 고압 기체수소 저장방법은 수소를 15 MPa 내외로 저장하는 것이다. 보다 많은 양의 수소를 저장하기 위하여 철강재료가 아닌 복합재료를 이용하여 30 MPa 이상까지 저장할 수 있는 초고압 저장기술이 연구 개발되고 있다.

(2) 수소저장합금에 의한 저장

수소저장합금에 의한 수소 저장기술은 실용화 단계에 있으며, 현재는 보다 많은 양의 수소를 저장할 수 있는 합금의 개발에 노력을 기울이고 있다. 현재 가장 널리 사용되는 LaNi계 및 FeTi계 합금의 수소저장량은 1~2wt%에 불과하지만 Mg계 합금의 수소저장량은 5~7wt%에 달하고 있다. 그러나 Mg계 수소저장합금은 수소의 흡수/방출속도가 LaNi계 및 FeTi계 합금보다 훨씬 느릴 뿐만 아니라 전체적으로 상온이 아닌 높은 온도의 영역에서 수소의 흡수/방출이 일어나므로 실용화에는 많은 연구개발이 필요하다.

(3) 제올라이트에 저장

제올라이트는 구조적 특성인 3차원 골격구조를 가지고 있으므로 이들의 미세 결정체들은 전체부피의 약 50%가 빈 공간(Void volume)인 동공(Cavity)으로 구성되어 있고, 이들 동공들은 3차원으로 연결되어 각종 분자차원의 입구(Opening)를 가진 Channel과 Window들을 형성하므로 분자체로서도 현재 많이 사용되고 있다. 이러한 제올라이트의 물리화학적 특성과 분말이라는 물리적인 특성을 이용하여 수소의 저장시스템으로 활용하고자 하는 연구들이 1960년대 초부터 시작되었는데, 미국의 Sandra Laboratory에서는 제올라이트와 함께 구조화합물을 이용한 연구가 진행되고 있으며, 이스라엘의 Weizmann Institute에서는 합성 제올라이트 A를 이용한 수소의 캡슐화가 연구 중에 있다.

(4) 카본 나노튜브에 의한 수소 저장

최근의 연구결과에 의하면 Li가 처리된 카본 나노튜브는 653K에서 20wt%의 수소를 흡수하였으며, K가 처리된 카본 나노튜브는 실온에서 14wt%의 수소를 흡수하는 것으로 보고되었다. 이 값들은 Li가 처리된 카본 나노튜브에서는 단위 m^3당 160 kg의 수소를, K가 처리된 카본 나노튜브에서는 114 kg의 수소를 저장하는 것으로 가솔린이나 디젤의 수소함량과 비교가 될 수 있는 값이다. 비록 K가 처리된 카본 나노튜브가 Li가 처리된 카본 나노튜브 보다 낮은 온도에서 수소를 저장하고 있기는 하나, Li가 처리된 카본 나노튜브는 K가 처리된 카본 나노튜브 보다 화학적으로 안정한 물질로 알려지고 있다. 이들 카본 나노튜브들은 공기 중에 373K에서 수 시간 가열하여도 수소흡수 능력을 유지하고 있으며, 수소를 흡수시킨 후에 673K에서 공기중에 노출하여도 발화하지 않는 것으로 보고되었다.

9.4.3 수소 이용기술

(1) 수소의 이용분야

수소의 이용은 기존의 석유화학 공정에서의 이용 이외에도 ① 화학공업의 원료, ② 연료전지에 의한 발전, ③ 2차 전지, ④ 금속수소화물을 이용한 시스템, ⑤ 수소를 매체로 열-화학에너지 변화, ⑥ 수소연소시스템, ⑦ 수소추진시스템 등 다양한 이용부문이 제안되어 있다.

로켓 및 제트엔진의 추진시스템에 수소연소에 의한 열에너지 이용시스템이 응용되어 일부 실용화되어 있다. 이는 가스터빈, 자동차엔진에도 사용이 가능하여 개발이 되고 있다. 수소이용 발전시스템은 수소의 연소열을 수소연소 터빈과 증기터빈을 구동시켜 발전하는 시스템으로 그림 9.6과 같다.

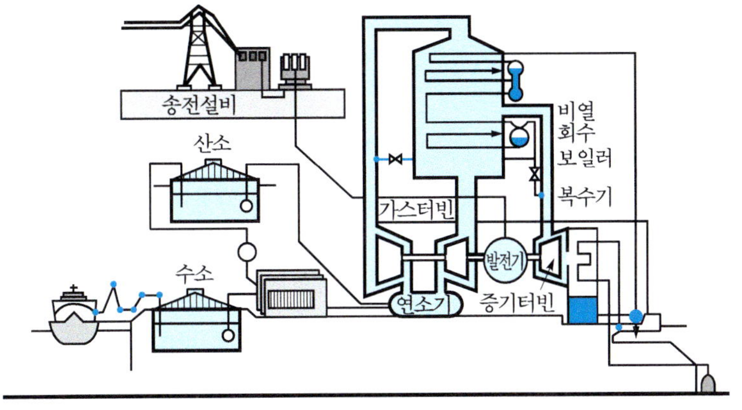

그림 9.6 발전용 수소터빈시스템

그림 9.7 수소자동차

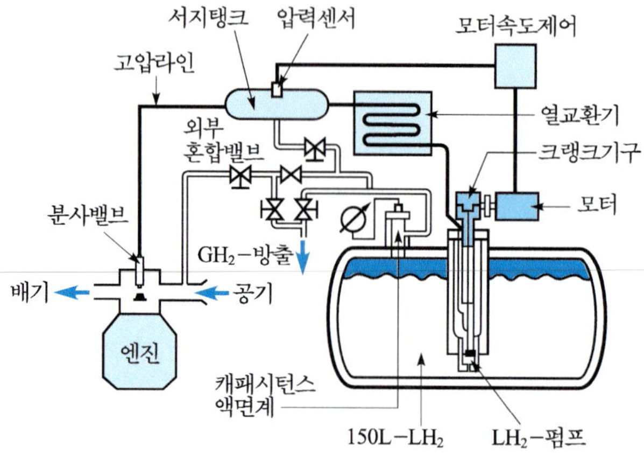

그림 9.8 수소자동차 원리

9.5 우리나라 수소 이용실태

9.5.1 국내 수소 개발 여건

지구환경 보존과 에너지원의 효율적인 이용을 위하여 고효율의 환경친화적 청정에너지 기술개발이 시급하며, 이에 적합한 미래의 에너지 매체로 우수한 특성을 가지고 있는 수소에너지 관련 기술의 개발이 필요하다. 이에 따라 환경파괴 및 화석에너지 고갈에 대한 궁극적 해결책으로 수소에너지 기술개발의 중요성이 증대되고 있으며, 이와 같은 수소에너지 기술확보는 미래 21세기 에너지 안보 및 국가 경쟁력을 결정하는 중요한 요소가 될 것이다. 또한 국민소득의 증가와 청정에너지 사용에 따른 환경의식이 향상될 것이며, 사용 에너지의 편의성 및 쾌적성 확보를 위한 수소에너지 기술개발은 중요한 과제이다. 수소의 제조/저장/이용 등 각 분야는 우리나라에서도 이미 1970년대부터 관심을 가지고 기초적인 연구를 시행하여 오고 있다. 지원이 꾸준히 계속되지 못하고, 지원 규모가 매우 작아 실증적인 규모에까지 이른 것은 없으나, 밑바탕이 될 인적 자원과 수소에 대한 관심은 점차 증대되고 있다.

9.5.2 지금까지의 연구개발 실적

국내에서는 1970년대 말부터 관련 기초연구가 시작되었으며, 1989년 과기처의 지원으로 한국에너지기술연구소가 연구를 총괄하여 수소에너지 관련 기초연구를 대학 및 연구소에서 공동으로 수행하였으나, 1단계(3년)의 연구지원으로 마감되었으며, 이후 G7 과제에 채택되지 않음에 따라 대체에너지 기술개발사업 및 관련 연구소에서의 중장기 연구계획에 따른 연구가 수행되고 있다. 1989년부터 1992년까지 특정과제로 추진되었던 연구내용은 수소의 제조기술, 수소의 저장기술 및 수소의 안전대책기술 관련으로 9개의 연구과제가 수행되었다. 한편 1988년부터 시작된 대체에너지 기술개발사업에 따라 1992년부터 수소에너지 분야의 연구개발도 지원되기 시작하였는데, 대부분이 대학에서 기초연구 수준으로 진행되고 있다.

한국에너지기술연구소는 국내 에너지 관련 전문연구기관으로서, 지속적으로 수소에너지 관련 연구를 수행하고 있으며, 열화학법에 의한 수소제조기술, PV시스템을 이용한 수소제조기술, SPE에 의한 수소제조기술, 저가의 청정연료 제조기술, 금속수소화물을 이용한 열수송기술의 등의 연구가 수행되었거나 진행 중에 있다.

과학기술부는 또한 지난 3월 한국에너지기술연구원에서 '고효율 수소에너지 제조·저장·이용기술개발 사업단' 현판식을 열고 본격적인 수소에너지 이용기술 개발에 나섰다. 수소에너지 사업단은 오는 2013년까지 10년 동안 3단계에 걸쳐 정부지원 949억 원, 민간자금 165억 원을 투입, 수소에너지 제조와 이용기술의 실증과 안전평가, 저장 등의 기술을 개발한다. 이 연구에는 한국에너지기술연구원, 한국과학기술연구원, (주)현대자동차, 한국가스공사, (주)삼성엔지니어링, (주)SK, (주)효성 등 26개 기관이 산·학·연합동으로 참여한다. 정부는 "수소에너지 개발사업이 완료되는 오는 2013년에는 에너지용 수소공급을 통해 연간 2조원 이상의 경제적 효과와 세계 5위권의 기술수준을 확보할 수 있을 것으로 기대된다."고 밝혔다.

현대차와 기아차는 토요타의 하이브리드차에서 뒤쳐진 기술을 만회하기 위해 연료전지차 개발에 힘을 쏟고 있다. 대부분의 부품을 국산화하기 위해 수소연료전지차용 배터리는 LG화학, 라디에이터는 두원공조, 수소탱크는 다이나텍 등 각 부품마다 1대1로 국내업체와 개발 계획을 진행 중이며 수소충전소는 SK와 GS칼텍스가 연구 중이다.

9.5.3 현기술상태의 취약성

국내의 연구현황에서 보는 바와 같이 몇 가지 분야를 제외하고는 대부분의 연구내용이 기초기술 개발단계에 있으므로 선진국의 기술과는 많은 격차를 보이고 있다. 선진국에서 개발되었거나 개발 중인 수소에너지 기술이 군사용이나 우주개발 등의 특수 용도로 실용화가 이루어지고 있는 것은 경제성의 차원을 벗어나 개발되고 있음을 보여주는 것이다. 수소에너지 기술은 선진국에서도 아직까지 개발 초기단계이거나 기업화 시작단계인 기술이므로, 장차 국내에서도 적극적으로 기술개발을 추진한다면 빠른 기간 내에 선진국과의 기술격차를 줄일 수 있으리라 생각된다.

9.6 앞으로의 전망

수소에너지 관련 기술들은 장차 화석연료의 시대가 지나고 새로운 에너지시스템으로의 전환이 이루어질 경우 필연적으로 요청되는 기술이다. 이들 산업의 성장 잠재력은 무한하나 앞으로 얼마만큼 화석에너지 시대가 지속할 것인지에 따라, 또한 지구의 환경공해의 심각성과 그 진전 정도에 따라 시급성이 결정될 문제이다. 그러나 아직까지 화석연료의 가격은 현재의 방법으로 얻어지는 수소보다는 훨씬 저가이므로 수소에너지의 이용은 당분간 어려울 전망이다.

그러나 화석연료의 사용에 따른 지구온난화 문제가 가시화 될 경우에는 화석연료의 사용제한이나 탄소세 등의 문제가 구체화되어 의외로 빨리 에너지시스템이 대체에너지를 근간으로 하는 수소에너지 체계로 전환될 수도 있음을 고려하여야 할 것이다. 특히 최근의 배럴당 30 달러 이상 계속되는 고유가 행진과 중동지역의 정치적 불안에 의한 에너지 수급불안정에 대한 우려는 대체에너지의 개발 경제성을 높여 주고 있음도 간과할 수 없다. 따라서 우선적으로 수소에너지의 종합적 시스템 기술에 대하여 충분히 검토하고, 이에 대한 연구개발이 이루어져야 미래의 에너지시스템에 대처할 수 있을 것이다.

이상과 같은 관점에서 볼 때 수소에너지 시스템 기술을 포함하는 각 분야의 요소기술 산업의 성장전망은 상당히 밝은 것으로 평가되고 있으며, 최근 여러 나라에서 대체전원으로부터 수소를 제조하고, 이를 저장하여 연료전지나 수소보일러, 수소자동차에의 이용을 연결하는 파일롯트 시스템의 건설과 이의 적용연구를 수행하거나, 추진하고 있는 것은 미래의 에너지시스템으로 수소의 중요성을 보여주고 있다.

수소 관련기술은 기계, 금속, 화학, 화공 다방면으로 그 폭이 매우 넓으며, 지원이 이루어진다면 인력, 시설을 확보하기는 어렵지 않으나, 장기간이 소요되는 기술분야인 만큼 체계적, 장기적 안목의 투자, 일관성 있는 정책이 선결되어야 한다.

CHAPTER 10 바이오매스에너지

10.1 바이오매스의 정의

바이오매스는 원래 생태학의 용어로서 생물량 또는 생체량이라고 번역되어 있다. 이것은 살아 있는 동물·식물·미생물의 유기물량(보통 건조중량 또는 탄소량으로 표시)을 의미한다. 따라서 생태학의 용어법에서는 나무의 줄기 뿌리, 잎 등이 대표적인 바이오매스이며 죽은 유기물인 유기계 폐기물(폐재, 가축의 분뇨 등)은 바이오매스가 아니라고 할 수 있다. 그러나 이와 같은 생태학의 용어법과는 달라서 산업계에서는 유기계 폐기물도 바이오매스에 포함시키는 것이 보통이다. 바이오매스 자원은 재생이 가능하며 또 광역분산형의 자원으로서 지역 에너지원으로서 주목되고 있다. 에너지원으로서의 바이오매스의 장점은 에너지를 저장할 수 있다는 점, 재생이 가능하다는 점, 물과 온도조건만 맞으면 지구상 어느 곳에서나 얻을 수 있다는 점, 최소의 자본으로 이용기술의 개발이 가능하다는 점, 그리고 원자력의 이용 등과 비교할 때 환경보전적으로 안전하다는 점 등이다.

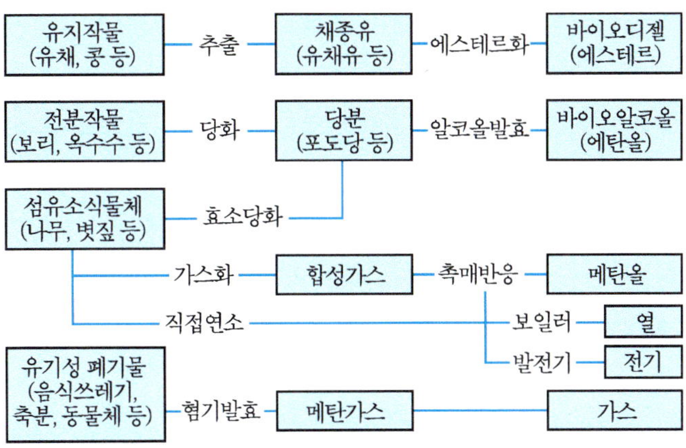

그림 10.1 바이오에너지 변환 시스템

한편, 단점으로서는 넓은 면적의 토지가 필요하다는 점, 토지 이용 면에서 농업과 경합한다는 점, 자원 부존량의 지역차가 크다는 점, 비료, 토양, 물, 그리고 에너지의 투입이 필요하다는 점, 문란하게 개발하면 환경파괴를 초래한다는 점 등을 들을 수 있다. 또 바이오매스의 생산, 수집, 운반, 변환에 관련한 기술적 문제, 경제성과 에너지 밸런스(투입에너지에 대한 산출에너지의 비율)에 대한 문제도 있다. 이와 같이 바이오매스에너지의 이용·개발은 대단히 많은 문제를 안고 있으며, 또 바이오매스자원의 부존량은 지역에 따라 큰 차이가 있다. 바이오매스가 지역의 에너지원으로서 얼마나 중요한가를 판단하기 위해서는 이들 문제를 다각적으로 검토할 필요가 있다.

10.2 바이오에너지 이용기술

10.2.1 바이오디젤

(1) 바이오디젤 보급현황과 경제성

자연에 존재하는 각종 기름(Fat, Lipid)성분을 물리 화학적 처리과정(에스테르공정 : Esterification Process)을 거쳐 석유계 Dissel과 유사한 액체연료로 변환시켜 디젤 엔진에 사용하는 기술이다. 특히 "BIODIESEL"이란 용어는 오스트리아 "BIOENERGIE 社"에서 개발한 등록상표로서 일반적으로 각종 동·식물油로부터 전환된 디젤을 지칭하는 일반용어로 사용되고 있으나 상표명에 대한 법적 권리는 등록회사에 귀속되고 있다. 한편, 바이오디젤의 원료가 되는 기름은 크게 유채씨, 해바라기씨, 대두 등과 같이 다량의 植物油(Vege표 Oil)를 함유하는 종자(Oilseed)를 이용하거나 기타 쌀기름(일명 미강유)과 같이 각종 곡·식물의 가공처리 과정에서 발생하는 부산물 기름 혹은 폐·식용유 등을 이용하고 있으며, 미국의 경우 건강상의 이유로 저지방 육류를 선호함에 따라 닭고기, 돼지고기 등에서 인위적으로 기름을 제거하게 되며 이때 발생한 다량의 동물성 油脂를 바이오디젤의 원료로 이용하기도 하고 있다. 이들 원료를 이용하여 다음 그림 10.2에서와 같이 알칼리 촉매 존재 하에서 에스테르화 반응을 시키고 부산물인 Glycerol을 정제하면 경유와 비슷한 균질상 지방산에스테르 즉 바이오디젤이 생성된다.

이와 같이 생산된 바이오디젤 이용이 가장 활발한 유럽의 경우 농업보호 및 환경보호 그리고 재생에너지 사용 장려의 측면에서 바이오디젤의 경우 석유계 디젤에 비해 각종 대기오염물질의 배출이 현저히 적음, 표 10.1 정책적으로 시장을 확산시키고 있다.

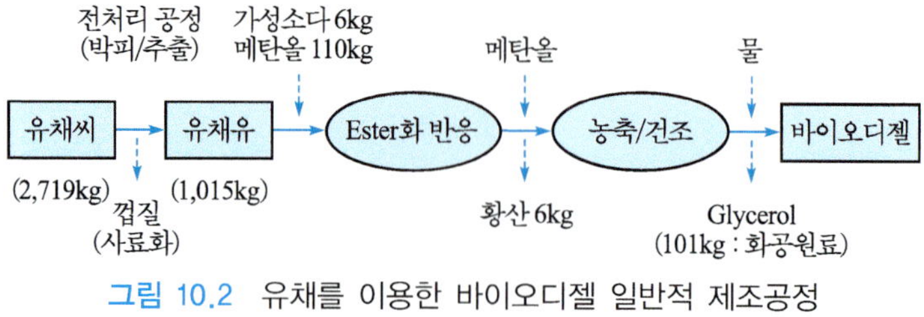

그림 10.2 유채를 이용한 바이오디젤 일반적 제조공정

표 10.1 바이오디젤의 공해물질 저감효과

CO 20% 이상 감소	매연, 분진 약 50% 감소
NOx 55% 감소	방향족 화합물 약 40% 감소
SOx 98.5% 감소	알데하이드류 약 40% 감소

바이오디젤유의 경우 제조 원료에 따라 연료적 특성에 차이가 있으나 일반적으로 석유계 디젤과 유사하며 따라서 기존의 디젤엔진 기관을 개조 없이 그대로 사용이 가능하다는 장점을 가지고 있다. 다만, 바이오디젤의 경우 석유계 디젤에 비해 저온 시동성이 떨어진다거나 다소 점도(viscosity)가 높아서 추운 날씨에서 연료공급 라인이 막힌다든지 하는 문제점이 있을 수도 있으나 지역과 기후에 따라 바이오디젤 제품 특성을 달리함으로써 기술적으로 극복 가능하다. 다음 표 10.2에는 바이오디젤과 일반 경유의 물성과 내연기관 이용시의 특성을 기술하였다.

바이오디젤은 환경문제에 대한 관심이 높은 유럽을 중심으로 정부 정책지원에 힘입어 활발히 보급되고 있으며 특히 오스트리아의 경우 모든 농업용 디젤차량(트랙터, 콤바인, 기타 디젤 원동기 등)에 대해서는 의무적으로 바이오디젤을 사용토록 하고 있으며 그 외 스톡홀름, 비엔나 등 문화유적지를 운행하는 대중교통 수단에 대한 바이오디젤유 이용이 급격히 확산되고 있다. 따라서 전 세계 생산량은 1991년 기준 111,000 ton에 불과하였으나 1997년에는 1,286,000 ton으로 약 11배 증가하였으며 1998년에는 약 1,360,000 ton이 생산된 것으로 보고되었다. EU국가가 신재생 연료유 보급을 2010년까지 전체 자동차 연료소비의 7%까지 증가시킬 계획을 가지고 있으므로 이와 같은 추세는 계속될 것으로 추정되며 이 경우 연간 약 350만~500만 ton의 바이오디젤 공급이 필요할 것으로 추산되고 있다.

표 10.2 바이오디젤유와 일반경유의 연료특성 비교

구 분	바이오디젤유		일반경유	비 고
	대두유원료	유채유원료		
세탄가	52.0	54.5	47.8	
발화점(℃)	171.0	80.0	83.9	
Cloud점(℃)	1.1	−2.2	−12.2	
저온 시동점(℃)	−1.1	−9.4	−28.9	
비중(kg/L)	0.87	0.85	-	
황함량(wt%)	0.04		0.29	
점도(cs) - 40℃ - 100℃	 4.1 -	 6.0 2.4	 3.2 1.26	
발열량(kJ/kg)	38,460	35,376	38,537	

다음 표 10.3에는 1994년까지 가동되었던 대표적 바이오디젤 생산공장현황을 나타내었다. 그리고 2000년 현재는 전 세계적으로 21개국에서 시설이 가동되고 있으며 상용 규모 공장은 서구(Western Europe) 44개소, 동구(Eastern Europe) 29개소, 북미 8개소 그리고 여타지역 4개소 등이다. 바이오디젤유의 생산원가는 바이오디젤 제조원료에 따라 다소 차이가 있으나 일반적으로 석유계 경유(0.2 $/L)의 약 1.5~2배 정도로서 0.3~0.4 $/L 선인 것으로 추산되고 있다. 그러나 통상 바이오디젤의 경우 원료 대비 가공비가 약 10배 정도로 이는 향후 기술개발 결과에 따라 제조원가를 획기적으로 낮출 수 있는 가능성을 제시하고 있다.

표 10.3 바이오디젤유 생산고장 가동례

회사명	장 소	설비용량	가동일
Hauptgenossenschaft	獨 키엘	8,000 ton/년	92년 이전
Novamont S.p.A	이탈리아	60,000 ton/년	가동중
Oelmuhle Asach	오스트리아	10,000 ton/년	가동중
Connemann GmbH	오스트리아	15,000 ton/년	가동중
Oleofina SA	벨기에	40,000 ton/년	가동중
RME Production GmbH	오스트리아	15,000 ton/년	가동중
Sofiproteol SA	프랑스	20,000 ton/년	가동중
GraTech. Inc.	美 (미 정)	300~1,200만 gal./년	1993~1994
Interchem Inc.	美 캔사스	300만 gal./년	1992
Milo Olomouc Santova	체 코	30,000 ton/년	1993
ME KFT	헝가리	18,000 ton/년	1993
Oelmuhle Leer	독일 리어	60,000 ton/년	1994
Sofiproteol SA	프랑스	100,000 ton/년	1994

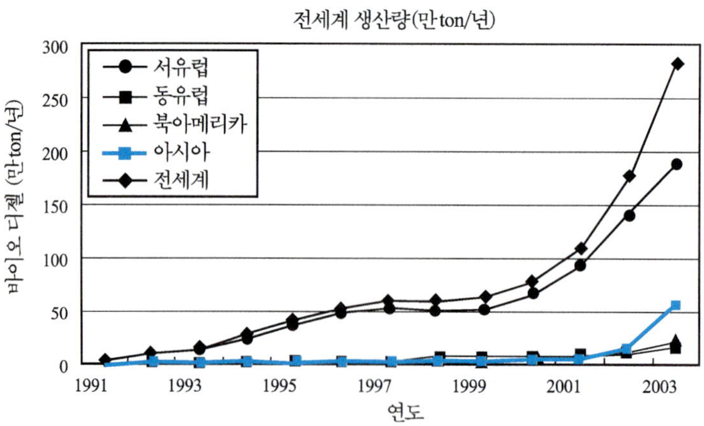

그림 10.3 전 세계 바이오디젤 생산 현황

현재로서는 유럽을 중심으로 각국에서는 환경보호, 농업보호 정책차원에서 바이오디젤 보급 확대, 생산 이용 지원정책을 실시하고 있으며, 향후 탄소세 도입시 대응면세 범위를 최종 소비자가의 약 10% 정도로 정할 것으로 추정되고 있다.

(2) 국내외 기술개발 현황과 전망

바이오디젤유의 경우 그 연료특성상 경유와 유사한 특성을 지나고 있으며 연료로 사용할 경우 예상되는 대부분의 기술적 문제는 이미 1980년대 대부분 해결되었다. 따라서 현재 각국의 기술개발 흐름은 바이오디젤유의 생산가격을 낮추는 방향으로 집중되고 있다. 따라서, 각국은 다양한 시도를 하고 있는데 이를 요약하면 다음과 같다.

1) 미국

① 순차적 추출공정(Sequential Extraction Process)에 의한 연구결과 기존 공정의 경우 72% 정도의 수율을 90% 수준으로 향상(Iowa 주립대학).

② 그 외 값싼 원료기질 공급을 위해 성인병의 주요 원인이 된다는 이유로 각종 육류가공 과정에서 제거처리 하고 있는 콜레스테롤, 포화 지방 등에 주목하여(미국의 경우 연간 약 135억 갤런 정도가 발생) 이를 바이오디젤로 변환시키는 연구를 추진(Texas A & M 대학).

③ 기존 회분식 공정을 연속식으로 개량, 생산성을 향상하기 위하여 현재 약 5만 갤런/년 규모의 파이로트 플랜트 연구를 추진하고 그 결과를 토대로 300~1,200만 갤런/년 규모 상용공장 건설을 검토 중(GraTech社).

2) 캐나다

① 기존 공정의 경우 필수적인 에스테르화 공정(촉매반응)을 생략하여 추출油를 직접 *n*-paraffin으로 전환, 공정 생산성을 향상(SRC 연구재단).

3) 유럽 각국

① 가정에서 요리 후 폐기처리되는 綿實油(6만 ton/년 정도 발생 추산)를 이용하여 이를 바이오디젤로 전환하는 연구 추진(오스트리아, Graz 대학).

② 바이오디젤 제조공정중의 촉매를 KOH로 대체하여 생산수율(특히 부산물인 Glycerol 발생을 억제)을 높인 공정을 특허출원(오스트리아/독일 공동연구 : Vogel&Noot GmbH社).

③ 그 외 제조공정과 관련하여 Sofiprogel SA社의 Estrip공정 등이 특허 등록되었으며, 그 외 에스테르화 반응과 관련한 추가 연구들이 활발히 추진됨(프랑스 國營 석유공사).

표 10.4 EU의 연도별 바이오연료 보급 목표

연 도	바이오에탄올, 천ton/년	바이오디젤, 천ton/년	바이오연료, 천ton/년	점유율, %
2005	2,341	2,532	4,873	2.0
2006	3,219	3,482	6,701	2.75
2007	4,096	4,431	8,527	3.50
2008	4,974	5,381	10,355	4.25
2009	5,852	6,331	12,183	5.0
2010	6,730	7,280	14,010	5.75

4) 국내 기술개발 현황

① 현재 바이오디젤과 관련한 국내연구는 한국에너지기술연구원의 폐식용유 이용 바이오디젤 생산공정 연구와 명지대, 고려대 등의 관련 기초기술 연구가 추진 중에 있다.

② 93년 경상대학교와 두원정공에서 공동으로 부분적인 엔진적합성에 관한 기초연구 실시 후 연구지원 중단

10.2.2 바이오에탄올

(1) 바이오에탄올의 물성과 생산기술 현황

에탄올은 화학적 합성도 가능하지만 생물공정으로도 생산되고 있다. 술을 제조하는 공정에서와 마찬가지로 당을 생성하는 작물로부터 추출된 당을 효모나 박테리아(Zymomonas moillis)로 발효를 통하여 생산되는 것이다. 옥수수와 같은 전분을 원료로 하는 경우에는 산이나 아밀라아제(amylase)로 불리는 효소로 먼저 전분을 포도당으로 전환하여 발효하게 된다. 목질계를 원료로 하는 경우에도 목질계의 주성분인 셀룰로오스를 산이나 효소(cellulase)로 분해하는 과정을 거쳐 발효하여 에탄올을 얻게 된다. 목질계 바이오매스 중의 헤미셀룰로오스는 산이나 효소(Xylanase) 존재 하에서 자일로오스(Xylose)를 비롯한 오탄당으로 대부분 분해되는데 지금의 효모나 박테리아로는 좋은 수율로 에탄올을 생산할 수 없다. 그러나, 최근 성능이 좋은 자일로오스 발효 균주들이 개발되고 있다. 효소를 이용한 생물공정으로 목질계 바이오매스를 에탄올로 전환하는 공정은 화학공정이나 산을 이용하는 방법에 비해 여러 가지 이점이 있다. 첫째, 효소는 대개 특정한 반응에 대하여만 촉매작용을 하므로 분해 생성물, 부산물 등의 생성이 적다. 둘째, 생물공정은 상온, 상압 반응이므로 시설비가 적게 들며 반응되지 않는 성분(바이오매스의 경우 리그린 등)은 변환없이 배출되므로 다른 용도로 쓸 수 있다. 마지막으로, 생물공정은 새로운 공정 및 테크놀러지 개발이 계속되고 있으므로 공정 개선 및 경제성 제고가 용이하다는 것이다. 에탄올은 수송용 대체연료로서 아주 우수한 특성을 갖고 있음이 입증되고 있다. 에탄올은 휘발유와 혼

합연료(가소홀, Gasohol)의 형태, 산화물(ETBE, Ethyl Tertiary Buthyl Ether)의 혼합연료 혹은 수화에탄올(95%(v/v)에탄올+5%(v/v)물)로 기존의 내연기관에 거의 완벽하게 사용될 수 있다. 즉, 다음 표 10.5에서 보는 바와 같이 먼저 공연비(Air/Fuel ratio)를 낮게 유지할 수 있으며, 증발잠열이 높고, 옥탄가가 높으며 화염온도는 낮다.

실제로, 에탄올은 이와 같은 이유로 Indianapolis 500 같은 고성능 자동차 경주에서 종종 휘발유 보다 우수한 연료로 경주차에 사용되기도 하며, 브라질에서는 수화에탄올 자동차가 휘발유 자동차보다 더 많이 출고되기도 하였다. 내연기관 연료로서 에탄올 장단점을 다음 표 10.6에 종합한다.

표 10.5 가솔린과 에탄올의 연료특성 비교

연료특성	에탄올(바이오)	가솔린
증기압(mmHg) 38.1℃	129	414~776
46.4℃	165	640
4.8℃	21	160
열량(kcal/L)	5,060	7,589
옥탄가 RON	111	91~98
증발열(kcal/L)	158	62
비 중	0.789	0.70~0.76
비등점(℃)	78.7	27~205
분자량	46.1	100~105
탄소함유량(g/L)	412	640
공연비	9.0	14.5
발화 한계농도(vol%)	3.3~19	1.4~7.6
인화점(℃)	13.1	−42.4
자동 착화점(℃)	218	125

표 10.6 수송용 에탄올 연료의 장단점

장 점	단 점
• 일반 대중에 잘 알려져 있으며 독성이 적다. • 유기 배출물의 반응성이 낮다. • 유독 공해물질 배출량이 적다. • 엔진 효율이 높다. • CO_2 배출이 적다. • 황, 질소 성분을 함유하고 있지 않다. • 재생가능 바이오매스 자원으로부터 생산이 가능하다.	• 현재 기술로는 가격이 비싸다. • 원료 공급원의 제한이 있다. • 식용 알코올로 전용될 소지가 있다. • 부피당 열량이 가솔린 대비 1/3 정도 작아 연료통이 커진다. • 저온 시동성이 나쁘다.

전처리가 끝난 목질계 바이오매스로부터 연료용 에탄올을 생산하는 반응 메커니즘은 크게 두 가지로 당화와 발효라 할 수 있다. 당화란 셀룰로오스 성분이 효소의 작용에 의해 글루코오스로 전환되는 과정이며, cellulase 효소가 셀룰로오스의 반응표면에 흡착하여 셀룰로오스를 cellobiose로 바꾸는 과정과 이렇게 생성된 cellobiose가 β-glucosidase의 효소반응에 의해 글루코오스로 전환되는 과정으로 나눌 수 있다. 이때 cellulase 효소는 cellobiose와 글루코오스에 의해 억제영향을 받고 특히 cellobiose에 의한 억제영향이 더 심각하다고 보고되었다. 또한 β-glucosidase 효소는 기질인 cellobiose와 최종 생성물인 글루코오스에 의해 억제영향을 받고, 글루코오스에 의한 억제작용에 더 민감한 것으로 보고되었다. 발효란 당화 과정에 의해 생성된 글루코오스가 효모 등의 미생물에 의해 혐기성 조건하에서 에탄올과 이산화탄소로 전환되는 과정을 일컫는다. 일반적인 바이오매스로부터 에탄올로의 생물학적 전환 공정에 대한 모식도를 다음 그림 10.4에 나타내었다.

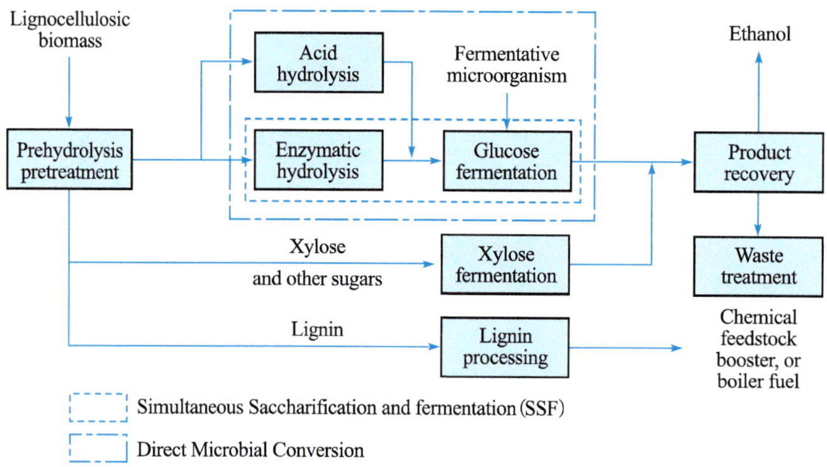

그림 10.4 전형적인 바이오에탄올 생산공정

당화 공정 중에서 먼저 산당화 공정을 설명하면, 묽은 또는 농축된 산은 섬유소계 바이오매스로의 셀룰로오스와 헤미셀룰로오스 구조를 파괴시켜서 에탄올로 전환시킬 수 있는 당의 형태로 전환시킬 수 있다. 우선적으로 섬유소계 바이오매스를 작은 크기로 분쇄시켜 산이 기질의 구조 안쪽으로 깊이 침투할 수 있도록 한다. 이러한 산당화는 기본적으로 바이오매스의 헤미셀룰로오스를 자일로오스(Xylose) 및 다른 형태의 환원당으로 전환시키는 과정을 의미하며 당화 후에 남는 잔류 셀룰로오스 및 리그닌이 함유된 헤미셀룰로오스 성분들은 전체 공정을 위한 연료로 사용이 가능하다.

예를 들면, 1.5%의 묽은 황산을 이용한 산당화의 경우 바이오매스를 당으로 전환시킬 수 있으며, 헤미셀룰로오스를 분해하여 적절한 수율의 자일로오스와 환원당을 생산하기 위해서는 당화 온도가 대략 160℃(320F)의 조건을 유지하여야 한다. 그러나 결정형의 셀룰로오스(crystalline cellulose)를 당화시키기 위해서는 200~240℃의 조건을 유지시켜야 한다. 이러한 공정조건은 결국 과도한 분해를 유발하여 Hydroxymethylfurfural(HMF), furfural, tars 및 다른 여러 성분들을 발생시킨다. 이러한 생산된 물질들은 그 시장규모가 매우 작을 뿐만 아니라 발효과정에서 미생물에 강한 억제작용을 나타낸다. 한편, 효소당화 공정에서 셀룰라아제(cellulase)는 에탄올 생산을 위한 환원당 및 포도당(glucose)을 생산하기 위해 셀룰로오스를 분해시키는 촉매역할을 한다. 효소는 기질에 대한 선택 특이성이 매우 높은 촉매로써 산당화에서 발생하는 부산물들의 생성이 거의 일어나지 않아서 잔류물에 대한 처리비용을 격감시킬 수 있다. 또한 적은 양의 효소로도 촉매반응이 가능하고 그 효소 반응조건에 대한 부담이 없고 높은 당화수율을 유지할 수 있는 장점이 있다. 효소를 이용한 에탄올 생산은 오랜 기간 연구되어 왔으며, 현재에는 대량 생산공정에 직접 적용이 가능한 기술수준까지 도달하였다. 섬유소 가수분해 과정을 세 가지 효소들의 길항작용으로 설명할 수 있는데, endo-β-1,4-glucannase, exo-β-1,4-glucannase(exo-β-1,4-cellobiohydrolase), 그리고 β-glucosidase가 무작위로 섬유소 고분자의 내부를 공격하여 새로운 말단을 형성시키면 β-1,4-glucannase가 섬유소사슬의 비환원당 말단으로부터 셀로바이오스(cellobiose)를 분리해낸다. 두 효소들의 길항작용이 진행되는 동안 셀로바이오스의 농도는 높아지고 exo-glucannase의 활동은 셀로바이오스의 축적되는 경향만큼 억제되어진다. 생성된 셀로바이오스는 β-glucosidase에 의해 다시 포도당으로 분해되며, 이 분해과정은 액상의 반응으로 진행된다. 또한 포도당이 축적되면서 β-glucosidase 또한 억제영향을 받는다. 섬유소의 가수분해는 위의 세 효소의 상호작용에 전적으로 의존하며, 가수분해속도는 온도가 증가함에 따라 증가된다. 그러나 효소의 촉매작용은 효소의 모양과 매우 밀접하게 관련되어 있기 때문에 아주 높은 온도에서는 효소의 모양이 변형되어 효소의 역가를 감소시키는 결과를 초래한다. 이러한 효소 역가의 증가와 감소속도를 고려한 최적의 반응온도는 45~50℃의 범위로 알려져 있다. 산당화 혹은 효소당화 과정을 거쳐서 포도당으로 분해된 목질계 바이오매스(Lignocellurosic Biomass)는 최종적으로 발효공정을 거쳐 에탄올로 변환된다. 연료용 에탄올 생산을 위한 발효균주는 주로 yeast가 사용되어 왔다. 가장 대표적인 yeast는 Saccharomyces cerevisiae로 당화 산물인 포도당을 에탄올로 전환시킨다. 발효공정의 효율을 더욱 높이기 위한 방법의 일환으로 연구자들은 높은 당 농도에서도 발효를 수행할 수 있는 내당성 균주와 효소당화의 최적온도인 45~50℃ 부근에서도 에탄올 전환이 가능한 내열성 균주, 그리고 고가의 효소 사용량 절감 과 고농도의 에탄올 생산을 위해 당화 및 발효를 동시에 수행할 수 있는 재조합 균주 등에 대하여 연구하였다. 대표적인 재조합 균주는

Klebsiella oxytoca P2이며, 40℃ 이상에서 우수한 발효능을 보이는 내열성 균주로는 Brettanomyces curstersii, Saccharomyces uvzrun, Candida brassicae 등이 있다. 내당성 균주는 분리당화발효(SHF) 공정에 적합하며 내열성 균주는 동시당화발효(SSF) 공정에 적합하다고 보고되었다. 연료용 에탄올 생산공정은 크게 분리 당화발효(Separate Hydrolysis and Fermentation, SHF) 공정과 동시 당화발효(Simultaneous Saccharification and Fermentation, SSF) 공정으로 나눌 수 있다. 분리 당화발효 공정은 당화과정과 발효과정을 각각 다른 반응기에서 수행하는 것으로서 당화과정과 발효과정에서 효소와 효모에 대해 각각 최적화된 조건하에 반응시킬 수 있다. 그러나 분리 당화발효 공정에서의 효소반응은 그 중간생성물과 최종 생성물인 셀로바이오스와 글루코오스에 의해 억제영향을 받기 때문에 반응이 진행됨에 따라 축적된 글루코오스의 농도가 높아지면 반응이 종결되는 단점이 있다. 이를 극복하기 위해 효소의 양을 늘리는 방법이 있지만 효소의 생산비용이 비싸기 때문에 경제적인 방법이 될 수 없다. 이러한 분리 당화발효 공정의 단점을 극복하기 위해서 동시 당화발효 공정은 하나의 반응기에서 당화과정과 발효과정을 동시에 수행한다. 동시 당화발효 공정에서는 당화과정에서 글루코오스가 생성되자마자 효모가 발효과정에 의해 글루코오스를 바로 제거하고 반응기내에 당의 축적을 최소화할 수 있다. 이러한 이유 때문에 동시 당화발효 공정은 분리 당화발효 공정에서 나타나는 최종 생성물의 억제작용을 방지할 수 있고 효소의 가수분해 반응을 향상시킬 수 있다. 부가적으로 장치비의 절감과 낮은 효소 투입량에 의한 비용감소 효과를 볼 수 있고, 반응기내에 에탄올이 존재하므로 오염문제를 감소시킬 수 있는 장점이 있다. 실제로 목질계 바이오매스를 원료로 하여 동시 당화발효 공정과 분리 당화발효 공정의 경제성을 평가했을 때 동시 당화발효 공정이 더 경제적이라 보고되었다. 섬유소계 바이오매스의 당화 및 발효공정에서 얻어진 에탄올이 연료용 에탄올로 사용되기 위해서는 일반적으로 분리와 정제과정을 거쳐야 한다. 전통적인 분리, 정제과정은 발효액으로 부터 에탄올을 분리한 다음 증류 방법에 의해 에탄올을 95%의 농도까지 농축시키고 이것을 다시 공비증류(Azeotropic distillation) 방법에 의해 에탄올을 연료용 등급인 99% 이상의 농도로 올리는 과정을 사용하였다. 이러한 분리, 정제과정에 사용되기 위해 필요한 에탄올 농도는 10% 정도이어야 하고 6% 이하의 농도에서는 경제적으로 매우 불리하다. 그러나 최근 연구에 의하면 기존의 증류공정에 흡착제를 사용한 흡착회수공정(Sorptive Recovery Process)을 결합하여 4.5%의 에탄올로부터 99.4%의 연료용 에탄올을 얻었다. 결국 현재까지 개발된 정제공정을 이용하여 연료용 에탄올을 경제적으로 얻기 위해서는 동시 당화발효 공정에서 얻어진 에탄올의 농도가 최소한 4~5% 이상이어야 한다. 이를 해결하기 위해 막분리 공정이 연구되어졌으며 투과증발법에 의해 원하는 농도의 에탄올을 얻을 수 있게 되었다. 그러나 산업적 규모의 공장에서 막분리 공정을 이용하는 것은 타당성이 없다고 사료된다. Cellulose를 당화하고 당화 생성물인 포도당을 에탄올로 전환하기 위한 발효기술의 핵심은 효소(Cellulase)와 에탄올 발효에 사용되는 미생물이다. 목질계의 당화액은 포도당을 주로 하지만 Xylose, Arabinose, Mannose 등도 다량(25% 정도) 포함하고 있으므로 이를 유용하게 이용하는 일이나 그 외 초산, Furfural 등 독성 불순물의 존재하에서도 발효계를 안정적으로 유지하는 것이 중요하다. 따라서, 당화 및 에탄올 발효의 기반기술과 개발이 필요한 핵심요소 기술을 다음과 같이 정리하여 볼 수 있겠다.

1) 기반기술

① 효모 등 에탄올 생산 균주의 유전자 조작기술

② 대사공학, 분자진화 기술을 활용한 고기능성 균주 개발기술

③ 생물공정 활용기술(균주의 최적배양 및 동시 당화발효기술 등)

2) 핵심기술

① 혼합당 고수율 에탄올 발효균주 개발기술(Glucan외 Xyan, Arabinan, Mannan 등)

② 고기능 에탄올 생산균주 개발기술(내열, 내염성 및 동시 당화·발효 균주 등)

③ 고생산성 당화·발효 공정 기술개발(효소 및 균체회수 재순환 공정, 유가식 발효 등)

3) 동시 당화·발효 공정 기술개발

① 목질계 당화액의 독성효과 저감 기술개발(내독성 균주, 독성물질 저감법 등)

(2) 바이오에탄올의 경제성, 시장현황 및 전망

바이오에너지 전문가들에게 있어 바이오 에탄올 즉 농임산물 바이오매스를 원료로 발효 생산되는 수송연료로 쓸 수 있는 에탄올은 이미 낯선 물건이 아니다. 실제 브라질은 1999년 사탕수수 착즙액으로부터 생산된 95%(v/v) 에탄올(자동차용 연료로 바로 쓰임, hydrous alcohol) 105억 L(리터)와 휘발유 블렌디용(22% 이상) 무수에탄올(99.3%(v/v) 에탄올) 65억 L를 자동차연료로 사용하고 있다. 이 밖에도 미국은 옥수수 무수에탄올 53억 L(1998년), 캐나다는 옥수수(85%) 및 밀전분(15%)을 이용한 2.4억 L, 그리고 프랑스, 독일, 이탈리아에는 15억 L의 밀전분 및 감자를 이용한 발효 알코올이 자동차용 연료로 공급되고 있다. 상기하는 바와 같은 자동차용 에탄올 및 에탄올 함유 연료의 생산공장에서의 단가는 매우 추정하기 힘들다. 다만, 이들 연료의 소매가는 에탄올 연료에 관한 조세감면 등의 수단으로 휘발유보다는 낮게 책정되고 있다. 미국의 예를 들면 1999년 만료된 E10(에탄올 10% 함유 가소홀)은 갤런당 5.4센트의 조세감면법을 1999년에서 2007년까지 연장하였다. 프랑스의 경우에는 바이오 에탄올의 리터당 수매가가 0.47 ECU/L이며 시판가는 이를 훨씬 상회한다. 현재 사탕수수나 옥수수로부터 생산되는 에탄올의 생산단가는 현지의 사정이나 플랜트마다 다를 수가 있으며 프랑스의 경우에는 약 0.4 US $/L에 약간 못 미치는 수준이 아닌가 추정

된다. 한편, 미국의 경우에 에탄올 리터당 약 14센트의 보조금이 지급되는 상황이므로 휘발유의 생산단가를 약 20센트라고 하면 미국의 에탄올 시장은 0.34 US $/L 에탄올의 생산단가를 실현하여야만 2000년에 보조금을 받아서 수지를 맞출 수 있다는 결론에 이르게 되었다. 전술한 바에서도 밝혔듯이 바이오 에탄올의 공장도 생산단가는 추정하기 어렵거니와 평균치조차도 짐작하기 힘들다. 그러나, 원유가에 따른 가솔린의 생산원가는 이미 세계적으로 표준화된 정유공장과 공정 관행으로 정확한 예측이 가능하다. 그림 10.5는 원유가와 휘발유의 공장도가를 대비한 그래프이다. 그림에서 약 30 US $/bbl의 원유가 상황에서 휘발유의 생산가는 리터당 약 0.25 US $라고 볼 수 있다. 에탄올의 자동차 연료로서의 열량은 리터당 약 8,000 kcal이므로 동일한 마일리지로 바이오 에탄올을 공급하려면 바이오 에탄올의 생산원가는 약 0.2 US $/L가 되어야 한다는 추정이다.

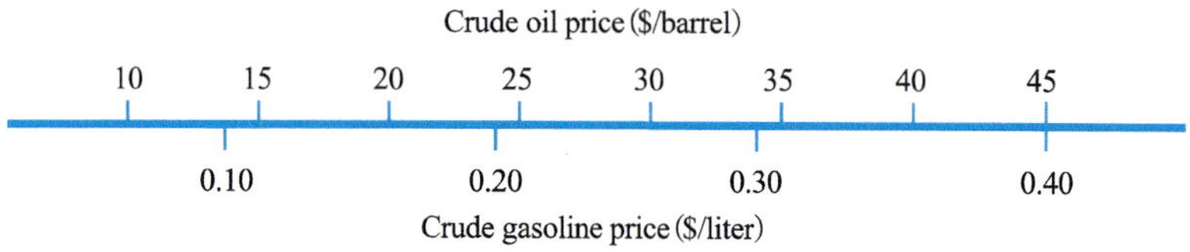

그림 10.5 원유가 대비 휘발유의 공장도 생산단가

1980년대 이래로 적지 않은 연구자들이 바이오매스로부터 목질계 에탄올을 생산하는 공정을 모델링하고 경제성 분석을 해왔다. 최근 약산당화, 강산당화, 그리고 효소당화 공정의 경제성을 비교 검토한 스웨덴 연구자들에 의하면 환경영향적 요인과 앞으로의 기술혁신의 가능성을 감안하지 않을 것 같으면 이 세 가지 공정의 절대적 우열을 판단하기는 힘들다는 결론을 맺었다. 그러나 한국에너지기술연구원 연구팀과 미국의 NREL, 일본의 RAPAD, 프랑스의 CARBUROL 프로젝트 연구팀과 스웨덴 Lund 대 연구팀 등 모든 목질계 에탄올 생산공정 연구팀은 효소당화에 의한 목질계 에탄올 생산공정이 환경영향과 앞으로의 기술혁신의 가능성을 감안할 때 가장 경제성이 좋은 공정으로 보고 동 공정의 파일로트 규모 연구를 추진 해오고 있다. 그러나, 지금까지 많은 노력에도 불구하고 목질계의 당화효소의 생산기술 개발에서 큰 성과를 거두지 못함에 따라 최근에는 여러 농도의 약산을 사용하는 산당화(산에 의한 직접 당화)에 이은 발효공정이 현실적인 대안으로 재조명 되고 있다. 한편, 이러한 연구의 결과로 목질계 에탄올 생산의 단위 요소기술, 즉, 전처리, 당화 및 발효기술상에 많은 발전이 있었으며, 특히 동시 당화 발효공정과 오탄당의 에탄올 발효 등 혁신적 기술의 개발도입이 이루어져 왔다. 이에 따라서 앞으로 화석연료와 가격 경쟁을 하기 위해서는 더 많은 기술혁신이 있어야 하겠지만 다음 표 10.7에 제시하는 바와 같은 전반적 경제성 향상이 있어 왔다. 동 경제성 분석의 결과를 종합적으로 검토할 때 목질계 에탄올 생산의 경제성을 좌우하는 중요인자는 다음과 같다. 첫째, 오탄당(xylose)의 에탄올 발효, 동시 당화발효 공정의 적용여부가 경제성에 크게 영향을 미친다는 것이다. 둘째, 셀룰로오스로부터 에탄올의 수율은 60~76% 수준을 확보하여야 한다는 점이다. 셋째, 자원량이 많고 비교적 값싼 것으로 알려진 목재의 경우에도 전분질계의 경우(생산단가의 60~70%) 보다는 현저히 비중이 작지만 원료비와 생산단가에서 차지하는 비중이 30% 정도 된다는 것이다. 마지막으로 공정이 복잡하고 대규모인 만큼, 생산단가에서 차지하는 자본비중이 40~60%에 이른다는 것이다. 한편, 표 10.7에서 목질계 바이오 에탄올 생산단가 감축을 위한 기술개발과 Project 관리를 위한 경제성 분석의 최근 동향을 Wooley, R. 외의 자료에서 살펴보면 1990년을 기준으로 한 Hinman 외의 경제성 분석이래로 일견 큰 기술혁신이 없었던 것으로 보인다. 그러나, 그 내용을 자세히 살펴보면 먼저 1990년의 경제성 분석은 최종 생성물을 95.4%(w/v)의 함수 에탄올을 가정한 것으로 공비증류에서 상당한 설비투자가 생략되었고, 무엇보다도 설비규모가 연산 58만 ton 정도로서 하루 2,000 ton 정도의 에탄올을 생산하는 과대한 규모이다. 그러므로, 무수에탄올(99.3%(w/v)으로서 휘발유 직접 혼합이 가능)을 하루 약 500 ton 규모(연산 15.8만 ton, 하루 목질계 원료 2,500 ton 소요, 32% 수분의 생목편으로 3,600 ton 정도, 30 ton 트럭으로 하루 120대분)로 생산하는 것을 가정한 최근 Wooley 등의 분석이 더욱 현실에 가까운 것으로 사료되며 현재 바이오 에탄올 L당 약 ₵38의 단가(36~43₵/L 범위)로 바이오연료용 에탄올의 생산이 가능한 것으로 분석된다.

표 10.7 목질계 에탄올 생산공정의 경제성 분석결과와 생산단가 결정인자

연구자 (발행연도)	기준 연도	무수 에탄올 생산원가 (₵/L)	부산물 이득 (₵/L ETOH)	용량 (ton/년)	가상 원료	원료 가격 ($/ton 건량)	에탄올 수율 (%)	자본 비용 비중 (%)	원료 가격 비중 (%)
Wright et al. (1986)	1985	81.2	2.3	443,566	hard-wood	46	65	38	30
Nguyen and Saddler (1991)	1989	73.9	4.9	165,000	aspen	52	61	-	14
Hinman et al. (1992)	1990	36.4	2.0	580,333	hard-wood	46	68	37	36
Von Sivers and Zacchi (1995)	1992	71.2	9.8	100,000	pine	61	76	48	30
Wooley R. et al. (1999)	1997	38.0 (36~43)	-	158,000	yellow poplar	25	257 (L/ton)	58	26

10.2.3 바이오가스

(1) 바이오가스화 메커니즘

메탄발효에 의해서 다양한 유기물이 바이오가스(메탄가스+이산화탄소)로 분해되는 과정을 다음 그림 10.6에 도시하였다.

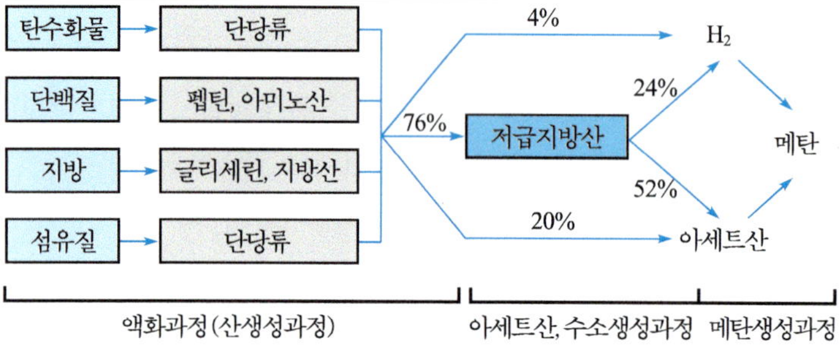

그림 10.6 메탄발효의 메커니즘

다시 말하면, 복잡한 유기물은 제1단계 액화과정(산생성과정)에서 산생성 미생물균의 작용으로 단당류, 아미노산, 지방산 등의 분자량이 적은 물질을 거쳐서 아세트산, 프로피온산, 부틸산 등의 저급 지방산, 젖산, 에탄올 등으로 분해된다. 다음의 2단계에 있어서는 아세트산을 제외한 저급지방산 등은 수소생성 미생물에 의하여 수소와 아세트산으로 변환되고 마지막 3단계에 있어서는 기질 특이성이 강한 메탄생성 미생물에 의하여 메탄과 이산화탄소로 분해가 된다는 것이다. 한편, 중간생성물인 아세트산과 수소는 각각 전자는 Methanosarcina 혹은 Methanosaeta속 균의 대사에 의하여 메탄으로 분해되고 수소는 여러 종류의 보효소가 관련된 C1 대사경로에 의하여 CO_2를 환원하며 formyl methanofuran을 거쳐서 메탄으로 환원된다. 우선 고형물을 거의 함유하지 않은 유기성 폐수의 신속하고 효율적인 연속 메탄발효를 위하여는 메탄생성 반응에 관여하는 미생물을 고농도로 유지하는 반응기가 필요한데 상향류 혐기성 슬러지 층상 반응기(UASB; Up-flow Anaerobic Sludge Blanket)와 상향류 슬러지 여상 반응기(UAF; Up-flow Anaerobic Filter)가 있다. 전자는 메탄이 분리된 혐기성 미생물이 응집하여 중력에 의하여 침강토록 고안된 것이며 후자는 반응기 내에 충진된 여재층에 혐기성 미생물들이 군락을 이루어 자라도록 한 것이다. 실제 적용에 있어서는 처리하고자 하는 폐수의 성상을 고려하여 이러한 원리들이 다양하게 변형 적용되는데 대표적인 것은 반응기의 저층부는 UASB 상층부는 UAF인 Hybrid 반응기를 들 수 있다. 한편 최근 실용화되고 있는 고형물을 다량 함유한 유기성 폐기물의 혐기소화 처리공정은 투입기질의 초기농도에 따라서 건량기준 6~10%의 유기물 농도로 원료가 투입되는 습식 공정과 25~40%의 유기물 농도로 원료가 투입되는 건식공정으로 우선 나눌 수 있다. 다음으로는 반응기가 회분식으로 혹은 연속식으로 운전되는가에 따라서 구분되며, 다음 단계로 혐기발효조의 반응기 형태 즉 완전혼합(CSTR), 관흐름형(PFR; Plug flow reactor) 혹은 혐기성 여상(anaerobic filter) 반응기이냐에 따라서 분류할 수 있다. 최종적으로는 혐기소화 반응기의 내부온도 즉 메탄가스화 반응에 관여하는 균주의 종류에 따라 다음 그림 10.7과 같이 구분된다. 그림 10.7의 하단에 표시한 영문 명칭은 각 분류에 해당하는 대표적인 공정으로서 최소한 파일로트 규모의 실험결과가 발표되었거나 대부분은 1개소 이상의 실규모 공정을 운영하고 있는 것이다. 습식공정 중에서는 Wabio(핀란드), BTA(독일) 공정이 실용화됨과 동시에 보급이 활발하며 건식공정은 Valorga(프랑스)와 Dranco(벨기에) 공정이 보급의 역사가 깊다. 우리나라에서는 에너지기술연구원이 연속 습식공정으로 중온 혐기성 여상형 반응기를 이용한 2상 소화시스템이 개발되어 파주시(30 ton/일)등에서 활용되고 있다(MSWAD 공정). 그리고, 건식 메탄발효 현상을 이용한 것으로서 매립지 가스 활용을 들 수 있다. 이는 유기물을 포함한 도시 쓰레기를 매립하였을 때 자연적으로 매립층에서 혐기소화가 일어나며 메탄가스 50~60%의 매립지 가스(LFG; Landfill Gas)가 발생되는 것을 에너지원으로 이용하는 기술인데 전 세계에서 여러 가지 형태로 활용되고 있다.

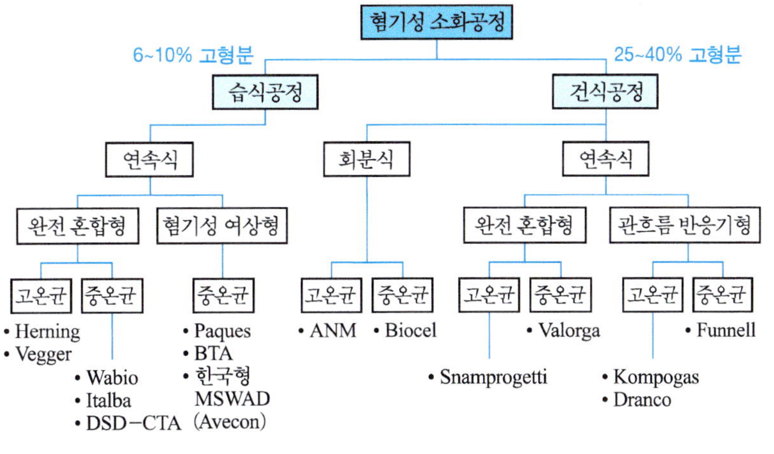

그림 10.7 유기성 폐기물 혐기성 소화처리 공정의 분류

(2) 바이오가스 기술이용현황

가축분뇨, 잉여 하수 슬러지, 각종 산업 유기성 폐수를 처리하며 생성된 바이오가스를 활용하는 메탄가스화 처리공정은 1930년대부터 현재까지 중국, 인도 등지의 농가에서부터 덴마크의 낙농단지, 우리나라의 식품공장 등에서 다양하게 적용되어 에너지를 공급하고 있으며 1974년 석유파동 이후에는 대부분의 나라에서 고농도 유기폐수 처리의 표준 공정으로 자리

잡고 있다. 한편, 매립지 가스(LFG) 이용도 선진 각국에서는 이미 오래전부터 실용화되었고 최근에는 메탄가스의 온실효과(CO_2의 20배 이상)가 알려지고 경제성이 인정되면서 우리나라에서도 개발이 급속히 추진되고 있다.

한편, 폐수가 아닌 폐기물의 혐기소화 처리 및 바이오가스화 기술은 비교적 최근에 실용화 되었다. 즉, 1988년 프랑스의 아미엥시에 Valorga 공정이 준공된 이후 1996년까지 프랑스, 오스트리아, 벨기에, 독일, 스위스, 핀란드, 이탈리아, 네덜란드, 덴마크, 스웨덴, 영국 등 유럽 국가와 인도, 캐나다, 미국 등지에 50개 정도의 유기성 폐기물 혐기소화 시설이 보급된 것으로 판단되는데 실규모 공정운영의 결과들이 속속 발표되고 있다. 다음 표 10.9에는 지금까지 실규모 운영결과가 발표되고 있는 대표적인 공정의 설치사례를 소개하였다. 음식물 쓰레기 혐기소화 처리시설의 기술 개발은 표 3.2에서 보듯이 대부분 자국이나 자국내의 설치지역에서의 유기성 폐기물의 발생상황, 수거방법상의 특징들을 반영하여 각국에서 독자적으로 개발되고 시공, 시험, 개발되고 지금은 국제적으로 서로 시장을 넓혀가기 위하여 경쟁이 치열한 상황이다.

표 10.8 주요 선진국의 매립장 및 LFG 활용 현황(1998)

국가별 구분	매립장 수	LFG 시설수	용량, MWe
미국	2,400	360	730
EU	2,900	400	573

표 10.9 도시 유기성 폐기물의 혐기소화 처리의 상업화 공정

지역명	국가	대상폐기물	공정명	소화온도	전처리의 특징	용량 (ton/년)	준공 년도
잘쯔부르그 Salzburg	오스트리아	SS-MSW*	Dranco	고온 (55℃)	Drum screen	20,000	1993
바사 Vaasa	핀란드	SS-MSW와 하수슬럿지	Wabio (Avecon)	중온 (38℃)	Drum	40,000	1990
아미엥 Amiens	프랑스	MSW (미분리)	Varlorga	중온	Drum	55,000	1988
베거 Vegger	덴마크	SS-MSW와 축산분뇨	Jysk biogas	고온	습식분리	15,000	1991
라이덴 Leiden	네덜란드	MSW와 SS-MSW	Paques	중온	Drum	100,000	1996
바덴바덴 Baden-Baden	독일	SS-MSW	BTA	중온	미분쇄	5,000	1993
룀므랑 Rumlang	스위스	SS-MSW와 정원쓰레기	Kompogas	고온	수선별	5,000	1992
의왕시 Euwang	한국	SS-MSW (음식쓰레기)	MSWAD (2상)	중온	Drum	4,500	1997

10.2.4 바이오화학원료 생성기술

(1) Biorefinery의 개요

Biorefinery 기술로 명명될 수 있다. 이것은 당질계(포도당, 과당, 설탕 생산 작물, 사탕수수 등), 전분질계(전분을 생산하는 옥수수, 밀, 감자 등) 그리고 목질계(다양한 식물의 줄기 등) 작물 및 폐기물을 원료로 먼저 당화공정을 통하여 포도당, 과당, 맥아당, 갈락토오스, 만노즈, 아라비노즈 등 발효공정의 원료가 되는 단당류와 이당류를 생성하고 이를 발효하여 에탄올, 부탄올, 아세톤 등 바이오연료류와 젖산, 숙신산 등 화학원료류를 생산하는 기술로 요약될 수 있다. 한편, 당화 공정의 전에 식물체에서 추출되는 탄수화물의 중합체로서 셀룰로오스는 가장 풍부한 자원으로서(지구상에서 연간 750억 ton 정도가 광합성으로 생성, 자연분해 소멸됨) 그 자체로서도 종이, 셀로판, 사진필름, 멤브레인, 화약, 수용성 검 및 도료첨가제로서 이미 다량이 사용되고 있다. 셀룰로오스가 종이(셀룰로오스 섬유를 정제하여 그대로 이용)로 사용되는 것은 기지의 사실인바 셀룰로오스 유도체 폴리머로서 현재 가장 중요한 것은 cellulose acetate를 들 수 있다. cellulose acetate는 전세계 연간 약 75만 ton이 제조 사용되고 있으며 사진필름, 인조견, 각종 열가소성 수지(멤브레인 포함) 그리고 라커의 원료로 쓰이고 있는 것이다. 그러므로 폴리머로의 사용량은 연간 생성량의 0.001%에 지나지 않으며 석유계 폴리머가 시장에서 퇴조할 경우 그 잠재력은 매우 크다고 할 것이다. 그러므로, 목질계 자원에서 셀룰로오스를 추출하여 일부 고부가가치 cellulose계 폴리머 등 연관제품을 생산하는 기술도 Biorefinery 기술에 포함될 수 있다. 또한, 바이오매스 자원의 성상은 매우 다양하여 목질계 자원의 경우 상기한 cellulose외에 hemicellulose, lignin(리그닌) 그리고 송진류 등 다양한 추출물과 일부 무기물(회재)을 포함하고 있는 데 cellulose와 hemicellulose를 제외한 리그닌과 그 외 물질들은 그 화학적 성상이 매우 불규칙하여 추출분리 되었을 경우 직접 연소하여 연료 등으로 사용하는 경우가 많았다. 다음 그림 10.8에 상기하는 Biorefinery의 생성물과 공정의 개요를 도식화하였다. 동 공정도에 의하면 각종 바이오매스(당질, 전분, 목질계)는 농축 혹은 당화되어 포도당 등 저분자량의 당으로 분해될 수 있으며 그 중에서 목질계 바이오매스는 셀룰로오스라는 탄수화물의 형태를 거쳐서 당으로 분해되게 된다. 생성된 당은 발효를 통하여 에탄올, 젖산 등의 중간 발효 제품을 거쳐 정제, 농축, 변형(modify)되게 되면 알코올류, 아크릴산, 에스테르 등 화학원료를 생산할 수 있다. 특히 젖산은 중합 공정을 거쳐 생분해성 플라스틱인 Poly-L-Lactates를 생산할 수 있다. 한편, 당화되기 전의 셀룰로오스는 종이 혹은 그 변형가공 제품인 cellulose acetate등 고부가가치 목재화학 제품을 생산할 수 있으며 cellulose acetate는 사진필름, 인조견, 각종 열가소성 수지(멤브레인 포함) 그리고 라커의 원료 등으로 현재에도 다량으로 소비되고 있다.

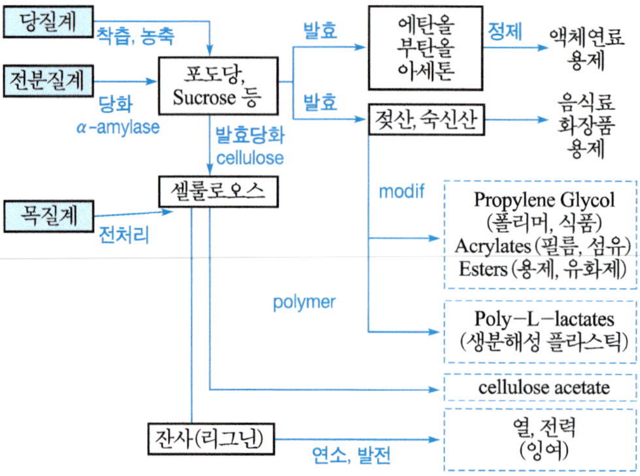

그림 10.8 Biorefienry의 제품 및 공정도

(2) Biorefienry의 원료

Biorefinery를 건설함에 있어 원료 바이오매스는 모든 바이오매스가 그 대상이 될 수 있으나 당질계 및 전분계 바이오매스는 식량자원으로서 국내외 가격이 비싸고 우리나라에는 가용자원도 음식쓰레기 등으로 한정되고 있다. 따라서 동 연구의 원료 바이오매스는 목질계로 한정 될 수밖에 없다.

그 뿐 아니라 국내에서도 이미 옥수수, 카사바(대부분 수입원료) 등 전분질계 원료로부터 소주용 주정 등으로 바이오 에탄올이 생산되고 있는데 그 생산단가는 기왕의 연구에서 이미 0.5 US $/L(1995, 수입 옥수수 국내 생산시 최소 약 400원/L, US $1=₩800) 정도로 추산되고 있으며 당시 pilot 연구에서 연속 다단공정, 수분의 흡착분리, 효모의 재순환 등 최신의 기술을 동원한 끝에 얻은 결과이었으며(자료 : 생산기술연구원(1995. 7) 연료용 알코올의 경제성 연구) 생산원가 중 원료가격의 비중이 70% 이상인 것으로 분석되는 것이었다. 그러므로, 전분질계 원료 등으로부터 바이오 에탄올을 생산하는 기술의 혁신은 이미 한계점에 다다랐다고 할 수 있다.

(3) Biorefienry 기술개발과 경제성

목질계 바이오매스의 생물화학적 전환 생성물 가운데 현재로서 시장성이 있는 제품은 자동차용 연료로 쓰이는 에탄올과 현재 발효공정에 의해 생산되는 젖산, 초산, 아세톤, 부탄올 등 화학원료 제품이라고 할 수 있다. 바이오 에탄올의 세계적 공급현황은 이미 전장에서 개략하였고 발효 화학제품의 도입가능 시장현황을 살펴보면 다음 표 10.10과 같다.

표 10.10에서 초산, 아세톤, 젖산 등 발효로 생산 가능한 유기화합물의 1993년 미국의 연간 생산량을 표시하였는데 그 중에서 젖산의 생산량이 연간 450만 ton 정도로서 가

장 많다. 이 생산량은 유기합성의 중간체로서 함산소중간화합물 (oxygenated intermediate chemicals)인 젖산의 생산량을 나타낸 것으로서 세계 시장의 젖산(젖산 자체로서의)의 사용량인 연 80,000 ton과는 많은 차이가 있다. 이는 젖산이 유기합성의 중간체로 생산되어 그 유도제품인 acrylates(acrylic acid), propylene glycol, poly lactic acid(PLA) 등으로 변환 되었다가 최종적으로 아크릴 섬유, 용제, 생분해성 플라스틱 등으로 가공되어 최종 제품으로 시장을 형성하고 있는 것을 의미하는 것이다.

표 10.10 발효에 의한 화학원료의 생산 가능성과 상업화에 필요한 투자예측

물질명	1993년 생산량 (미국, 천ton/년)	옥수수 소요량 (부셀*/일)	전량 발효 생산시 설비투자(백만$)
Acetic acid	1,600	378,000	1,350
Acetone	1,100	342,000	1,220
Butanol	600	342,000	1,157
Maleic Anhydride	190	60,000	230
MEK	250	126,000	484
Isopropanol	560	303,000	1,084
Butannediol	90	42,000	196
Adipic Acid	340	60,000	230
Lactic Acid	4,500	882,000	2,208

한편, 이와 같이 바이오매스의 에너지 및 화학원료 이용에서 자동차용 연료로 쓰일 수 있는 바이오 에탄올과 더불어 화학원료인 젖산 및 젖산 유도체를 동시에 고려하고 있는 것은 바이오 에탄올은 시장은 무한하나 경제성이 문제가 되고 있고, 젖산은 시장이 한정되고 있으나 그 단위 생산당 부가가치가 높기 때문이다. 즉, 대규모 Biorefinery를 현실화함에 있어 바이오 에탄올은 대규모 생산에 따른 시장의 확보를 위한 것이고 젖산 유도체는 수익성의 확보 차원에서 고려되고 있다. 바이오매스를 당화하여 포도당을 생산하고 될 수 있는 한 많은 량의 젖산 유도체 제품을 시중에 출하하여 공정의 수익성을 높이고 나머지 포도당은 바이오 에탄올로 시장에 출하하여 재고가 누적되지 않도록 한다는 것이다. 다음 표 10.11에는 젖산에서 유도 될 수 있는 고부가가치 유도제품의 시장현황 및 시장가격을 종합하였다. 표 10.11에서 젖산의 생산가격은 파운드(lb)당 US $0.2 정도를 상정한 것이고 이 정도의 중간체 젖산의 원가는 대규모 Biorefinery를 가정할 때나 가능한 가격이고 포도당에서부터 젖산으로의 95% 이상의 수율과 회수정제 비용이 최소화 되었을 때 가능한 것이다. 어찌 되었든 동 표 10.11의 분석에서 알 수 있는 것은 첫째, 주어진 원료(옥수수 단가 : 2.5 US $/bushel)에서 0.07 US $/lb의 원가로 포도당을 생산 할 수 있다고 가정하면 부셀당 10 L 정

도 밖에 생산할 수 없는 바이오 에탄올은 옥수수 부셸당 US $4의 부가가치(수율×(시장가격－생산원가)를 창출할 수 있는 것으로 평가되며, 옥수수에서 젖산을 거쳐 Acrylic acid(시장가격 0.7 US $/lb)를 생산하면 옥수수 부셸당 US $11의 부가가치를 실현할 수 있는 것이다. 그러므로, Biorefinery는 바이오 에탄올과 함께 젖산 유도체 등을 생산하는 것이 경제성의 향상에 크게 도움이 되는 것이다. 둘째, 앞으로 셀룰로오스계 바이오매스의 이용, 수율향상, 기술혁신이 실현되어 원료가가 더욱 낮아지면 Biorefinery의 젖산 생산은 현재의 석유화학 공정과 충분히 경쟁할 수 있을 것으로 판단된다는 것이다. 셋째로, 젖산 유도체의 신제품의 하나인 생분해성 플라스틱인 PLA의 생산은 PLA가 광학 이성질체인 L-lactic acid만을 요구한다는 점에서 발효에 의한 생산이 유리하며 생분해성 플라스틱의 향후 전망이 매우 밝다는 점에서 그 가능성이 매우 높다고 할 수 있다. 여기서, PLA 등 생분해성 플라스틱에 관하여 기존의 범용 플라스틱(LDPE, low density polyethylene과 비교하여 그 가능성을 살펴보면 다음 표 10.12와 같다. 먼저 가격의 측면에서 생분해성 플라스틱 중 PLA의 가격이 가장 낮아질 수 있고 그 외에 Cellulose acetate도 가능성이 있는 것으로 나타난다. 둘째, 물성의 측면에서 산소 배제를 제외 하고는 PLA가 기계적 물성도 가장 우수한 것으로 보고되고 있다.

표 10.11 바이오매스 원료의 고부가가치 젖산 유도체

화합물명	이론수율 (lb/부셸 옥수수)	원료가격 (US $/lb 제품)	현 생산량, 1998 (천ton/년)	시장가격 (US $/lb)
PLA	25	0.26	–	n/a
Acrylic acid	25	0.26	1,359	0.6~0.8
Propylene Glycol	26	0.31	498	0.62

표 10.12 각종 생분해성 범용 플라스틱의 물성, 경제성 비교

품 명	수분배재	산소배제	기계물성	가격($/lb)
Methyl cellulose	Moderate	Moderate	Moderate	4.50~7.00
Cellulose acetate	Moderate	Poor	Moderate	1.60~2.10
P(3HB-4HV)	Good	Good	Moderate	3.00~6.00
PLA	Moderate	Poor	Good	1.00~5.00(4.00)*
LDPE	Good (0.08 g·mm/ mm^2·d·kPa)	Good (<10 cm^3·μm/ m^2·d·kPa)	Good (σB)=13 MPa, (εB)=500%	LDPE 0.5(1.00)* PS 0.55(2.00) PET 0.75(3.00)

현재 PLA resin의 가격은 최소 1.00 US $/lb로 LDPE의 약 2배이며 필름으로 가공하여 최종 제품화시 4.00 US $/lb로 LDPE의 약 4배로 나타나고 있다. 결론적으로 생분해성 플라

스틱 제품 중에서 PLA가 기존의 범용 플라스틱 제품의 원가와 품질에 가장 가까이 근접하고 있다. 이러한 사실을 반영하듯 1997년 미국의 Cargill-Dow Polymer Co.는 PLA 중합 공정을 개발하고 2000년 현재 연산 9,000 ton 규모의 PLA 및 젖산 유도제품의 Pilot 플랜트를 운영하고 있으며 2001년부터는 연산 140,000 ton 규모의 상업적 PLA 생산 공장을 가동중에 있다. 따라서, 향후 석유화학 공업을 대체한 Biorefinery에서 바이오 에탄올과 함께 젖산을 생산하여 이를 PLA로 전환하여 생분해성 플라스틱을 다량 공급하는 것이 향후 가장 유망한 시장이라고 할 수 있다. 이와 같이 Biorefinery의 고부가 가치 제품이 시장진입에 일단 성공하여 대규모 플랜트가 생기기 시작하여 충분한 경쟁이 계속되면 기존의 석유화학이 공급하던 acrylates, propylene glycol 등도 원가절감의 가능성에 따라 제품자체 혹은 유사한 물성개선 제품으로 발효생산의 가능성이 널리 열리게 될 것으로 전망되고 있다.

10.5.5 바이오매스의 열화학적 변환 기술

바이오매스를 열화학적으로 변환하여 에너지로 이용하는 방법은 직접적으로 연소하는 방법 외에도 여러 가지 기술이 있다. 그림 10.9에는 이를 종합하여 도시하였다.

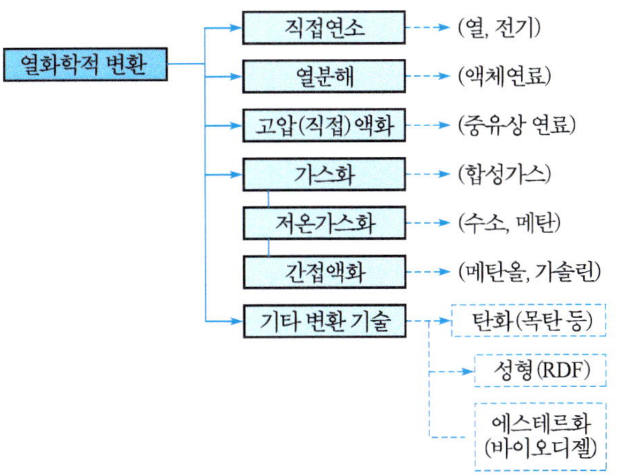

그림 10.9 바이오매스 원료 열화학적 에너지 변환 기술

그림 10.9에서 동 기술은 연소, 열분해, 액화 및 가스화로 대별할 수 있음을 알 수 있다. 먼저 연소는 바이오매스를 직접 태우는 것을 말하고 열분해 및 액화는 바이오매스를 상압 혹은 고압에서 산소가 결핍한 상태에서 가열하여 탄화(Carbonization) 및 액화(Liquefaction)를 유도하는 것이다. 한편, 가스화는 바이오매스를 공기, 산소, 수소, 수증기, 일산화탄소 혹은 이산화탄소 존재하에서 가열하여 반응시켜 가스상태로 변환하는 것을 말한다.

다음 표 10.13에는 바이오매스 열분해, 직접액화 및 가스화의 전형적 공정조건을 비교하여 보았다.

표 10.13 바이오매스 열분해, 직접액화 및 가스화 공정조건

방 법	상압/고압	반응조건	건 조	생성물
열분해	상압	500~600℃, 상압	필 요	액 체 (중질상오일 및 Char)
직접액화	고압	250~350℃, 7~10 MPa	불필요	액 체 (중질상오일)
저온가스화	고압	350~450℃, 10~20 MPa	불필요	기 체 (수소, 메탄 등)
가스화	상압	800~1,200℃, 상압	필 요	기 체 ($CO+H_2$ 등)

(1) 직접연소

직접연소는 바이오매스 이용의 가장 간단한 방법의 하나로서 바이오매스를 공기 중에서 태워 열, 수증기 등을 얻고 궁극적으로는 전기를 일으킬 수도 있는 것이다. 지금도 개발도상국에서는 38% 이상의 1차 에너지를 바이오매스를 연소시켜 충당하고 있고 선진국에서도 폐기물 소각로에 의한 발전, 석탄발전소에서의 혼소 등으로 전세계 1차 에너지 소비의 15%를 담당하고 있다. 현재 연소는 스토커형, 선회류형, 유동상식 연소로 등으로 다양한 방법이 있으며 서유럽에서는 열병합 발전에 의한 지역냉난방, 태국 등 자원이 풍부한 개발도상국에서는 바이오매스 발전, 미국, 일본 등에서는 석탄 발전소 혹은 도시쓰레기 소각로에서의 혼합연소 발전 등에 다양하게 활용되고 있다. 기술의 구체적 내용은 여러 곳에 소개되고 있으므로 생략한다.

(2) 열분해

수분함량 20~40% 기건 바이오매스를 산소 결핍하에서 가열(부분연소)하면 목탄, 열분해유(목초액) 및 가연성 가스가 얻어진다. 이 방법은 전통적 숯가마에서부터 최근의 열분해로까지 모두 동일한 원리인데 생성물의 성상은 반응기내 체류시간과 가열속도에 크게 좌우된다. 다음 표 10.14에는 열분해 공정조건에 따른 주생성물을 나타내었다.

표 10.14 열분해 공정 조건과 주생성물

열분해 모드	체류시간	가열속도	압력(bar)	반응온도(℃)	주생성물
전통숯가마	수시간~수일	매우 느림	1	400	숯
전형적 모드	5~30분	느림	1	600	고체, 액체, 기체
고속열분해	0.5~5초	빠름	1	650	액체
급속열분해	<1초	아주 빠름	1	>650	기체
수첨열분해	<10초	빠름	20	<500	액체

(3) 직접액화

목질계 바이오매스를 분쇄 혹은 탈수하여 알칼리 금속염 촉매(K_2CO_3) 존재하에 300℃, 10 MPa 압력의 반응기에서 반응시키면 최적 조건에서 다음 표 10.15의 결과를 얻을 수 있다.

표 10.15 목재의 직접액화 실험 사례

압력 (atm)	반응온도 (℃)	반응시간 (분)	목재/촉매비 (g/g)	액체연료 수율 (%)	액체연료 발열량 (MJ/kg)
20	300	10	5/0.2	47.6	24.4
20	300	10	5/0.5	43.8	25.6

표 10.15에서 적정한 조건에서는 목재의 액화 수율이 약 50%에까지 이를 수 있음을 알 수 있으며 다음 표 10.16에는 전형적 액화유의 성상을 기술하였다.

표 10.16 전형적 액화유의 성상

분석지 표	실측값
원소분석치(%)	C : 63~73, H : 6.2~7.2, O : 25~32, N : 24.4~33.8
발열량(MJ/kg)	80~250, 250~1000
분자량 분포	393
평균 분자량	0.2
점도(Pa.S)	25
방향족 수소 비율(%)	페놀, 크레졸, 카테콜, 자이레놀, 메톡시 페놀
확인 화합물	기타 알킬 페놀 유도체, 헥사놀, 메틸 펜탄 등 지방족 케톤, 벤질 알코올 등 방향족 알코올류

표 10.16에서 보듯이 바이오매스의 액화유는 아직도 성상이 복잡하며 반응수율도 좋지 못하여 전 세계 어느 곳에도 상업화되지는 못하고 있다.

(4) 바이오매스 가스화

1) 직접가스화

바이오매스 가스화는 가스화로 형식에 따라 고정층형, 유동층형, 분류층형으로 나뉘며, 실험실규모의 장치를 포함하여 200종류 이상이 있다. 가스화제로는 공기와 산소, 수증기가 이용되어 850℃ 부근에서 행해진다.

가스화 반응은 다음의 식으로 대표될 수 있다.

$$C_6H_{10}O_5 \rightarrow aCO + bH_2 + cH_2O + dC_nH_m$$

즉, 가스화 반응에 의하여 수소, 일산화탄소, 저급 탄화수소 가스를 포함하는 합성가스를 생성할 수 있는 것이다. 합성가스 즉 저칼로리 가스의 제조에는 속도론적으로나 평형론적으로 고온의 방법이 유리하다. 타르 등을 함유하는 고칼로리 가스의 제조에는 평형론적으로 저온의 방법이 유리하나 속도론적 관점에서 중합, 탄화 등의 부반응의 제약에 의해 650℃ 정도에서 행해지고 있다. 상업적인 규모의 고온 가스화 시스템으로는 미국의 Davy-Mckee사의 200 ton/day의 고정층로이다(그림 4.2 참조). 이 가스화로의 경우 산소를 가스화제로 사용하면 CO : 34.3%, H_2 : 40.6%, CH_4 : 3.2%, CO_2 : 21.5%, N_2 : 0.4%의 합성가스가 얻어진다. 이 가스로부터 메탄올을 제조할 경우 100 ton의 메탄올을 얻기 위해서는 178 ton의 건조목재, 산소 78 ton이 필요하다. 저온가스화로는 공기비가 0.1~0.15 정도, 가스화온도를 600~850℃ 그리고 CO, H_2 등이 생성된다. 그 다음, 고온가스화로에서는 공기비가 0.15~0.2 정도, 가스화온도를 1,300~1,400℃로 하고 수증기 첨가에 의해 타르와 char도 가스화된다. 완전 가스화가 기대된다. 이 프로세스는 냉가스 효율을 지니기 때문에 투입열량을 4,000 kcal/kg 이상으로 할 필요가 있다. 바이오매스의 가스화에서 열량이 낮을 경우에는 석탄 등을 함께 집어넣을 필요가 있으며 바이오매스, 석탄통합 가스화 프로세스로서 유망하다.

2) 가스화를 통한 간접액화

현재, 메탄올 등의 액체연료는 천연가스를 수증기 개질 또는 납사를 부분 산화하여 얻는 경우가 있다. 이론적으로 출발원료를 목재 등의 바이오매스로 전환하여 가스화하고 합성가스로부터 이들을 생산하는 것이 가능하다. 이를 간접액화라 하고 이 경우 유황의 문제가 적어지나 H_2/CO비가 달라서, 타르 등의 문제가 발생하는 등 별도의 해결과제가 생겨나게 된다.

① 메탄올

메탄올 합성은 Cu-Zn혼합금속을 촉매로 하여 기상에서 230~260℃, 60~100 atm정도의 조건에서 행해진다. 세계적으로 연간 약 200만 ton을 생산하고 있으며 공정적으로는 거의 완성되어 있다. 신규공정에는 저온액상 메탄올 합성이 연구 중에 있다.

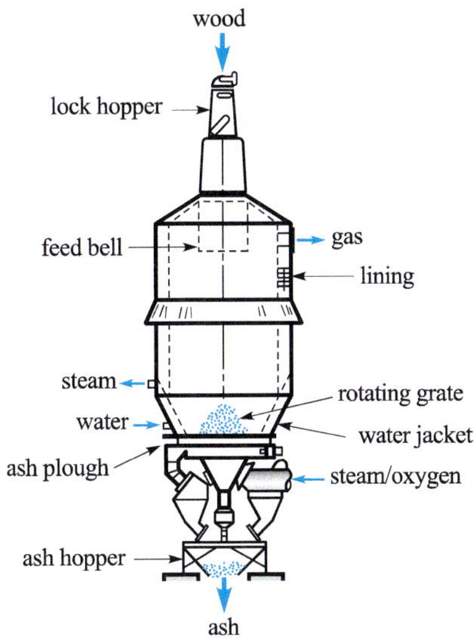

그림 10.10 Davy Mckee 고정상 가스화로

② 합성가솔린

합성가스에서 가솔린 등의 액상탄화수소를 얻는 방법과는 크게 다르며, 금속촉매를 이용하는 FT(Fischer-Tropsch)와 메탄올을 경유하는 MTG(Methanol to Gasoline)법 등이 있다. FT법은 이른바 석탄액화법으로 1930년대부터 공업화가 가능했다. 촉매로는 Fe, Co, Ru 등이 다양하게 이용되며 반응조건은 1~50 atm, 온도 200~300℃이다. MTG법은 1985년에 뉴질랜드에서 공업화된 프로세스로, 먼저 메탄올을 합성하여, 제올라이트 촉매를 이용하여 10기압, 350~450℃ 반응조건에서 가솔린으로 변환된다.

③ 다이메틸에테르

다이메틸에테르는 비점이 25.1℃, 연소열이 28.8 MJ/kg, 연소속도가 메탄올과 비슷하되 연소시에 매연이 덜 나오기 때문에 깨끗한 디젤연료로 기대되고 있다.

$$3CO + 3H_2 \rightarrow CH_3OCH_3 + CO_2$$

10.2.6 바이오수소

(1) 바이오수소 생산 메커니즘

생물학적 수소 생산기술은 다양하며, 기질로 사용되는 원료물질에 따라 물, 유기물, 가스로 크게 구분되고 표 10.17, 또한 미생물의 다양한 메커니즘에 따라 여러 가지 기술이 알려져 있다. 자연계의 수소 발생 미생물은 여러 종이 존재하며, 이 장에서는 편의상 조류(algae) 및 세균(bacteria)으로 나뉘고, 다시 표 10.18에서 구분한 것처럼 조류는 녹조류(green algae)와 남조류(cyanobacteria)로, 세균은 광합성 세균(photosynthetic bacteria), 혐기성 세균(non photosynthetic anaerobic bacteria)으로 나누어 수소 관련 메커니즘과 함께 설명하려고 한다. 이 중에서도 현재 선진국에서 추진 중인 내용은 다음 세 가지로 정리할 수 있는데, 첫째, 수중 미생물인 green algae가 태양광을 에너지원으로 이용하고, 물로부터 양성자와 전자를 공급받아 수소를 생산하는 효소에 의한 물 분해 수소 생산 연구, 즉 자연계에 존재하는 수소 생산력이 우수한 미생물이 태양에너지를 받아서 미생물 자체가 갖는 고유의 광합성 작용에 의해 물을 분해하고 공기 중 이산화탄소를 고정화하여 균체가 성장하며, 이로부터 수소를 발생하는 현상으로 마치 식물체가 태양에너지를 이용하여 잎과 꽃을 피우고 열매를 주는 것과 유사한 광합성 작용이다. 즉, algae와 같은 자연계 미생물은 각각 녹색 띄는 미생물로 태양에너지 중 일정한 파장의 빛을 흡수하여 물로부터 수소를 발생시키고 동시에 미생물 자체가 성장한다.

Cyanobacteria는 또한 공기중의 이산화탄소를 흡수하여 균체가 성장하고 이와 같이 생성된 균체는 일정 조건에서 태양에너지를 이용하여 수소생산 효소인 hydrogenase, nitrogenase에 의해 수소가스를 발생한다. 둘째, 질소 고정력이 있는 cyanobacteria가 광합성 중에 세포의 일부분인 vegetative cell에서는 물을 분해하여 산소를 발생하고, 이산화탄소를 고정

표 10.17 바이오수소 생산기술 종류

원 료	방 법	Chemistry
물	광합성 직접 물분해 (direct photolysis)	O_2 (light ↗) $H_2O \rightarrow PS\ II \rightarrow PS\ I \rightarrow FD \rightarrow H_2\ ase \rightarrow H_2$
	광합성 간접 물분해 (indirect photolysis)	$H_2O \xrightarrow{light} \rightarrow PS \rightarrow (CH_2O)$ ↑ CO_2 ↑ $(CH_2O) \rightarrow FD \rightarrow H_2\ ase,\ N_2\ ase \rightarrow H_2$
바이오매스	혐기발효 (Dark Fermentation)	$C_6H_{12}O_6 + H_2O \xrightarrow{dark}$ 4~6H_2 + CO_2 + 유기산
	광합성 발효 (Photosynthetic Fermentation)	유기산 + $H_2O \xrightarrow{light}$ 4~7H_2 + CO_2
	In Vitro Reaction	$C_6H_{12}O_6$ + GDH, H_2 ase $\xrightarrow{light}$ gluconic acid + H_2
가스(CO)	전환반응 (Shift Reaction)	$CO + H_2O \xrightarrow{dark} CO_2 + H_2$

표 10.18 수소 생산 미생물

구 분	종 류
녹조류(Green algae)	Chlamydomonas reinhardtii Chlorella fusca, Scenedesmus obliquus, Ulva lactuca
남조류(Blue green algae) (=Cyanobacteria)	Anabaena cylindrica, A. variabilis, Synechococcus elongatus, Synech-ocystis sp, Nostoc muscorum
광합성 박테리아 (Photosynthetic bacteria)	Rhodospirillum rubrum, Rhodopseudomonas sphaeroides, Chromatium okenii, Thiocystis Violacea, Thiosarcina rosea, Thiospirillum sanguineum, Thiocapsa roseoperisicina, Lamprocystis roseoperisicina, Thiodic-tyon elegans, Thiopedia rosea, Amobobacter pendess, Ectothiorhodos-pira mobilic,Chlorobium limicola, Prosthecochloris aestuariac, Pelodi-ctyon clathratiforme, Chathrochloris sulfurica
혐기성 박테리아 (Non photosynthetic bacteria)	Eschericia coli, Porphyriduim curentum Klebsiella pneumoniae Alcali-gincs eutrophus, Desulfovibrio vulgaris, Clostridium butyricum, Cl. pasteurianum, Methanobacterium sp., Rhizobium leguminosarum, Azo-tobacter vineladdii, Enterobacter aerogenes

하며, 세포의 다른 부분인 heterocyst에서 이산화탄소와 수소를 발생하는 2단계 수소생산 연구가 지난 20여년간 진행되었다. 셋째, 최근 일본을 비롯한 유기성 폐자원이 풍부한 국가에서 집중적으로 연구되는 기술로써, 유기물로부터 광합성 세균 특히 purple non-sulfur bacteria에 의한 수소생산 또는 광이 존재하지 않는 조건에서 혐기 미생물에 의해 유기물 자체가 에너지원으로 사용되는 발효에 의한 수소생산 연구가 중심이 되고 있다.

이외에도 생물학적 수소생산 연구는 식물체 내의 엽록체 및 미생물 효소를 추출하여 수소를 발생하는 균체외(in vitro)에서 수소를 발생시키는 기술과 아울러 광합성 세균의 일산화탄소 전환 반응에 의한 수소 생산 등도 일부 연구되고 있다. 물로부터 생물학적 기술에 의한 수소생산은 공기중의 이산화탄소를 고정하고, 수소와 산소를 발생하는 원천기술로써 오래 전부터 미국, 유럽에서 태양에너지를 이용하는 광합성 미생물의 분리, 개선 및 반응기에 관한 연구가 축적되어 왔으며, 바이오매스로부터 혐기 및 광합성 발효를 연속적으로 적용하는 기술은 비교적 최근에 일본을 비롯한 유기성 폐기물이 많은 국가에서 수소에너지 생산과 유기성 폐기물 처리라는 두 가지 목적에 부합하는 연구로써 활발히 진행되고 있다.

10.3 바이오에너지 이용현황

10.3.1 국내

우리나라에서는 신재생에너지로서 바이오에너지 기술의 장기적 개발목표가 설정된 것은 에너지관리공단이 주도한 1988년 6월의 대체에너지 기술개발 기본계획에 의한 것이며 바이오에너지는 그 자원과 기술의 양태가 다양한 만큼 1988년부터 1992년까지 연구개발 초기에 많은 수의 기초기반기술 연구가 진행되어 왔다. 이 계획은 1992년 기술수준, 환경영향, 국내여건을 고려하여 실용화 연구를 목표로 수정되었고 유기성 폐수 및 폐기물의 혐기발효 혹은 매립지 추출에 의한 대규모 메탄가스 발생 이용기술, 바이오에탄올 개발보급을 실제적 목표로 하고 장기적으로 바이오 수소생산, 바이오디젤 생산(폐식용유, 우지, 돈지 등을 에스테르화 하여 디젤연료화 하는 기술), 바이오매스의 가스화 발전기술(나무 종이 등 유기물을 가연성 가스로 만들고 이를 열병합 발전에 이용하는 기술)을 개발하는 것을 목표로 현재까지 기술개발이 수행되고 있다. 기술개발의 추진은 정부, 연구지원기관, 연구기관, 대학이 정책수립, 연구관리, 실용화 연구, 기초연구를 각각 분담하여 유기적으로 협력하고 있으며 도시 음식폐기물, 산업폐수, 축산폐수 메탄가스 발생 이용장치 실용화, 전분질계(옥수수) 및 목질계(나무, 종이 원료) 자동차 연료용 바이오 에탄올 생산기술 축적에 많은 성과를 거두고 있으며 향후 에너지 가격의 상승 시에 본격적 개발, 보급이 기대되고 있다. 국내의 바이오에너지 기술개발은 1988년 대체에너지 기술개발 사업이 시작되면서 본격화 되어 왔다. 이전의 동분야 연구개발은 왕겨탄 및 연소기 개발, 축산폐기물 메탄발효 부문에서 연구개발이 수행되어 왔으며 대체탄(왕겨탄 등)은 상업화 되어 연간 50,000 ton 이상이 소규모 업자들에 의해 현재까지 꾸준히 공급되고 있으며, 축산폐기물 메탄발효 기술은 산업폐수 처리공정(특히 주정폐수 처리 등)으로 이전되어 결실을 보고 있었다. 1988년 이후에는 전분 및 목질계 에탄올 생산기술 개발과 고율 메탄발효공정 개발에 치중되고 있는데 전분계 에탄올 기술개발은 하루 1 kL의 에탄올 생산규모의 연속발효 파일로트 플랜트가 성공리에 운전되며 기술개발 축적이 완료되어 삼성엔지니어링 등이 현재는 해외 플랜트 건설 등에 활용하고 있으며, 목질계 에탄올 생산기술 개발은 1993년 이후 체계를 갖추어 하루 20 L 에탄올 생산규모의 실증플랜트가 운전 연구되고 있다. 고율 메탄발효 공정은 혐기성 여상공정이 현대엔지니어링이 참여 상용화 보급되고, UASB(상향류 슬러지 층상 반응기)공정은 (주)대우에 의하여 100 ton급 파일로트 연구가 완료되고 500 ton급 반응기의 상업화 실증단계이다. 메탄발효 공정은 현재는 투자여력이 있는 산업체에 보급되어 왔고 앞으로도 당분간 이들이 주류를 이룰 테지만 축산이 기업화하고 환경규제도 나날이 엄격해 짐으로서 축산폐기물에도 본격적 대형 플랜트 형태로의 보급이 필요한 시점이다. 한편, 유럽에서 활발히 연구되어 보급단계에 있는 유기성기물 메탄가스화 기술은 기초 및 응용연구가 이루어졌으며 1997년 경기도 파주시에 상업화(하루 음식쓰레기 30 ton 처리규모)된 바 있다. 한편, LFG 발전기술은 현재 적용 타당성과 구체적 기술이 검토되고 있으며 13개 광역 위생매립지를 중심으로 활발히 개발이 추진되고 있다. 즉, 김포 매립지에는 6.5 MW LFG 발전시설이 가동중이며, 난지도 매립지는 매립지 가스가 상암경기장 및 지역난방공사에 공급되며 부산, 대전, 대구시 등지에서는 민간업자의 참여로 LFG 이용이 적극 추진되고 있다. 그리고, 미래의 바이오에너지 기술로서 바이오 디젤 생산 및 이용, 바이오 수소생산, 미세조류에 의한 CO_2 고정화 기술 등이 실용화를 목표로 응용연구 단계에 도달해 있으며 향후 유망한 바이오에너지 기술로서 개발이 기대되고 있다. 한편, 연구의 결과로서 바이오에너지의 보급성과를 보면 1998년 이후 메탄가스 발생시설은 99개소로 40,000 TOE의 메탄가스를 생산이용하고 있으며 대체탄(왕겨탄)은 약 57,000 ton이 생산, 소비되어 약 23,000 TOE의 연료를 공급하였다. 1999년 이후로는 음식쓰레기 메탄가스화 시설이 상용화됨으로서 향후 이의 보급이 기대되고 있으며 김포 매립지를 비롯한 매립지 LFG의 에너지 이용이 활발히 추진되고 있다. 참고로 우리나라 바이오에너지 분야 연구개발은 1988년 대체에너지 기술개발이 착수된 이래 1999년까지 총 69개 연구과제가 수행되었으며 총 연구비 약 211억이 투입되었다. 총 연구개발 투자비중 정부가 133억 원, 민간이 78억을 투자하여 민간부담 비율이 37% 정도이며 바이오 에탄올 연구 분야에 60%, 혐기발효 분야 및 미래 바이오에너지 연구 분야에 약 40%의 재원이 배분되었다.

- 국내현황

① 연구비 지원현황

1988년부터 2004년까지 바이오분야에 95개 과제에 37,614백만 원을 투자하였으며, 그 중 24,775백만 원을 정부에서 지원하고 있다.

② 기술개발현황

1970년대 초부터 대학과 연구소를 중심으로 연구 시작하여 1988년부터 대체에너지개발촉진법에 따라 정부차원에서 기술 개발하였으며 대체에너지기술개발 사업이 동 분야 유일 재원이다. 기술개발 동향은 1999년까지 바이오에탄올, 메탄가스화 기술개발 위주로 추진되었으며 1990년대 이후 LFG 이용기술, 바이오 수소생산 기술개발 등이 주요분야로 추가 추진되고, 향후 기술개발 추진계획이 있다.

표 10.19 한국의 바이오디젤 보급 목표

연 도	2004	2006	2008	2010	2012
보급 목표, ton/년	147	184	368	460	552

10.3.2 국외

바이오매스의 에너지 활용기술은 1974년 석유파동을 겪으면서 그때까지의 땔감으로서 단순 연소 사용의 개념에서 벗어나 신재생에너지로서 생산 보급을 위한 기술개발이 추진되었다. 이어 1980년대 저유가, 세계경제 활황으로 실용화에 소극적인 소강 국면을 보이다가 1990년대에 들어와 리우환경회의 등으로 폐기물, 대기오염, 지구 온난화 등 범지구적 환경문제가 화석연료 및 석유계 원료자원의 과다 사용에 기인함이 밝혀지면서 기술개발이 재차 활성화되고 실용화 보급이 추진되었다. 이를 좀 더 자세히 살펴보면 먼저 기존의 바이오에너지 기술로써 1980년대 미국 및 EU는 폐기물의 단순처리 목적으로 소규모 매립장을 다수 설치하였으나 메탄 방출에 의한 지구 온난화 등 환경문제가 심각하여짐에 따라 1990년대에는 매립장에서 발생하는 메탄(매립지가스, LFG)을 회수하여 에너지원으로 활용하는 공정을 상용화하였으며 대규모 매립장을 대상으로 주로 설치하여 전기를 생산하고 있으며 1998년 총 시설 수는 760개소 이상 발전용량은 1,400 MW 이상이다. 폐수의 메탄가스화는 기존의 기술이지만 고농도 유기성 폐기물(축산분뇨, 하수슬러지, 음식쓰레기 등)의 메탄가스화 기술이 개발되어 1988년 이후 EU지역에서만도 약 100기의 메탄가스화 장치가 보급되어 약 240 MWe의 분산형 전력 및 열을 공급하고 있다. EU는 2010년까지 1,000 MWe의 메탄가스 발전을 보급할 계획이다. 이외 EU는 나무를 이용한 지역 열병합 발전으로 22백만 TOE/년, 쓰레기 소각열 발전으로 2.1 GW의 전력설비를 가동하고 있으며 미국은 바이오매스 소각발전으로 현재 10 GW 용량의 설비를 운용하고 있다. 한편, BT 및 생물화학적 전환기술을 이용하는 바이오에탄올, 바이오디젤 등 바이오 액체연료 및 화학품 생산기술도 일부 쉽게 전환이 가능한 당질계, 전분질계 및 유지계 원료를 사용하여 생산 보급되었는데 그 현황과 전망은 다음과 같다. 미국은 옥수수 전분 알코올 48억 L/년(300만 TOE/년) 브라질은 사탕수수 알코올 180억 L/년(1,150만 TOE/년), 프랑스는 밀가루 전분으로부터 150만 kL/년의 알코올을 그리고 EU 국가전역에 연간 약 140만 ton의 채종유를 이용한 바이오 디젤이 자동차용 연료로 공급되고 있으며 2010년까지는 바이오 액체연료 공급이 연간 500만 ton으로 전망하고 있다. 메탄 및 바이오에탄올의 시장 규모는 소규모이긴 하지만 1990~1997년간 연평균 10%의 성장률을 나타내었으며, 지구 온난화와 연계하여 앞으로 급격히 성장할 것으로 예상되며 미국과 EU는 모두 현재 총 1차에너지 소비의 3% 내외를 차지하는 바이오매스에너지 공급을 2010년까지 3배로 늘리는 계획을 추진 중이다. 표 10.20에서 2000년부터 향후 2010년까지 바이오에너지 시장성장률은 EU는 연평균 15%, 미국은 연평균 약 12%를 기록할 것으로 전망되었다.

70년대 :
기존 바이오에너지 보급 및 기초연구

- 석유 위기에 대응 신탄 난방, 메탄가스화 장치 등 보급 추진
- 바이오에탄올, 메탄가스화 장치 등 기초 연구

↓

80년대 :
신기술 바이오에너지 요소기술 연구

- 전반기 : 바이오에탄올, 메탄가스화 연구, 가스화 발전 등 실용화 연구
- 후반기 : 저유가 계속으로 바이오에너지 보급 저조

↓

90년대 :
청정 바이오에너지의 도입기

- 화석연료의 과잉 사용에 따른 폐기물, 대기오염, 지구 온난화 문제로 상용화 및 보급 확산
- 함산소 바이오연료(에탄올/바이오디젤) 및 바이오매스 폐기물 연소 발전, LFG 발전, 메탄가스화 장치 등 폐기물 처리겸 에너지 이용시설 도입기

↓

2000년대 :
바이오에너지 실용화 보급기

- 미국, EU 등 선진국가 그룹은 온실가스 저감효과가 큰 바이오에너지의 본격 도입이 성장산업으로 부상 (2010년까지 2000년 보급량의 3배)
- 주요 보급기술은

– 가정연료 및 지역냉난방 이용
– 바이오연료(에탄올 등)/화학원료 개발 이용
– 바이오매스 가스화 발전을 포함하는 열병합 발전 이용
– 유기성 폐기물 메탄가스화 발전 이용이 될 전망임

그림 10.11 연대별 해외 바이오에너지 기술개발 동향

표 10.20 바이오에너지 선진국 시장규모 전망(단위 : 억$/년)

구분연도		1997	2000	2003	2010	2015
메탄 (LFG 포함)	미국[a)]	10	15	30	60	
	EU[b)]	5	30	96	144	
바이오에탄올	미국[c)]	11	21	31	48	
	EU[b)]	5	12	20	30	

- 해외현황

① 기술개발현황

바이오에너지 기술개발은 자원과 이용 기술이 다양한 만큼 각각 자국의 실정에 맞는 바이오에너지원을 개발 이용하고 있다.

* 미국은 정부주도의 상용화 기술개발과 보급을 추진하고 있다.
  현재는 연료용 알코올 보급(28.1억 gal., 2003), 바이오디젤 보급(2,000만 gal., 2003), LFG 이용(1998, 360개소, 730 MW)에 주력 주) LFG(매립지가스 : Land Fill Gas)
* 유럽은 EU 차원의 기술개발/실증시험 사업과 이미 상당히 발전되고 있는 바이오에너지(바이오디젤, 발전사업자) 공급사업자를 중심으로 보급확대가 일어나고 있으며 온실가스 저감 차원에서 기술개발 및 보급확대를 천명하였다. EU는 현재 바이오디젤 보급이 활발(110만 ton, 프랑스 2003년), LFG 이용(400개소, 670 MW, 1999년), 메탄가스발전시설(100개소, 240 MW, 2000년)의 실적으로 2010년에 총 대체에너지의 70% 이상을 바이오에너지로 공급예정이다.
* 기타 국가
  - 중국 : 농부산물 바이오매스 가스화 이용(발전 포함)
  - 일본 : 도시쓰레기 소각열 발전, 메탄올 생산 이용
  - 스웨덴, 캐나다, 브라질 : 미국과 목질계 에탄올 기술개발 협력
  - 스웨덴 : 바이오매스 가스화 발전기술 실증
  - 네덜란드, 덴마크 : LFG 및 바이오가스 이용기술개발 적극 추진

② 기술개발계획

* 미국
  1999년 대통령령으로 "바이오연료/화학원료 개발촉진(제13134호)"을 선언하고 2010년까지 바이오에너지 공급을 3배 확충.
  구체안은 목질계 알코올 연료, 바이오매스 가스화 발전, Biorefinery 기술개발 상용화와 에너지 작물 재배 기반의 확충을 포함하고 있다.
* 유럽
  EU Campaign for Take-off(도약의 캠페인)은 2010년까지 이를 3배로 확충하여 총에너지소비의 약 9%(전체 대체에너지의 74%)를 바이오에너지(폐기물 포함)로 공급, 구체안은 10 GWth의 바이오매스 열병합 발전, 백만호 바이오매스 개별난방, 1 GWe의 메탄가스 발전, 500만 ton의 바이오디젤(에탄올) 공급 계획을 추진 중에 있다.

• 보급현황

1980년대 미국 및 EU는 폐기물의 단순처리 목적으로 소규모 매립장을 다수 설치하였으나 메탄 방출에 의한 지구 온난화 등 환경문제가 심각하여짐에 따라 1990년대에는 매립장에서 발생하는 메탄(매립지가스, LFG)을 회수하여 에너지원으로 활용하는

공정을 상용화하였으며 대규모 매립장을 대상으로 주로 설치하여 전기를 생산하고 있다.

폐수의 메탄가스화는 기존의 기술이지만 고농도 유기성 폐기물(축산분뇨, 하수슬러지, 음 식쓰레기 등)의 메탄가스화 기술이 개발되어 1988년 이후 EU지역에서만도 약 100기의 메탄가스화 장치가 보급되어 약 240 MWe의 분산형 전력 및 열을 공급하고 있다. EU는 2010년까지 1,000 MWe의 메탄가스 발전을 보급할 계획이다.

미국의 경우 옥수수 전분 알코올 48억 kL/년(30억 TOE/년) 브라질은 사탕수수 알코올 180억 kL/년(115억 TOE/년), 프랑스는 밀가루 전분으로부터 150만 kL/년의 알코올을 그리고 EU 국가전역에 연간 약 140만 ton의 채종유를 이용한 바이오 디젤이 자동차용 연료로 공급되고 있다.

이외 EU는 나무를 이용한 지역 열병합 발전으로 22백만 TOE/년, 쓰레기 소각열 발전으로 2.1 GW의 전력설비를 가동하고 있으며 미국은 바이오매스 소각발전으로 현재 10 GW 용량의 설비를 운용하고 있다.

메탄 및 바이오에탄올의 시장규모는 소규모이긴 하지만 1990~1997년간 연평균 10%의 성장률을 나타내었으며, 지구 온난화와 연계하여 앞으로 급격히 성장할 것으로 예상되며 미국과 EU는 모두 현재 총 1차 에너지 소비의 3% 내외를 차지하는 바이오매스에너지 공급을 2010년까지 3배로 늘리는 계획을 추진 중이다.

10.3.3 전망과 파급효과

우리나라 폐기물 바이오매스 자원부존량은 연 1,200만 ton으로써 총에너지의 약 6.8%를 충당할 수 있는 수준이며 바이오디젤, 바이오에탄올, 바이오가스(매립지 가스 포함)와 바이오매스의 열화학적 변환기술은 하루가 다르게 발전하고 기후변화 협약과 관련하여 국제적으로 그 중요성이 부각되고 있다. 범지구적 환경문제의 양상은 더욱 심화되고 21세기 기술개발의 새로운 장의 하나로서 환경, 에너지 문제 해결을 위한 바이오테크놀러지가 대두됨에 따라 바이오매스의 에너지 활용 기술은 "21세기 기술전망"에서 가장 유망한 미래 기술의 하나로 평가되고 있다. 이 같은 전망은 스웨덴 왕립 아카데미(Royal Swedish Academy of Engineering Sciences)의 "21세기 기술전망 보고서"에서 예측된 것으로 인류의 21세기 기술 발전 시나리오는 유전공학(BT), 화학과 재료기술 및 정보통신(IT)의 3대 기술분야가 혼합 발전하다가 결국 분자생물학(세포생물학, 유전공학 포함) 분야의 폭발적 성장을 가져와서 신식품 및 의약품, 생물농약 및 살충제, 바이오센서 및 컴퓨터, 친환경 신소재, 생물에너지와 생물화학 산업 등 BT산업 기술의 신시대가 도래할 것이다. 결국 현재 석유화학 및 석유정제 산업이 담당하고 있는 에너지 및 소재산업의 역할을 바이오매스의 에너지/화학원료 이용산업이 담당하게 될 것이라는 것이다. 따라서, 미국, EU, 일본, 중국 등은 바이오매스에너지 이용에서 적극성을 보이고 있으며 특히 유럽에서는 전체 신재생에너지의 약 70%(폐기물 소각 포함)를 바이오에너지로 보급하고 있으며, 앞으로도 보급을 확대 추진하고 그 질도 높여갈 계획이다.

표 10.21 우리나라 바이오에너지 기술개발 전망

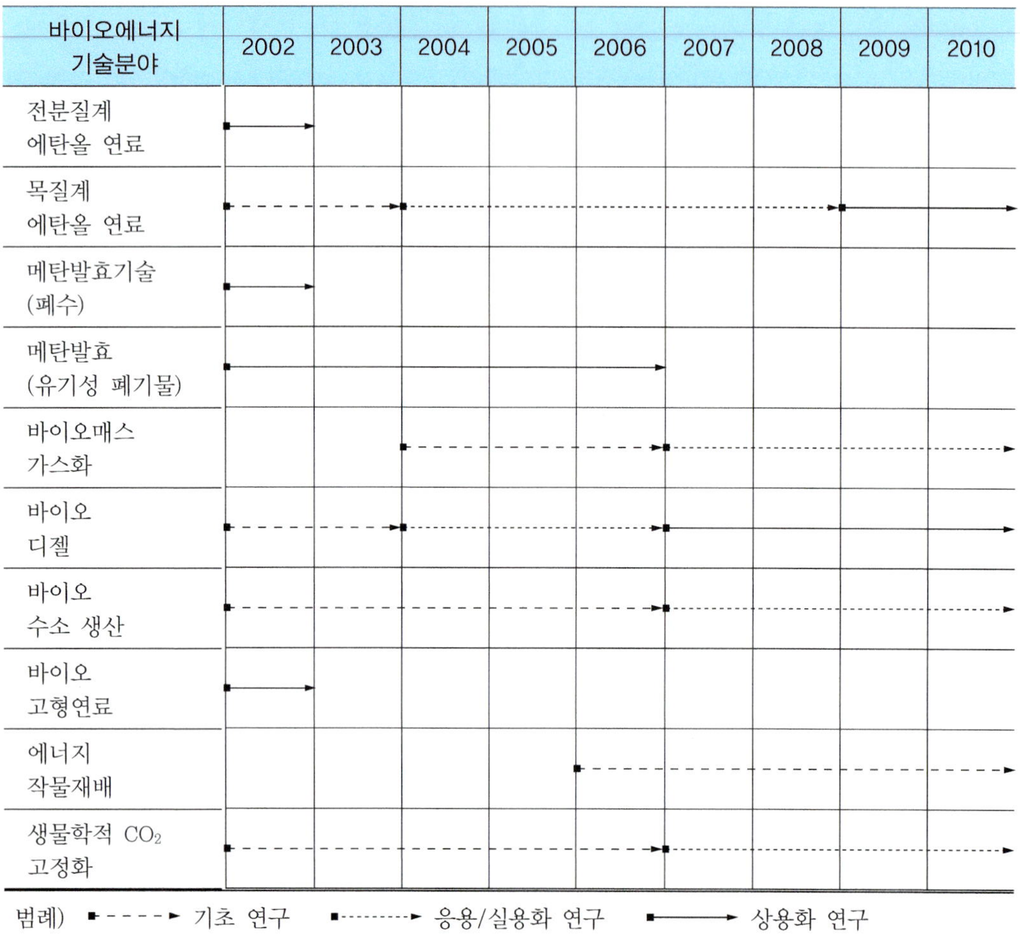

CHAPTER

11 폐기물에너지

11.1 폐기물에너지의 정의

폐기물이란 액체 혹은 고체 상태의 물질로서 폐지, 폐목재, 폐의류, 폐플라스틱, 폐유, 고철, 음식물 쓰레기, 하·폐수슬러지, 폐유리병, 동물의 사체 등으로 사람의 생활이나 사업활동에 필요하지 않게 된 물질을 말한다. 폐기물을 에너지화 함으로써 우리는 심각한 쓰레기 문제와 에너지 부족문제를 동시에 해결할 수 있다. 폐기물 에너지화에서 간과해서는 안되는 기본 개념이 폐기물은 일반 연료가 아니고 다양한 오염물질을 포함한 물질이므로 연료와 혼돈해서는 안된다. 따라서 폐기물은 친환경적으로 처리하는 것이 우선이고 에너지 회수는 다음 순서로 하여야 한다.

사업장 또는 가정에서 발생되는 가연성 폐기물 중 에너지 함량이 높은 폐기물을 열분해에 의한 오일화기술, 성형고체연료의 제조기술, 가스화에 의한 가연성 가스 제조기술 및 소각에 의한 열회수기술 등의 가공·처리방법을 통해 고체 연료, 액체 연료, 가스 연료, 폐열 등을 생산하고, 이를 산업생산 활동에 필요한 에너지로 이용될 수 있도록 한 재생에너지이다.

11.1.1 폐기물의 분류

① 이용하는 방법에 따른 분류
소각열 회수에너지, 고체연료에너지, 열분해 생성물에너지

② 폐기물의 종류에 따른 분류
생활폐기물에너지, 사업장폐기물에너지

③ 폐기물 상태에 따른 분류
고상 폐기물에너지, 액상 폐기물에너지, 기상 폐기물에너지

11.2 폐기물 에너지화 기술

폐기물 에너지화 기술이란 쓰레기를 재활용하여 에너지자원으로 이용함으로써 자원절약 및 환경보전을 이룩하고자 하는 기술이다. 가정이나 공장 등에서는 쓰레기를 가능한 한 적게 배출 시켜야 한다. 이를 위해서는 쓰레기의 발생억제(감량화), 사용한 제품의 재사용, 회수된 물질을 원재료로 재활용하는 방법이 있다. 그런데 이러한 방안들이 기술 또는 환경 측면에서 적절하지 않은 경우에는 폐기물의 에너지화 기술(소각, 고체연료, 재생연료유, BIO 연료 등)을 이용하여 대체에너지로 사용하면 자원재활용 및 에너지 절약 측면에서 많은 이익을 얻을 수 있다. 결국, 쓰레기 발생량을 줄이고 자원을 재활용하는 것은 유한한 자원을 효율적으로 이용하고, 더불어 쓰레기 처리 문제를 덜어준다.

11.2.1 특징

① 비교적 단기간내에 상용화 가능
- 기술개발을 통한 상용화 기반 조성
- 타 신재생에너지에 비하여 경제성이 매우 높고 조기보급이 가능

② 폐기물의 청정 처리 및 자원으로의 재활용 효과 기대
- 폐기물 자원의 적극적인 에너지자원으로의 활용
- 인류 생존권을 위협하는 폐기물 환경문제의 해소
- 지방자치단체 및 산업체의 폐기물 처리 문제 해소

11.2.2 폐기물 신재생에너지의 종류

① 성형고형연료(RDF)

종이, 나무, 플라스틱 등의 가연성 폐기물을 파쇄, 분리, 건조, 성형 등의 공정을 거쳐 제조된 고체연료. 주) RDF : Refuse Derived Fuel

② 폐유 정제유
- 자동차 폐윤활유 등의 폐유를 이온정제법, 열분해 정제법, 감압증류법 등의 공정으로 정제하여 생산된 재생유 플라스틱 열분해 연료유
- 플라스틱, 합성수지, 고무, 타이어 등의 고분자 폐기물을 열분해하여 생산되는 청정연료유 폐기물 소각열
- 가연성 폐기물 소각열 회수에 의한 스팀 생산 및 발전, 시멘트킬른 및 철광석소성로 등의 열원으로의 이용 등

11.2.3 폐기물자원화 대상의 종류

① 제철, 제강 폐기물, ② 비철금속제련 폐기물, ③ 폐타이어, ④ 폐전지, ⑤ 폐석탄회 및 중유회(Coal Fly Ash, Petroleum Fly Ash), ⑥ 고지류, ⑦ 캔류(알루미늄), ⑧ 유리병, ⑨ 폐가전제품, ⑩ 폐플라스틱, ⑪ 음식물 등 유기성 쓰레기, ⑫ 폐산, 폐알칼리, ⑬ 폐목재, ⑭ 폐촉매, ⑮ 도금 슬러지, ⑯ 패스트푸드점의 포장쓰레기, ⑰ 농촌폐기물 등

11.3 폐기물 에너지화 기술의 장·단점

① 종이, 플라스틱, 나무, 주방쓰레기, 폐타이어, 폐유, 폐용제 등
가연성 성분이 많이 포함되어 있기 때문에 발열량이 높음

② 비교적 단기간 내에 상용화 가능
- 기술개발을 통한 상용화 기반 조성
* 타 신재생에너지에 비하여 경제성이 매우 높고 조기 보급이 가능

③ 폐기물의 청정 처리 및 자원으로의 재활용 효과 기대
- 폐기물 자원의 적극적인 에너지자원으로의 활용
- 인류 생존권을 위협하는 폐기물 환경문제의 해소
- 지방자치단체 및 산업체의 폐기물 처리 문제 해소

장 점	단 점
• 에너지 회수의 경제성이 비교적 높음 • 쓰레기의 양 감소 • 저장, 이송이 용임	• 고도의 기술과 연구 개발이 요구 • 폐기물 에너지화 과정에서 또 다른 환경오염 유발 가능 • 문화나 산업의 특성에 따라 다른 많은 처리 기술이 필요

11.4 폐기물 에너지화 기술의 원리 및 종류

11.4.1 재활용 기술

재활용 기술이란 버린 쓰레기를 가공 처리하여 다시 이용하는 기술로 고형연료 제조기술과 재생품 생산기술이 있다. 국내의 폐기물은 2000년도를 기준으로 약 8,270만 ton/년이 발생되었으며, 이중에서 가연성 폐기물이 약 2,200만 ton/년을 차지하고 있다. 가연성 폐기물 중에서 총 발생량이 790만 ton 정도인 폐합성수지류, 폐목재류, 폐지류가 보유한 에너지 잠재량은 약 510만 TOE로서 가연성 폐기물이 보유한 전체 에너지 잠재량의 80% 이상을 차지

하고 있으며, 재활용 되지 못하고 매립 처리되고 있는 양이 약 3,300천 ton으로서 이들 폐기물 총 발생량의 42%에 해당하는 높은 비율을 보이고 있다.

국내의 생활계 가연성 폐기물 중에서 2000년도를 기준으로 매립 처리되고 있는 약 330만 ton/년의 폐합성수지류, 폐목재류 및 폐지류를 RDF의 1차적인 제조원료로 간주하면 이들이 보유한 에너지 잠재량은 약 200만 TOE/년(330만 ton/년 × 6,000 kcal/kg)으로서 RDF는 폐기물 처리에 따르는 비용 절감뿐만 아니라 에너지 수급 문제의 해결에도 크게 기여할 것으로 기대된다.

(1) 고형연료 제조기술

폐기물을 이용하여 고체연료를 만들어 에너지로 이용하는 기술이다. 가연성인 폐플라스틱이나 목질계, 종이류 등을 잘게 부수고 아황산가스 등의 발생을 억제하기 위한 첨가제, 결합제 등을 부가하여 고형연료로 만드는 것이다. 이렇게 만들어진 고형연료는 난방이나 스팀을 생산하기 위한 연료로 사용되며 폐플라스틱 위주로 만든 것을 RPF(Refuse Plastic Fuel)라 하고, 기타 물질들이 혼합된 것을 RDF(Refuse Derived Fuel)이라고 한다. 현재 RPF에 대한 제품 품질규격을 설정 환경관리공단에서 품질 인증을 받은 제품에 한하여 전용 소각 보일러에서 사용할 수 있도록 하고 있다.

품질 인증의 가장 주요한 내용으로는 연소시 할로겐 화합물의 유발 가능성이 있는 PVC(Poly vinyl chloride) 혼입량과 발열량, 회분 등을 주요 검사 항목으로 하고 있다.

RDF는 가연성 쓰레기를 분쇄기에서 2 cm 이하로 분쇄한 후 300도 이상에서 수분 함량이 10% 이하가 되도록 건조하여 고형 연료를 제조하게 된다. 성형하는 방법으로는 높은 압축력을 이용하여 연탄을 찍어내듯 하는 압축 성형과 회전하는 롤러 사이에 넣어 성형하는 Roll Compacter를 이용하는 방법들이 있다. 대부분 성형된 RDF의 열량은 3,000~6,000 kcal/kg 정도가 된다.

(2) 재상품 생산기술

유리류, 금속류, 캔류, 폐건전지, 종이류, 유기용매류, 폐플라스틱류로부터 원래 물질을 회수하여 재생품을 생산하는 기술을 의미한다. 물론 이러한 물질은 대부분 쓰레기 속에 섞여서 배출되므로 반드시 분리과정이 필요하게 된다. 여러 가지 쓰레기가 섞여 있는 혼합쓰레기를 종류별로 선별 분리한다. 분리방법에는 수작업에 의한 수선별, 기계에 의한 자동 선별 등이 이용된다. 현재 생활계폐기물은 분리수거 시 플라스틱류, 종이류, 캔류, 유리류로 분리수거되는 실정이며 중간처리 업체에서 다시 세부분리가 이루어진다. 예를 들어 플라스틱류는 PP(Poly propylene), PE(Polyethylene), PET(Poly ethylene terephthalate), PS (Polystyrene), PVC(Poly vinyl chloride), PU(Poly urethane) 등으로 선별되어 분쇄, 세척, 건조 공정을 거쳐 용융, 압출 과정을 거쳐 원료로 재생된다. 생활계에서 주로 발생되는 금속류는 캔으로 알루미늄 재질과 스틸재질로 선별 압축되어 용해 공정을 거쳐 원료로 재활용되어진다. 유리의 경우 대부분 소주와 맥주병과 드링크 병 등으로 병 종류를 전문으로 세척 재생하는 공장으로 보내져 병으로 재활용되며, 재활용되기에 충분치 않은 병 종류는 파쇄하여 유리 제조의 원료로 재활용된다. 기타 판유리들도 파쇄하여 유리 생산의 원료로 재활용된다.

그림 11.1 폐기물의 재활용 과정

11.4.2 생분해성 처리 및 자원화 기술

쓰레기를 분해하거나 발효시켜서 에너지화 하거나 자원화 하는 기술로 사료화 기술, 바이오연료 기술, 퇴비화 기술이 있다.

(1) 사료화 기술

사료화 기술은 물리적인 방법과 미생물학적 방법으로 구분한다.

1) 물리적인 방법

익힘 공정을 통하여 탈수, 건조, 분쇄, 품질조정, 가공의 과정을 거쳐서 제조한다. 초기의 익힘 공정은 병원균을 없애는 효과와 탈수공정을 돕기 위한 전처리 공정이며, 품질조정을 위하여 영양분을 첨가하기도 한다.

2) 미생물학적 방법

호기성 분해 혹은 혐기성 발효에 의한 유기물의 사료이다.

* 응용사례 : 경기도 구리시는 음식쓰레기를 살균-멸균 처리한 뒤 오리 2천여 마리의 사료로 쓰고 있다.

(2) 바이오연료

1) 혐기성 소화공정(메탄발효법)

농축산폐기물을 혐기성 미생물을 이용하여 발효시킴으로써 메탄을 주성분으로 하는 바이오 가스를 생산하여 연료로 사용할 수 있는 기술이다.

* 응용사례 : 축산 폐기물 메탄 가스화 공장, 안양 음식물 쓰레기 메탄가스화 발전소

2) 알코올 발효공정

보리나 옥수수 등의 전분작물과 건설현장에서 쓰고 버린 나무 등을 모아 물을 첨가시킨 후 가수분해를 시킨다. 그러면 술과 같은 성분의 바이오 알코올(에탄올)이 만들어진다. 이렇게 만들어진 에탄올은 휘발유와 같이 불에 잘 타고 깨끗이 타는 좋은 바이오연료이다.

* 응용사례 : 목질계 연료용 에탄올 실용화 연구시설

3) 퇴비화

퇴비화는 우리가 일상생활에서 쉽게 접할 수 있는 폐기물에너지화의 예이다. 이것은 우리 조상 때부터 이어져 온 것이라 할 수 있다. 퇴비화 과정은 유기물의 호기성 분해가 주된 과정으로서 여러 종류의 중온성 및 고온성 미생물이 관여하게 된다. 분해과정은 크게 3부분으로 나눌 수 있다.

첫째, 유기물 중에 있는 분해가 쉬운 물질로서 당류 및 아미노산류 등이 빨리 흡수 이용되는 1~2일간으로서 퇴비 더미의 온도가 증가한다.

둘째, 고온성 미생물의 분해과정으로서 주로 유기물질 중의 셀룰로오스, 펙틴 등의 분해가 이루어지며 보통 수 주간 계속된다.

셋째, 숙성단계로서 온도가 차츰 떨어지고 분해속도가 느려지며 다시 중온성 미생물 등이 정착한다.

* 응용사례 : 의왕시는 전국에서 유일하게 음식쓰레기를 일괄적으로 수거, 처리 하는 시스템이 설치되어 있다. 지저분하기 이를 데 없던 음식쓰레기는 이 설비에서 수분과 메탄가스로 분해되어 흔적조차 없어진다.

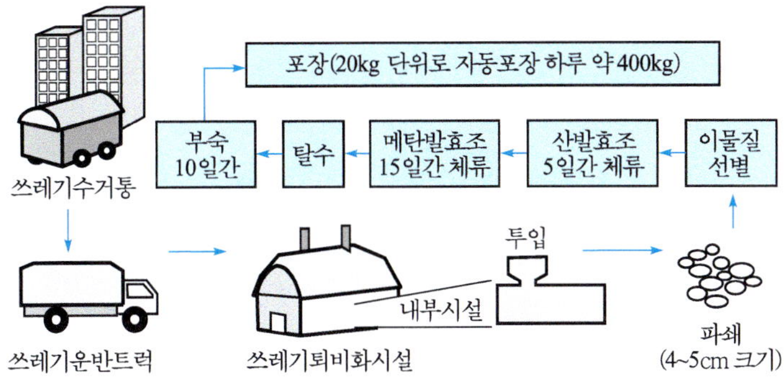

그림 11.2 의왕시 음식물 처리 공정

(3) 열적 처리 및 에너지 회수기술

열적 처리 및 에너지 회수기술이란 쓰레기에서 다시 에너지를 뽑아 쓰거나 태워서 열을 이용하는 기술로 소각기술, 열분해 및 건류기술, 매립지 가스가 있다.

1) 소각기술

가연성 폐기물을 소각하여 열에너지를 얻는 기술이다. 일정 규모 이상의 소각로에서는 폐열을 이용하여 스팀을 생산 전력에너지의 생산을 한다. 일본의 생활폐기물 소각시설(900 ton/day)에서는 소각 시 발생하는 열을 이용한 전력 판매로 30억 원 이상의 매출을 올리는 회사도 있다.

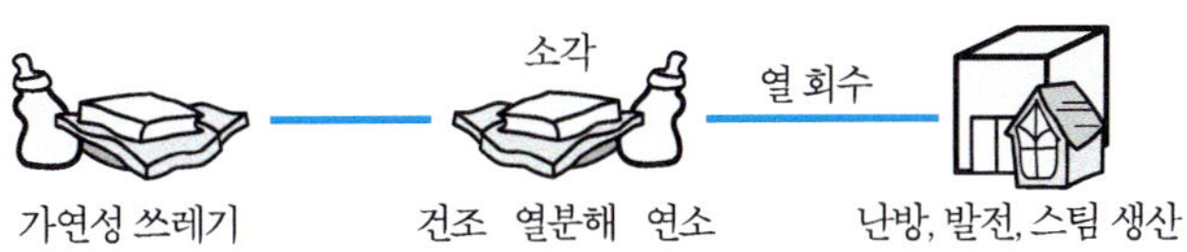

그림 11.3 가연성 폐기물 소각 개념 및 폐기물 소각시설

2) 열분해 및 건류기술

폐합성수지, 폐타이어, 폐고무, 폐유 등의 고분자 물질을 모아 산소가 없는 조건에서 열을 가하여 경질 오일로 변화시킨다. 이렇게 만들어진 경질오일은 석유화학 제품의 원료나 연료유로 사용할 수 있다. 연료유는 중금속 및 회재분 제거와 같은 정제과정을 통하여 화력발전시설, 목욕탕용 보일러, 그리고 산업용으로 열을 공급 또는 사용하는 시설에 열원으로 사용할 수 있다.

3) 매립지 가스

매립지 가스 기술은 난지도와 같은 쓰레기 매립장에서 매립지를 만들 때 특별한 장치를 함께 만들면 쓰레기에서 발생하는 매립지 가스를 모을 수 있다. 발생 된 매립지 가스는 공기 중으로 흩어지면 지구 온난화를 촉진하는 역할을 하지만 그것들을 모으면 연료(보일러, 또는 가정에서 취사용), 전기발전, 스팀 생산 등의 목적으로 사용될 수 있다.

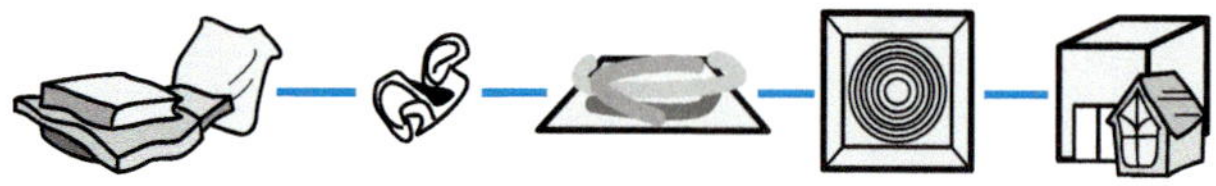

그림 11.4 매립지 가스화 개념

11.5 국내·외 기술개발 현황 및 계획

11.5.1 해외 현황

(1) RDF 기술

- 미국은 RDF와 석탄 혼소발전소가 30여 곳에서 가동되고 있음
- 일본에서는 15 MW급 RDF전용 화력 발전소가 건설 중임

(2) 폐플라스틱 열분해 기술

- 일본의 후지리사이클, 이화학연구소 등 15여개 기관에서 기술을 개발하여 상업화 규모의 발전소를 가동
- 독일 BASF(5,000 ton), 영국 BP사(125,000 ton/년) 등에서 기술개발 및 상용화

(3) 폐유 정제 기술

- 미국의 경우 필터링 및 이온정제를 통한 중유 대체연료유로 활용하였으나 현재는 열분해 및 증류공정을 통한 고급정제유 생산기술을 개발하여 9,000 ton/ year 규모 발전소를 실용화 함
- 일본의 경우, 산백토 처리와 같은 단순처리에 의하여 재생 윤활기유(base oil)로 활용하였으나 현재는 정제유를 생산하여 연료유로 활용하고 있음

(4) 폐타이어의 재활용 기술

외국에서의 폐타이어의 재활용기술은 고무분말기술과 시멘트소성로 연료화 및 열분해 기술 등이 개발, 상용화

① 고무분말 제조방법

- 기계식 상온 분쇄방식 : 대기온도조건에서 타이어 분쇄물을 직접적으로 granulator 나 cracker mill에서 분쇄

- 냉동분쇄방식 : 분쇄물을 액체질소와 같은 냉매에 직접 침적시키거나 냉동기에서 제조된 찬 공기를 이용 냉각시킴으로써 타이어를 분쇄하기 용이한 취약성으로 만든 후 함마식 분쇄기에서 분쇄

② 건류 소각 : 폐타이어를 이용한 보일러 시스템

- 직접연소식 : 타이어 파쇄한 칩을 직접연소 밀폐공간 내에서 외부열원 이용 간접열 공급
- 건류 소각식 : 소량의 공기를 공급, 저산소에서 연소시켜 생성하는 가스를 보일러 연료로 이용

(5) **열분해 기술**

- 폐타이어의 열분해 이용은 폐타이어를 파쇄한 후 분해로에서 500~900℃로 가열하여 카본블랙, 오일, 가스를 회수하거나 연료화하는 기술
- 폐타이어의 열분해시 보통 탄소화합물 30~35%(카본블랙, 활성탄), 40~45%의 Oil, 10~15%의 가스(7,900 kcal/kg) 등이 회수됨

(6) **열병합 발전**

* 폐타이어를 이용한 발전기술 – 서독에서 처음 개발

① 1988.3에 가동된 CA주 Modesto발전소

용량 : 14.4 MW, 폐타이어 소비량 : 연 450만개, 소각온도 : 2,000℃

대기오염제거 장치효율 : 분진 99.9%, SO_2 95.6%, NO 70%

폐타이어 속에 있는 steel belt는 별도 수집 판매

집진장치의 Fly ash는 재용융시켜 회수

② Modesto발전소 건설회사 Oxford Energy Company가 1990년 초부터 CN주 Sterling에 2번째 발전소 30 MW 건설, 연간 5~6백만 개 폐타이어 사용

* Chip과 tire 두 가지 type 동시 사용 가능

③ NY주 Lackawanna에 세 번째 발전소 설립 추진 중 건설비용은 한 개당 1억 달러 이상. 산업시설의 열 이용(TDF : Tire Derived Fuel) : 폐타이어를 파쇄하여 연료로 쓸 수 있게 만든 것으로 주로 칩(Chip) 형태로 되어 있으며 크기는 보통 2 in 이하 직접 소각방식으로 사용되나 타이어를 통째로 사용하는 경우도 있음.

가격 : ton당 20~40 달러

Waste Recovery Inc.(WRI)는 미국에서 가장 큰 TDF 공급업체로 연간 50,000 ton 정도를 판매하고 있다.

※ 활성화 방안

- 환경기초시설이므로 지자체와 연계하여 환경부 등 관련부처의 폐기물 처리관련 기금으로 기초 시설을 지원하고 에너지 회수에 필요한 시설을 설치하는데 필요한 투자비의 일부를 보조금 또는 융자금 등으로 지원
- RDF제조설비에 대해 보조금 지원(건설비의 10%)
- 시범 보급 사업이나 지역에너지 사업으로 시범 발전소 건설 및 운영 추진

11.5.2 국내 현황

(1) 기술개발현황

1970년대 초부터 대학과 연구소를 중심으로 연구 시작하여 1988년부터 대체에너지개발촉진법에 따라 정부차원에서 기술 개발하였음.

기술개발 동향은 1990년대 초까지는 폐기물 소각열 이용기술을 중심으로 기술개발되었고 2000년대 이후 RDF, 고분자폐기물 열분해 등이 주요 분야로 추진됨.

- 지금까지 기술개발의 결과
  - 중소규모 산업계폐기물 소각기술 확립
  - 고분자폐기물 열분해 기반기술 확립
  - 도시폐기물 RDF 제조기술 확립
  - 폐유 열분해 정제기술 확립

(2) RDF 기술

- RDF 제조기술은 개발 완료되었고 유동층연소와 같은 이용기술은 현재 개발 중에 있음.
- RDF전용 발전기술은 요소기술 및 시스템 기발개발이 필요함.

- RDF의 장점
  - 높은 칼로리(High calorific value)
  - 낮은 함수율(Low water content)
  - 적은 회재량(Low ash content)
  - 대기오염 저감(Low pollutant emission)
  - 균일한 조성 및 크기(Homogeneous composition, size distribution)
  - 수송 및 저장성 향상(Easy transport and storage)
  - 취급 자동화(Mechanical handling)

그림 11.5 제조된 상형 RDF 모습

(3) 폐플라스틱 열분해 기술

- 폐플라스틱 열분해 pilot plant 제작 및 운전기술보유
- (주)한국로이코, (주)리엔텍 등 수개 기업에서 자체개발 또는 도입기술로 3,000 ton/년 규모 플랜트 설치하여 가동중이나 기술의 미흡으로 보급되지 않고 있어 추가 기술개발 필요

(4) 폐유 정제기술

- 산백토 처리, 이온 정제 및 감압 증류에 의한 재생유로 대부분 활용하고 있음
- 열분해에 의한 고급재생유 생산공정의 개발 완료

(5) 폐타이어의 활용

1) 발생

* 폐타이어의 발생량은 자동차수의 증가에 따라 증가

* 2001년 1,500만대 이상 상회

* 자동차 1대당 연간 타이어 교환 개수

승용차 : 1.3개, 트럭・버스 : 2.8개 → 전국 평균 대당 2개

2001년 폐타이어 발생량은 약 3,000만개

2) 처리현황

72% - 방치 또는 매립 : 이중 60%(전체 43% 정도)는 군부대 내에서 처리(진지구축용)

28% - 재활용

3) 재활용현황

① 재생타이어

* 현재 약 100여개 업소 - 재생타이어 제조업체(영세)

* 타이어 재생과정

- 수집상에서 폐타이어를 수집 재생업체로 보냄(전체의 20% 정도)
- 운수회사의 요청에 의해 재생(전체의 80% 정도)

차종별로 보면 트럭・버스 등 산업용이 99% 차지.

재생타이어 : 마모된 접지부(tread)를 깎아 내고 새로운 트레드 고무를 접착시켜 재생함.

- 마모가 가벼운 정도일 경우 : 발칸공정(vulcanized-process, 가황공정) 없이 그대로 새로운 고무 부착
- 마모가 심한 경우 : 탑공정(Top Process)
  가황공정을 거친 후 접착시키는 방법 3회까지만 재생가능(이상은 KS검사 기준 위반, 벌과금)

② 재생고무

* 재생고무로의 이용은 폐튜브와 폐타이어의 2종류 가능
  - 폐튜브의 이용 : 폐부틸튜브로서 파쇄, 선별, 압연공정을 거쳐 재생부틸고무로 재생 (품질은 원료 부틸고무와 동등)
    국내부족, 중동지역에서 수입 - 현재 국내생산업체는 (주)한국타이어와 (주)금호 등 약 10여개 업체
  - 폐타이어 : 스틸코드외부를 깎아 낸 다음 고무분말로 재생고무를 제조하여 타이어 제조공정에 이용한다.

4) 재활용 기술

폐타이어의 재활용 방법

- 원형기술 : 재생타이어, 타이어 어초, 산림토사유출 방지용, 농작물의 서리방지용, 학교의 놀이기구, 군대의 진지구축용 등
- 가공이용기술 : 재생고무, 분말고무, 고무아스팔트, 토양개량제, 탈취제, 흡착제 등
- 열이용기술 : 직접연소(원형 또는 쇄절), 열분해, 시멘트소성로 연료화

(6) 시멘트소성로에서의 소각

시멘트소성로에서 폐타이어를 연료로 이용

* 고무성분 : 연료로 이용
* Steel : 산화철로 산화 후 시멘트 구성원료로 이용

- 일본의 경우 1996년 17개 공장의 23개 킬른에서 시멘트킬른 연료의 5~10%를 폐타이어를 사용했고 1994년에는 26,500천개를 사용한 바 있음
- 우리의 경우 1993년 쌍용양회 영월공장과 고려시멘트 장성공장에서 약 94,000개의 승용차폐타이어를 연료로 사용한 바 있다.

(7) 고무아스팔트

* 보통의 아스팔트에 폐타이어 분말 등의 고무가루를 혼합
  도로포장에 쓰임 [177~233℃에서 10~30%(보통 22%)]

- 장점
  - 유연성과 탄력성으로 인해 충격흡수효과 커짐, 외부하중에 의한 변형과 파손 감소, 수명 연장(보통 아스팔트 수명 6년 → 17년으로 거의 3배)
  - 고온 변형과 저온 마모현상 감소 → 균열 및 파괴 감소 → 도로의 보수 및 유지비 절감효과
  - 종래 아스팔트보다 두께가 40% 얇다 → 경제적

- 고무에 들어 있는 카본블랙으로 인해 내구성 2~3배 증가(산화 방지)
- 투수율 10~12 cm/s → 방수기능 뛰어남
- 미끄럼 방지효과 및 마모저항성이 있어 사고방지 및 주행시 소음 감소효과

• 재활용 증진 방안

① 재생타이어의 제조기술 향상 및 사용률 재고

- 제조기술 향상 → 안전성 증대
- 안전성이 보장된 후 재생타이어 이용률 높힘(승용차)

② 폐타이어의 회수체계 확립

경제적 타산 고려

회수업자나 처리업자에게 정부에서 보조금 지급

(현재 실시하고 있는 폐타이어 예치금제도로 충당가능)

③ 폐타이어의 재활용업체 육성

* 재생고무업, 타이어 재생업, 열에너지 이용업체를 반드시 정책적으로 지원, 육성(모범업체에게 보조금과 장려금 및 면세혜택으로 지원)

④ 폐타이어 유망 재생기술 개발

- 급속냉동기술이나 건류기술, 화력발전소 내에서의 연소 등 최신 유망기술 선정, 개발
- 정부적 차원에서 산학연민을 통한 폐타이어 유망재생 기술에 대한 정책적 지원이 필수적

⑤ 폐타이어에 대한 새롭고 다각적인 수요창출

- 발전소 설립
- 시멘트 소성로 연료
- 재생타이어
- 주요 산업공정 연료
- 고무아스팔트 도로포장공사 실시(보도 및 보도블록)
- 진창 길에 폐타이어 매트 이용
- 폐타이어 연결 하수관
- 건축자재
- 운동기구(학교, 공원, 산책로 등)

(8) 기술개발계획

- 고분자폐기물을 이용한 고형연료(RDF) 제조 및 에너지 이용기술
- 고분자폐기물 RDF/하수 슬러지 혼소장치 개발
- 폐플라스틱류로부터 대체연료유 생산을 위한 상용화 기술 개발
- 폐타이어로부터 발전용 에너지 및 유가물 회수장치 개발
- 산업체 보일러 연료용 열분해유 제조기술 개발

CHAPTER 12 지열에너지

12.1 지열에너지의 의미

지구표면에서 수 km 사이의 지각내부에 존재하는 열에너지로서 경제적으로 타당성 있게 개발되고 이용될 수 있는 에너지원을 의미한다.

지열에너지는 재생이 불가능한 에너지원이나 지구 자체가 가지고 있는 에너지이므로 굴착하는 깊이에 따라 잠재력은 거의 무한이라고 할 수 있다. 지열에너지는 저온 열수를 직접 이용하는 온천 등의 관광 자원 또는 프랑스나 헝가리에서 전형적인 예를 찾을 수 있는 것처럼 난방 열원 등으로서는 많이 개발되었다고 할 수 있으나 에너지원으로서는 그다지 개발된 자원은 아니라고 할 수 있다.

우리가 생활하는 주변 온도는 계절에 따라 변화를 하나, 깊이 5 m부터는 1년 중 10~15도로 거의 일정하다. 우물물이 여름에는 차고 겨울에는 따뜻하게 느껴지는 것은 우물물의 온도에 변화가 있어서가 아니라 바깥기온과 땅속의 온도와의 사이에 이와 같은 온도 차가 있기 때문이다

지열 이용 시스템은 여름에는 시원하고 겨울에는 따뜻한 지중의 성질을 활용한 옥내의 냉난방을 행한다. 지상과 지중의 온도 차를 이용함으로써 우리들은 환경에 탁월한 청정에너지를 얻을 수 있는 것이다.

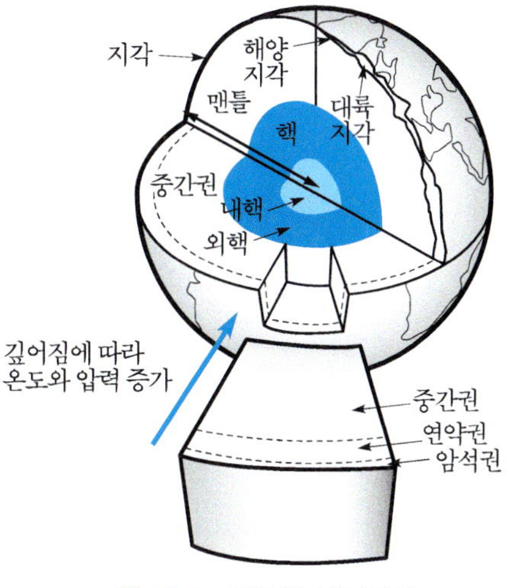

그림 12.1 지구의 내부구조

지중의 열에너지는 거의 무진장하나 단위시간당 지중으로부터 어느 정도의 에너지를 얻어낼 수 있는지는 지역에 따라 다르게 된다. 그것은 땅 속의 온도나 열전도율, 지하수의 상태 등에 지역성이 있어 열을 얻어가는 땅속이 차면 되돌아가는 시간이 걸리고, 방열하며 지나가는 땅속도 따뜻하게 되어버리기 때문이다. 이 때문에 이용하게 되는 지역의 조사와 지중의 성질에 맞는 지중열을 얻도록 지열 설계를 할 필요가 있다.

12.1.1 시스템 구성도·발전원리 및 장단점

(1) 난방

겨울에는 외부의 차가운 물(5℃ 이하)이 지하에 매설되어 있는 파이프회로 내를 순환하면서 데워지는 온도(15±5℃) 즉, 지열을 건물 내로 반복적으로 공급하여 난방을 한다.

(2) 냉방

여름에는 외부의 더운 물(24℃ 이상)을 지중 열교환기를 통해 15±5℃로 식혀 줌으로써, 바꾸어 말하면 건물 내부의 열을 계속해서 지하에 방출시킴으로써 냉방을 한다.

(3) 장점

1) 친환경적인 청정 클린에너지

① CO_2, NO_x, SO_x 등 배출가스가 없어 온실효과 및 열섬현상, 억제 효과가 있고, 또한 지중열교환기로 지구 온난화 현상 억제

② 최근 각국의 관심이 높아진 세계기후협약에 대응

2) 높은 경제성

① 일반 냉·난방시스템에 비해, 지열(Groundsource)을 이용함으로서 고효율의 냉·난방시스템이다(EER=15, COP=4.5 이상).

- 난방시 : 가스, 기름 대비 약 40~70% 절감효과
- 냉방시 : 전기요금 대비 약 40% 절감효과

② 설치 공간의 축소로 공간 활용. 히트펌프의 MULTY 화로 천정, 바닥, 적은 면적의 기계실 활용. 또한 실외기 및 냉각탑이 필요치 않아 건물 미관 보존이 가능

③ 각각의 히트펌프는 개별운전방식으로, 별도의 운전기사가 필요 없으며 사용자 개인의 독립적인 운전이 가능

3) 반영구적/안정적인 시스템

① Ground Loop Exchange(지중열교환기)의 주재료인 고밀도 PE배관(HDPESDR11)을 사용 반영구적으로 사용

② 석유, 가스 등 화석연료를 사용하지 않으므로, 폭발의 위험성이나, 부주의로 인한 화재사고가 없어 안전하고, 소량의 전기로 운전되기 때문에 매우 안정적인 시스템

③ Ground Loop Exchange(지중열교환기)의 주재료인 고밀도 PE배관(HDPESDR11)을 사용 반영구적으로 사용

④ 석유, 가스 등 화석연료를 사용하지 않으므로, 폭발의 위험성이나, 주위로 인한 화재사고가 없어 안전하고, 소량의 전기로 운전되기 때문에 매우 안정적인 시스템

(4) 단점

- 초기 투자비가 타 냉난방시스템보다 크다.
- 냉난방 면적이 작은 곳에는 시공비의 부담이 크므로 가정용 설비로는 경제적 효율성을 검토
- 지형지물상 시공이 어려운 장소가 있다.
- 재생이 불가능하다.

12.2.2 지구의 내부구조와 지열의 근원

지구의 중심은 3,900℃에 달하는 불덩이다. 이것을 내핵이라 한다. 그밖에 있는 외핵의 온도는 2,500℃이다. 이른바 맨틀은 지각 바깥쪽에 있어서 2,000℃이다. 지각은 그 바깥쪽에 있다. 지각의 두께는 해양저에서 5~6 km, 대륙 밑에서 30~40 km, 지열의 근원은 지구의 지각(crust)에 있는 방사성 물질(radioactive material)의 붕괴(약 40%)와 판구조론(plate tectonics)의 지각운동에 의한 맨틀 내의 마그마 운동(약 60%)으로 설명된다. 여기서 녹은 고온의 암석이 마그마인데, 마그마는 지각 속에 웅덩이를 만들어, 화산의 경우, 거기서 분출되어 나오고 있다. 이 용융이 일어나는 곳은 화산지대에서는 마그마가 지하 수 km에서 수십 km의 곳으로 올라와 있다. 지구의 방대한 열에너지를 이용한다면 에너지문제는 당장 해결될 것이다. 땅 아래로 100 m 갈 때마다, 바위의 온도는 약 3℃씩 증가한다. 즉, 땅 아래로 328 feet 갈 때마다, 5.4°F씩 증가하는 것이다.

12.1.3 우리나라의 지열의 분포

고대 우리나라의 지진 역사를 보면 백두산 부근(1597, 1668, 1702, 1724년)과 제주도의 한라산(1002, 1007년)에 수차례 화산이 분출되었다는 기록이 있다. 따라서 한반도의 백두산으로부터 추가령지구대를 통하여 한라산에 이르는 지대는 지열의 Potential이 매우 높다고 본다. 특히 동해의 높은 지열과 한반도 전 지역에 흩어져 있는 온천의 분포를 볼 때 일본 열도에 인접한 한반도도 비교적 높은 지열이 있음을 충분히 짐작할 수 있다.

12.2 지열에너지 자원개발 기술

미국 EPA(Environmental Protection Agency : 미국 환경보호청)조사에 의하면 지하열과 비교 하였을 경우 기존 발전 전력은 약 48%의 에너지 효율을 낼 수 있으며 가스나 오일의 경우 36%에서 43% 전후로 효율을 가지며 지열을 이용 시에는 약 75% 전후의 효율을 낼 수 있는 것으로 알려져 있다.

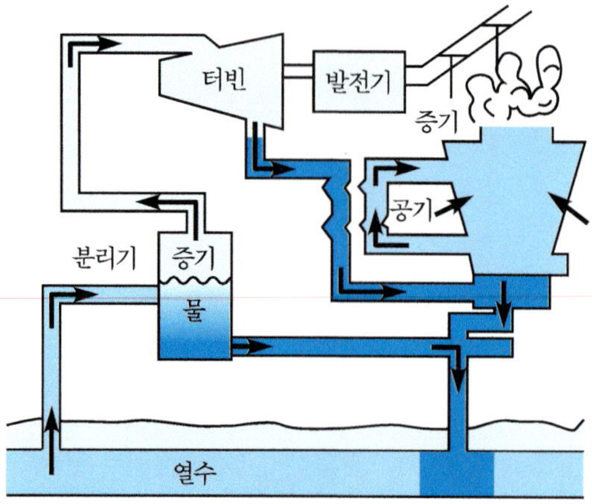

그림 12.2 지열 발전기의 구조

12.2.1 지열 발전 기술

화산, 온천 등에서 얻어지는 200℃ 정도의 천연증기의 에너지를 이용한 발전방식 불순물을 제거한 천연증기로 직접 터빈을 돌리는 직접식과 열교환기를 통하여 새로 수증기를 만드는 간접식이 있다. 고온증기를 풍부하게 얻을 수 있는 화산지대에서 이용할 수 있다. 현재 지열발전을 하고 있는 지열 저류층의 온도는 200~250℃, 깊이는 800~2,500 m이다.

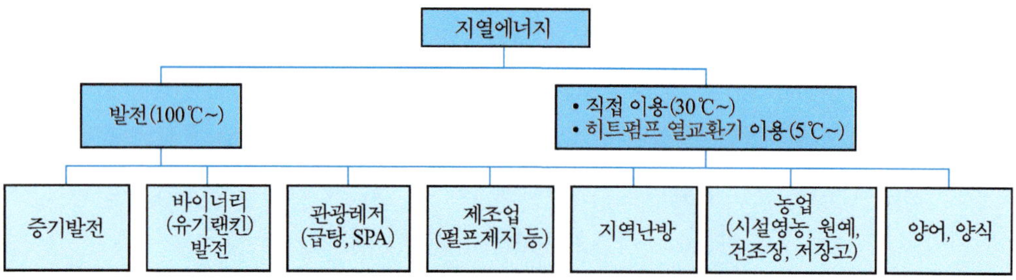

그림 12.3 지열 발전 기술의 시스템 구성도

12.2.2 고온 암체 발전 기술

화산지대 가까이의 지하에는 마그마의 온도의 영향으로 가열된 고온의 암체가 있고, 그 대부분은 화강암이다. 이 고온 암체에서 에너지를 꺼내어 발전하기 위해서는 바위의 온도가 300℃ 이상이고, 길이도 3,000 m 이상의 것이 대상이 되어야 한다. 고온 암체를 발전에 이용하는 데는 뜨거운 바위까지 2줄기의 우물을 굴착하여, 바위에 인공적으로 갈라진 틈을 만들어서 두 줄기의 우물을 연결시킨다. 한 쪽 우물에서 물을 주입하여, 물이 갈라진 틈을 지나는 동안에 가열되어서 생긴 증기를 또 하나의 우물에서 회수하여 터빈을 돌린다.

고온 암체의 개발에는 여러 가지 곤란한 점이 있다. 우선 우물을 굴착하는 문제이다. 석유정이나 천연가스정은 사암, 혈암 등의 무른 퇴적암 속을 파기 때문에 깊이 1만 m 정도나 되는 우물도 있다. 그러나, 고온 암체발전에서는 화강암의 단단하고, 온도도 300℃ 이상 되는 바위를 굴착해야만 한다. 그 때문에 비트의 날은 단단하고 튼튼하며, 또한 베어링의 실(밀봉)재 등도 내열성이 높은 것이 요구된다. 마모 등에 의하여 못 쓰게 된 비트를 갈기 위해서는 모든 파이프를 하나씩 끌어올려서 떼어내고, 비트를 바꾼 다음에, 다시 하나씩 파이프를 이어서 우물에 밀어 넣어야만 한다.

미국은 1970년대 초부터 고온 암체 발전 기술의 개발에 착수하여 상당한 기술을 축적한 것으로 알려져 있고, 전형적인 화산 국가인 일본도 NEDO를 중심으로 고온 암체 발전 기술을 개발하고 있다.

12.2.3 화산 발전 기술

고온 암체 발전과 비슷한 개념인 화산 발전 기술은 마그마의 열을 이용하는 것으로서 마그마의 열로 인해 뜨거운 바위의 구멍과 균열을 통해 저장되어 있는 열수를 이용하기 위해 우물을 굴착하여 열수가 우물로 통해 올라오면 고온 암체보다 낮은 기압으로 인해 수증기가 되는데 그 증기를 이용해 터빈을 돌린다. 미국은 1970년대 중반부터 Sandia Lab.이 중심이 되어 기초 연구를 수행하고 있으며, 일본도 'Sun-Shine 계획'의 일부로 개발 연구를 추진하고 있다. 이 외에도 지열에너지 이용기술과 해양 온도차 발전 기술을 복합적으로 이용하는 GEOTEC(Geothermal & Ocean Thermal Energy Conversion) 기술도 개발이 시도되고 있다.

12.2.4 지열 냉난방 교환 시스템

지구자체의 자전과 공전 과정에서 태양열을 받아 땅속에서 생성되는 무공해 에너지를 지구열이라 한다. 따라서 지열의 에너지원은 무궁무진하다고 볼 수 있다. 현재 지구가 갖고 있는 자연적인 에너지 중 국내에서는 지금까지 온천으로 이용하는 것 외에는 다른 용도의 기술개발이 전무한 상태다. 전 인류가 화석연료를 사용하면서 대기오염 등으로 인한 기후의 이상변화에 따라 천재 재해가 발생되고 있는 상황에서 지열에너지는 이 같은 현상을 억제 및 감소시킨다. 지구자체가 품고 있는 지열인 천연에너지를 인간 생활환경에 필요한 에너지로 사용할 수 있게 연구한 기술이다. 지열은 태양열의 약 47%가 지표를 통하여 지하에 저장된 것이며 이는 우리가 사용하는 에너지양의 대략 500%에 해당하는 양이 된다. 지열 냉난방 열 교환 시스템은 모든 형태의 건축물에 온수와 냉난방을 공급하기 위해 대지 내의 비교적 일정한 온도의 지열을 이용하기 위한 전기적 기계적인 시스템을 가르친다.

12.2.5 비개방형 회로 열교환 시스템

지하에 매장되어 있는 열을 고밀도플라스틱 파이프(HDPE)를 통해 물 또는 부동액이 회로내를 순환하면서 동절기에는 대지로부터 얻은 지열을 본 시스템에 의해 건물 안으로 전달하고 하절기에는 건물 내의 열을 흡수하여 회로를 순환하면서 지하로 흡수열을 방출시키는 과정의 시스템으로 구성되어 있다.

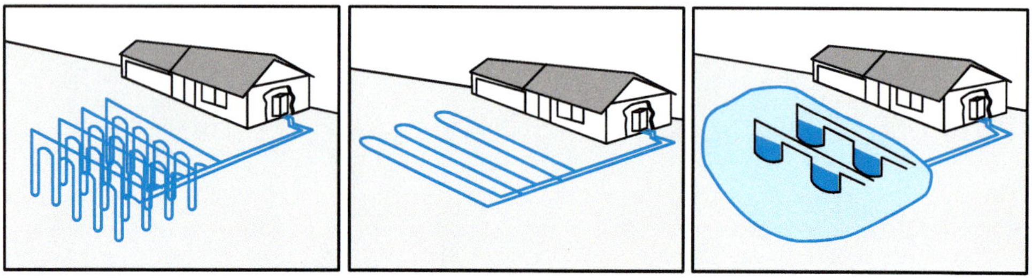

그림 12.4 폐쇄형 지열원 열교환장치

12.2.6 개방형 회로 열교환 시스템

상기 폐회로 시스템과 같은 원리이나 시스템에 맞는 성분과 수요공급이 가능한 물이 있는 장소로써 개방된 물의 배출이 가능한 지역에서 설치 운용된다.

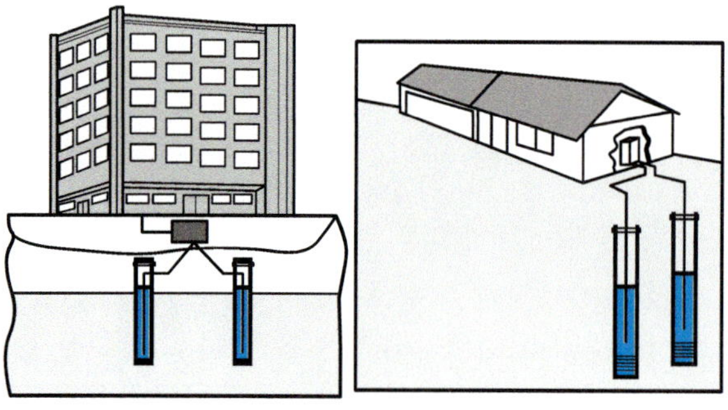

그림 12.5 개방형 지열원 열교환장치

12.2.7 지열 교환 시스템

네 가지 형태의 회로로 설치되는데 수직형, 수평형, 복합형으로 지하, 연못, 강, 호수, 개방된 수역에 개방형이나 비개방 형태로 설계운용된다.

따라서 이 시스템의 적용부문은 상업용, 주거용, 산업용, 농업용 등 여러 분야에 한없이 적용할 수 있다. 또한 실내의 공기를 정화할 수 있어 해외 선진국에서는 종합병원 등 특수 시설에 상용가치가 매우 높게 평가되고 있다.

지열 냉난방 열교환 시스템은 자연적으로 축적된 땅속의 열을 뽑아 열 증폭기를 통해 냉난방을 비롯하여 온수, 공기정화까지 우리가 생활하고 있는 공간에 설치한다.

(1) 지열 냉난방 열교환 시스템을 설치할 수 있는 장소

① 대·중·소규모 아파트단지, 일반 주택, 호텔, 관공서 사무실 등 모든 건물

② 공장, 농축수산물 저장창고, 축사, 비닐하우스, 양어장, 식물원

③ 병원, 목욕탕, 한증막, 체육관, 학교 등 냉난방 시설이 필요한 장소면 모두 가능

(2) 지열 냉난방 열교환 시스템을 설치하면 아래와 같은 특징

① 경제적이다.

- 경유, 석유, 가스 등의 비싼 연료가 전혀 들지 않는다.
- 에어컨, 히터, 냉각탑, 보일러, 실외기, 굴뚝같은 기기의 옥 내외 설치가 필요없다.
- 보일러 등의 설치공간이 기존에 비하여 현저하게 줄일 수 있기 때문에 부가가치가 높다.
- 설치 수명은 고장이 없어 한번 설치로 반영구적으로 경제적이다.
- 기존 냉/난방용기 사용 전기요금 보다 50% 이상이 절감된다.

② 안전하다.

- 경유, 석유, 가스 등의 연료 없이 냉난방이 이뤄져 폭발이나 화재의 위험성이 전혀 없다.

③ 편리하다.

- 연중으로 원하는 온도를 조절해 냉난방과 온수를 마음대로 사용할 수 있다.

④ 환경 친화적이다.

- CO_2 등 배출가스가 전혀 없고 리모컨으로 작동하므로 관리인이 필요없다.
- 소음 등 환경파괴 및 오염이 없기 때문에 쾌적하고 청정한 냉난방 공간을 만들어 준다.

12.3 지열에너지 개발현황

표 12.1 지열에너지 개발현황

기술명	국 내	국 외
유망지역조사	• 마산, 창원지역 지열조사 (자원연 '92) • 제주도지역 지열조사 (자원연 '95)	• 극심부, 고온암체 지열자원 탐사 기술개발 완료 • 지열저류층 평가기술 완료
이용기술개발	• 시추기술 및 이용기술개발 시도된 바 없음	• 지역난방 및 열수이용 시스템 실용화 • 증기발전 실용화

12.3.1 영국

최근 콘월지방 화강암 지대를 지열에너지원으로 개발할 수 있을 지 시험한 바 있다. 콘월지방의 캠본에서는 지하 1,980 m의 암석층의 온도가 70℃까지 올라간다. 에너지를 뽑아내기 위해 시추공 두 개를 뚫어 한쪽 구멍으로 찬물을 내려 보내면 다른 쪽 구멍으로 뜨거운 물이 올라오게 된다. 한쪽 구멍으로 내려간 찬물은 발파작업으로 만든 바위틈을 지나 다른 구멍으로 흘러간다. 이때 물의 온도는 200℃지만 압력이 높아 끓지 않는다. 그러나 이 물이 정상기압인 지표면으로 올라오면 순간적으로 증발하여 증기가 발생하므로 이것으로 터빈을 돌리는 것이다. 다른 지역발전소 후보지들과 마찬가지로 캠본 지방도 몇 가지 문제점을 안고 있다. 우선 열수에 함유된 각종 무기물을 제거하지 않으면 파이프에 물때가 끼거나 터빈을 부식시킨다. 시험결과는 또한 밑으로 내려 보낸 물 중에서 다시 지표면으로 올라오는 물은 전체의 3분의 1밖에 안되며 나머지는 사라져버린다는 사실도 밝혀냈다. 세번째 문제점은 구멍을 깊게 뚫기가 어렵다는 것이다. 이런 문제점들이 모두 해결된다면 그 잠재력은 엄청나다. 콘월의 화강암지대만 하더라도 영국 전체의 석탄 매장량과 맞먹는 에너지를 보유하고 있는 것으로 추산된다.

12.3.2 미국

지열 자원은 뜨거운 용융 마그마가 지표 가까이 나온 서미와 하와이 등지에서 쉽게 볼 수 있다. 미국에 있는 고온의 물 저장소는 전 세계 전기 수요에 약 30~45%에 해당하는 90,000~150,000 MW의 전력을 공급할 수 있다.

현재는 지열 전기용량의 약 3,000 MW만이 작동 중이고 대부분이 캘리포니아의 지저스 필드에서 나온다. 캘리포니아는 지열 자원으로 부터 약 6%의 전기를 얻는다. 세계에서 이용 가능한 대부분의 전기 저장소는 개척되어지고 있다.

따라서, 뜨거운 물 저장소와 인공 저장소들은 미래 지열 계획에 중점이 될 것이다. 핫 드라이록 테크놀러지(수압을 이용한 인공 지하저장소의 생성방법)는 지열의 사용을 더 광범위하게 해준다. HDR은 미국에서 현재 필요한 에너지를 10,000년 동안 공급할 수 있다. 뜨거운 물이 있는 천연 지하 저장소를 두드리기 위해 몇 마일 깊이의 우물들을 파야 한다. 섬광 공장에서는 물이 흘러나오는데, 이것은 터빈을 돌리기 위해 낮은 압력 하에서 증기로 변한다. 2원 공장에서는 터빈을 돌리는 유사 부탄이나, 프레온과 같이, 다른 유체를 증발시키기 위해 뜨거운 물이 열교환을 통해 사용되어진다. 그 물은 응축되어지고 지하 저장소에 다시 채우기 위해 지하로 다시 흘러간다. HDR공정은 모든 저장소의 물이 인공적으로 공급되어진다는 점에서 다른 공정과 비슷하다. 지열 발전소는 공기 오염을 시키지 않는다. 그러나 지하증기와 뜨거운 물은 종종 미네랄을 함유하고 있는데, 이 미네랄들을 적당히 처분하지 못하여 환경에 위험을 주게 된다. 미네랄은 또한 기계장비의 사용도 방해한다. 미네랄이 많은 물을 가지고 작업하면, 100시간 이하의 작업에서 3 in 직경 파이프가 1/2 in 직경 역할 밖에 하지 못한다. 캘리포니아에는, 전기를 생성하기 위해 지열에너지를 사용하는 곳이 14지역이 있다. 지도에서 빨갛게 표시된 지역이 지열에너지를 사용하는 곳이다. 이중 몇 지역은 자원이 매우 작거나, 고립되어 있고, 또 전기를 만들기에는 물의 온도가 너무 낮아서 아직까지 이용되지 않는 곳도 있다. 어떤 지역은 증기와 뜨거운 물이 충분하여 전기를 생성하는데 그것을 이용한다. 땅속에 구멍을 뚫고서 소다수 속에 빨대를 꽂는 것처럼 파이프를 뜨거운 물속에 꽂는다. 뜨거운 증기나 물은 이 파이프들을 통해서 땅 아래에서 위로 나오게 된다.

12.3.3 일본

일본은 1, 2차 오일쇼크 이후 NEDO(New Energy and Industrial Technology Development Organization)와 GSJ(Geological Survey of Japan)의 긴밀한 협력으로 지속적인 지열에너지 개발이 이루어져 지금은 전 지역의 지열에 대한 데이터를 수집하고, 이것으로 지열 분포도를 작성하여, 이것을 토대로 어떠한 개발 프로젝트도 분포도를 통해 손쉽게 이루어지고 있었다. 또한, 'WGC(World Geothermal Congress) 2000'을 위해 그러한 모든 분포도들을 디지털화해 CD에 저장을 마친 상태이다.

12.3.4 지열활용이 활성화된 스웨덴

스웨덴은 Low Enthalpy를 이용한 지열에너지가 산업용뿐만 아니라 빌딩난방과 농사 등 다양한 방면에 이용되고 있었다. 스웨덴은 지열에너지를 이용한 지역난방 및 개인적인 가정난방이 활성화되어 있어 어디를 가도 지열에너지 이용현장을 쉽게 접할 수 있었으며, Bo.

Nordell 박사가 근무하는 Lulea University도 지열을 이용하여 냉·난방을 하고 있었다. 중요한 것은 이 지열을 이용해 많은 양의 에너지 절감효과를 얻고 있다는 사실이었다.

스웨덴은 우리나라보다 지열이 낮지만 이를 기술적으로 극복하여 지열을 이용한 가정난방이 상품화되어 손쉽게 이를 설치할 수 있다고 한다. 즉 스웨덴은 20~50℃을 열수를 이용하여 여름에는 냉방을 하고 겨울에는 이를 보일러나 엔진으로 가열하여 정당한 온도의 물을 난방으로 사용하고 있었다.

스웨덴은 지열에너지 뿐만 아니라 눈을 지하 저장고에 저장, 이를 이용하여 에너지로 사용하는 방법을 검토 중에 있다. 즉, 저장된 눈을 여름에 녹여 이를 일정한 건물 안의 파이프라인을 통해 냉방에 사용하고 겨울에는 저장된 따뜻한 물을 이용하여 건물 난방을 할 수 있는 시스템을 개발하는 중이었다.

Bo. Nordell 교수는 우리나라 강원도 지역에서도 한 겨울에 내리는 눈을 지하 저장고를 만들어 저장했다가 한여름에 이를 이용하여 하루에 4시간씩 냉방을 할 수 있다고 충고했다. 이는 적은 양이지만 많은 자본이 드는 것도 아니고 큰 공사도 필요하지 않아 의지만 있다면 충분히 가정집 정도는 전기를 사용하지 않고 냉방을 할 수도 있다고 한다.

스웨덴은 지열에너지를 이용하여 사우나와 수영장을 갖추고 있으며 경관 또한 수려하여 많은 관광객을 유치하고 있어 일석이조의 효과를 누리고 있었다. 정말로 실생활에서 쉽게 접할 수 있는 대체에너지로서 지열에너지의 효과는 대단하였다.

12.3.5 프랑스

프랑스는 수년간의 연구와 활동으로 자국 내의 Geological Map 작성을 모두 마쳤으며, 전산화까지 끝난 상태로 이제는 그 활동을 국제적 관계에 중점을 두고 있다고 한다.

프랑스의 지열온도는 20~70℃ 사이로 발전을 하기는 온도가 너무 낮다. 또한 이를 이용해 겨울에 난방을 하기는 열수의 온도가 상당히 낮다. 이를 극복하기 위해 프랑스는 보일러를 Production Well에 설치하여 센서에 의해 보일러가 자동으로 작동하게 되어 한겨울에도 낮은 온도의 열수를 따뜻하게 가열하여 쓸 수 있다.

Meaux시는 파리 근교에 있는 The Paris Basins 중 한 곳이며 지열에너지를 이용하여 만들어진 하나의 계획도시이며 지열에너지의 시범도시이다. 이곳의 특징은 시 전체가 난방 및 냉방을 지열을 이용하여 하고 있으며, 또한 Meaux시의 가장 효율적인 에너지원이 바로 지열에너지가 차지하고 있다.

12.3.6 우리나라

국내에서는 온천으로 이용하는 것 외에는 지열 에너지를 본격적으로 이용하려는 시도가 그다지 없었으며, 지열 자원도 저온 염수가 주류를 이루고 있는 것으로 알려졌다. 우리나라의 백두산과 한라산 지역은 분화 기록이 존재하는 휴화산으로 상당한 지열 에너지 자원 부존 가능성이 있기 때문에 최소한 자원 탐사 활동은 필요하다고 할 수 있다. '90년대 초 한국자원연구소에서 마산·창원 지역에 대한 지열 자원 조사를 실시한 바 있다. 또한, 우리나라 지열에너지 개발은 2000년대 이후에 본격화되었다. 2000년에는 연중 일정한 온도(약 20도 내외)를 유지하는 지하열원을 이용하여 냉·난방을 해결하는 지열냉난방시스템을 도입하여 학교, 레저 시설, 병원 등에 적용하고 있으며, 2004년부터는 대체에너지 적용 의무화 법규를 시행하고 있다. 우리나라에서 지열류량이 상대적으로 높은 지역은 포항인데, 한국지질자원연구원은 2003년부터 '심부지열에너지 개발사업'을 수행하여 지하 1.5km에서 51도의 지열수 개발에 성공했다. 최근에는 지식경제부와 포항시가 포항지역에 지열발전소 건립을 추진 중인데, 지하 5km 내외의 지열을 이용하여 'MW급 지열발전소'를 건설하여 2015년부터 본격적인 상업운전에 들어갈 예정이다. 또한 제주도도 1,150억 원을 들여 5MW 규모의 지열발전소를 2015년까지 건립할 예정이다. 우리나라 같은 경우는 화산지대가 아니므로 심부지열에너지 개발 방식이 추진되고 있다.

(1) 활용방안

주택, 빌딩, 양식장, 비닐하우스 등의 냉난방 시스템으로 활용

(2) 앞으로의 전망

선진국을 중심으로 전 세계 매년 10% 이상씩 증가하고 있으며, 미국의 경우 매년 12% 이상씩 증가하고 있는 것으로 보고되고 있음.

우리 정부는 신재생에너지 개발·이용·보급 촉진법을 제정하고, 2020년까지 신재생에너지 보급목표를 전체 에너지의 12%선까지 끌어올린다는 계획을 가지고 있다.

표 12.2 국내 지열이용시스템 도입현황

적용처	소요면적(평)	용 량	적용용도	준공일
모델하우스	90	10RT(3unit)	주거, 사무실 냉/난방	2000.8
대전상가	40	5RT	레스토랑 냉/난방	2001.1
농업기술원 비닐하우스	80	13RT(2unit)	화훼재배 냉/난방	2001.2
모 텔	400(객실 40개)	35RT	객실 냉/난방/급탕	2001.3
수방사면회실	40	5RT	면회실 냉/난방	2001.8
수원레스토랑	250	30RT	레스토랑 냉/난방	2001.12
주안랜드(위락시설)	320	25RT	냉/난방	2001.12
그랜드 골프연습장	120	15RT	냉/난방	2001.11
영종도모텔	450	60RT	냉/난방/급탕	2002.1
중학교	34	3RT(2unit)	사무실 일부 냉/난방	2001.3

표 12.3 국내 지열발전 설치 현황

구분	~'00	'01	'02	'03	'04	'05	'06	'07	'08	'09	'10	계
설치 용량 (kW)	35	308	725	2,345	6,188	8,159	35,023	20,528	31,613	39,838	89,226	233,986

표 12.4 2010년도 용도별 설치 내역

구 분	가정용	공공 시설	교육 시설	농업 시설	사회복지 시설	산업 시설	상업 시설	기타	계
설치 용량 (kW)	11,149	29,407	5,351	26,399	6,720	–	–	10,200	89,226

- 세계의 지열에너지 개발 평가 보고서를 발표한 GEA (출처 : 글로벌동향브리핑)

석유 가격의 급상승과 환경에 대한 우려가 증가하면서 신재생에너지 자원을 이용한 전력 생산이 폭발적으로 증가하고 있다. 이와 같은 상황에서 지열 자원의 개발현황을 정리하여 향후 개발 동향을 분석한 자료가 속속 발표되고 있다. 2006년 미국의 지열에너지 연합(Geothermal Energy Association, GEA)은 미국의 지열에너지 개발 현황을 조사하여 1980년대 이래로 가장 큰 확대가 이루어지고 있다고 발표했다. 지열에너지 연합은 지열발전을 통해서 대략 1백 8십만 가정이 이용할 수 있는 전력을 생산할 것이며 이는 모든 풍력발전 설비들에서 생산되는 전력량과 거의 비슷하다고 밝혔다(GTB2006110695).

미국의 지열에너지 개발 현황을 발표한 미국의 지열에너지 연합은 2005년 이후에 이루어진 전세계의 지열 개발 현황을 평가하는 보고서를 발표하였다. 보고서 제목은 '세계 지열 개발 첨부(Update on World Geothermal Development)'로서 지열 개발이 점점 가속화되고 있다고 결론내렸다. 평가 자료에 따르면 지열 자원으로부터 전력을 생산하는 국가들의 수는 2000년의 21개국에서 120% 증가하였으며 2010년에는 46개국이 될 것이다. 가동 중인 지열 발전소에서 생산되는 총 전력 용량은 2000년의 8,661 MW에서 55% 증가하여 2010년에는 13,500 MW가 될 것이다. 이 보고서는 지열에너지를 새롭게 개발하는 국가들의 수와 개발 중인 지열 발전소에서 새롭게 추가되는 전력의 총 용량의 경향은 1990년대 말의 국제 시장에서의 감소 경향과 반대되며 1980년대의 왕성한 개발 경향과 비슷하다고 언급했다.

지열 개발의 국제 현황을 조사한 이 보고서들은 2005년에 미국의 지열에너지 연합과 국제 지열 연합(International Geothermal Association, IGA)에 의해서 발간되었다. 상세한 추가 보고서들이 차기 세계 지열 회의(World Geothermal Congress, WGC)를 위해서 준비되고 있으며, 중간 보고서는 2005년 이후의 지열 발전 개발 현황을 조사하여 나타낸다고 GEA가 설명했다. 새로운 중간 보고서는 개발 중인 프로젝트들, 개발과 관련된 중요한 정치적 또는 정책적 방안들, 정부 또는 국가 기관들에 의해서 발표된 계획들을 포함하고 있다. 보고서는 많은 지열 개발 현장에서 지열 개발의 성공이 정부의 정책들과 지원책들과 관련이 있으며 예정된 지열 프로젝트 개발도 지정학적 요인보다는 충분한 자금 지원과 정책적 지원에 의존한다고 언급했다. 이 보고서는 http://www.geo-energy.org/publications/reports.asp에서 찾을 수 있다.

지열 개발 전략은 MW급의 대형 발전소를 비롯하여 학교, 병원, 심지어 일반 가정에서 이용하는 kW급의 소형 발전소까지 활발히 개발하고 있다. 그러나 평가 보고서에서 보듯이 정책적 지원책 및 혜택들이 지열 개발 성공의 열쇠이다. 이는 국내의 지열 개발에서도 비슷한 상황이기 때문에 기존에 진행한 지열 개발 지원 정책들을 포함하여 지열 개발을 위한 다양한 정책적 지원책들이 진행되어야 할 것이다.

참 고

대통령 사저에도 지열에너지로 한다.

노무현대통령이 퇴임 후 생활하게 될 김해 사저에도 지열에너지 시스템을 도입하기로 지난 27일 한국신재생에너지(주)의 이일우사장의 지열시스템의 보고를 받은 자리에서 노무현 대통령과 권양숙 여사께서 결정하였다. 이는 평소 대통령의 에너지 절감과 친환경적인 냉난방설비에 큰 관심을 가지고 있었던 터라 매우 만족스럽게 결정하게 된 것이다.

CHAPTER 13 원자력에너지

13.1 원자력에너지

13.1.1 원자력에너지의 발견

1896년 프랑스의 물리학자인 H. 베크렐(1852~1908)이 발견한 우라늄 염은 검은 종이로 싸두어도 감광지에 형광현상을 일으키는 현상에서 알려지게 되었다. 자세히 조사해본 결과 라듐 염에서 엑스선과 유사한 방사선이 방출된다는 사실이 밝혀졌다. 어떤 물질들에 태양빛을 쪼이면 물질이 파르스름한 빛을 낸다. 그런데 어두운 곳으로 옮기면 이 형광은 없어진다. 그러나 다른 어떤 물질들은 태양빛에 노출시키면 형광물질과는 달리 어두운 곳에서도 짧은 시간동안 빛을 낸다. 이것을 인광물질이라고 한다. 형광과 인광은 여러모로 비슷하다.

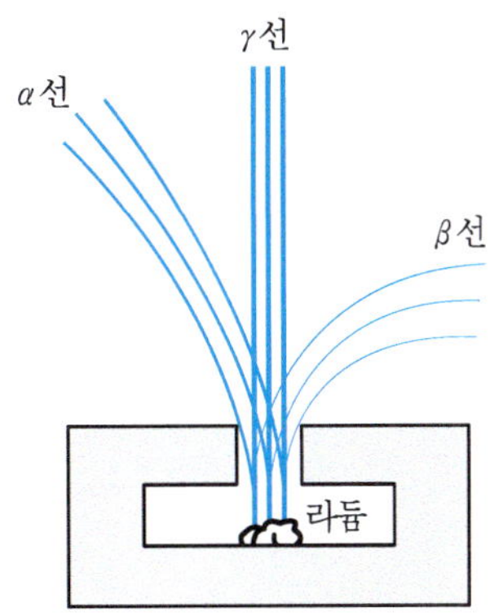

그림 13.1 방사선의 방출

방사선에는 양전기를 가지는 알파(α)선과 음전기를 띤 베타(β)선 및 전기장과 자기장의 영향을 받지 않는 감마(γ)선으로 나누어진다. 알파선은 헬륨원자핵의 흐름이며 베타선은 전자의 흐름이고 감마선은 파장이 엑스선보다 더 짧은 전자기파의 일종이다. 그 후 여러 과학자들에 의해 방사능이 연구되어 원자핵반응에는 알파붕괴, 베타붕괴 등이 있다는 것이 알려졌다. 원자핵에는 양전하를 가지고 있는 양성자와 전하가 없는 중성자가 강한 핵력으로 결합되어 원자핵을 안전하게 유지하고 있으나 라돈, 라듐, 우라늄 등의 무거운 핵들은 불안정하여 붕괴가 일어난다.

2개의 중성자와 2개의 양성자가 결합된 알파입자는 특별히 안정하다. 이 알파입자가 방출되는 반응을 알파붕괴라고 한다. 알파입자는 원자핵 주위의 높은 에너지 장벽을 터널효과에 의하여 빠져나온다는 이론이 러시아의 물리학자인 G. A. 가모브(1904~1968)에 의해 발표되었다. 알파붕괴에 의해 만들어진 원자핵의 원자번호는 2만큼 질량수는 4만큼 감소한다. 예를 들면 우라늄238이 알파입자를 반출하고 토륨234로 변환되는 과정이다.

$$_{92}U^{238} \rightarrow {}_{90}Th^{234} + {}_{2}He^{4}(\alpha)$$

또한 원자핵에 중성자의 비율이 지나치게 높으면 중성자가 양성자와 전자 및 중성미자(neutrino)로 변환되어 전자와 중성미자가 핵 밖으로 방출된다. 이 반응이 베타붕괴이다. 베타붕괴는 이탈리아의 물리학자인 E. 페르미(1901~1954)에 의하여 이론으로 정립되었다. 베타붕괴에 의하여 만들어지는 원자핵의 원지번호는 1만큼 커지며 질량수는 변함이 없다. 베타붕괴에 의하여 토륨234가 프로탁티늄234로 변환된다.

$$_{90}Th^{234} \rightarrow {}_{90}Pa^{234} + {}_{-1}e^{0}(\beta)$$

원자핵이 알파붕괴 또는 베타붕괴를 일으키면 흔히 핵이 들뜨게 되므로 여분의 에너지를 파장이 짧은 감마선의 형태로 방출된다.

원자핵이 붕괴되어 원래 농도의 1/2이 되는 데 필요한 시간을 반감기라고 한다. 원자핵의 붕괴는 1차 반응이므로 반감기 $t_{1/2}$는 다음 식으로 표시되며 농도와는 무관한 값이다.

$$t_{1/2} = \ln 2/k = 0.693/k$$

여기서 k는 반응속도상수이다.

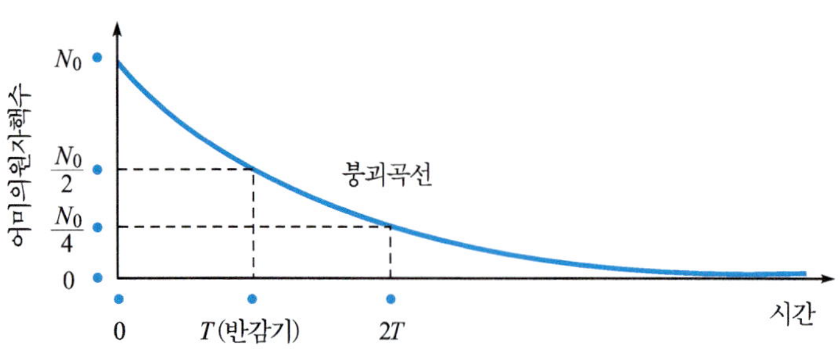

그림 13.2 2원자핵의 붕괴

중요한 핵의 반감기는 다음과 같다.

우라늄 238 : 45억년

악티늄 217 : 100분의 1.8초

코발트 60 : 5.3년

라 듐 226 : 1602년

반감기는 원자핵에 따라 일정하며 물리적, 화학적인 영향을 받지 않으므로 고고학이나 고생물학에서 연대측정에 사용된다.

13.1.2 방사능 폐기물 처리

핵에너지 개발, 핵 발전 등으로 방사성 폐기물의 양이 증가하고 있으며 이 들 폐기물은 주로 바다나 땅 속에 폐기되고 있다. 영국에서는 1976년에 12만 톤의 방사능 고형 폐기물이 땅 속에 버려졌는데 그 중에는 플루토늄이 포함되어 있었고 또한 다른 핵폐기물은 컨테이너에 넣어 북대서양의 4,500 km 깊이의 바다에 침강시켰다. 일단 폐기물이 바다에 버려지면 현재로서는 안전하다고 할 수 있으나 장차 어떤 결과가 나타날지에 유의할 필요가 있다. 즉 바닷물의 부식작용과 파도에 의해 컨테이너가 파괴되면 폐기물이 빠져 나오게 되는데 이 때 방사성 물질은 처리할 수 없으므로 일부분은 해양 생태계로 들어가게 될 것이다. 또 폐기물 중에서 관을 통해 해안에 버려진 것은 해저에 쌓이거나 광물입자에 흡착된다.

일단 해양 생태계로 유입되면 파도에 의하여 핵물질이 흡착된 입자가 물보라나 에어로졸 상태로 공기 중으로 방출되어 호흡을 통해 생물의 몸속으로 들어가기도 하며 또는 침전물의 화학적 작용에 의하여 방출된 방사성 입자가 물속에서 부유하거나 해수에 의해 해변으로 밀려가기도 한다. 이런 경우에 모두 해양오염경로로 먹이 연쇄나 먹이망으로 연결되며 그 결과로 사람, 어패류 그리고 식물에 섭취된다. 방사능 물질은 '생물농축'이 되기 때문에 해양 생태계에 심각한 문제를 야기하며 그 중에서도 특히 스트론튬90(^{90}Sr), 세슘137(^{137}Cs), 코발트60(^{60}Co), 플루토늄238, 239(^{238}Pu, ^{239}Pu), 루테늄106(^{106}Ru) 등이 특히 위험하다.

방사선폐기물은 방사성물질 또는 방사성물질에 의하여 오염된 물질로서 폐기의 대상이 되는 물질이며 방사능의 세기에 따라 고준위와 저준위 폐기물로 구분된다. 저준위 폐기물은 방사능의 정도가 낮은 것이며 원자력발전소의 운전원이나 보조요원이 사용한 장갑, 덧신, 가운, 걸레와 각종 교체 부품 등이다. 또한, 방사성동위원소를 사용하는 산업체, 병원, 연구기관에서 배출되는 방사성폐기물도 포함된다. 고준위 폐기물은 사용 후 핵연료 자체나 이를 자원으로 재활용하기 위해 재처리할 때 발생하는 수준의 방사능을 가지는 폐기물을 말한다.

기체폐기물은 밀폐한 탱크에 저장하거나 자연설비를 이용하여 방사능이 기준치 이하가 되면 고성능 여과기를 거쳐 대기로 방출한다. 배기구에는 고감도 방사선 감시 장치가 붙어 있어 배출되는 기체의 방사능양이 기준치를 초과할 우려가 있으면 경보가 울리고 배기구는 자동으로 닫히므로 방사성물질의 배출을 막고 있다. 세탁수와 같은 액체폐기물은 저장조에 모은 후에 여과 증발 장치 등을 이용하여 깨끗한 물과 찌꺼기로 분류한다. 깨끗한 물은 다시 사용하거나 방류하고 농축된 찌꺼기는 건조하여 안전한 고화체로 만든 후 철제드럼에 넣어 밀봉하여 저장한다. 정화된 물을 방출하는 배수구에는 기체폐기물의 경우처럼 방사능 감시 장치 및 경보장치가 부착되어 방사성물질의 방출을 막고 있다. 원자력발전소의 운전원이나 정비요원들이 사용했던 작업복, 장갑, 덧신이나 발전소 보수를 위해 교체한 부품 등의 고체폐기물은 압축하여 철제 드럼에 넣어 밀봉한다. 이와 같은 고체폐기물은 발전소 내에 있는 폐기물저장고에 보관한다.

우리나라는 그동안 폐기물을 미국에 보내다가 경주에 건설하고 있는 방폐장이 2009년 말에 완공되면 그 곳으로 옮겨 집중 관리할 예정이다. 정부의 홍보부족과 국민들의 불안감 때문에 20여 년간 방폐장 건설이 연기되다가 드디어 2007년 11월 9일 착공되었다.

13.1.3 핵융합

(1) 수소핵융합 반응

태양에서 가벼운 핵들의 융합에 의하여 막대한 에너지가 방출된다는 사실은 알려져 있지만 지구에서 핵융합 반응을 일으켜 에너지를 얻는 핵융합 방법은 기술적으로 대단히 어렵고 아직 연구단계이며 실용화 단계에는 이르지 못하였다. 핵융합 반응은 수억 도의 고온에서 일어나야 사용가능한 에너지를 계속하여 만들 수 있으므로 고온을 만드는 방법과 고온에서 존재하는 원자핵과 전자들이 분리되어 있는 상태인 플라즈마를 모으는 방법이 개발되어야 한다. 핵융합 반응은 그야말로 환경오염이 없는 청정에너지를 얻을 수 있는 방법이므로 빨리 실용화되면 큰 도움이 될 것이다. 1989년에 상온에서도 핵융합이 가능하다는 실험결과가 발표되었지만 아직 가부가 결정되지는 않은 상태이다. 상온 핵융합(cold fusion)에 대한 이야기가 널리 유포된 적이 있었다. 1989년 봄 미국 유타대학의 S. 폰스 교수와 영국 사우스햄턴 대학의 M. 플레이쉬먼 교수가 실험실의 상온에서 핵융합 반응을 달성하였다고 발표하였으며 곧 상온 핵융합이라고 불리게 되었다. 그들이 행한 실험은 팔라듐 전극을 이용한 중수(수소 대신 중수소와 산소가 결합된 물)의 전기분해였다. 수소와 마찬가지로 중수소 역시 팔라듐 금속에 잘 흡착된다. 충분한 시간동안 전기분해를 하면 생성된 중수소가 팔라듐 금속에 포화되고 팔라듐 격자 내의 중수소들은 매우 가깝게 접근하게 된다. 이들은 음극에서 전기분해에 사용된 에너지보다 더 많은 양의 에너지가 방출되었다고 보고하였다. (한 실험에서는 음극이 녹기도 하였다.)

다른 많은 과학자들이 이 실험을 반복하였다. 어떤 과학자들은 최소한의 성공을 하였지만 다른 과학자들은 성공하지 못하였다. 과량의 열이 언제나 관측되지는 않았다. 또한 과량의 열이 관측되었지만 곧 멈추고 하였다. 어떤 경우에는 몇 달 동안 계속해도 과량의 열리 관측되지 않다가 며칠 동안만 열이 발생되고는 갑자기 나오지 않았다. 무엇인지 모르는 일이 생겨서 많은 열이 발생하기도 하지만 과연 핵융합에 의한 것인지는 아직 확실치 않다. 지금도 많은 과학자들이 도전하고 있으니 결과를 지켜볼 필요가 있지 않을까?

$$_1H^1 + {_1H^1} \rightarrow {_1H^2} + e^+ + \nu$$
$$_1H^2 + {_1H^1} \rightarrow {_2He^3} + \gamma$$
$$_2He^3 + {_2He^3} \rightarrow {_2He^4} + {_1H^1} + {_1H^1}$$

위 식에서 e^+는 양전기를 띤 전자, 즉 양전자이며 ν는 질량과 전하가 0인 중성미자이다. 핵융합과정에서 발생하는 에너지는 파장이 짧은 γ선으로 방출된다. 에너지는 감소한 질량에 광속도의 제곱을 곱한 값이다($E = mc^2$). 이 반응에서 방출되는 에너지는 4×10^{12} J(=24.7 MeV)이다.

빅뱅에 의하여 우주가 탄생한 지 20억년이 지나서 최초의 별이 생성되었다. 중력이 발생기 은하들을 붕괴시켜 수소와 헬륨으로 된 수천억 개의 덩이로 갈라지게 했고 생성된 가스 덩어리들은 자체 중력에 의해 다시 수축해 공 모양이 되었다. 그리고 점차 중심 쪽으로 물질이 모여서 단단해져 밀도가 물의 160배에 이르게 되었으며 중심부의 온도는 수천만 K까지 급격하게 상승하였다. 활발하게 움직이게 된 수소와 헬륨 원자들은 서로 충돌하였고 그 결과로 전자, 양성자, 헬륨원자핵이 분리되어 플라즈마가 만들어졌다.

양성자 4개가 모여 헬륨 핵을 만들고 그 과정에서의 질량감속으로 인한 에너지가 복사의 형태로 방출되었다. 에너지가 방출되면서 별을 수축시키는 중력과 팽창시키려고 하는 복사압이 상쇄되어 별의 수축이 중지되었다. 태양 등의 항성은 자체의 중력과 고온으로 인하여 수소 핵융합이 계속되어 많은 열과 빛을 방출할 수 있지만 지구에서 핵융합을 일으키려면 고온과 아울러 생성된 플라즈마를 가둘 수 있는 방법이 확립되어야 한다.

플라즈마를 만들어 핵융합 반응이 계속하여 일어나게 하려면 온도를 수억 도로 유지하고 만들어진 플라즈마를 유지해야 하는데 여러 가지 방법이 제안되고 있다. 자기장으로 용기를 만들어 플라즈마를 모으는 방법이 연구되고 여기에는 제다 장치, 토카막 장치, 스텔러레이터 장치 등이 있다. 핵융합을 일으키는 다른 방법으로는 레이저나 전자빔을 이용하여 중력으로 가두는 방법이다.

핵융합로의 모델 가운데 토카막 장치는 1960년대 소련의 쿠르차토프 연구소에서 처음으로 개발된 것이다. 그 뒤, 1991년 유럽연합(EU)은 'JET'라는 토카막 장치를 만들어 최초로 1.7 MW의 전력을 얻는 데 성공하였다. 일본의 'JT60', 미국의 'TFTR' 등도 이와 같은 수준의 성과를 올렸다. 한국에서도 소형 토카막 운영을 통해 핵융합 기초연구와 인력양성이 1990년대 후반 들어 활발하게 진행되고 있는데, 1980년 서울대학에서 'SNUT79'를 비롯하여 원자력연구소의 'KT1토카막', 기초과학연구소의 '한빛' 등의 토카막 장치가 있다.

토카막(tokamak)이란 러시아말인 toroiid kamera(chamber) magnit(magnet) katushka (coil)의 첫 자를 따서 만든 합성어이다. 플라즈마를 구성하고 있는 이온과 전자는 자기력선 상에서 서로 반대방향으로 나선운동을 하며 진행하는데, 이때 자석을 도넛 형태로 배열하면 자기력선의 진행경로가 갇혀지게 돼 그 주위를 회전운동 하는 플라즈마를 구성하게 된다. 이때 다양한 가열장치를 통해 플라즈마를 가열하고 불안정성을 제어하게 되면 핵융합 반응이 일어날 수 있는 태양의 중심과 같은 환경이 만들어진다.

토카막의 구조는 플라즈마를 발생시키고 가둬 둘 진공용기, 플라즈마를 구속하는 토로이달(Toroidal) 자석, 플라즈마 진공 용기 내에서 안정적인 상태를 유지하기 위해 제어하기 위한 폴로이달(Poloidal) 자석으로 이루어져 있으며 자석은 장시간 가동하여도 전력손실이 거의 없는 초전도 자석이 주로 사용되고 있다. 또한, 플라즈마 전류를 구동하기 위한 중앙 솔레노이드 코일과 진공상태를 유지하기 위한 진공 배기계통과 고온 플라즈마가 직접 맞닿는 부분인 플라즈마 인접 부품 및 용기보호 장치가 필요하다. KSTAR와 같이 초전도 자석을 사용하는 토카막의 경우는 추가로 저온 냉각 상태보호를 위한 cryostat라는 저온장치가 추가로 필요하다.

13.1.4 원자로

(1) 원자로의 역사

핵분열에 수반되는 연쇄반응을 적절히 제어하면 실제로 사용할 수 있는 막대한 에너지를 얻을 수 있다. 중성자 흡수제, 연쇄반응의 감속제, 및 냉각수 등과 핵분열 연료(우라늄과 플루토늄 등)를 가진 원자로를 사용하면 에너지를 얻을 수 있는 것이 가능하다는 것이 이탈리아의 물리학자 E. 페르미에 의하여 제안되었고 그 후 페르미는 미국에 망명하여 시카고 대학의 축구장에 세계 최초의 원자로를 설계 건설하였다.

그림 13.3 영국의 콜더 헐 원자력발전소

이 원자로는 극반경이 3 m 9 cm이며 적도 반경은 3 m 88 cm인 타원형으로 제작되었다. 핵연료인 우라늄의 총량은 6톤이었고 감속제로는 흑연이 사용되었으며 카드뮴 막대기를 사용하여 중성자를 흡수하였다. 1942년 12월 2일 오후 2시 20분 흑연 층이 57층 쌓여졌을 때 마침내 인류 최초의 원자로가 가동되었다. 인공 방사능의 생성을 최소화하고 1/2와트의 출력상태가 28분간 지속되었다. 곧이어 아르곤 원자력 연구소에 출력 100 kW의 제2의 원자로가 그리고 워싱턴 주의 핸포드에 폭탄 제조용 플루토늄을 본격적으로 생산하는 원자로가 건설되었다. 제2차 대전 후에는 원자력 발전에 대한 연구가 본격화되어 영국의 콜더 홀 발전소가 처음으로 1956년에 상업운전을 시작하였다.

13.2 원자력에너지의 원리와 특징

13.2.1 원자력에너지의 원리

모든 물질은 원자로 구성되어 있으며, 그 원자는 중심에 자리 잡고 있는 원자핵과 그 주위를 돌고 있는 전자로 구성되어 있다. 예를 들어 원자핵이 태양이라면 전자는 지구나 화성처럼 그 주위를 돌고 있는 위성과 같은 것이다. 원자핵이란 양자와 중성자라는 입자가 모인 것이다. 다수의 양자와 중성자를 가진 원자핵 중에는 외부에서 중성자가 부딪치면 쉽게 쪼개지는 성질을 가진 것이 있다. 바로 우라늄과 같은 물질인데, 이 원자핵이 쪼개지는 것을 핵분열이라고 하며, 이때 엄청난 에너지가 나온다. 원자핵이 분열할 때는 2~3개의 중성자도 함께 나오는데, 이 중성자가 다른 원자핵과 부딪치면 또다시 핵분열이 일어나고, 이런 식으로 핵분열이 이어지는 것을 핵분열 연쇄반응이라고 한다.

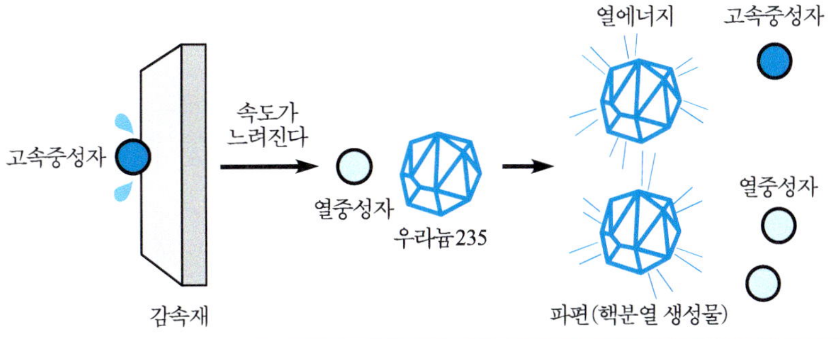

감속재(물)를 통과한 고속중성자는 속도가 느린 열중성자가 돼 핵분열이 일어나기 쉽다.

그림 13.4 핵분열 원리

13.2.2 우라늄의 정의

원자번호 92의 원소, 원소기호 U. 독일어에 기준할 때는 우란(Uran)이라고도 발음한다. 홑원소 물질로 처음으로 분리한 것은 1842년 프랑스의 E. M. 펠리고이다. 또 프랑스의 A. 베크렐은 우라늄 화합물이 흑색 종이를 통과해서 사진 건판을 감광시키는 사실에 주목하여 방사능(放射能)을 발견하였다. 천연 우라늄은 질량수 234(존재 백분율 0.0058%, 반감기 24만

8천년), 235(존재 백분율 0.715%, 반감기 7억 1천3백만년), 238(존재 백분율 99.2%, 반감기 45억 1천만년) 등 3종의 동위원소로 이루어지며, 그 밖에 인공적으로 만든 동위원소를 포함하면 질량수 227에서부터 240까지 14종이 존재한다. 화합물로서 지구 표층에 많이 존재하는 것으로 알려져 있으며 암석·해수 중에 엷고 광범위하게 분포해 있다

(1) 감손우라늄(depleted uranium)

우라늄 235의 함유량이 천연 우라늄(0.7%)보다 낮은 우라늄. 열화(劣化) 우라늄이라고도 한다. 천연 우라늄에서 우라늄 235을 분리하고 난 나머지나, 핵원료로서 우라늄 235만을 핵분열(연소)시킨 후의 사용필연료를 처리할 때 생긴다. 우라늄 238이 거의 100%인 것과, 235를 0.7%에서 0%의 중간 정도 함유하는 것이 있다. 핵적인 성질 외에는 보통의 우라늄과 같으므로, 합금용 등 금속학적 용도나 연구실험용으로는 천연 우라늄과 마찬가지로 사용할 수 있다. 또, 전환로·증식로에서는 이것을 블랭킷(blanket) 연료로 사용하여, 감손 우라늄 속에 있는 우라늄 238을 플루토늄(plutonium)으로 전환시키는데 사용한다.

(2) 천연우라늄(natural uranium)

우라늄 238을 주로 하고 우라늄 235(0.719%)·우라늄 234(0.0052%)를 함유한다. 이것에 대해 우라늄 235의 존재비를 인위적으로 높인 것을 농축 우라늄이라고 한다. 핵연료로 사용되며, 열중성자를 포획해서 핵분열을 일으키는 우라늄 235의 존재비가 작은 만큼, 이것을 연료로 하는 원자로에서는 중성자를 흡수해서 중수가 될 가능성을 가진 경수를 감속재로 사용할 수는 없다. 출력에 대한 원자로의 중량이 농축 우라늄을 사용하는 노(爐)보다 커져서, 건설비가 많이 드는 결점이 있다.

(3) 저농축우라늄(slightly enriched uranium)

보통 235U의 함유량이 중량 백분율로 0.72~2%(가끔은 5%)의 범위에 있는 농축우라늄. 일반적으로 원자력발전소의 연료로 쓰인다.

(4) 고농축우라늄(high enriched uranium)

핵연료나 핵무기로 사용하기 위해 천연우라늄을 농축시킨 것을 말한다. 원심분리기나 레이저장치 등을 이용해 우라늄 238과 우라늄 235 등의 동위원소로 구성된 천연우라늄에서 우라늄235를 분리해 농도를 인위적으로 높이는 과정을 농축이라고 한다. 원자력발전소에서 핵연료로 쓰이는 농축우라늄의 농축도는 3~5%, 군사용 HEU는 우라늄 235의 비율을 90% 이상 높인 것이다. 따라서 '고농축우라늄(HEU) 프로그램을 가지고 있다.'라는 것은 핵무기로 사용하기 위해 천연우라늄을 농축시켰다는 의미를 내포하고 있다.

13.2.3 화력 발전과의 차이

원자력 발전의 기본원리는 물을 끓여서 증기를 만들고 이 증기로서 터빈을 돌려 발전을 한다는 점에서는 일반 화력 발전방식과 다를 바 없지만, 물을 끓이기 위한 에너지원 공급방식을 화력 발전에서는 보일러 내에서의 연소반응에 의존하지만 원자력 발전에서는 원자로 내에서의 핵분열반응에 의존한다는 점에서는 차이가 난다. 원자력 발전도 화력 발전과 마찬가지로 증기의 힘으로 터빈을 돌려 전기를 만든다. 다만 차이가 있다면 화력 발전은 석유나 석탄을 태운 열로 증기를 만들지만 원자력 발전은 우라늄이 분열할 때 나오는 열로 증기를 만드는 점이다. 원자력 발전에서는 원자로가 화력 발전의 보일러와 똑같은 역할을 하고 있으며, 원자로는 우라늄이 분열하여 에너지를 낼 수 있도록 만들어진 보일러이다.

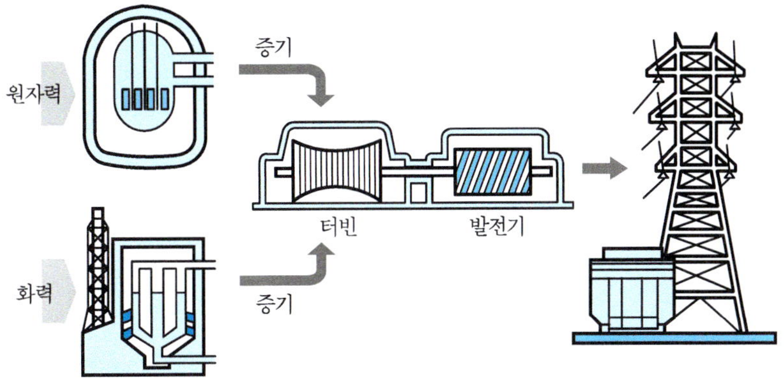

그림 13.5 원자력 발전과 화력 발전의 차이

13.2.4 발전용 원자로의 종류

현재 전 세계적으로 가동되고 있는 상업용 원전은 미국에서 개발한 가압경수로형과 비등경수로형, 영국에서 개발한 고온 가스 냉각로형, 캐나다에서 개발한 가압중수로형 등이 있다.

(1) **가압경수로형(PWR: Pressurized Water Reactor)**

우라늄 235의 함유율이 2.5% 정도 되는 저농축 우라늄을 연료로 사용한다. 또한 냉각재와 감속재로는 물(H_2O)을 사용한다. 원자로계통은 약 150기압 정도 가압되어 원자로 내에서 물이 끓지 못하도록 하고 있으며, 고온으로 가열된 물과 열 교환을 통해 증기가 만들어진다. 열 교환을 거친 1차 계통의 물은 다시 원자로 내로 순환되어 가열된 후 증기발생기로 보내지는 과정을 반복한다. 우리나라는 월성 원자력 발전소를 제외한 모든 원자력 발전소가 가압경수로형이다.

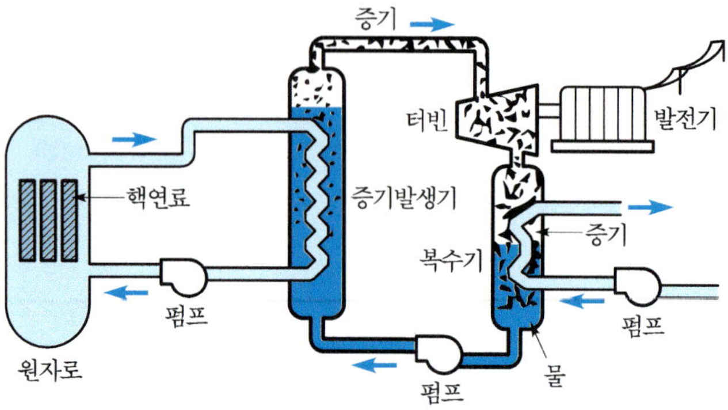

가압경수로(PWR)의 기본모형

그림 13.6 가압경수로형 원자력 발전

(2) **가압중수로형**(PHWR: Pressurized Heavy Water Reactor)

천연우라늄을 원료로 하고 감속재와 냉각재로 중수를 사용하는 것 외에는 가압경수로형과 크게 다르지 않다. 우리나라의 월성 원자력 발전소가 가압중수로형이며, 특히 중수로는 운전 중에도 연료를 교체할 수 있다는 점과 연료비가 저렴하다는 장점을 가지고 있다.

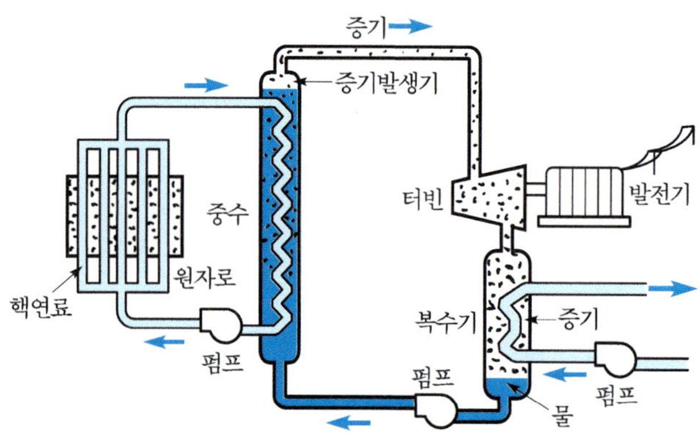

가압중수로(PHWR)의 기본모형

그림 13.7 가압중수로형 원자력 발전

(3) **비등경수로형**(BWR: Boiling Water Reactor)

핵반응이 일어나는 원자로 용기 속에서 냉각수를 끓여 직접 증기를 만드는 것으로 마치 화력 발전과 같은 것이다.

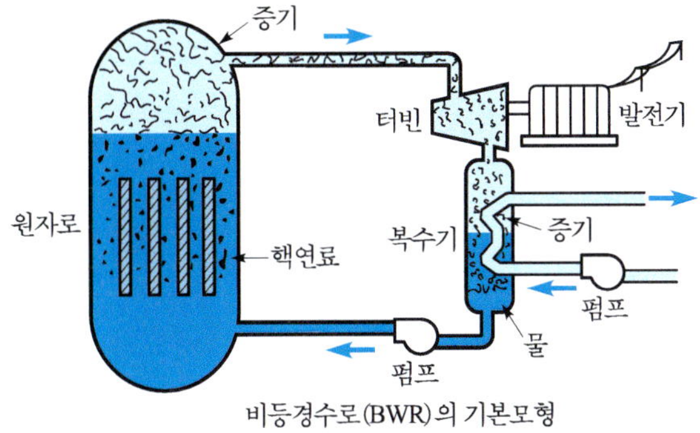

그림 13.8 비등경수로형 원자력 발전

(4) 고온 가스 냉각로(HTGR: High Temperature Gas-Cooled Reactor)

냉각재로 헬륨을, 감속재로 흑연을, 연료로는 93% 농축우라늄을 사용한다.

(5) 고속증식로(FBR)

천연우라늄 중 99.3%를 차지하고 있는 우라늄 238을 원자로 내에서 플루토늄239로 전환시켜 이를 연료로 사용하는데, 소모되는 연료에 비해 더 많은 새로운 연료가 만들어지는 원자로이다. 현재 미국, 영국, 독일 등은 핵 확산 촉진 및 과다한 건설비를 이유로 개발을 중단한 상태이고, 프랑스, 일본, 러시아는 3개국간 공동협조체제를 통해 3개국이 보유하고 있는 FBR설비를 활용한 기술을 개발 중에 있다. 그러나 경제성이 좋아져서 고속증식로가 상용화되면 현재의 우라늄 이용률이 60배 이상 증가될 수 있어 우리나라와 같은 자원 빈국에서 특히 유리한 원자로라 할 수 있다.

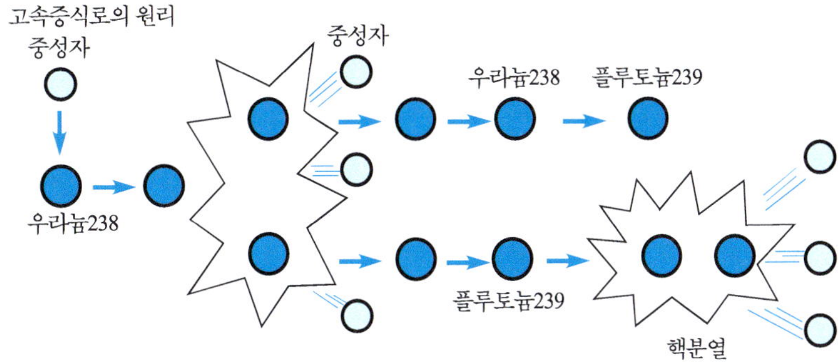

그림 13.9 고속증식로의 원리

(6) 한국표준형 원전

원전기술 자립을 달성하여 우리의 독자적인 기술로 건설된 한국표준형 원전을 통해 국산 원전시대를 열었다. 우리나라는 처음 원전을 도입하던 70년대에 아무런 기술과 경험 없이 원전사업을 시작하여 최초로 고리1호기가 가동된 지 만 20년 만에 원전설비 1,372만 kW로 세계 10위권의 원자력기술 선진국으로 성장하였다. 그리고 현재는 원전기술 자립을 달성하여 우리의 독자적인 기술로 건설된 한국표준형 원전을 통해 국산 원전시대를 열었다.

최초의 표준형 원전인 울진 3, 4호기가 성공적으로 건설되어 현재 운전 중에 있으며, 영광 5, 6호기, 울진 5, 6호기가 건설 중에 있고 신고리 1, 2호기, 신월성 1, 2호기의 건설이 계획되어 있다. 북한에 건설 중인 원전도 바로 이 표준형 원전이 모델이다. 우리 원전기술의 상징인 이 표준형을 통해 해외 원전수출에도 진출할 전망이다.

한국표준형 원전은 원전건설 기술자립을 통한 우리의 자체기술에 의해 개발된 원전으로서 가압경수로형이고 전기 출력은 100만 kW급을 표준으로 삼아 안전성과 운영 편의성을 높이고 반복건설(울진 3, 4, 영광 5, 6, 울진 5, 6호기)로 경제성을 높여 신고리 1, 2, 신월성 1, 2 및 북한 원전은 물론 해외수출용으로 삼을 한국의 표준이 되는 원전이다.

13.3 원자력에너지의 특징

13.3.1 연료의 공급 안정성

원자력 발전의 연료인 우라늄도 석유처럼 매장량이 빈약하기 때문에 수입에 의존하고 있다. 그러나 수출국이 미국, 캐나다, 오스트레일리아 등 정세가 안정된 나라들이기 때문에 석유 수출국인 중동지역보다 훨씬 안정적으로 공급받을 수 있다. 또한 우라늄은 석유보다 훨씬 적은 양으로 발전하기 때문에 수송과 저장이 쉽다는 장점이 있다.

13.3.2 지구환경문제의 대응

원자력 발전은 화석연료를 태울 때 나오는 이산화탄소·아황산가스·질소산화물 등 유해물질이 방출되지 않기 때문에 온실효과나 산성비로 인한 생태계 위협 요인들을 제거할 수 있어서 지구환경보존 측면에서도 효과적이며, 기술의 특성상 최첨단 기술이 종합되어야 하는 기술집약형 발전방식이므로 과학 및 관련산업의 발달을 크게 촉진시킬 수 있는 장점이 있다.

그러나 발전과정에서 불가피하게 발생되는 방사선 및 방사성 폐기물을 안전하게 관리하고 처리·처분해야 하기 때문에 필수 안전장치 설치에 따르는 추가비용이 발생하며, 독성이 강하고 수명이 긴 고준위방사성폐기물(사용 후 핵연료)을 장기간 안전하게 관리해야 하는 점 등을 단점으로 들 수 있다.

따라서 방사선 및 폐기물의 관리가 엄격한 규제기준 아래 이루어져야 하고, 지속적인 원자력 발전 증대에 상응하는 관련기술의 개발이 원자력 발전의 경제성 및 안전성을 더 높이기 위해 꾸준히 이루어져야 할 것이다.

13.3.3 경제성에서도 앞서

원자력 발전은 다른 발전방식에 비해 건설비는 비싼 반면 연료비가 월등히 싸기 때문에 매우 경제적인 발전방식으로 꼽히고 있다. 발전원별(發電源別) 경제성 평가의 한 방법으로 발전원가(原價)를 비교하는데, 발전원가는 건설비를 포함한 고정비, 연료비 및 운전유지비를 고려하여 계산한다. 원자력 발전원가에는 수명 후 발전소 처리비용, 사용 후 연료처리비용 및 방사성폐기물 처분비용 등도 함께 고려하고 있다. 국내발전소의 1991~1993년까지 3년간 운용에 따르는 발전원별 발전원가 분석 실적에 따르면, 원자력 24.17원/kWh, 유연탄 29.47원/kWh, 석유 35.53원/kWh, LNG 35.93원/kWh 수준으로 나타났다. 원자력 발전의 경우 건설비는 상대적으로 많이 들지만 연료비가 적게 들어서 기저부하 운용시 발전원가가 다른 발전원에 비해 월등히 유리한 편이다. 원자력 발전을 하고 있는 세계의 주요 국가의 평준화 발전원가를 비교해 보면, 원자력에 대한 저항이 비교적 큰 미국이나 핀란드 등의 나라에서는 원자력의 경제성이 떨어지나 원자력에 대한 반대 의견이 상대적으로 약한 러시아, 브라질 등을 비롯하여 원전의 표준화 실적이 우수한 프랑스의 경우에는 원자력의 경제성이 크게 우월한 것으로 나타나고 있다.

원자력 발전의 경우 건설비가 총 평준화 발전원가에서 차지하는 비중이 약 70% 정도가 되기 때문에 원자력 반대로 인한 발전소 건설의 지연은 비용 상승의 주된 요인이 될 수 있다.

한편 원자력 발전소의 표준화는 설계 및 건설비용을 절감시켜 원자력 발전의 경제성을 향상시키는데 기여한다. 프랑스의 경우 원자력 발전소의 표준화로 인한 건설비의 획기적 감소를 통한 경제성을 제고하고 있다.

13.3.4 원자력에너지의 장·단점

(1) 장점

1) 연료의 공급 안정성

원자력 발전의 연료인 우라늄도 석유처럼 매장량이 빈약하기 때문에 의존하고 있다. 그러나 수출국이 캐나다, 오스트레일리아 등 정세가 안정된 나라들이기 때문에 석유수출국인 중동지역보다 훨씬 안정적으로 공급받을 수 있다. 또한 우라늄은 석유보다 훨씬 적은 양으로 발전하기 때문에 수송과 저장이 쉽다는 장점이 있다.

2) 지구환경문제의 대응

최근 지구 온난화, 산성비 등과 같은 지구환경문제가 크게 부각되고 있다. 이들 문제는 이산화탄소, 황산화물, 질소산화물 같은 환경오염 물질을 배출하는 화석연료 소비와 밀접한 관련이 있다. 원자력은 발전 과정에서 이산화탄소 같은 환경오염물질을 배출하지 않는 비화석에너지로서 지구환경문제를 해결하는데 중요한 역할을 하고 있음을 요즘 들어 많이 인식하고 있다.

3) 경제성

원자력 발전은 다른 발전방식에 비해 건설비는 비싼 반면 연료비가 월등히 싸기 때문에 매우 경제적인 발전방식으로 꼽히고 있다. 석유화력 등의 경우는 발전원가에서 차지하는 연비의 비율이 높기 때문에(약 60%) 연료가격이 오르면 곧바로 발전원가도 비싸진다. 이에 비해 원자력 발전은 발전원가에서 차지하는 연료비의 비율이 낮기 때문에(약 20%) 우라늄 가격이 오르더라도 발전원가는 그다지 영향을 받지 않는다.

4) 관련산업의 발전에 기여

원자력 발전은 고도의 기술집약적 산업이며 사업규모가 방대하여 전기, 기계, 토목, 화학, 금속 등 관련산업의 발전에 크게 기여해 왔다. 1998년 8월 11일에 상업운전을 시작하여 운영 중에 있는 울진 3호기 및 현재 건설 중인 월성 4호기, 울진 4호기, 영광 5, 6호기는 원자력 관련기술을 완전 국산화한 우리 고유의 한국 표준형으로서 이 같은 국산화 추진 과정에서 원자력산업은 관련산업의 기술발전과 육성에 크나큰 영향을 미쳤으며, 관련 분야의 기술인력 확보와 양성에도 크게 이바지하고 있다.

(2) 단점

1) 사고 시 큰 재앙 초래

원자력 발전에는 필수적으로 방사능과 방사선이 발생하므로 사고 시 큰 위험이 있다.

① 구소련 체르노빌 사고

② 미국 스리마일 원자력 사고

③ 최근 일본 핵주기 시험 시설 임계 사고

2) 방사성 폐기물처리 문제

발전 후 타고 남은 방사성폐기물(사용 후 핵연료 등)과 발전 중 생긴 저준위 방사성폐기물 처리, 처분에 많은 비용과 시간이 소요되며, 아직까지 안전성이 확실하게 입증된 방사성폐기물의 처분방법이 없다.

3) 건설비가 비쌈

초기 투자비용이 커서 개도국 등 경제력이 약한 국가는 건설 곤란하며, 화력발전에 비해 건설비가 비싸다.

13.3.5 관련산업의 발전

원자력 발전은 고도의 기술집약적 산업이며 사업규모가 방대하여 전기, 기계, 토목, 화학, 금속 등 관련산업의 발전에 크게 기여해 왔다.

1998년 8월 11일에 상업운전을 시작한 울진 3호기를 비롯하여 울진 4호기, 월성 4호기, 그리고 현재 건설 중인 영광 5, 6호기는 원자력 관련기술을 완전 국산화한 우리 고유의 한국표준형으로서 이 같은 국산화 추진과정에서 원자력산업은 관련산업의 기술발전과 육성에 크나큰 영향을 미쳤으며, 관련분야의 기술인력 확보와 양성에도 크게 이바지하고 있다.

13.4 방사선

13.4.1 방사선의 정체

방사선의 본질은 에너지를 갖는 입자의 흐름이거나 파동이다. 그것은 눈에 보이지도 않고 냄새도 없으며 맛도 없다. 방사선은 물질을 구성하고 있는 가장 기본적인 단위인 원자(原子)로부터 나온다.

원자를 이루고 있는 양자, 중성자, 전자가 균형을 이루고 있지 못할 때 방사선을 낼 수 있는 능력(방사능)을 가지는데, 이러한 물질을 방사성 물질이라고 하며, 방사성 물질에서 나오는 일종의 에너지를 방사선이라고 한다.

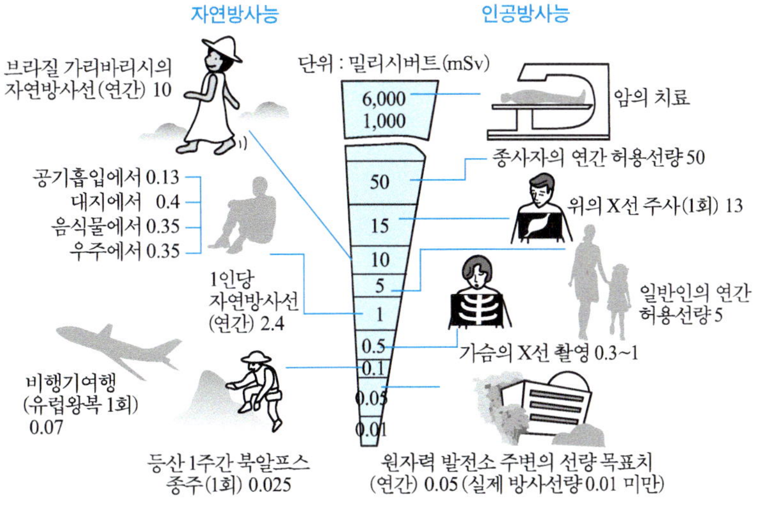

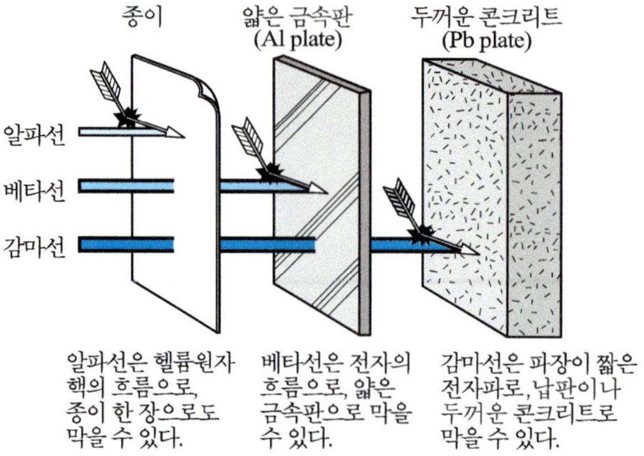

그림 13.10 방사선의 정체

다시 말하면, 방사선은 어떤 물질이 구조적으로 최고의 안정상태를 유지하기 위해 스스로 변신해 가는 과정에서 생기는 부산물이라고 할 수 있다.

방사선의 종류에는 알파선, 베타선, 감마선과 주로 인공적으로 만드는 X-선, 중성자선 등이 있다. 에너지를 갖고 파동의 성질을 갖는다는 측면에서는 태양광선도 방사선이라고 할 수 있다.

13.4.2 방사선이 인체에 미치는 영향

우리는 방사선과 함께 생활해도 아무런 문제가 없는 것은 우리 주위에 있는 방사선의 양이 특별히 인체에 영향을 주지 않는 적은 양이기 때문이다. 그러나 한꺼번에 너무 많은 방사선을 받게 되면 여러 가지 신체적 장애가 나타난다. 그래서 전문가들은 일반인이 연간 방사선을 받는 상한선을 5밀리시버트, 방사선종사자의 경우 50밀리시버트를 넘지 않는 것이 좋겠다고 정하였다. 방사선을 한꺼번에 우리의 몸에 많이 받을 때 일어날 수 있는 신체적 변화를 살펴보면 우리가 연간 받는 자연방사선(2.4밀리시버트)의 100배 정도까지는 한꺼번에 받아도 아무런 신체변화가 일어나지 않고, 적어도 우리가 연간 받는 방사선량의 400배(1천밀리시버트) 이상 받아야 신체적 증상이 나타나기 시작한다. 이 정도의 방사선량은 아주 큰 핵사고 현장에 가까이 있지 않고는 받기가 어려운 양이다. 원자력 발전소 주변지역에서 추가로 받을 수 있는 방사선량은 자연방사선량의 1%에도 미치지 못하는 양이다.

아울러 발전소 운영으로 인한 방사선 영향을 근본적으로 규명하기 위하여 원전주변 지역주민과 종사자에 대한 역학조사를 1990년부터 매년 실시해오고 있다.

13.4.3 원자력 발전소의 방사선 관리

(1) 환경방사선 감시

원자력 발전소는 우라늄을 연료로 하여 전기를 생산하는 곳이므로 운전과정에서 방사성물질이 발생한다. 이러한 방사성물질이 주변 환경으로 나가는 것을 방지하기 위하여 원자로건물을 여러 겹으로 밀폐하는 한편 감쇄, 여과, 증발, 고체화 등 여러 과학적인 방법으로 철저하게 처리, 관리하고 있다.

전력회사는 발전소 주변마을에 환경방사선 감시기를 10여 군데 설치하여 24시간 연속, 감시하며, 열형광 선량계를 40여 곳에 설치하여 그 지역의 방사선량을 주기적으로 점검하고 있다. 또 원자력 발전소 주변의 해저토, 토양, 농작물, 수산물, 축산물 등 여러 가지 시료를 채집하여 방사능을 분석 평가함으로써 환경이 안전하게 보존되고 있음을 확인해 나가고 있다.

(2) 종사자에 대한 방사선 관리

원자력 발전소 방사선 구역에서 작업을 할 때는 작업장소의 방사선준위와 작업자가 과거에 받은 방사선량을 확인한 후 작업을 허가한다. 방사선구역에서 작업을 할 때는 열형광 선량계와 필름배지 등의 측정기로 항상 피폭선량을 측정함은 물론 내부 피폭에 대해서도 전신방사능 계측기로 측정하고 있다.

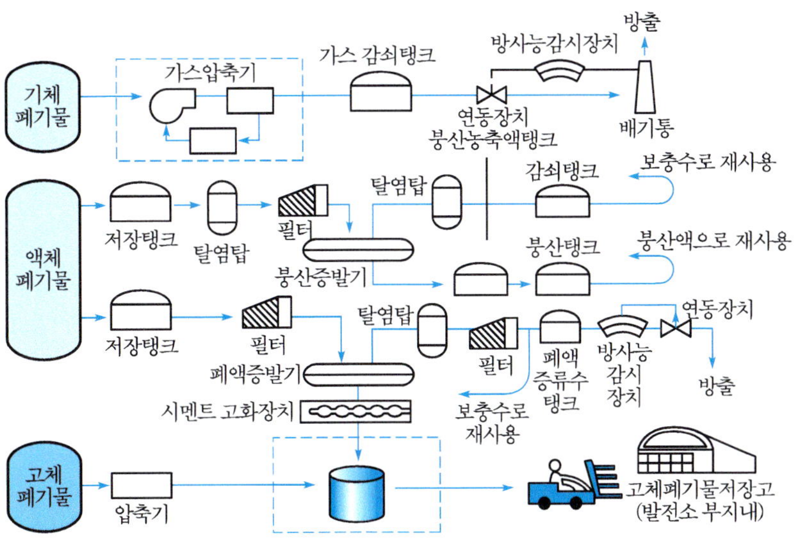

그림 13.11 원자력 발전소 발생 폐기물

13.5 세계의 원자력 발전

1956년 세계 최초의 상업용 원자력 발전소인 영국의 콜더홀(Calder Hall) 발전소가 운전을 개시한 지 벌써 45년이 되었다. 그 후 각 나라에서 원자력 발전의 개발 이용이 꾸준히 추진되어 1973년 제1차 석유 위기 때는 운전중인 원자로가 147기에 이르렀다.

1986년 4월 구소련 체르노빌 원전사고 이후 일부 국가에서는 원자력 발전 개발계획을 늦추거나 유보하는 경향을 보이기도 하였으나 현실적으로 원자력을 대신할 마땅한 대안이 없어 이를 취소하거나 재평가하는 실정이다.

IAEA(국제원자력기구)가 발표한 자료(1999년 4월 13일 현재)에 따르면 세계에서 운전 중인 발전용 원자로는 434기(434 GW)이며, 건설 중인 원자로는 35기에 이르고 있다. IAEA에 따르면 1998년에 건설을 시작한 원전은 중국의 진산 1호기(665 MW, 경수로), 진산 2호기(665 MW, 경수로)와 일본의 히가시도리 1호기(1,1087 MW, 중수로)이며 7기의 원전이 가동중단에 들어간 것으로 밝히고 있다.

표 13.1 전 세계 원자력 발전소 현황

국 가	운전중		건설중		계획중		합 계	
	출력	기수	출력	기수	출력	기수	출력	기수
미 국	10,259	103					10,259	103
프랑스	10,259	59			160	1	6,773	60
일 본	4,574	52	503	5	858	6	5,935	63
러시아	2,256	30	300	3			2,556	33
독 일	2,172.8	18					2,173	18
한 국	1,772	20	200	2	760	6	2,732	28
영 국	1,279	23					1,279	23
캐나다	1,277	17					1,277	17
우크라이나	1,184	13	400	4			1,584	17
스웨덴	983	11					983	11
스페인	789	9					789	9
중 국	696	9	200	2	730	8	1,626	19
벨기에	600	7					600	7
타이완	514	6	270	2			784	8
체 코	372	6					372	6
스위스	337	5					337	5
불가리아	288	4					288	4
인 도	277	14	446	9			723	23
핀란드	276	4			170	1	446	5
슬로바키아	264	6					264	6

국 가	운전중		건설중		계획중		합 계	
	출력	기수	출력	기수	출력	기수	출력	기수
브라질	201	2			131	1	332	3
남아공화국	189	2					189	2
헝가리	187	4					187	4
리투아니아	150	1					150	1
멕시코	136	2					136	2
아르헨티나	101	2	75	1			175	3
슬로베이나	71	1					71	1
루마니아	71	1	282	4			353	5
네덜란드	48	1					48	1
파키스탄	46	2			30	1	76	3
아르메니아	41	1					41	1
이 란			229	2	88	2	317	4
인도네시아					400	4	400	4
카자흐스탄					192	3	192	3
이집트					187	2	187	2
이스라엘					66	4	66	1
합 계	37,921	434	2,805	33	3,972	38	44,698	505
( )는 전년치	(37,629)	(434)	(3,128)	(36)	(2,792)	(28)	(43,549.3)	(498)

13.6 우리나라의 원자력 발전

우리나라는 원자력의 평화적 이용으로 국민생활 향상과 복지증진에 기여하고자 1958년 2월 원자력법을 공표하고 이를 기반으로 꾸준한 연구 활동을 수행하여 오는 한편, 에너지의 안정적 수급을 위해 원자력 발전 도입을 추진, 1978년 4월 고리 1호기가 첫 상업운전을 시작했다.

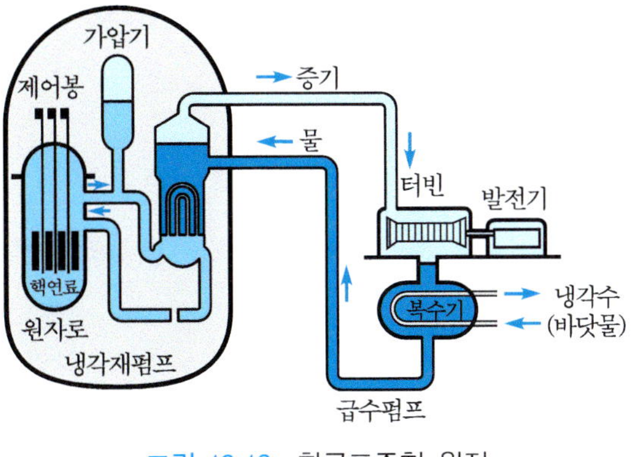

그림 13.12 한국표준형 원전

1999년 12월말 현재 우리나라의 원자력 발전소는 16기 1,372만 kW로서 전체 설비용량의 29.2%를 차지하고 있으며, 세계 9위의 원자력 발전소 보유국으로 부상하였다. 특히 1998년 8월 11일 상업운전에 돌입한 울진 3호기는 최초의 한국표준형 원전으로서 우리나라 원전 역사 20년만의 쾌거로 일컬어진다.

또한 2000년 1월중에 산업자원부가 발표한 제5차 장기전력 수급계획에 따르면 우리나라는 영광 5, 6호기(2002년) 및 울진 5, 6호기(각각 2004년, 2005년)를 비롯하여 2015년까지 총 12기의 원전을 신규로 건설하고 2기를 폐기할 것을 추진 중에 있다.

(1) 한국표준형 원자력 발전소

70년대 초 전세계를 강타한 석유파동으로 에너지의 중요성을 절감한 우리나라는 장기적인 에너지 수급을 위해 원자력 발전소 건설을 추진하였으며, 그 첫 결실이 1978년 준공된 고리 1호기였다. 이후 영광, 월성, 울진에 차례로 원자력 발전소가 들어서게 되었지만, 당시만 해도 기술력이 크게 부족해 외국기술에 의존할 수밖에 없었다. 1984년 원전기술 자립계획을 세우면서 본격적인 연구개발을 추진, 1987년 계약된 영광 3, 4호기 건설과정에서 흡수한 설계 및 제작기술을 토대로 우리 실정에 맞는 표준형 원전을 개발해냈는데, 그것이 바로 울진 3, 4호기이며, 한반도에너지개발기구(KEDO)에 의해 북한에 제공되는 원자력 발전소인 것이다. 특히, 한반도에너지개발기구가 남북 최대의 협력사업으로 북한 신포에 건설 중인 한국표준형 원전은 남북한 평화공존과 경제교류를 실현하는 초석이 될 것으로 기대된다.

(2) 원자력 발전소에서 나오는 온폐수

원자력 발전소의 원자로에서 발생한 열은 증기발생기에서 고압수증기로 바뀌어 터빈을 돌리고 난 후 복수기에서 바닷물에 의해 냉각되어 다시 물이 되어 원자로로 되돌아간다. 이때 사용된 바닷물은 들어올 때보다 약 7℃ 정도 높아져서 바다로 내보내지는데, 이 바닷물을 온배수라고 한다. 원자력 발전소에서 사용하는 바닷물은 원자로 주변을 직접 통과한 것이 아니고 단지 복수가 튜브를 통해 열만 회수하기 때문에 원자로내의 물이나 터빈을 돌리는 수증기와 섞이지 않으므로 방사성물질이 들어있지 않다.

(3) 원자력 발전소 분포지역

1) 고리

부산광역시 해운대에서 동해 남부 해안을 따라 북으로 약 30 km지점에 위치한 고리는 임랑해수욕장, 일광해수욕장 홍류동계곡, 달음산, 장안사 등 고리포구를 중심으로 각종 천혜의 풍치와 인문환경을 안고 있는 곳이다. 1978년 4월 29일 상업운전을 시작한 고리 1호기를 비롯하여 1983년 고리 2호기, 1985년 고리 3호기, 1986년 고리 4호기가 상업운전을 시작하여 34만평 부지에 총 4기가 운전 중이다. 총시설용량 313만7천 kW로 연간 약 230억 kWh를 생산하고 있다.

2) 영광

가마미 해수욕장, 두우리 해수욕장, 굴비, 풍천장어, 불갑사, 내산서원 등 자연과 인간이 어우러져 살면서 독특한 문화를 형성하고 살아온 영광에도 첨단과학기술의 산물인 원자력 발전소가 운전 중이다.

표 13.2 영광 원자력 발전소의 연혁

내 용	1호기	2호기	3호기	4호기	5호기	6호기
건설사무소 발족	'79.04.15		'88.11.02		'96.01.05	
건설허가 취득	'81.12.17		'89.12.21		'97.06.14	
운영허가 취득	'85.12.23	'86.09.12	'94.09.09	'95.06.02	'01.10.24	'02.07.31
초임계 도달	'86.01.31	'86.10.14	'94.10.13	'95.07.07	'01.11.24	'02.09.01
상업운전	'86.08.25	'87.06.10	'95.03.31	'96.01.01	'02.05.21	'02.12.23

표 13.3 영광 원자력 발전소의 발전설비

구 분	용 량	원자로형	공급자
1, 2호기	190만 kW (95만 kW × 2)	가압경수로형	(미)Westinghouse
3, 4호기	200만 kW (100만 kW × 2)	가압경수로형	한국중공업 / (미)CE
5, 6호기	200만 kW (100만 kW × 2)	가압경수로형	두산중공업

3) 울진

태백산맥과 동해를 좌우에 두고 경북 동부 최북단에 위치한 울진에는 7개의 해수욕장을 비롯하여 성류굴, 덕구온천, 백암온천이 있으며, 산송이, 미역, 대게, 오징어 등의 특산물이 나오는 산과수의 혜택을 골고루 받고 있는 고장이다. 여기에다 원자력 발전소까지 위치하여 에너지의 고장이라 할만하다.

울진에는 1999년 12월말 현재 약 112만평 부지에 가압경수로형 원자로 4기(95만 kW 2기, 100만 kW 2기)가 운영 중에 있다. 특히 가압경수로형(PWR)인 울진 3, 4호기는 영광 3, 4호기의 설계 및 건설경험을 활용하여 최초의 표준원전 설계개념을 도입함으로써 한국형 원전건설의 시발점이 되었으며, 이 표준설계는 북한에 건설 중인 신포 원전을 비롯하여 앞으로 건설될 후속기에도 계속 적용해서 원전건설의 해외 의존도를 줄이고 기술 자립을 이룩하는 계기가 될 것으로 전망된다.

4) 월성

천년의 고도 경주에서 동남쪽으로 약 40 km 떨어진 동해안에 자리잡고 있는 월성 원전은 인근에 신라 제30대 문무대왕의 수중릉을 비롯하여 나정해수욕장, 봉진해수욕장, 나아리 해수욕장, 관성해수욕장 등 역사와 자연, 그리고 첨단과학기술이 공존하고 있다.

1983년 상업운전을 시작한 발전용량 67만8천 kW의 가압중수로형 원전 월성 1호기를 비롯하여 4기가 운전 중이다.

고리, 울진, 영광에서 가동되고 있는 가압경수로형 원전과는 달리 가압 중수로형인 월성 원전은 천연우라늄을 그대로 사용할 수 있고, 운전 중에도 연료교체가 가능하다는 특징을 가진 국내 유일의 가압중수로형이다.

13.7 우리나라의 원자력 외교추진방향

13.7.1 선진기술 수용 및 공동연구

(1) **양국간 공동위 활용**

① 선진국의 원자력 발전의 안전성 강화/원전 수명연장/방사능 폐기물 처리/책임배상제도 개선/비발전분야(동위원소 이용, 해수담수화 등) 연구개발 동향 파악

② 공동 관심분야 연구개발 추진실적 점검, 향후 협력방안 협의

③ 대상 국가들의 국제기구 동향에 대한 인식도 함께 파악하고 우리 현황도 소개

(2) **정부/비정부간 국제기구 활용**

① OECD/NEA 및 IAEA 회의 참여 기회를 활용, 상기 국제 원자력 동향을 파악 - 필요시 우리 기술개발 동향도 홍보하여 위상 제고

② 우리 전문가를 분야별로 그룹화하여 OECD/NEA 7개 기술위원회/IAEA 전문분야 회의/기타 비정부기구 및 포럼에 참여, 상세동향 파악 및 분석 - 관심분야 공동 연구개발 사업에도 참여

(3) **주요 공관 활용**

주요 공관을 중심으로 수시로 주재국의 선진기술 및 기타 원자력 동향에 관한 정보를 수집

13.7.2 원자력 안전성 제고 및 기술·경험 공유 활성화

(1) **역내 포럼 참여**

① 역내 국가의 원자력 협력에 대한 관심 제고를 유도함으로써 침체되어 있는 역내 포럼을 활성화 필요-포럼 참가를 통해 우리의 경험을 전수하고, 일본 및 중국의 원자

력 현황을 파악하는 한편, 역내 원자력 안전의 중요성을 강조

② 아시아는 원전 이용 및 개발이 가장 활발히 진행되고 있는 지역임을 감안, 핵시설 안전/ 원자력 책임배상 체제 수립/방사성 폐기물 관리 등에 관한 논의 활성화 유도

③ 일본 주도의 FNCA(Forum for Nuclear Cooperation in Asia), IAEA/RCA(Regional Cooperation in Asia) 및 아시아 원자력 안전회의 등 포럼의 균형·발전 유도

(2) 개도국 및 동구권과의 협력 강화

① 선진국과는 별도로 개발도상국 및 동구권 국가에 대한 원자력 발전 및 방사성 동위원소의 농·공·의학적 이용분야의 경험 및 기술전수 추진

② 중국 및 일본과의 공동위에서 동북아지역에 원자력 안전조치 강화 및 책임배상 체제 수립 방안을 협의하고, 동남아 국가들과는 사절단 교류 및 협정체결을 확대하여 의견 교환 및 협력 분위기 강화

13.7.3 기자재/기술 수출 및 핵연료의 안정적 도입 기반 조성

(1) 양국간 공동위 활용

① 선진국과의 원자력공동위에서 제3국 공동진출 방안 협의

② 또한, 우리 원자력 기술의 우수성을 홍보하여 해당국가로 하여금 한국형 원전 및 연구용 원자로의 긍정적 검토 유도

③ 한편, 핵연료의 안정적 공급에 우호적 분위기 조성

(2) IAEA 회의 활용

IAEA 원자력 관련회의에 참석하고 있는 각국의 고위 정책 결정자 및 전문가를 접촉, 우리 원자력 기술의 우수성 홍보하여 수출여건 증진

(3) 사절단 교류, 원자력협정 체결 및 이행 점검

① 원자력협정 체결을 통해 양국간 협력 강화의 기반을 마련하고, 장기적으로는 수출 분위기 조성

② 사절단을 방한 초청하여 우리의 기술수준을 홍보함으로써 대상 국가들이 원전 및 연구용 원자로 건설시 우리의 참여 유도 분위기 조성

13.8 국제 핵확산 방지체제

일반적으로 핵확산 방치체제란 NPT 조약을 중심으로 핵무기의 개발, 확산을 방지하는 상호 연계된 원칙, 규범, 국제협정의 총체를 지칭하고 있다.

NPT 조약과 함께 범세계적 핵 확산 금지 체제를 구성하는 주요 장치로는 첫째 IAEA 안전조치협정, 둘째 미사일 통제체제(MTCR) 및 NSG와 같은 핵관련 품목 수출 통제체제, 셋째 핵실험 금지협정, 넷째 비핵지대 설립을 위한 다양한 지역협정, 다섯째 기존 핵무기 국가의 비핵국가에 대한 핵관련 각종 안전보장정책 등을 들 수 있다. 이러한 핵확산 방지체제의 문제점은 첫째 주요 잠재핵국들의 NPT를 비롯한 핵확산 금지체제 미가입, 둘째 IAEA 사찰을 비롯한 국제 검증체제의 한계성, 셋째 원자력 수출통제제도의 제한성 등이 지적되고 있다. 상기한 문제점들은 특히 구소련 붕괴 후 독립국가연합의 핵무기 통제 및 수출통제의 약화, IAEA 감시 하에서의 이라크 및 북한의 핵개발 추진 등이 더욱 뚜렷이 나타나고 있다. 그러나, 그간 NPT를 중심으로 한 국제 핵확산 방지노력은 이러한 문제점에도 불구하고 국제평화와 안전에 큰 기여를 하여 온 것이 사실이며 핵 강국들은 핵확산 금지정책을 더욱 강화하기 위해 보완 작업을 추진하고 있다.

에너지의 자원으로서의 속성으로는 지역적 편중, 사용에 따른 고갈, 이용에 따른 기술적 요구, 기능적 속성으로는 사용에 따른 생활의 편리함이라는 순기능과, 이때 발생하는 환경문제라는 역기능을 가지고 있으며, 특정 상품과는 달리 모든 사람을 대상으로 구현되는 공공성과 일상생활에서 반드시 필요하다는 필수성을 가진다. 이러한 이유로 기존에 인간의 생활을 지탱해 온 화석연료는 여러 가지 면에서 부정적인 면을 가지며 위에서 열거한 기능들을 충족하기 위한 대안으로 대체에너지, 특히 신재생에너지의 개발 이용은 현 시점에서 매우 중요하며 앞으로는 더욱 주요해 질 것이다. 특히 자원적 속성으로서의 에너지 특성은 우리나라 경제에 지대한 영향을 미치고 있어서 이에 대한 대처가 필요하고, 에너지 문제에 대처함에 있어서 기능적 속성 가운데 역기능의 해결은 필수 불가결한 요인이 되고 있으며, 또한 공공성과 필수성은 신재생에너지 분야에 대한 정부의 개입과 역할 분담을 위한 노력이 절실함을 말해 준다.

정부의 효율은 집행되는 자금 자체의 효율로 판단할 수 없으며, 한 분야에서 이루어지는 투자가 다른 분야에서 나타내는 효과를 고려하여야 한다. 에너지의 공공성과 필수성은 그러한 정당성을 확보하며, 화석에너지의 부존량이 매우 적은 우리나라로서는 기술이 창출할 수 있는 에너지를 확보하는 방안만이 유일한 에너지 확보방안이다. 예를 들면 에너지절약 기술개발을 통하여 절약 가능한 양을 확보하여 이를 다시 에너지로 투입하거나, 확보된 에너지기술을 에너지 자원 보유국과의 교환으로 에너지원을 확보하거나, 다양한 종류의 신재생에너지와 관련한 기술을 개발하여 신재생에너지를 자원화 하는 것이다.

대체에너지의 이용을 확대하기 위해서는 일정한 내수시장을 기반으로 하는 대체에너지 이용 기기를 개발해야 하며 시장에 도입되지 않는 기기의 개발은 불가능하므로 기술개발 외에 시장창출이 필수적이다. 이를 위하여 금융정책 위주의 사용자 설치 지원 외에 공급자의 기술개발 지원과 사용자의 생산물(전력, 열 등) 판매보장 지원책 등으로 다양화해야 할 것이다. 또한 정부 주관의 시범보급, 우선 구매제도 도입 등을 추진해야 한다. 장기적으로 에너지의 형태는 신재생에너지가 될 것이므로 가격 경쟁력의 보완을 위한 기술적 대안 마련과 조속한 시행을 선택해야 할 것이다.

13.8.1 제4세대 원자력에너지 시스템(Generation IV Reactor)

(이형연 : hylee 한국원자력연구소)

세계의 에너지 수요는 현재 대비 2050년에는 두 배 이상, 2100년까지는 세 배 이상 가파르게 증가할 것으로 전망되고 있다. 이제 미래의 에너지 수급문제는 오늘날 운전되고 있는 기존의 발전 방식에 따라 단순한 양적 팽창만으로는 해결할 수 없으며 환경에 미치는 영향이 최소화된 청정하고 안전하며 경제성과 신뢰성을 갖춘 전력생산 방식의 도입을 요구하고 있다.

오늘날 세계적으로 31개국에서 441기의 원자로가 가동되고 있다. 원자력은 전체 전력 생산량에서 약 17%를 차지하고 있으며, 거의 10억 명이 사용하는 전력을 공급하고 있다. 프랑스를 포함한 일부 선진 국가들은 전체 전력공급에서 반 또는 그 이상을 원자력에 의존하고 있으며, 다른 32개 국가들은 현재 원자로를 가동 중이거나 건설 또는 기획 중에 있다. 세계적으로 원자력은 신뢰성 있고, 환경 친화적인 방식으로 대기에 온실효과 가스를 배출하지 않으면서 전력을 생산하고 있으며, 또한 우수한 운전 기록을 보여주고 있다.

현재 유가의 급등, 기후변화, 대기오염, 에너지 안보 및 자원 매장량의 한정성 등에 대한 우려로 미래의 에너지 공급에 있어서 원자력의 역할이 더욱 중요하게 부각되고 있다. 그림 13.14에서 현재 세계적으로 가동 중인 2, 3세대(Generation Ⅱ & Ⅲ) 원자로는 많은 전력 시장에서 경제성과 대중 수용성을 갖추고 있다. 그래서 원자력 에너지 시스템의 경제성, 안전성, 핵확산 저항성 등에서 혁신적 향상을 가져올 새로운 노형의 개발은 원자력의 보급 확대에 크게 기여할 것으로 전망된다.

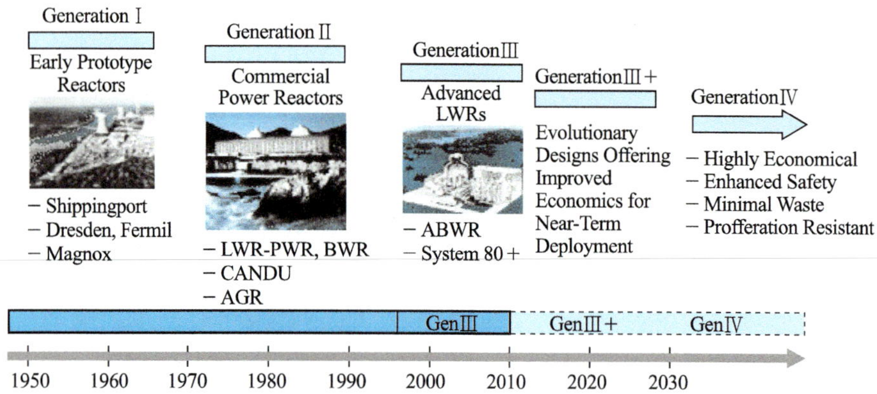

그림 13.13 각 세대별 원자로 노형의 발전 과정

(1) 제4세대(Generation IV) 원자로란?

미국 에너지부(DOE)의 원자력에너지 과학기술국(Office of Nuclear energy, Science and Technology)은 이 같은 전망에 기초하여 "제4세대(Generation IV)"로 명명된 차세대 원자력에너지 시스템에 대해 정부, 산업체 및 연구기관이 망라된 범세계적 협의 포럼을 결성했다. Gen IV 원자로는 현재 세계적으로 가동 중인 원전의 대부분이 퇴역하거나 운전 종료시점에 다다를 2030년경에 세계적으로 전개해 나가는 것을 목표로 새롭게 개발할 혁신 개념의 원자로이다.

(2) GIF(Generation IV International Forum)

미국 DOE의 주도 하에 10개국(아르헨티나, 브라질, 캐나다, 프랑스, 일본, 한국, 남아프리카공화국, 스위스, 영국, 미국 – 알파벳 순)으로 구성된 그룹과 유라톰(Euratom)은 공동으로 제4세대 원자로 기술목표의 달성을 위해 공동연구를 수행하고 있다.

2002년 최고 정책결정 국제포럼인 GIF(the Generation IV International Forum)가 결성되었다. 여기에는 기술자문 조직으로서 전문가 그룹과 행정사무 및 GIF 활동을 조정하는 비서(Secretariat) 그룹도 포함되었다. GIF는 원자력 안전성, 폐기물 관리, 핵확산 저항성 및 대중 수용성을 만족시키면서 가격 경쟁력과 신뢰성을 두루 갖춘 미래형 원자력 에너지 시스템의 개발을 추진하고 있다.

GIF는 제4세대 원자로의 후보 노형으로서 6개 노형을 선정했다. 이를 알파벳 순서로 나열하면 표 13.4와 같다.

표 13.4 Gen IV의 6개 후보 노형

Gen IV System	Acronym
1. Gas-Cooled Fast Reactor System	GFR
2. Lead-Cooled Reactor System	LFR
3. Molten Salt Reactor System	MSR
4. Sodium-Cooled Fast Reactor System	SFR
5. Supercritical-Water-Cooled Reactor System	SCWR
6. Very-High-Temperature Reactor System	VHTR

(3) Gen IV의 기술목표(technology goals)

제4세대 원자로의 기술목표를 나열하면 다음과 같다.

- Gen IV 원자력에너지 시스템은 범세계적 에너지의 장기적 생산과 청정 대기 목표를 충족시키기 위한 지속 가능한 에너지를 공급한다.
- 원자력폐기물을 최소화시키고, 관리가 가능하며 미래에 장기적으로 관리하는데 드는 부담을 줄이고, 이로부터 대중 보건 및 환경 보존성을 개선한다.
- 핵무기 전용이 가능한 물질로서 매력이 없다는 확신을 증가시키도록 한다.
- 탁월한 안전성과 신뢰성을 갖는다.
- 원자로 노심의 손상 가능성 및 정도가 매우 낮도록 한다.
- 부지 밖(off-site)의 응급 대응 필요성을 배제시킨다.
- 다른 에너지원에 비해 명확한 수명 주기 비용을 갖는다.
- 다른 에너지 프로젝트와 비슷한 수준의 재정적 리스크(risk)를 갖는다.

(4) Gen IV 기술로드맵

2002년 12월 GIF는 DOE의 원자력에너지연구 자문위원회(Nuclear Energy Research Advisory Committee : NERAC)와 공동으로 Gen IV 기술로드맵(A Technology Road-map for Generation IV Nuclear Energy Systems)을 발간했다. Gen IV의 6개 후보 노형과 그들의 광범위한 연구개발 필요성은 Gen IV 로드맵에 기술되어 있으며 이 기술 로드맵은 KOSEN Reports '분석자료'로도 분석된 바 있다. GIF 국가들은 후보 개념의 도출 및 실증을 위한 R&D 프로그램을 공동으로 준비 중에 있다. 제4세대 원자력에너지 시스템의 기술로드맵은 원자력에너지 개념의 포괄적 평가에 관해 문서화한 것으로 차세대 원자력에너지 시스템 개념에서 가장 유망한 노형들을 선별하고 있다. 이들 개념에 대해 기술적, 상업적 전망(viability)과 실증 및 잠재적 상용화 가능성 등에 대해 상세 R&D 계획이 개발되었다. 이 로드맵은 2년의 기간에 걸쳐 12개국 및 국제기구 소속의 100여명 이상의 전문가들이 작성한 것이다. 이 로드맵은 미국의 Gen IV 프로그램 실행(Implementation)을 위한 U.S Generation IV Implementation Strategy로서 미 의회에 제출되었다.

(5) Gen IV 10년 프로그램 계획

Gen IV 원자로 10년 프로그램 계획 보고서는 2004년 2월에 DOE가 발표한 바 있다(http://neri.inel.gov/program_plans/pdfs/gen_iv_program_plan.pdf). 이 보고서는 Gen IV의 기술 로드맵을 달성하기 위한 2004년 초부터의 Gen IV 10년 프로그램 계획에 대해 기술하고 있으며 KOSEN Reports '분석자료'로도 분석된 바 있다.

미국의 '국가 에너지정책'은 미국에서 원자력에너지의 확대, 개량된 핵연료주기 및 차세대 기술개발 그리고 개량된 재처리 및 연료처리 기술의 개발을 권장하고 있다. DOE는 Gen IV 시스템이 경제성, 안전성, 신뢰성 및 핵확산 저항성과 폐기물 최소화 관점에서 괄목할 진전을 이룩할 것으로 기대하고 있다. Gen IV 프로그램의 목표를 달성하기 위해 2004년 1월초부터 시작된 10년간에 걸쳐 필요한 R&D는 보고서에 명시되어 있다.

다수의 Gen IV 시스템들은 특히 미국의 에너지 필요에 맞추어져 있다. Gen IV의 적용전략은 다음의 두 가지 주요 우선순위에 초점이 맞춰져 있다. 즉 첫 번째 우선순위는 중기(mid-term)적으로 경제성 관점에서 경쟁력이 있는 수소와 전기 생산용의 차세대 원자로를 개발한다는 것이다. VHTR을 이용한 수소 생산능력의 개발에 있어 가장 높은 이점은 이 시스템이 장기적으로 미국의 수송부문 에너지원을 다양화시킬 필요성에 발맞추어 경쟁력이 있는 뛰어난 잠재력을 가지고 있다는 데에 있다. 원자력 수소에 관한 차세대 원자로 프로그램은 주요 R&D가 약 2012년까지 완료되고, 실증형 VHTR이 2016년에 완성되어 이는 미국 최초의 Gen IV 시스템이 될 것으로 전망된다.

두 번째 우선순위는 장기적으로 지속성 관점에서 중대한 진전을 이룩할 고속증식로를 개발한다는 것이다. 고속증식로의 이점은 사용 후 연료 폐기물의 체적과 방사성 독성을 크게 줄이면서 운용능력을 크게 증대시킨다는 점이다. 3개의 가장 유망한 개선되어 지속성을 갖는 Gen IV 시스템은 고속 스펙트럼 노형(GFR, LFR, SFR)이다.

Gen IV의 6개 후보노형 및 Crosscut R&D에 대한 향후 10년간의 프로그램 예산이 아래의 표 13.5에 제시되어 있다. 노형별로는 상용화에서 가장 가까운 VHTR (NGNP)에 가장 많은 예산이 배정되어 있고, crosscut 기술에서는 재료 선정 및 개발에 가장 많은 예산이 책정되어 있음을 알 수 있다. 보고서에 제시된 여러 건의 Gen IV R&D 계획은 아직도 국제, 대학 및 산업체 – 파트너들과의 협력으로 개발이 진행 중에 있다.

표 13.5 Total Required Costs for FY2004 to FY2013($M)

	FY04	FY05	FY06	FY07	FY08	FY09	FY10	FY11	FY12	FY13	TOTAL
2.0 NGNP	19.90	68.40	122.10	139.90	149.80	171.50	161.00	147.10	163.50	167.70	1310.9
3.0 SCWR	0.90	0.80	3.78	4.87	7.76	7.90	9.30	8.79	7.30	4.98	56.38
4.0 GFR	0.40	0.50	5.50	5.50	6.00	6.00	5.90	–	–	–	29.80
5.0 LFR	1.00	0.80	5.50	5.50	6.00	6.00	5.20	–	–	–	30.00
6.0 SFR	0.04	2.54	5.50	5.00	6.50	6.50	2.50	5.00	5.00	5.00	43.58
7.0 MSR	0.04	0.16	3.20	4.30	4.50	4.50	4.00	4.00	6.00	6.00	36.70
8.0 D&EM	1.20	1.00	2.20	3.20	4.30	4.00	4.30	4.30	3.80	3.00	31.30
9.0 Materials	1.15	4.23	6.20	7.05	13.18	15.48	13.48	11.93	10.73	10.43	93.86
10.0 Energy Conversion	0.60	5.00	5.00	5.00	6.00	6.00	7.0	8.00	8.00	8.00	58.60

(6) 미국의 Gen IV 노형에 대한 우선순위(priorities)

DOE는 다수의 노형 개념에 대한 연구개발을 지원하면서도 개선된 수소 및 전기 생산능력을 가진 VHTR 시스템의 개발에 우선순위를 두고 있다. 이는 VHTR이 온실가스를 배출하지 않으면서 안전하고 환경친화적인 방식으로 전력과 수소를 생산할 수 있다는 점을 반영하고 있는 것이다. VHTR에 대한 DOE의 FY2005 연구활동은 주로 고온의 연료 및 구조재료, 고방사선 운전조건에 관한 연구개발 및 FY2004에 시작된 개념설계를 계속 수행하는데 집중될 예정이다. 또한 다른 Gen IV 노형에 대한 연구개발은 기술적 및 경제적 전망과 이에 따른 노심 및 연료설계, 재료 요건 등의 설정(establishing)에 집중될 예정이다. FY2004부터 FY2006까지의 Gen IV 예산은 다음과 같다.

표 13.6 FY2004부터 FY2006까지의 Gen IV 예산

Program Budget Generation IV ($ in Millions)		
FY2004	FY2005	FY2006
$22.9	$34.8	$39.8(Request)

(7) 후보 노형별 특성 및 주요 R&D 계획

6개 각 후보 노형에 대해 간략히 기술하면 다음과 같다. 여기서는 국내에서 과학기술부지원 정부과제로 현재 연구개발이 진행 중인 소듐냉각 고속증식로(SFR)와 초고온가스로(VHTR)에 대해 비교적 자세히 설명하기로 한다.

1) VHTR (Very High Temperature Reactor)

VHTR은 로드맵에 기술된 Gen IV의 6개 노형 중에서 건설에 가장 가까이 근접해 있는 노형이다. 그래서 이 VHTR은 차세대 원전(NGNP)이라고 불린다. VHTR은 전력 및 수소생산에 활용된다. NGNP의 목표는 2016~2017년까지 낮은 비용으로 수소를 생산할 수 있는 실규모의 실증로를 INL(Idaho National Laboratory)에 건설하는 것이다. NGNP의 냉각재는 헬륨이고, 감속재는 그라파이트이며 출구 온도가 1,000℃ 이상인 열중성자 스펙트럼 원자로이고, 원자로 열 출력은 400~600 MWt이다. FY04부터 FY13까지 10년간의 R&D의 주요 목표는 개념설계 완료, NEPA(National Environmental Policy Act)와 EA(Environmental Assessment)의 완료, 프로젝트 실행계획 완료, 예비설계 완료, 선별된 기기에 대한 FMQSD(Final Materials Qualification Selection Documents) 발간, 최종설계 완료, 건설을 위한 NRC 승인 취득 등이다.

2) LFR (Lead-Cooled Fast Reactor)

LFR 개발 프로그램에서 지향하는 것은 실증을 통해 2025년까지 상용화 준비가 되도록 상대적으로 소형(10~100 MWe)인 납 또는 납-비스무스 냉각 고속증식로를 개발하는 것이다. LFR은 10~30년의 초장주기를 갖는 카세트 노심 또는 밀봉 교체 원자로 모듈을 갖는 폐 연료주기의 턴키 원전이 고려되고 있다.

3) GFR (Gas-Cooled Fast Reactor)

GFR은 고속중성자 및 순환 연료주기를 갖는 노형으로 액티나이드의 현장 부지 내 완전 재활용을 가능하게 하는 원자로이다. 열 중성자 헬륨 냉각로인 GT-MHR(Gas-Turbine Modular Helium Reactor)과 PBMR(Pebble Bed Modular Reactor)에서와 같이 고온의 헬륨 출구온도는 전기, 수소 및 공정열을 높은 효율로 생산하는 것을 가능하게 한다. GFR은 850℃에서 42%의 효율을 갖는 직접주기(direct-cycle) 헬륨 터빈을 사용한다.

4) SCWR (Supercritical Water-Cooled Reactor)

SCWR은 열역학적으로 물의 임계점(374℃, 22.1 MPa)을 초과하는 고온 및 고압에서 운전되는 초임계 원자로로서 효율이 기존 경수로의 33% 정도에 비해 약 45%로 높은 효율성을 가진 유망한 원자로이다. SCWR은 기본적으로 고온 고압에서 운전되고, once-through 주기를 갖는 LWR이다. SCWR에서의 주요 임무는 저비용 발전단가를 실현하는 것이다. 이는 2가지의 실증된 기술, 즉 상업운전 중인 LWR과 세계적으로 많이 활용되고 있는 초임계 화력 보일러 기술에 기초하고 있다. SCWR 개념은 13개국 32개 기관이 타당성 연구를 수행 중에 있다.

5) MSR (Molten-Salt Cooled Reactor)

MSR은 열중성자 스펙트럼 순환 연료주기를 가지며 전기 및 수소생산, 플루토늄과 마이너 액티나이드의 효율적 연소 및 핵분열 연료(fissile fuel)의 생산을 위한 원자로이다. MSR의 연료는 나트륨, 지르코늄 및 우라늄 플루오르화물(fluoride)이 합해진 순환 액체 혼합물이다. 용융염 연료(molten salt fuel)는 그라파이트 노심 채널을 통해 흐르며 열중성자 스펙트럼을 발생시킨다.

6) SFR (Sodium-Cooled Fast Reactor)

SFR은 액체금속인 소듐(Na)을 냉각재로 사용하는 액체금속로(Liquid Metal Reactor)로서 고속중성자 스펙트럼 순환 연료주기를 가지며 주된 임무는 플루토늄과 다른 마이너 액티나이드 특히 고준위 폐기물의 관리이다. SFR의 출력은 모듈형의 수백MWe급에서 1,500~1,700 MWe에 이르기까지 다양한 크기로 개발될 수 있다. SFR은 액티나이드 재활용 주기에서 금속(우라늄-플루토늄-마이너 액티나이드-지르코늄) 연료 또는 MOX(우라늄-플루토늄 산화)연료를 사용할 수 있다. 기존의 고속증식로에 대해 이미 많은 연구개발이 이루어졌고, 운전 경험까지 확보한 상태인 SFR은 Gen IV의 다른 노형에 비해 상대적으로 적은 시스템 R&D를 필요로 할 것으로 보인다. 10년 계획에서 Gen IV의 SFR의 주요 R&D 목표는 주로 시스템의 설계 및 안전성과 관련되어 있다. 세부적으로는 개량형 증기발생기 개념의 잠재적 개발을 포함하여 SFR의 비용절감 및 타당성을 조사한다. 피동안전성에 대한 기술 기반을 구축하고, 극한 사고조건에 대한 이해 그리고 AFCI, GIF 및 crosscutting R&D 활동과의 조화 등이 10년 계획에 포함되어 있다.

CHAPTER

14 Hydrate

14.1 Hydrate의 정의와 원리

14.1.1 Hydrate와 결합된 가스의 기원

퇴적분지 중의 천연가스는 천해저에서 세균에 의한 유기물의 변질작용과 심해저에서 유기물의 열분해 작용으로부터 기인한 것이 대표적인데, 미생물 기원 가스는 주로 $\delta^{13}C < -55‰$, $\delta D < -200‰$로 ^{13}C와 D가 결핍된 CH_4(미량원소로 C_2와 C_3 포함)를 함유하고 있으며, 석유에 수반된 열적 기원 가스는 $\delta^{13}C < -50‰$, $\delta D < -200‰$로 ^{13}C와 D가 부하된 양의 C_{2+}와 CH_4가스를 함유하고 있다. 석유에 수반되지 않는 가스는 해양기원 암과 육상기원 암으로부터 형성되며, ^{13}C와 ^{2}H가 높게 부화된 CH_4를 주로 포함하며, 지구 전체 자료에서 Hydrate 중 CH_4의 분자와 안정 동위성분의 큰 변화는 미생물 및 열적 기원임을 시사하고 있다. Hydrate에 함유되어 있는 가스는 현지성(autochthonous)과 타지성(allochthonous)의 2가지 기원이 알려져 있다. 타지성 가스는 GHSZ내에 일차적으로 확산된 유기물로부터 기원한 가스로, 주로 세균작용에 의한 것으로, Hydrate가 결정화되는 장소까지 수10~수100 m의 단거리를 이동한 가스로, 역동적인 Hydrate 시스템 속에서 GHSZ기저에서 분해작용으로 방출된 이 가스는 GHSZ로 다시 이동하여 Hydrate를 형성한다. 현지성 가스는 이질화산체와 구조적 변형을 받은 암층내의 단층대를 따라서 심부 저류암과 고기 기원암으로부터 수100~수1,000 m의 장거리를 이동한 기체로, 미생물기원 또는 열적기원이거나 아니면 이 두 가지 혼합기원이다.

대부분의 하이드레이트 층서적으로 구분되고 일반적으로 구조규제는 해저의 특징에 달려 있다.

구조규제 하이드레이트층은 심해저 단층대, 투과성 사질층, 저류암, 이질 산화제들을 통하여 GHSZ로 자생적 탄화수소가 갑자기 이동하는 곳에 형성된다.

이러한 기질환경에서 가스 하이드레이트는 누출, 화학합성군, 해저 자생탄산염, 물기둥에 가스의 거품이 계속 나타난다.

가스 하이드레이트층의 구조규제는 비교적 하이드레이트의 높은 농도가 좁은 지역에 나타나는 것이 특징적이다.

구조규제 광상(유용광물이 국부적으로 집합하여 채굴의 대상이 되는 곳)의 3차원적 형태는 하이드레이트 안정지역의 분포, 염분도, 이동경로들에 따라서 크게 좌우된다.

가스 용해도와 온도가 해저에서 낮기 때문에 하이드레이트는 하이드레이트 안정지역의 기저보다는 그 상부에 집적되는 경향이 있다.

층서규제층은 가스가 단거리를 느리게 이동하면서 국부적으로 가스의 농도가 증가할 수 있는 비교적 투과성 높은 퇴적층에 주로 나타난다.

뚜렷한 이동경로 없이 확산에 의한 흐름으로 유기물이 풍부한 진흙과 심부퇴적물에 농축되며 하이드레이트 안정지역의 깊은 곳까지 환산되어 저농도를 보이는 것이 일반적인 특성이다.

하이드레이트와 하이드레이트 안정지역 하부에 포집된 소량의 자유가스와의 사이에 거대한 계면이 나타나는데 구조규제와 층서규제가 결합된 하이드레이트층은 해저보다 하이드레이트 안정지역 하부의 비교적 투수성이 좋은 층에 형성된다.

보다 깊은 곳에서 선택된 이동통로를 따라 갑자기 가스가 공급되는 장소에 발달되며 이러한 결합형 광상은 카스피해에서 지구물리학적 증거로 밝혀진 바 있다.

Hydrate는 1930년대에 가스 파이프라인을 막는 현상을 발견함으로써 알려졌으며, 그 30년 후 자연산 Hydrate는 시베리아의 가스전에서 최초로 발견된 이후, 알래스카, 미국, 과테말라, 일본 등지의 해양 및 영구동토 지역에서 발견되었다.

참 고

GHSZ(Gas Hydrate 안정구역)

Hydrate는 저온고압 하에서 얼음 형태의 고체물질로, 해양에서 이론적인 안정구역은 해저 상부의 수온경사와 해저하부의 지열경사가 교차하는 고체상과 기체상의 전이로 나타나지만, 해수 중에는 Methane의 농도가 낮아서 생성되지 않는다. 해저 퇴적암 중 Hydrate 안정구역(Gas Hydrate Stability Zone ; GHSZ)은 지열경사에 의해 더 이상 교차하지 않고 육지 쪽으로 렌즈상 경계를 보이며, 대양쪽으로 수심이 깊어지면서 확장되지만, 중앙 해령이나 열점과 같이 높은 지열경사 지역으로는 점차 얇아진다. 대륙연변의 퇴적물 내에서 Methane의 농도가 낮아서 Hydrate가 생성되지 않으며, 생성가능 지역은 심해 퇴적물을 배제한 포접화합물이 안정한 퇴적암 지역의 좁은 부분으로, 수심 500 m 이상 되는 대륙사면 아래에 주로 발달한다. 북반구의 영구동토 지역의 지하 수 100 m에 발달하는 GHSZ는 영구동토 지역의 최남단에서 북으로는 북극해까지 발달하며, 남반구에서는 남극대륙 전체가 GHSZ를 이룬다.

14.2.2 Hydrate의 정의

Hydrate(물이 다른 화합물에 결합하여 생긴 화합물)는 고압, 저온환경에서 천연가스와 물이 결합하여 고체 상태로 존재하는 천연가스의 일종으로 21세기의 신에너지 자원으로 주목하고 있는 물질로, 바다 속에 무궁무진하게 묻혀 있어 미래 청정에너지로 개발될 가능성이 큰 에너지이다.

일반적으로 천연가스는 지하의 높은 온도로 인하여 기체 상태로 존재하지만, 알래스카나 시베리아의 동토지역 또는 300~500 m 이상 수심의 바다 밑에서와 같이 온도가 0도 가까이 내려가면 천연가스가 물과 같이 결합하여 고체 상태로 변하게 된다.

Gas Hydrate는 1810년에 최초로 그 존재가 확인되었으나 에너지원으로서의 연구는 1990년 이후에 구체화되고 있다. 특히 최근에는 동북아지역에서의 연구가 활발한데 일본, 중국, 러시아가 막대한 연구비를 투입하여 탐사사업을 전개하고 있다.

Gas Hydrate는 매우 낮은 온도와 압력이 높은 상태에서 가스와 물이 결합되어 만들어진 고체 에너지이다. 메탄이 90% 이상으로 이루어진 것을 Methane Hydrate라고도 하며, 겉으로 보기에는 드라이아이스와 유사하다. 대기 중에서 쉽게 물과 가스로 분리되며 불을 붙일 경우 불꽃을 일으키며 타올라 '불타는 얼음'이라 불리고 있다.

우리나라 울릉도와 독도 주변에도 엄청난 양의 Hydrate가 매장되어 있는 것으로 알려져 있다.

14.2.3 Hydrate의 원리

(1) Gas Hydrate 원리

Gas Hydrate 생성은 온도와 압력에 크게 의존한다. 일반적으로 저온/고압 하에서 Gas Hydrate는 생성된다. 미국 USGS Gas Hydrate 벨트를 분석하여 보면 대륙과 대륙붕 영역에 위도에 관계없이 분포함을 알 수 있다. 대륙에서의 Gas Hydrate 분포지역은 두말 할 것 없이 영구동토 지역이다. 이들 영구동토 지역은 러시아, 알래스카, 그리고 캐나다이다. 그리고 대륙붕에서의 Gas Hydrate 분포지역은 지진대(Seismic Belt)를 따라 분포하고 있음을 알 수 있다. 또한, 적도 지역에서의 대륙붕에서도 Gas Hydrate 분포하고 있음을 알 수 있다.

대륙과 대륙붕에서의 Gas Hydrate 구조적 안정화는 다르게 나타나고 있다. 동토 대륙에서의 Gas Hydrate는 200~1,000 m 범위와 −8~15℃ 범위에서 그리고 대륙붕에서는 1,200~1,500 m 범위와 2~15℃ 범위 내에서 구조적으로 안정화되어 있다. Gas Hydrate 구조적 안정화는 지구온난화와 아주 밀접히 관련이 있다. 동토 대륙에서의 Gas Hydrate는 800 m 두께 층을 가지고 있음을 알 수 있지만 대륙붕에서의 Gas Hydrate는 300 m 두께 층을 가지고 있을 알 수 있다. 따라서 대륙붕에서의 Gas Hydrate는 얇은 두께 층을 가지고 있음을 알 수 있다. 또한, 대륙붕에서의 Gas Hydrate는 100 m 깊이에서 대부분 존재하는 반면, 천연가스/석유는 3,000 ~4,000 m에서 존재하므로 실제 시추(Drilling)를 한다면 Gas Hydrate가 천연가스/석유보다 훨씬 더 경제적으로 시추할 수 있음을 알 수 있다.

Gas Hydrate는 분명히 두 가지 얼굴을 가지고 있다. 한 가지는 대체에너지로서의 긍정적인 면이고, 다른 한 가지는 온실가스(Greenhouse Gas)로서의 부정적인 면이다. 현재 지구상에 많이 사용하는 화석연료(석유, 석탄, 천연가스) 대신 지구온난화의 주범인 CO_2를 줄일 수 있는 대체에너지로서 잠재력을 가진 것은 분명하다. 지구상의 화석연료와 Gas Hydrate 매장량을 비교하면 Gas Hydrate(10,000 1013 kg)가 화석연료(5,000 1013 kg)보다 2배 이상 많음을 알 수 있다. 그렇지만, Gas Hydrate 자체가 자연적으로 메탄(CH_4) 가스를 발생하여 지구온난화의 주범이 될 수 있다는 사실을 알아야 한다. 자연발생적으로 해저붕괴와 해수온도 상승으로 인하여 불안정한 Gas Hydrate는 메탄가스를 방출한다.

(2) Methane Hydrate 원리

Methane Hydrate는 21세기의 신에너지자원으로, 빙하기 시대 이후 해저 또는 동토지역에서 고압, 저온으로 형성된 메탄의 수화물이다. 해저에는 지하에 매장된 석탄, 석유, 가스 량의 거의 2배에 가까운(탄소기준) Methane Hydrate가 존재하는 것으로 알려져 있다.

1 cc의 Methane Hydrate는 표준상태의 메탄 160 cc에 해당되므로 농축시킨 천연가스로 볼 수 있다.

이러한 에너지가 알려진 것은 1930년대였으나 이때는 원유나 천연가스가 풍부해 Methane Hydrate 개발에는 별다른 관심을 갖지 못했으나, 점차 석유 등 에너지자원이 고갈되어 가고 있고 세계 각국의 환경보호 정책에 따라 연소 시 지구온난화물질인 이산화탄소의 발생량이 적은 청정에너지에 대한 요구가 확산되면서 Hydrate에 대한 관심이 많아졌다.

이는 천연가스처럼 95% 이상이 메탄으로 이루어진 Hydrate가 기존 천연가스의 매장량보다 수십 배나 많고 연소 시 이산화탄소 발생량이 석탄, 석유의 절반에 불과한 청정에너지원이기 때문일 뿐만 아니라, 석유자원이 매장되었는지를 알려주는 표시물이기도한 특성이 있는 까닭이다.

그러나 Methane Hydrate는 불안정하기 때문에 심해저에 매장된 Methane Hydrate를 채취할 때는 압력과 온도를 그대로 유지한 채 채취해야 한다. 만약 용해될 경우 대량의 Methane을 대기 중에 방출, 이산화탄소 이상의 온난화 원인이 되어 지구환경에 악영향을 줄 수도 있다.

전 세계적으로 볼 때 Methane Hydrate의 개발은 아직 기초연구로 진행되며 자원을 탐색하는 단계에 머물고 있다. 따라서 아직은 이용하지 못하고 있는 잠재적 에너지원으로서, 러시아의 시베리아와 같은 영구동토 지대와 심해저의 퇴적물 또는 퇴적암에 광범위하게 분포되어 있는 것으로 알려져 있다.

현재 세계에는 천연가스로 환산 할 때 250조 m^3에 이르는 Methane Hydrate가 있는 것으로 추정되고 있으며, 독도 주변 등 한반도 해역에도 엄청난 양이 매장된 것으로 알려지고 있다.

그러나 Methane Hydrate는 바다 속 높은 압력, 낮은 온도 조건에서만 얼음과 같은 형태로 존재할 수 있습니다. 만약 환경이 바뀐다면 Methane Gas와 물은 쉽게 분리되고, Methane Gas들은 바다 속으로 흩어지거나 공기 중으로 퍼질 수도 있습니다. 이 때문에 차세대 에너지원으로 각광을 받고 있으면서도 쉽게 개발하려고 달려들지 못하는 실정이다. 불에 타지 않은 채로 공기 중으로 퍼져 나간 Methane Gas들은 이산화탄소보다 열 배 이상의 강력한 온실 가스로 작용하여 환경을 더욱 위협할 것이다. 온도, 압력의 변화 때문에 Methane Hydrate를 덩어리째로 지상으로 끌어올려 저장하는 것은 위험성이 매우 크고 기술적으로도 어렵기 때문에, 해저에서 Methane Gas를 물과 분리시켜 끌어올리는 방법을 연구 중에 있다.

14.2 Hydrate의 형태 및 생성원리

14.2.1 Gas Hydrate의 형태 및 생성원리

(1) Gas Hydrate의 형태

Hydrate는 자연 상태로 존재하거나 Gas Hydrate정의 파이프라인 등에서 발생하는 얼음과 같은 결정성 물질이다. 쉽게 말하면 물이 그물망처럼 얼면서 그 안에 메탄이나 에탄과 같은 가벼운 가스를 가두어 버린 상태이다. 보통의 상압이나 상온에서는 존재하지 않는 형태의 얼음이기 때문에 시베리아 등의 아주 추운 영구 동토나 심해 해저면 등에 자연 상태로 존재하고 있다. 가스 파이프라인 등에서는 해저배관과 같이 압력이 높고 온도가 낮은 부분이나 감압 밸브와 같이 온도가 내려가는(Joule-Thomson effect) 부위에 얼음이 어는 것처럼 발생하여 가스의 흐름을 방해하거나 심지어는 완전히 막아버리게 된다. 그 외에도 배관 안에서 생긴 얼음 덩어리가 흐름이 빠른 유체에 실려 움직이면서 배관이나 설비를 타격하여 기기의 손상을 일으키기도 하기 때문에 더 극한 상황의 심해저 시추에 기댈 수밖에 없는 석유 산업에서는 골칫덩어리로 여겨지고 있다.

Gas Hydrate는 물이 격자모양으로 얼면서 메탄, 에탄, 프로판, 황화수소, 이산화탄소 등의 가벼운 분자들을 가지고 있다. 각 물 분자는 수소결합으로 격자모양을 구성하면서 내부에 가스(guest molecule)를 집어넣어 안정한 구조를 갖게 된다.

Hydrate의 구조는 현재까지 구조 Ⅰ, Ⅱ, H 등의 세 가지 형태가 밝혀졌다.

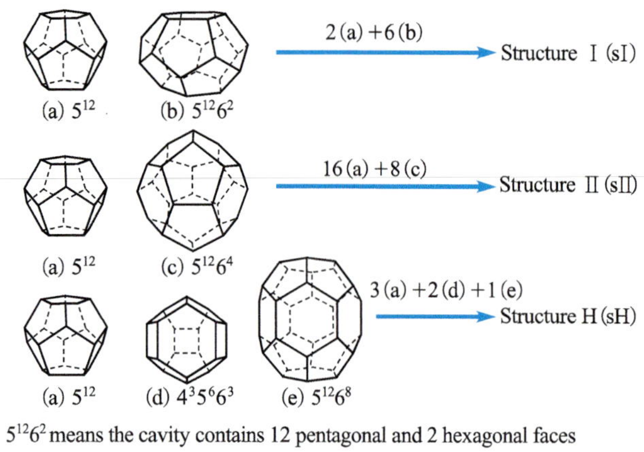

그림 14.1 Hydrate의 구조

(2) Gas Hydrate의 생성원리

Hydrate가 생기기 위해서는 Methane이나 Ethane과 같은 가스(guest molecule), 물, 낮은 온도, 높은 압력이 필요하다. 물론 온도와 압력은 서로 보완하는 관계에 있기 때문에 압력이 더 높아지면 Hydrate가 생성되는 온도 또한 높아진다. 우리 동해의 해저 배관과 같이 가스, 물, 콘덴세이트 등의 여러 상이 섞여 있는 경우에는 주로 물과 탄화수소의 경계면에서 생성된다. 즉, 가스와 콘덴세이트의 비율에 따라 다르지만 가스 – 물 또는 콘덴세이트 – 물의 계면에서 Hydrate가 만들어진다. 콘덴세이트 – 물의 계면은 콘덴세이트와 물이 섞여 있는 상태인 에멀션 상태에 존재하며 이 또한 Hydrate를 만드는데 중요한 역할을 한다.

그림 14.2는 Hydrate의 생성조건을 나타낸 압력과 온도의 그래프이다. 온도가 높은 가장 오른쪽의 흰색 영역은 Hydrate가 열역학적으로 불안정하여 존재하지 않는 영역이다. 가운데의 진한 색 영역은 Hydrate가 안정적으로 존재할 수는 있지만 실제적으로 Hydrate의 핵이 형성되지 않거나 너무 느리게 형성되어 존재할 수도 있고 하지 않을 수도 있는 영역이다. 가장 온도가 낮은 왼쪽의 연한 색 영역은 온도가 충분히 낮고 압력이 높아서 Hydrate가 자발적으로 생성될 수 있는 영역이다.

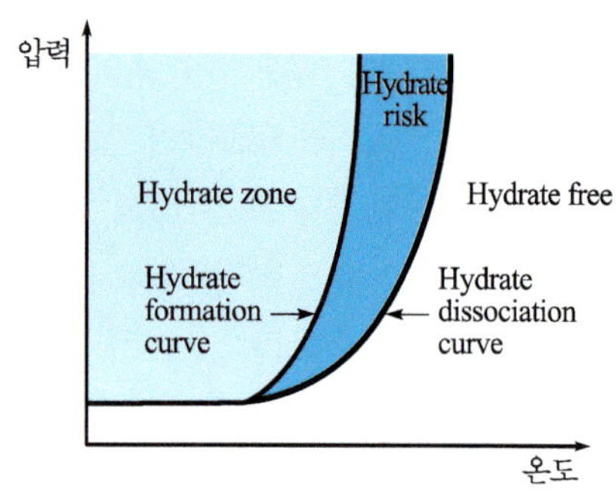

그림 14.2 Hydrate의 생성조건을 나타낸 압력과 온도의 그래프

여기서 진한 색 영역은 Hydrate가 생성되는데 영향을 미치는 수많은 요인들이 복합적으

로 작용하는 영역이다. 아직 메커니즘에 대해 별로 알려진 부분이 없기 때문에 Hydrate가 생길지 아닐지에 대한 예측은 아주 복잡한 문제거나 어려운 문제이다. 일단 Hydrate가 생기는 조건이 될지라도 이것이 큰 덩어리로 성장해 나가기 위해서는 시간이라는 변수 또한 고려해야 한다.

14.2.2 Methane Hydrate의 형태 및 생성원리

(1) Methane Hydrate의 형태

Methane Hydrate는 Gas Hydrate의 한 종류로 포획된 가스의 대부분이 탄화수소 화합물 중 가장 단순한 물질인 메탄으로 구성되어 있으며, in-situ Gas Hydrate의 대부분을 차지한다. 순수한 Methane Hydrate는 물 분자 46개에 8개의 메탄 분자가 포획되어 있는 결합체로, 분자식은 $CH_4 \cdot 5.75H_2O$로 표시된다. 메탄은 현재 사용되고 있는 휘발유는 물론 기타 다른 탄화수소 가스 및 알코올보다도 연소 시 이산화탄소를 적게 방출하는 청정 에너지원이다.

기존 화석 에너지 특히 석유 및 천연가스 매장량의 한계, 기후협약 등 각국의 환경보호 정책에 따라 Methane Hydrate가 미래의 청정 대체 에너지원으로 주목을 끌게 된 것은 최근의 일이다. 메탄을 생성하는 기본적인 원소인 유기탄소의 경우 1×10^{19} m^3이 Methane Hydrate 내에 포획되어 있으며, 이는 화석 에너지에 포함된 유기탄소의 약 2배가 되는 막대한 양이다. 따라서 영구 동토 지역을 포함하는 극지와 심해의 천부 퇴적층에 광범위하게 분포되어 있는 Methane Hydrate는 미래의 청정 에너지원으로서 높은 잠재력을 가지고 있다.

(2) Methane Hydrate의 생성원리

Methane Hydrate의 경우, 메탄가스 : 물의 용량비는 215 : 1로서 저온, 고압상태에서의 체적 1 m^3의 Methane Hydrate는 상온, 상압에서 172 m^3의 메탄가스와 0.8 m^3의 물로 분해된다. 따라서 Methane Hydrate는 메탄가스를 고체 상태로 저장한 창고라 할 수 있다.

Methane Hydrate가 생성되기 위해서는 저온, 고압 환경 및 물과 메탄의 고농축이 필요하다.

Methane Hydrate가 분해되지 않고 안정된 상태로 부존되기 위해서는 0℃에서 26기압, 10℃에서 76기압 이상의 압력이 필요하다. 즉 해저환경에서 해저온도가 0℃일 경우 260 m 이상의 수심이, 해저온도가 10℃일 경우 760 m 이상의 수심이 필요하다.

메탄의 기원은 유기물이 미생물 발효에 의해 형성되는 생물기원(biogenic) 가스와, 유기물이 지층 속에서 속성작용을 거쳐 형성되는 열분해 기원(thermogenic) 가스로 구분된다.

Methane Hydrate는 자원적인 측면뿐만이 아니라 환경적인 측면에서도 매우 중요하며, 따라서 Methane Hydrate의 생성조건, 안정영역, 분포, 환경에의 영향 등에 대하여 지속적인 연구가 필요하며, 현재 우리나라에서는 한국자원 연구소, 해양연구소 등에서 여기에 대한 연구를 부분적으로 수행 중에 있다.

14.3 Hydrate의 물성 및 구조

14.3.1 Hydrate 물성 및 특성

Hydrate는 고압・저온에서 가스와 물로 이루어진 물질로서 일반적으로 Gas Hydrate라 하고 우리말로 Hydrate는 수화물이라 한다. 가스가 Methane의 경우에는 Methane Hydrate라 하고, 이산화탄소인 경우에는 CO_2 Hydrate라 한다. 천연가스에는 Methane 이외에도 Ethane, Propane, Butane 등이 포함되어 있으므로 천연가스로 이루어진 Hydrate를 총칭하여 Gas Hydrate라 한다. 이러한 Gas Hydrate는 실험적으로 가스와 물로 합성할 수 있으며 외견상으로 얼음보다는 드라이아이스와 거의 유사하며, 온도를 올려 실온이 되면 가스는 증발하고 최후에는 물만 남게 된다. 이러한 Gas Hydrate의 가스 함유량은 1 m^3의 Gas Hydrate(그 때 물의 체적은 0.8 m^3) 안에 약 164 m^3의 가스가 함유되어 있으며, 이러한 가스양은 제조조건 및 구조에 따라 다소 차이가 있다. 또한 Gas Hydrate에서 발생한 가스는 무색무취이며, 불을 붙였을 때에는 화염의 색깔이 천연가스와 같이 오렌지색에서 파란색 영역까지 나타내고 있다.

14.3.2 Hydrate의 구조

천연가스를 대체하며 21세기 신 에너지원으로 기대되고 있는 천연가스 Hydrate가 주목을 받게 된 것은 1930년대 시베리아 화학 플랜트에서 고압의 천연가스 수송용 파이프라인이 막히는 사고가 빈번히 발생하여 그 원인을 조사한 결과, 파이프 내에서 가스와 물이 결합하여 Hydrate를 만들고, 그것이 파이프 내벽에 부착되는 것으로 밝혀지면서 천연가스 Hydrate가 주목을 받게 되었다. 또한 자연적으로 생성된 천연가스 Hydrate의 경우 99% 이상이 메탄가스로 구성되어 있으며, 태평양과 대서양의 대륙사면 및 대륙붕, 남극대륙 등에 폭 넓게 분포되어 있다. 더욱이 그 매장량은 1조톤 이상으로 화석연료의 매장량이 5천억 탄소톤, 대기 중의 메탄가스가 3억6천만 탄소톤임을 고려할 때 화석연료의 2배에 이르는 막대한 양이 된다. 따라서 천연가스 Hydrate는 화석에너지를 대체할 수 있는 새로운 에너지원으로 주목을 받고 있다. 또한 1 m^3의 천연가스 Hydrate는 표준상태에서 최대 200 Nm^3의 천연가스로 분해된다. 만약 이와 같은 특징을 역으로 이용할 경우 천연 가스를 물에 포집시켜 Hydrate를 만들 수 있기 때문에 천연가스 수송 및 저장의 수단으로써 그 중요성이 커지고 있으며, 액화수송보다 24%의 비용절감이 이루어진다고 알려져 있다.

천연가스 Hydrate란 특정한 온도와 압력 조건하에서 물 분자로 이루어진 공동내로 메탄, 에탄, 프로판 등의 가스가 들어가 물 분자와 서로 물리적인 결합으로 형성된 그림 14.3과 같이 외관상 얼음과 비슷한 고체 포유물로, 그 결정구조는 수소결합으로 이루어진 물 분자에 의해 형성된 다면체의 공동 구조이고, nm으로 표기한다. 예를 들어 $5^{12}6^{2}$는 12개의 5각형 면과 2개의 6각형 면으로 구성된 14면체의 공동을 의미하며, 현재까지 알려진 공동의 유형은 5^{12}, $5^{12}6^{2}$, $5^{12}6^{4}$, $5^{12}6^{8}$, $4^{3}5^{6}6^{3}$이 있다.

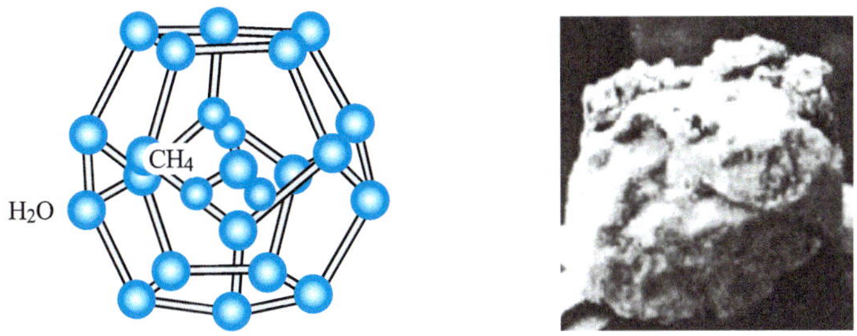

그림 14.3 Natural gas hydrate

따라서 그림 14.4와 같이 6개의 14면체($5^{12}6^{2}$)와 2개의 12면체(5^{12})가 결합된 것을 구조 I

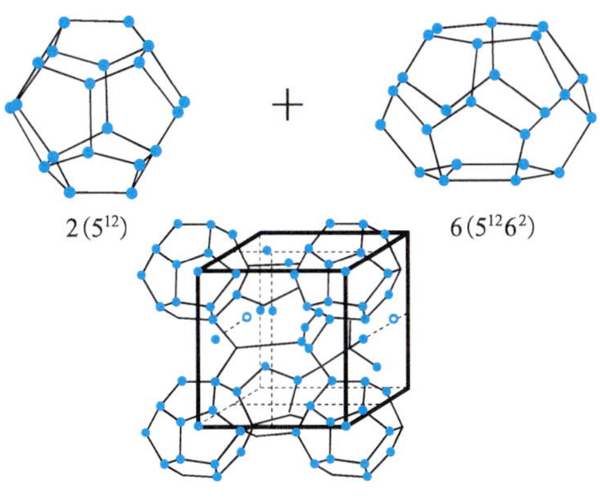

그림 14.4 Crystalline lattice of natural gas hydrate, structure I

그림 14.5에 보듯이 16개의 12면체(5^{12})와 8개의 16면체($5^{12}6^{4}$)로 구성된 것을 구조 II

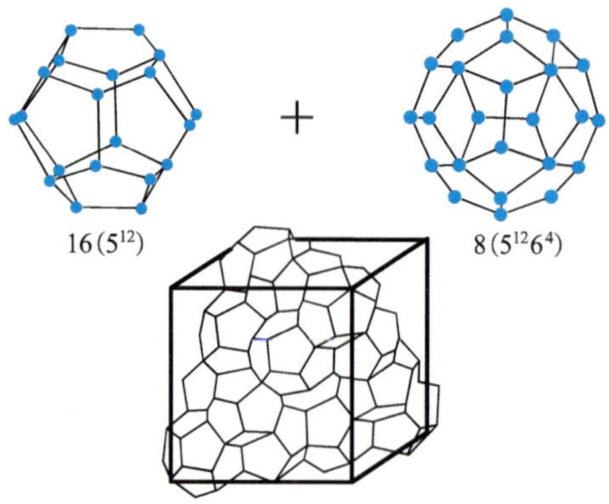

그림 14.5 Crystalline lattice of natural gas hydrate, structure Ⅱ

그림 14.6과 같이 3개의 12면체(5^{12}), 2개의 12면체($4^3 5^6 6^3$) 및 1개의 20면체($5^{12}6^8$) 공동으로 결합된 것을 구조 H라고 한다.

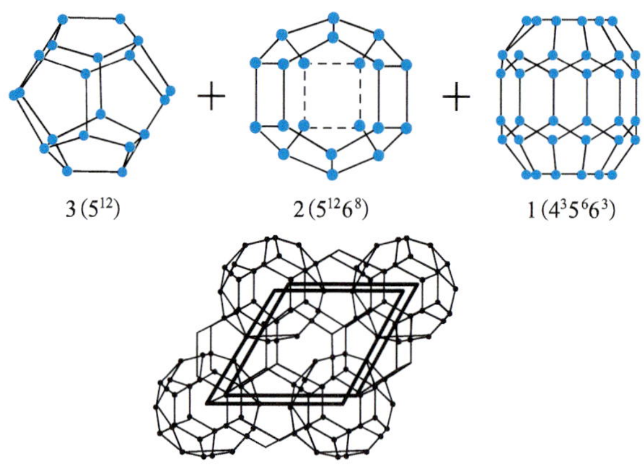

그림 14.6 Crystalline lattice of natural gas hydrate, structure H

따라서 고체 상태로 존재하는 천연가스 Hydrate를 개발하기 위해서 분해시킬 경우 발생되는 가스의 99% 이상이 메탄가스이고, 기존의 천연가스는 혼합가스이기 때문에 Hydrate로 만들어 고체로 수송할 경우 그 구조가 서로 다르게 된다.

14.4 Hydrate의 분포 및 측면

14.4.1 Hydrate의 지리적 특성

천연가스가 Hydrate로 상변화하기 위해서는 우선 고압·저온의 조건이 충족되어야 한다. 또한 충분한 양의 천연가스와 물이 존재해야 하며, 생성된 가스가 삼투될 수 있는 투수성과 천연가스가 성장할 수 있는 공간이 요구된다. 다시 말하자면 천연가스가 형성되려면 저온·고압과 천연가스의 이동조건 이외에 높은 퇴적물, 퇴적물 내에 충분한 양의 유기물과 잔류 메탄농도, 높은 지열 등의 조건이 충족되어야 한다. Gas Hydrate의 형성에 대한 모델은 다음과 같다. 첫째, 퇴적물 내에서 생성된 생물기원의 메탄은 우선 간극수에 용해되며, 이때 용해되는 메탄의 양은 압력이 높아지거나 온도가 낮아짐에 따라 증가한다. 간극수에 과포화된 메탄은 자유가스의 상태로 존재하게 되며, 액상에 주입되는 메탄의 총 부피가 퇴적층에서의 확산을 통해 없어지는 부피보다 클 때에만 천연가스 Hydrate가 형성될 수 있다. 둘째, 다른 곳에서 생성된 생물기원 가스가 이동되거나 지하 심부에서 열분해에 의해 생성된 가스가 단층을 따라 이동하여 GHSZ에 도달하게 되면 Gas Hydrate로 상변화 하여 형성될 수 있다. Gas Hydrate는 얼음과 비슷하여 안전하게 존재할 수 있는 온도 · 압력 조건에서 벗어나면 쉽게 천연가스와 물로 해리된다. 앞에서 말한 바와 같이 GHSZ는 Gas Hydrate가 형성되고 고체 상태로 안정하게 존재할 수 있는 영역으로 GHSZ보다 깊은 심도에서는 지온 증가에 의해 Hydrate가 해리되어 가스와 물 상태로 존재하게 된다. GHSZ는 온도(수온과 지온), 압력, 간극수 및 가스의 성분 등의 영향을 받으며, 이들 요인은 지질학적 특성에 따라 많은 차이가 있다.

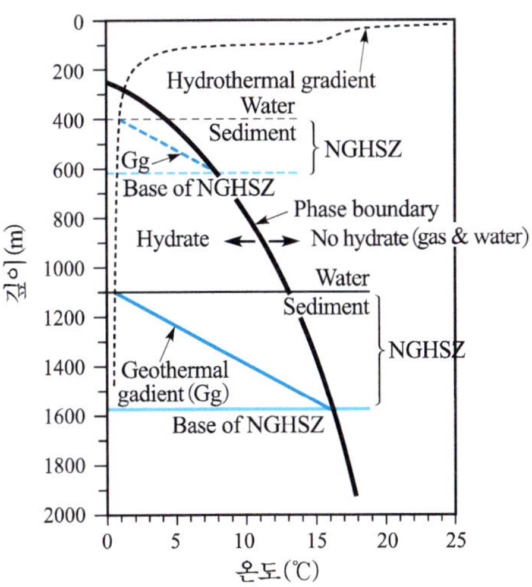

그림 14.7 Natural gas hydrate stability zone

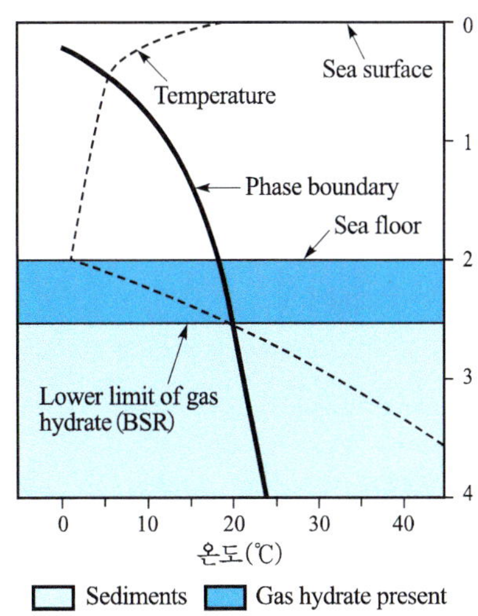

그림 14.8 Gas hydrate stability in ocean sediments

14.4.2 Gas Hydrate의 분포도

1970년대 이후로, 자연적으로 발생하는 Gas Hydrate는 주로 Methane Hydrate이다. 이것은 대륙 연변부를 따라서 해양 퇴적물 내에 존재하며 극지방의 대륙에서도 발견이 된다. 해저에 있는 Gas Hydrate는 300~500 m 정도의 깊이(온도에 따라)에 존재하며, 해저바닥에 바로 묻혀 있는 1,000 m 정도의 퇴적층이내에서 존재할 수 있다. 이러한 층은 온도에 따라서 제한이 될 수도 있다. 고위도 지역에서는 permafrost와 관련되어서 존재한다. Gas Hydrate 집중은 뉴저지와 조이아 지역의 대륙붕상의 네 개의 지역에 표시되어 있다. 세 지역은 퇴적물의 depocenter와 관련이 있으며 하나는 salt dirpir와 관련된 단층을 따라 분포한다.

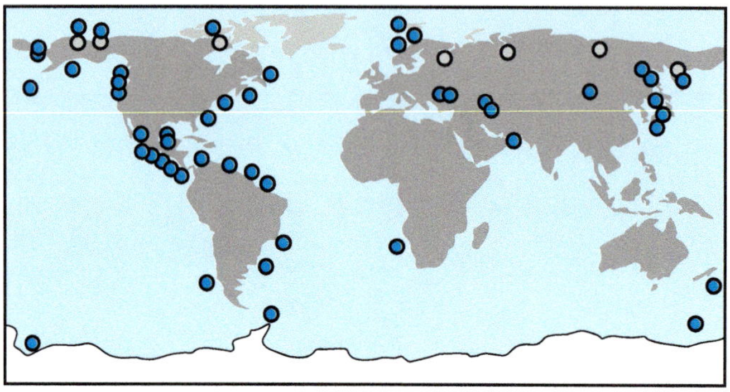

그림 14.9 Distribution of gas-hydrate

표 14.1 Estimates of methane gas and methane carbon resource contained in continental and marine gas-hydrate accumulations

Methane gas ($m^3 * 10^{15}$)	Methane gas ($T_{cf} * 10^5$)	Methane carbon ($kg * 10^{15}$)
	Oceanic	
3.1	1.1	1.7
5~25	1.8~8.8	2.7~13.7
7600	2700	4100
17.6	6.2	11
19.5	6.9	11
26.4~139.1	9.3~49.1	-
	Continental	
0.014	0.005	7.5
0.031	0.011	17
0.057	0.02	31
34	12	1800
-	-	400

14.4.3 Gas Hydrate의 자원적·환경적 측면

(1) Gas Hydrate의 자원적인 측면

화석에너지는 2004년 말 기준 전 세계 총에너지 소비의 약 87.7%(석유 : 36%, 천연가스 : 23.7%, 석탄 : 27.2%)를 차지하고 있다. 그러나 석유와 천연가스의 매장량은 한정되어 있으며, 기후협약등 환경보호 정책에 따라 석탄의 소비도 점차 감소될 전망이다. 또한 화석에너지를 대체할 새로운 에너지원의 개발도 매우 미흡한 실정이다. 따라서 최근 화석에너지를 대체할 새로운 에너지원으로 Gas Hydrate가 주목의 대상이 되고 있다.

에너지원 관점에서 볼 때 Gas Hydrate는 다음과 같은 중요한 특성을 가지고 있다. 첫째로, 막대한 매장량을 들 수 있다. Gas Hydrate에 포획된 유기탄소의 양은 104 Gt으로 화석에너지에 포함된 유기탄소의 2배로 막대하다. 둘째로, 환경 친화적인 특성을 가지고 있다. Gas Hydrate의 주 구성성분인 메탄이 연소될 때 발생되는 이산화탄소의 양은 현재 사용되고 있는 휘발유에 비해 0.7배 정도로 적다. 셋째로 Gas Hydrate는 여구 동토지역은 물론 심해저의 퇴적층에 광범위하게 분포되어 있다. 특히 해저 Gas Hydrate는 재래형 석유 및 천연가스와 달리 비교적 얕은 심도의 퇴적층에 부존되어 있다. 따라서 안전하고 경제적으로 Gas Hydrate를 생산할 수 있는 기술이 개발될 경우 Hydrate는 환경 친화적 에너지원으로 에너지 공급의 큰 비중을 차지할 것으로 예측된다.

우리나라의 경우 에너지의 약 98%를 해외로부터의 수입에 의존하고 있으며, 이를 위하여 총수입액의 20%에 달하는 막대한 외화를 지출하고 있어 에너지원의 확보는 국가 경제는 물론 안보차원에서도 매우 중요하다. 또한 Gas Hydrate 부존지역의 규명은 인접 국가와의 대륙붕 한계확정에 대비하여 매우 중요한 국가적 과제이다. 이밖에 현재 정부투자 기관에서 추진 중인 6-1광구 동해 가스전 및 시베리아 가스전 개발을 위해서도 Gas Hydrate 처리기술의 확보가 절실하다. 그러나 Gas Hydrate가 부존될 수 있는 물리적 조건이 충족되고 있는 동해에서의 탐사실적은 극히 미미하고, Gas Hydrate 관련된 국내의 기술 및 연구수준 역시 매우 초기단계에 있다.

(2) Gas Hydrate의 환경적인 측면

1700년대부터 현재까지 대기에 포함된 이산화탄소와 질소의 농도는 그리 많이 증가하지 않았지만 메탄의 농도는 산업혁명이 일어난 18세기 후반에 비하여 2배 이상 증가한 상태이다. 현재 대기에 포함된 메탄 양은 이산화탄소 양의 1/140 정도로 적다. 그러나 메탄에 의한 온실효과는 매우 막대하다. 좀 더 자세히 언급하자면, 대기 중에 1 ppm 메탄의 증가가 온실효과에 미치는 영향은 이산화탄소가 50 ppm 증가할 때 미치는 영향에 상응할 정도로 막대하다.

근래에 지구의 온도는 점차 높아지고 있으며, 이런 현상은 안정하게 존재하는 가스 Hydrate를 해리시켜서 (주로)메탄을 대기로 방출시킬 가능성을 높인다. 해리된 메탄이 방출될 경우 지구의 온도는 더욱 상승될 것이며, 이로 인해 더 많은 양의 메탄이 대기권으로 방출되어 지구의 온실효과는 더욱 가중될 것으로 전망하고 있다. Dillon and Max(2000)는 메탄에 의한 온실효과가 20년 이내에서는 56배, 100년에서는 21배에 달할 것으로 보고하였다. 또한 과거 40만년 동안 지구의 기후 변동과 메탄 농도가 매우 밀접한 관계를 가지고 있음이 Brooks etal.(1999)에 의해 보고되었다.

Gas Hydrate는 지구환경변화 뿐만 아니라 해저사면 안정성에 심각한 영향을 미칠 수 있다. 대서양 대륙 주변부에서의 연구에 의하면 약 5° 이하의 경사를 가진 해저사면은 안정적이어야 함에도 불구하고 해저 사태붕락(slide slumping)의 흔적들이 많이 발견된다. 이들 해저 사태붕락은 빙하기동안 해수면 하강에 따른 압력감소에 기인한 천연가스 Hydrate 해리에 의한 것으로 해석되었다. 또한 천연가스 Hydrate가 급격하게 해리될 경우 지반침하, 해저 등산케이블 등의 포설물과 해저 구조물의 손상, 거대해일이 발생될 수도 있다. 따라서 천연가스 Hydrate에 대한 연구는 지구환경 보존, 미래의 기후변화에 대한 예측, 자연재해의 예측과 방재 그리고 해저 구조물과 포설물의 안전한 건설을 위해 매우 중요하다.

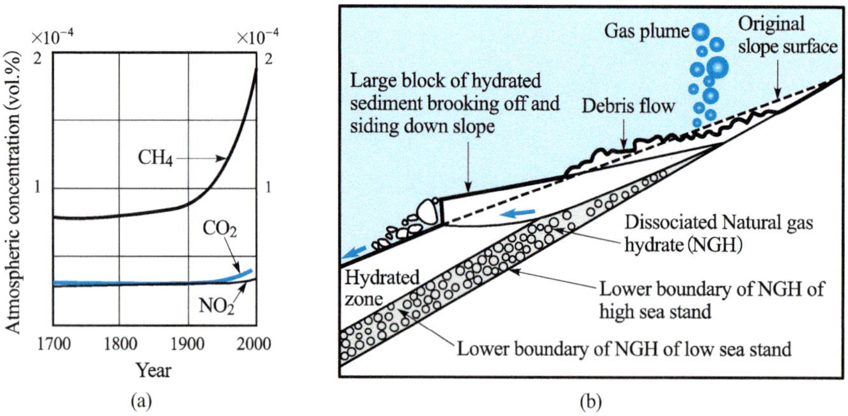

그림 14.10 (a) Change in atmospheric content of CH_4, NO_2 and CO_2 between 1700 and 1900. (b) Slide slumping caused by natural gas hydrate dissociation.

14.4.4 Methane Hydrate의 자원적·환경적 측면

(1) Methane Hydrate의 자원적의 측면

Methane Hydrate가 알려진 것은 1930년대였지만 당시에는 원유나 천연가스가 풍부해 별다른 관심을 받지 못했다. Methane Hydrate가 요즈음 다시 각광을 받는 이유는 미래의 에너지원으로 개발 가능성이 높기 때문이다.

지금까지 인류의 주요 에너지 자원은 목재, 석탄, 석유로 변천되었지만 앞으로는 천연가스가 주종을 이룰 것으로 생각한다. 화석연료인 석탄, 원유 등 에너지자원이 고갈되어 가는 데다 천연가스는 석유나 석탄에 비하여 탄소를 포함하는 성분 비율이 작아서 연소했을 때 이산화탄소의 배출량이 적고 유해물질도 많이 배출되지 않는 장점이 있다. 연료문제와 환경문제를 동시에 해결할 수 있는 청정연료인 셈이다. 그러나 천연가스 역시 매장량에는 한정이 있어 2060년경에는 고갈될 것으로 전문가들을 추측하고 있다.

이런 천연가스와 비슷한 것이 Methane Hydrate로, 연소 시 이산화탄소의 발생량이 석탄, 석유에 비해 절반에 불과한 청정에너지이며, 무엇보다도 매장량이 풍부하다는 것이 천연가스에 비해 각광받는 점이기도 하다. 알래스카, 시베리아, 극지방 등의 영구 동토지역과 수심 500 m 이상의 해저 심층부에 매장되어 있는 것으로 추정되는 Methane Hydrate 매장량을 천연가스로 환산할 때 1,000조에서 5경세제곱미터로 이는 현재 세계에서 사용되고 있는 에너지의 200~500년에 해당하는 엄청난 양이다.

1995년부터 조사에 나선 일본의 경우 동해 등 일본 주변 해역에선 천연가스 소비량 약 100년분에 해당하는 Methane Hydrate가 매장돼 있는 것으로 추산하며, 2016년까지 상용화에 필요한 기술을 완비할 계획으로 연구에 집중투자해오고 있다. 시즈오카 현 앞바다에서만 6조 m^3의 Methane Hydrate가 발견되었으며(난카이 해구에는 77조 m^3가 매장된 것으로 추정) 다른 지역보다 메탄 함유율이 20%나 될 정도로 양질인데다가 이를 추적하면 독도 주변 등 한반도 해역에 엄청난 양이 매장되었을 것으로 추정한다. 특히 독도 주변에만 한국의 30년 소비분이 매장된 것으로 추정되는 까닭에 일본이 무리한 논리를 내세우면서 독도에 관심을 가지는 이유가 바로 이것 때문이라는 설명도 있다.

그러던 차에 한국연구팀이 지난 2003년 이래 가장 경제성 있고 인류에 도움이 되는 추출 방법을 찾아냈다는데 의미가 있다. 2003년부터 이런 방식을 연구해오던 한국 연구팀은 미국 오리건 주 해안에서 채집한 Methane Hydrate에 수심 1,000 m 환경과 맞먹는 온도와 압력에 맞춰 배기가스를 집어넣은 결과, 자연스레 Hydrate 고체에 엉겨 붙는 사실을 확인해 냈다. 이 교수는 현재 선진국이 추진 중인 Methane Hydrate층 개발이 해저 생태계를 심각하게 파괴시킬 수 있는데 비해 이 원리를 활용하면 Hydrate층의 원래 골격은 유지돼 환경 피해를 거의 일으키지 않은 이점이 있다고 설명했다. 미래의 에너지원으로 가치를 인정받았지만 제대로 활용되지 못했던 얼음 형태의 퇴적층으로부터 천연가스를 대부분 회수해 활용할 수 있음을 이번 연구 결과로 확인함으로써 지구온난화의 주범인 이산화탄소를 해저 가스퇴적층에 격리시키는 대신 그 만큼의 무공해 천연가스를 뽑아낼 수 있게 된 것이다.

이 연구 성과는 무엇보다 여러 성분의 혼합 배기가스를 직접 해저에 가둘 수 있다는 사실을 밝혀낸 것이 가장 큰 성과이지만 천연가스 회수율도 90% 이상으로 크게 높였다는 점에서 실용화에 바짝 다가섰다는 평가다. 종전 연구에서는 지구온난화가스 중 이산화탄소를 별도로 분리·압축해야 하는데 이 비용이 만만치 않아 지구온난화 해결에는 한계가 있을 수밖에 없었으며, 천연가스 회수율도 64%에 머물렀기 때문에 이번 연구결과는 경제성까지 크게 높인 것이기 때문이다. 더욱이 2003년 당시 유가에 비해 현재 유가는 두 배 이상 올랐으며 앞으로도 유가는 고공행진을 계속할 전망이기 때문에 Hydrate의 가치는 더욱 커질 것이라는 점도 고무적이며, 원천기술로서의 가치도 크다 할 것이다.

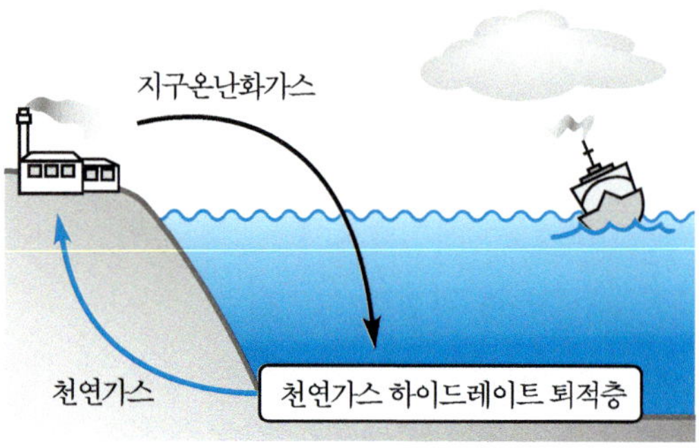

또한 무공해 천연가스로서 Hydrate는 기존 산유국이 아닌 한국, 일본 등 동아시아 해역에 주로 집중되어 있어 자원전쟁의 양상을 일거에 바꿀 수 있다는 점에서 선진각국, 특히 비산유국들의 관심이 집중되고 있어 기술특허권 수입도 만만치 않을 것으로 예상됨은 물론, 부존량이 풍부한 우리나라도 신흥 산유국이 될 날도 멀지 않았다는 점이 더욱 고무적이다.

(2) Methane Hydrate의 환경적인 측면

Methane Hydrate에 기인된 대기 오염과 지질 재해에 의한 피해는 매우 크다. 메탄은 이산화탄소보다도 대기의 온실효과 증대에 더 많은 영향을 미친다.

근래에 들어 지구의 온도는 점차 높아지고 있으며, 이는 안정하게 존재하는 메탄을 해리시키고 대기로 방출시키게 된다. 이로 인하여 지구의 온도는 더욱 상승될 것이며, 더욱 많은 양의 메탄이 대기권으로 방출되어 지구의 온실효과는 더욱 가중될 것이다. 대기 중에 1 ppm 메탄의 증가가 온실 효과에 미치는 영향은 이산화탄소가 50 ppm 증가할 때 미치는 영향과 비슷하다. 캐나다의 Engelozos는 대기권에 포함된 가스양의 증가는 지구 온도를 연간 0.006℃ 내지 0.08℃ 정도 상승시키며, 이 결과 100년 내에 영구 동토지대 역시 녹을 것으로 보고하였다. 또한 온도와 압력 조건의 변화에 기인한 Methane Hydrate의 해리는 지반 침하 및 해저 붕락 등의 문제를 야기한다.

Methane Hydrate층은 기존의 석유 또는 천연가스의 방출을 막는 덮개 역할을 하기 때문에 석유자원 탐사에 있어서도 중요한 목표가 된다.

이밖에 Gas Hydrate에 관한 연구 결과는 물의 담수화와 가스의 저장 기법 등에 활용할 수 있다. 따라서 에너지 자원 고갈에 대비한 에너지원의 개발, 극지방과 심해저에서 천연가스 개발과 수송 시 야기되는 문제점 해결 및 가스에 의한 대기의 온실효과를 줄이기 위한 방편으로 Methane Hydrate에 대한 연구는 매우 중요하다.

천연가스는 석유나 석탄에 비하여 탄소를 포함하는 성분 비율이 작아서, 연소했을 때 이산화탄소의 배출량이 적고 유해 물질도 많이 배출되지 않는다. 이산화탄소에 대하여 말하면, 석탄을 연소할 때 나오는 배출량을 100이라면, 천연가스의 경우는 44가 된다. 천연가스는 지금까지 화력발전이나 도시가스 등으로 사용되어 왔는데, 앞에서 언급한 바와 같은 특징 때문에 최근에는 가솔린을 대신하는 자동차의 연료로서 적극적으로 사용될 것이 검토되고 있다. 그러나 이제까지 확인되어 있는 천연가스는 현재의 소비량으로 계산하면 2060년경에는 고갈될 것으로 전문가들은 보고 있다. 그런데 최근 천연가스의 주성분인 메탄이 얼음처럼 고체로 되어 있는 물질로서 대량으로 해저에 잠자고 있다는 것이 밝혀졌다. 이 물질은 Methane Hydrate라 하며, 새로운 천연가스 자원의 후보로서 주목을 받고 있다.

14.5 Hydrate의 연구현황

14.5.1 우리나라의 연구현황

동해 심해저에는 Gas Hydrate가 약 6억 ton(30년간 국내 사용량) 매장돼 있는 것으로 알려져 있다. 이는 미국지질조사국(USGS) 추정치로 실제로는 훨씬 더 많은 양이 있을 것으로 전문가들은 보고 있다.

2004년 7월 Gas Hydrate 실물이 발견되고, 11월 첫 부존이 확인되면서 이 지역에 대한 관심이 부쩍 높아진 것이 사실이다. 지난해 부존 확인 지점은 포항에서 북동쪽으로 135 km 떨어진 울릉분지 일대다.

일본은 동해상 Gas Hydrate 개발이 자칫 지반 침하나 해저 붕괴로 쓰나미와 같은 재앙을 가져올 수도 있다는 점을 경계하고 있다는 주장도 제기되고 있다.

	1단계 (2005년 – 2007)	2단계 (2008 – 2011)	3단계 (2012 – 2014)
투입예산	582억원	889억원	780억원
사업내용	유망지역 정밀탐사·시추 부존·매장량 평가	탐사자료 전산처리, 해석, 시추·분석	생산량 평가 최적 상업생산 기법 도출

그림 14.11 Gas Hydrate 중장기 개발 계획

우리 정부는 2005년부터 3단계에 걸쳐 10년간 중장기 Gas Hydrate 개발 계획을 수립해 운영 중이다. 지난해 첫 부존을 확인한 지역 외에도 더 활발한 탐사가 이뤄질 전망이다. 독도 인근 지역에서 추가적인 금맥이 터질 가능성이 없지 않다.

우리나라는 2015년 상용화를 목표로 계획을 진행시키고 있는 중이며, 전 세계적으로도 상용화에는 상당한 시간이 필요할 것 같다.

일반적으로 Gas Hydrate라고 하는데, 화석연료를 대체할 차세대 에너지로 각광을 받고 있습니다. 천연가스가 낮은 온도와 높은 압력에서 물 분자와 결합해 형성된 고체 에너지원으로 주성분은 메탄으로 천연가스가 얼음처럼 굳어 있는 형태이다.

불을 붙이면 타기 때문에 일명 "불타는 얼음"으로도 불린다. 기존의 휘발유에 비해 이산화탄소 배출량이 적고, 연소 후 디젤유처럼 중금속을 배출하지 않아 친환경 에너지로 평가받고 있다.

Gas Hydrate는 전 세계적으로 5000년간 사용이 가능한 10조 톤이 매장돼 있는 것으로 추정되며, 우리나라는 2005년 7월 Gas Hydrate 개발 사업단을 출범시켜 발굴 작업에 나섰다.

2007년 6월 24일, 산업 자원부는 "포항 기점 동북방 135 km, 울릉도 남쪽 약 100 km 심해에서 자연 상태의 Gas Hydrate 채취에 성공했다"고 발표했다. 이로써 미국(1980년), 일본(1989년), 인도(2006), 중국(2007년 6월)에 이어 세계에서 다섯 번째로 Hydrate 채취에 성공했다. 우리나라에는 약 6억 톤 가량이 독도 근해에 집중돼 있는 것으로 알려졌다. (국내 가스소비량 30년분에 달하는 양으로 추정되고 있다.)

그림 14.12 Gas Hydrate 채취점

이번에 발견한 Gas Hydrate는 수심 2,072 m 지점의 해저면 하 7.8 m까지 채취한 지질시료 중 채취시료 6.5 m부터 산발적으로 존재하다 최하부에서 약 2 cm 두께로 존재하는 것으로 나타났다.

지질연이 인근 지점에서 GH실물을 채취해 성분분석을 한 결과, 약 99%정도가 메탄성분으로 구성된 최상의 Gas Hydrate인 것으로 판명됐었고, 이번 GH 발견은 그동안 가능성으로만 존재했던 GH의 실체를 직접 확인 했다는 점에서 큰 의미가 있다.

하지만 아직 전 세계적으로도 GH의 상업적 생산기술이 개발되지 않아 상업적 생산까지는 앞으로도 상당기간이 소요될 것으로 보이며, 우리나라는 2015년 GH 상업생산을 목표로 GH 개발 10개년 기본계획을 추진하고 있다.

14.5.2 국가별(세계적) 연구현황

먼저 Gas Hydrate는 영구동토층(시베리아, 캐나다 북부, 남극)에 있는 것과 심해(동해, 일본 다수, 인도 등)에 있는 것으로 나눌 수 있다. 일반적으로 영구 동토층에 있는 것이 훨씬 기체 Hydrate가 많이 포함되어 있고 (Sediment와의 혼합물로 존재) 접근이 쉬워서 개발하기가 쉽다.

(1) 미국

미국에서의 Gas Hydrate에 관한 연구는 1934년 파이프라인의 플러그(plug)에 의한 현상 파악으로 시작하였으며, 1982년부터 1992년까지 DOE(Department of Energy, 에너지성)에서 800만 US$를 Gas Hydrate의 부존지역과 열역학적인 특성에 대한 기초 지식을 확립하는데 투자하였다. 1985년에는 전 세계 Gas Hydrate 부존지도 완성을 하였다. 1990년에는 알래스카에서 Gas Hydrate에 관한 실험을 실시한 바 있으며, 1996년 부존된 상황을 평가하여 대부분 해저 퇴적층에 약 9×10^{15} m^3 정도 매장되어 있다고 발표하였다. 그리고 1997년 미 대통령 과학기술 자문위원회(the President's Committee of Advisors on Science and

표 14.2 R&D program elements of U.S.A.

Activities	Sub-elements
Resource characterization	• Resource assessment (near term) • Laboratory studies • Field geophysical, geochemical, and microbiological studies • Predictive models • Resource/reserve assessment (mid term) • Economic validation (long term) • Technology development
Production	• Primary product, ion research (near term) • Reservoir simulation and process design (mid term) • Production testing: demonstration well & alternative production evaluation (long term)
Global carbon cycle	• Mechanisms and processes of hydrate flux (near to mid term) • Consequences of methane release from hydrates (mid to long term) • Methane release in the geologic record (near to mid term) • Greenhouse gas mitigation (near and long term)
Safety and sea floor stability	• Basic research in safety and sea floor stability (near term) • Advanced safety and sea floor stability model development (mid term) • Development and field demonstration / testing of safety and sea floor stability mitigation techniques (long term)

* Near term : 2000~2004year, Mid term : 2005~2009year, Long term : 2010~2014year

Technology, PCAST)에서 발생한 21세기 도전을 위한 에너지 연구 및 개발에 관한 보고서(Report on Energy Research and Development for the Challenges of the Twenty-Firs, Century)에 DOE/FE(Department of Energy Office of Fossil Energy, 에너지성 화성에너지국)가 산업계 지질연구소(USGS), 미해군 연구소(NRL), 가스연구소(GRI) 등 다른 관련조직과 같이 "전 세계적인 Methane Hydrate의 잠재력의 이해"에 대한 과학기반 프로그램을 수립하도록 하는 주요한 권고사항을 포함하고 있다. 미국의 개발계획으로 각 분야에서 단위과제별로 실시 시점에 대해서 명시하였으며, 개발계획의 목적은 안전하고 환경에 대해서도 문제가 없는 방법으로 Hydrate에서 가스를 상업적으로 생산하여 21세기 에너지 시장을 혁신할 수 있는 선택을 강화하고, 성취하는데 필요한 연구, 개발 및 검증을 하는데 있다.

최근 미국은 2015년 상업생산을 목표로 범국가적 사업으로 추진을 목표로 하고 있으며, 광범위한 Gas Hydrate 부존지역이 확인되고 있다. '02년 기준 원시매장량은 9,066조 m^3 (약 6조톤)으로 알려져 있다. (이는 미국 천연가스 확인 매장량의 약 1,800배)

(2) **일본**

일본에서의 Gas Hydrate에 대한 연구개발 활동은 미국보다도 더 적극적이고 신속하게 진행되고 있다. 1995년 이전에는 일본 내의 산업체, 국가기관, 연구소 및 대학 등에서 각각 연구 활동을 진행하고 있었다. 1995년도부터 일본 석유공단에서 "국내외 석유천연가스 기초조사에 제8차 5년 계획"안에 Methane Hydrate 자원 조사 연구를 하도록 위탁하였다.

일본 공업기술원에서는 "뉴선샤인(New Sunshine)계획의 선도 연구" 테마로서 [Methane Hydrate의 자원이용에 관한 기술개발]을 선택하여 신에너지·산업기술총합개발기구(NEDO)에서 이 연구를 실시하였다.

그림 14.13에서 보는 것과 같이 많은 국가 기관에서 주도적으로 진행하고 있지만, 국가기관 이외에도 많은 업체 및 대학에서 함께 참여하고 있다.

Methane 원시매장량은 35조 m^3(약 233억톤)으로 일본연간천연가스 사용량의 460배로 알려져 있고, 경제산업성 주도로 2012년 상업생산을 목표로 15개년 프로그램 운영 중에 있다.

최근 일본은 난까이 해협에 있는 Hydrate를 상용화하기 위해 노력중이다. 이에 대한 부가연구로 캐나다 영구 동토층의 Maliik well의 개발에 공동참여한 바 있다. 미국, 캐나다 등 선진기술 보유국과 공동수행이 특징(Mallik Project)이다. 돈을 엄청나게 지원하면서 상당히 많은 연구가 진행되었고 가까운 미래에 상용화되는 첫 번째 나라이다.

표 14.3 R&D program performance in Japan

분야	연도	~1994	1995	1996	1997	1998	1999
기반기술	실험장치 제조 및 물성 구조 규명	■	■				
	BSR 분포도 작성 및 해석기법	■	■				
	BSR 수집자료 해석기법 조사	■	■				
	생성 촉진 및 저해제 개발 및 물성 모사	■	■	■	■		
기초물리 탐사	탄성과 탐사, 지화학 탐사			■			
	물리탐사 기술			■			
실증정 시추 및 기초시추	갱내 온도, 압력 모사 기술	■	■	■			
	생산기술개발(kick-control 기술 등)	■	■	■			
	실증정시추 및 검증 : 캐나다 매켄지델타				■	■	
	기초시추 : 남해 trough(수심 950 m, 해저면 290 m)						■

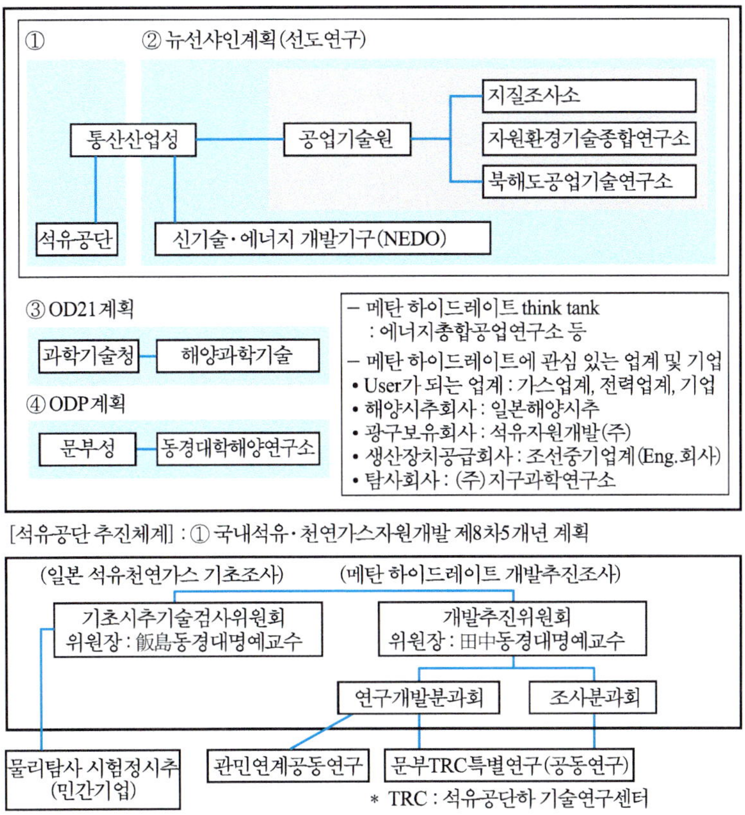

그림 14.13 The organization of natural gas hydrate R&D project in Japan

(3) 인도

1997년 인도의 석유산업개발위원회(the Oil Industry Development Board of India)에서는 Gas Hydrate의 탐사 프로그램에 20억 루피(5600만 US$)를 투자한다고 발표하였으며, 인도의 동쪽 해안에 있는 심도 600 m 이상의 Gas Hydrate전을 탐사하기 위한 심해 연구개발 계획(Phase Ⅱ)에는 2개 이상의 탐색용 시추 작업도 포함하고 있다.

(4) 러시아

러시아에는 미국보다 Gas Hydrate에 관한 한 적지 않은 연구결과를 보이고 있다. 동토지역에 널리 Gas Hydrate가 존재할 것이라는 1946년에 가설을 발표하였고, 후에 1966년 Makogon에 의해 발전되고 다시 1970년에 Makogon에 의해 설립된 소련 연구자 그룹에서는 어떤 조직하의 지각 표면에서 Gas Hydrate의 발견 가능성을 공식으로 발표하였다. 1972년 흑해(Black Sea)에서 처음으로 천연의 Gas Hydrate가 발견한 러시아는 이처럼 일찍부터 연구가 이루어졌으며, 여러 연구소에서 Gas Hydrate의 전 분야에 대한 연구가 진행 중이다.

(5) 노르웨이

노르웨이는 북해 부근에 12 km에 이르는 실험 파이프라인을 건설하고 천연가스의 생산・운송에서 Gas Hydrate의 형성과 생성저해제에 관한 연구를 실시하였다. 뿐만 아니라 Hydrate에 의한 가스 저장 및 수송에 관한 가능성 및 그 공정 개발에 관하여 엔지니어링 회사와의 공동적인 연구를 하며, 특히 기존의 액체 수송 방법인 LNG시스템과 비교하여 약 24%의 비용절감이 예상되어지므로 고체 수송에 대한 많은 사람들의 관심이 고조되고 있다.

이 밖에 영국에서는 국가적인 개발 계획에 대한 발표 및 보고는 없으나 가스회사인 BG plc에서는 자체기술로 1997년 중반에 Gas Hydrate를 1일 1톤 생산할 수 있는 파이롯 공장을 건설하여 운영 중에 있는 것으로 보아 이미 오래전부터 이 분야에 대한 연구 개발이 이루어진 것으로 판단된다. 이 외에도 캐나다, 우크라이나, 독일, 중국 및 덴마크 등 각국에서는 국가차원의 개발 계획 또는 국가차원의 개발 계획은 수립되지 않았지만 기업체 및 대학들에서 지속적이고 광범위하게 연구가 진행되고 있다.

CHAPTER 15

에너지 저장장치 ESS(Energy Storage System)

15.1 ESS 기술의 정의

불안정한 신재생 에너지를 이용하여 생산된 전력을 시설에 공급하고 유휴전력은 배터리에 저장한 후 사용전력이 부족할 때 공급하여 안정된 자급 전력 공급 시스템을 구축함

15.2 ESS의 필요성

- 신재생에너지원 증가에 따른 에너지저장시스템 필요성이 부각
- 전력망의 말단에 신재생발전원이 설치되면 배전망에 역조류가 발생하고 전압이 상승하므로 역조류를 감당할만한 배전망의 정비가 필요
- 특히 신재생 발전이 전체 전력망의 10% 이상으로 확대될 경우 계통운영에 어려움을 초래하여 이에 대한 대응방안으로 전력저장장치 필요
- 매년 전력가 상승(4.5%) 및 피크 요금상승(6.5%) 등 수요가 부담 증가로 전력저장장치의 관심 증폭
- 2011.9.15. 대규모정전사태로 인한 전력저장장치 필요성 부각
- 따라서 국내에서도 에너지저장장치의 계통적용 및 신재생에너지원 발전을 촉진하기 위해서는 성능조건이 마련되어야 할 것으로 판단됨

15.3 ESS 종류별 특성

15.3.1 리튬이온전지

(1) 전세계 ESS용 리튬이온 배터리 시장은 현재 6천억 원 수준에서 2020년 약 12조원 수준으로 연평균 35%이상의 폭발적인 성장세를 이어갈 것으로 예상

(2) 리튬이온전지(-電池, Lithium-ion battery, Li-ion battery)는 이차 전지의 일종으로서, 방전 과정에서 리튬 이온이 음극에서 양극으로 이동하는 전지이다. 충전시에는 리튬 이온이 양극에서 음극으로 다시 이동하여 제자리를 찾게 되는 충전 및 재사용이 가능

(3) 리튬이온전지는 크게 양극, 음극, 전해질의 세 부분으로 나눔, 다양한 종류의 물질들이 이용가능

(4) 상업적으로 가장 많이 이용되는 음극 재질은 흑연, 양극에는 층상의 리튬코발트산화물(lithium cobalt oxide)과 같은 산화물, 인산철리튬(lithium iron phosphate, LiFePO4)과 같은 폴리음이온, 리튬망간 산화물, 스피넬 등이 이용, 음극, 양극과 전해질로 어떤 물질을 사용하느냐에 따라 전지의 전압과 수명, 용량, 안정성 등이 크게 바뀜, 최근에는 나노기술을 응용한 제작으로 전지의 성능을 높이고 있음

(5) 시중의 휴대용 전자 기기, 방산산업이나 자동화시스템, 그리고 항공산업 분야에서도 사용 빈도가 증가하는 추세

(6) 전지의 용량은 mAh또는 Ah로 표시하는데, 휴대폰에 사용하는 전지는 800~1000mAh가 가장 많이 쓰이며, 스마트폰에는 1100~1950mAh도 사용, 노트북에 사용되는 전지는 2400~5500mAh가 가장 많이 사용되며 대용량 전지의 용량은 최소한 수십 kWh 이상

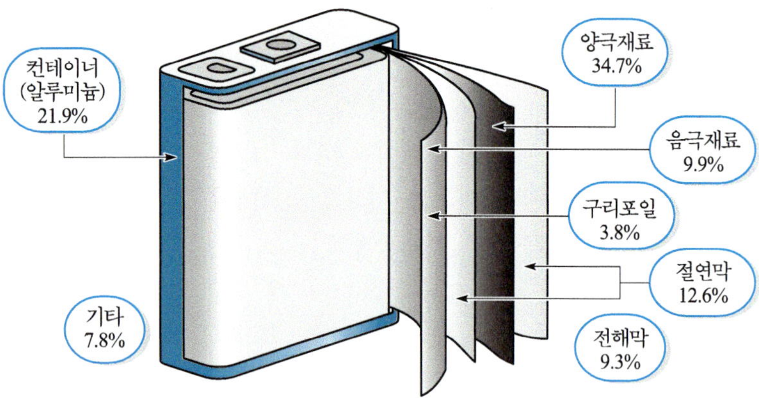

그림 15.1 리튬이온전지구조

(7) 리튬이온전지 특성

1) 에너지밀도가 높다.
2) 하드카본을 부극으로 사는 전지는 흑연을 사용한 것에 비해 우수하고 수천 사이클 이상을 달성하고 있다.
3) 자기방전율이 3~5%/월 이하로 작고 니켈카드뮴이나 니켈수소전지의 $\frac{1}{2}$이하이다.
4) 사용온도 범위가 넓고 방전에서는 −20℃에서 +60℃의 범위를 커버한다.
5) 충전방식은 정전압, 정전류 충전으로 행하고 충전회로가 간단하다.
6) 동일한 체적 및 무게일 경우 타 전지에 비해 용량이 3배이다.(에너지밀도 높다)
7) 폭발의 염려

15.3.2 레독스흐름전지

(1) 레독스플로(redoxflow) 전지란 reduction(환원), oxdaition (산화), flow(흐름)의 단어를 합성한 것으로, 가수(假數)가 변화하는 금속 이온을 가진 수용성 전해액을 탱크에 저장하고 그 전해액을 펌프로 셀이라고 불리는 부분에 송액하여 충전/방전하는 전지를 의미

(2) 양극과 음극의 전해액으로서 바나듐 등 금속 이온을 용해시킨 산성수용액을 이용하여 양극과 음극의 전해액은 각각의 탱크에 저장되어 전지 셀로 송액 순환

(3) 전지 셀 내에서 충전/방전시에 생기는 반응(전해액에 바나듐을 사용한 경우)

- 양극 : $\frac{1}{2}(VO_2)_2SO_4+\frac{1}{2}H_2SO_4 + H^+ + e-$ 충전/방전 $\leftrightarrow$ $VOSO_4+H_2O$
- 음극 : $VSO_4+\frac{1}{2}H_2SO_4$ 충전/방전 $\leftrightarrow$ $\frac{1}{2}V_2(SO_4)_3+ H^+ + e-$

(4) Redox-Flow 전지 특성

1) 전지반응이 바나듐 이온의 원자가 변화에 의존하기 때문에 수명이 김 (12,000회 충방전 가능)
2) 셀과 탱크부를 분리할 수가 있어 설치장소에 적합하게 제작 가능
3) 펌프, 냉각장치 등의 가동부분이 필요하기 때문에 보수, 유지가 필요
4) 바나듐 이온 멤브레인의 교환이 필요

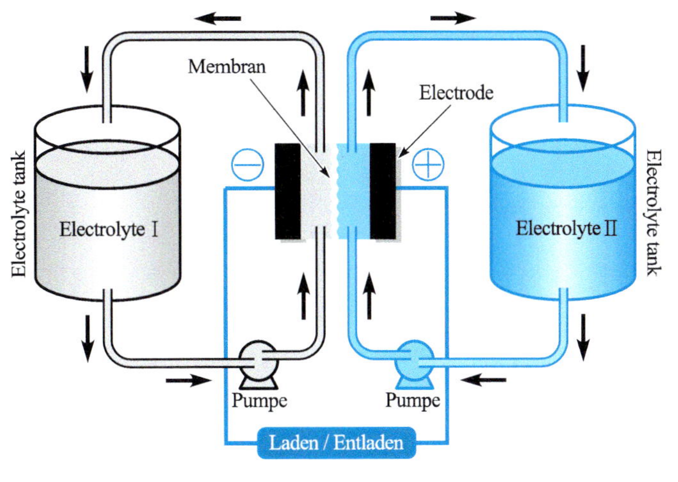

그림 15.2 Redox-Flow 전지

15.3.3 NAS(나스-황전지)

NAS전지는 음극으로서 나트륨, 양극으로서 유황을 사용하고 전해질로서 베타알루미나 세라믹스(나트륨이온 전도성을 가진 고체전해질)를 사용하고 있다. 전지의 충방전은 300℃ 부근에서 가능한 고온형 전지

(1) NaS 전지 특성

1) 모듈의 출력과 용량이 크기 때문에 비교적 대규모 전력저장 시스템에 적합
2) 높은 에너지밀도(>= 3배, 연축전지밀도)
3) 긴 사이클 수명(5,000회 충방전 가능)
4) 동작을 위해 작동 온도를 유지 필요
5) 고충방전 효율이며 자기 방전이 없기 때문에 효율적으로 전기를 저장가능

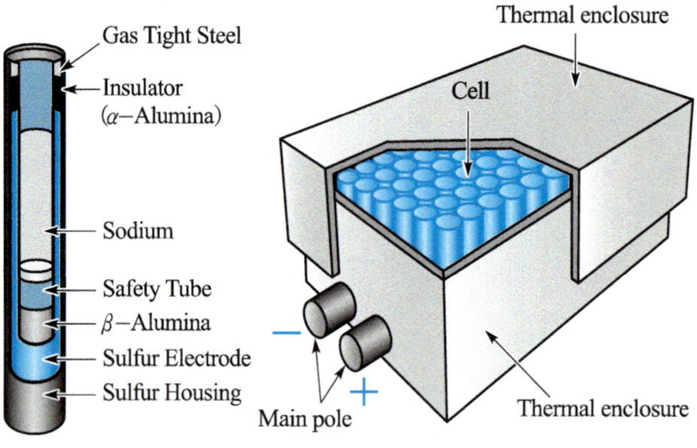

그림 15.3 NaS 전S지구조

15.3.4 SC(Supper Capacitor)

(1) 슈퍼캐패시터는 화학반응을 이용하는 배터리와 달리 전극과 전해질 계면으로의 단순한 이온의 이동이나 표면화학반응에 의한 충전현상을 이용

(2) 캐패시터는 기본적으로 2장의 전극판을 대향시킨 구조, 여기에 직류전압을 걸면, 각 전극에 전하가 축적되며, 축적하고 있는 도중에는 전류가 흐르고, 축적된 상태에서는 전류는 흐르지 않음

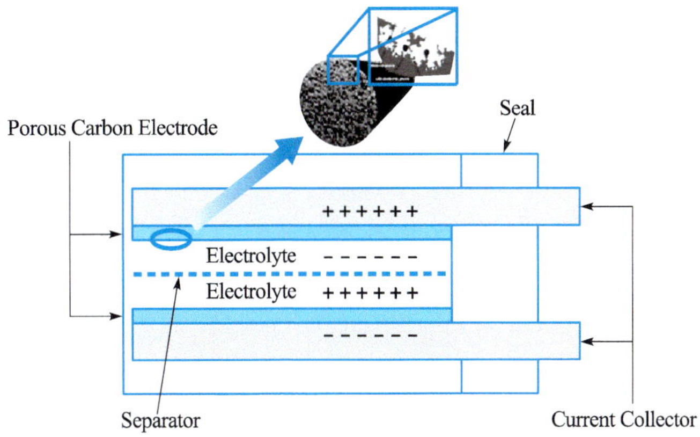

그림 15.4 SC 구조

(3) 교류의 경우에는 +, −가 계속해서 바뀜에 따라, 앞서 언급한 테스터의 측정봉을 항상 교대로 바꾸어 접속하는 것과 같으므로 그 때마다 전류가 흐르게 됨

(4) 캐패시터는 두 극판의 전극간에 절연체를 넣어 만드는데, 이 재질에 따라 여러 종류의 캐패시터가 있음, 아무것도 삽입하지 않고 공기를 유전체로 하는 캐패시터도 있음

(5) 캐패시터의 용량을 나타내는 단위는 패럿(약호:F), 일반적으로 캐패시터에 축적되는 전하용량은 매우 작기 때문에, μF이나 ρF의 단위가 사용되지만 최근에는 슈퍼캐패시터로 인해 F단위로 용량을 표기하는 경우도 생겨남

(6) SC 특성
  1) 급속 충방전이 가능하고 높은 충방전 효율
  2) 거의 무한대에 가까운 충방전 사이클
  3) 낮은 임피던스(급격한 충방전 가능)
  4) 간단한 충전방법(센서 및 기타 부가적인 회로 간단)
  5) 낮은 에너지 밀도(일반적인 배터리의 1/10)
  6) 셀 전압이 낮기 때문에 직렬연결 필요
  7) 3개 이상 직렬시 전압 발란싱 필요
  8) 높은 자가 방전율(약 50%/월)

15.3.5 압축공기 저장 발전 시스템(CAES, Compressed Air Energy Storage)

(1) 전력수요가 낮은 시간대 또는 조절 불가한 전력을 압축기를 사용하여 압축공기 에너지로 지하에 저장하고, 전력수요가 높은 시간대에 압축공기를 이용하여 전력을 생산하는 시스템

(2) 중대형 에너지 저장장치 중 CAES 시스템은 대형/장주기 에너지저장장치로서, 전력 계통 안정화 및 효율적 운영을 위해 적용됨

15.3.6 플라이휠 에너지 저장 시스템(Flywheel Energy Storage System, FESS)

(1) 대용량 회전체를 무접촉 상태로 부양한 후 전기에너지를 회전에너지 형태로 저장하였다가 필요시 전기로 변환하는 기술

(2) 자기(초전도 또는 전자석) 베어링, 복합재 회전체, 회전 안정시스템, 냉각시스템, 전력 입출력 모터 시스템 등으로 구성

15.3.7 에너지저장 전력관리시스템(PMS: Power Management System)

전력망의 곳곳에, 많은 수의 전력저장장치를 설치하고 네트워크 기술, 전력 전자기술을 이용해 스마트한 통합관리를 하여 수요 및 분산전원의 randomness를 완충하는 장치 혹은 시스템

15.4 각 에너지저장장치별 원리 및 장·단점

표 15.1 에너지저장장치별 원리 및 특징

종 류	작동 원리 및 특징
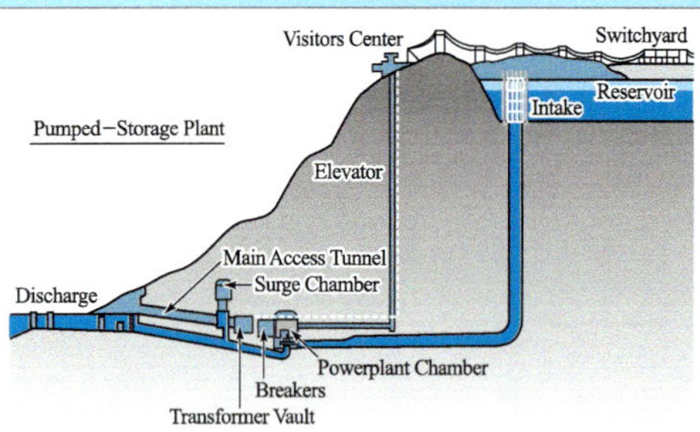 Pumped hydro storage	원리: Off-peak load 시, 물은 높은 곳에 저장, Peak load 시, 저장된 물을 이용하여 발전 장점: 대용량 저장에 우수, 성숙된 기술로 높은 안정성, 75~80%의 효율 단점: 지리적 제약, 지질에 따른 설계의 어려움, 대규모로 초기투자 비용이 큼
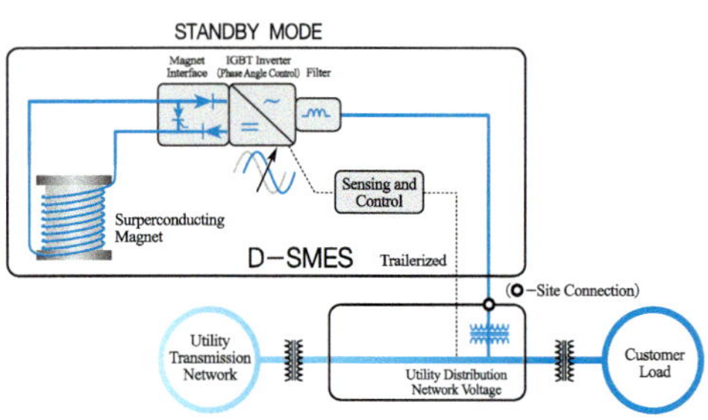 Superconducting Magnetic Energy Storage	원리: 초전도 코일에 직류전류를 흘려 자기에너지 형태로 저장하는 시스템 장점: 높은 변환효율(>95%), 빠른 응답시간, 저에너지 손실 단점: 고비용, 낮은 에너지 밀도

종 류	작동 원리 및 특징
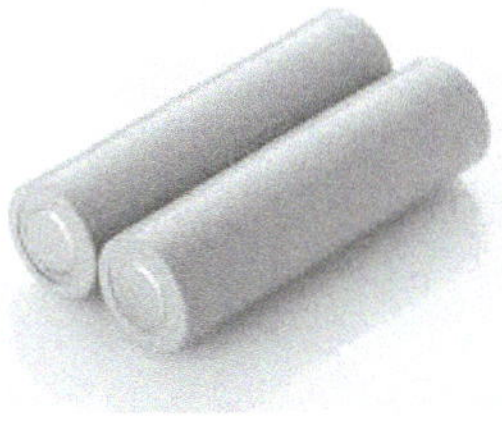 LiB(리튬이온전지)	원리: 리튬이온이 양극과 음극을 오가며 전위차 발생 장점: 높은 에너지 밀도, 높은 에너지 효율, 폭넓은 적용 단점: 안전성·수명 미검증, 높은 비용
 NaS(나트륨 황 전지)	원리: 300~350℃의 온도에서 용융상태의 나트륨 이온이 전해질을 이동하면서 전위차 발생 장점: 높은 에너지 밀도, 낮은 비용, 대용량화 용이 단점: 높은 생산비용, 소재부족과 높은 방전율, 300~350℃에서의 운영/유지/안정성, 낮은 에너지 효율
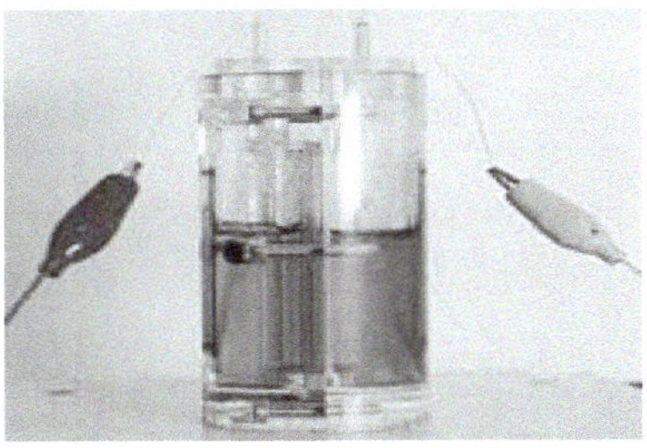 RFB(레독스 흐름 전지)	원리: 전해액 내 이온들의 산화·환원 전위차를 이용하여 전기에너지를 충·방전 장점: 저비용, 대용량화 용이, 장시간 사용 가능, 과부하에 강하며 전극/전해질 계면반응으로 고출력 가능 단점: 낮은 에너지 밀도, 낮은 에너지 효율
 Super Capacitor(수퍼 커패시터)	원리: 전극과 전해이온사이에 형성된 electric double layer(EDL)로 이루어진 두 직렬 capacitor에 에너지를 저장 장점: 높은 출력밀도, 긴 수명, 높은 효율, 안정성 단점: 낮은 에너지밀도, 높은 비용, 출력시간이 짧고 용량의 한계가 있음
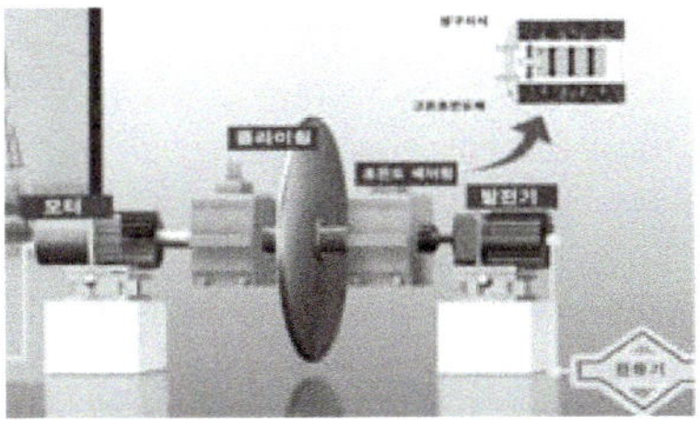 Flywheel(플라이휠)	원리: 전기에너지를 회전하는 운동에너지로 저장했다가 다시 전기에너지로 변환 장점: 높은 에너지효율, 긴 수명, 단위용량당 저비용 단점: 초기 구축비용 과다, 낮은 에너지밀도, 베어링이 미치는 영향이 큼, 투자효율성 검증의 어려움

종 류	작동 원리 및 특징
 CAES(압축공기저장시스템)	원리: Off-peak load 시, 공기를 동굴이나 지하에 압축, Peak load 시, 압축된 공기를 가열하여 터빈을 돌리는 방식 장점: 대규모로 장시간 저장 가능, 가스발전에 비해 약 60% 가스 절감, 정지에서 가동까지 적은 시간 소요, 낮은 발전 단가 단점: 초기 구축 비용 과다, 지리적 제약, 화석연료 사용 불가피

표 15.2 에너지저장시스템 종류별 가격 및 장점과 단점[5]

기술구분	단주기		장주기	
	플라이휠	LIB	NaS	Flow Battery
$/kW $/kWh 전력 변환 효율	1,250~2,500 5,000~10,000 90%	1,000 4,000 96%	25,000 347 78%	4,154 692 70%
장점	고출력 장수명 고온 내구성	상용화 쉬움 친환경 높은 변환 효율	NGK社 실증 사례	투자비 낮음
단점	이동불가 높은 투자비 폭발위험	실증 사례 없음	환경유해 고온 환경 유지	환경유해 낮은 변환 효율

표 15.3 에너지저장장치 종류에 따른 특징 비교[36]

Type	Energy Efficiency (%)	Energy Density (Wh/kg)	Power Density (W/kg)	Cycle Life (cycles)	Self Discharge
Pb-Acid	70–80	20–35	25	200–2000	Low
Ni-Cd	60–90	40–60	140–180	500–2000	Low
Ni-MH	50–80	60–80	220	< 3000	High
Li-Ion	70–85	100–200	360	500–2000	Med
Li-polymer	70	200	250–1000	> 1200	Med
NaS	70	120	120	2000	–
VRB	80	25	80–150	> 16000	Negligible
EDLC	95	< 50	4000	> 50000	Very high
Pumped hydro	65–80	0.3	–	> 20 years	Negligible
CAES	40–50	10–30	–	> 20 years	–
Flywheel (steel)	95	5–30	1000	> 20000	Very high
Flywheel (composite)	95	> 50	5000	> 20000	Very high

15.5 기술의 범위

- 안정성이 뛰어난 배터리 검토 및 적용
- 에너지 고효율 인증 획득
- 경제적 구축 방안 제시
- 신재생 에너지를 위한 효율적인 ESS시스템 구축

15.6 ESS의 정책 현황

15.6.1 국내현황

- 지식경제부, 중대형 ESS 기술개발 및 산업화 정책 추진(K-ESS 2020 전략)[14]
  - 에너지저장 R&D 투자를 확대하여 원천기술 확보 및 글로벌 시장 선도가 가능한 기술에 집중투자
  - 시장주도형 기술개발, 미래 신기술 개발, 국제 공동 기술개발 등 기술개발의 전략성을 강화하여 미래 에너지저장 시장 선점
  - 2020년까지 6.4조원 규모의 기술개발 및 설비투자 추진 및 ESS 설치의무화 방안 검토
  - ESS 보급 목표 : '20년 1,700MW(Global Market Share 30%)
  - 전략과제
    1. 에너지 저장 R&D 투자확대 및 전략성 강화
    2. 에너지 저장 실증을 통한 산업화 촉진
    3. 에너지저장 산업 인프라 구축
    4. 국내 시장활성화를 위한 제도적 기반 조성
- RPS(Renewable Portfolio Standard, 신재생에너지 공급의무화) 또는 EERS(Energy Efficiency Resource Standard, 에너지공급자 효율향상의무화제도)의 일부로 ESS 설치 의무화 추진
- 기업
  - 최근 삼성 SDI는 미국 AES사에 20MW급 ESS를 공급계약('10.9), LG화학은 미국 SCE 사에 10kWh급 가정용 ESS 공급계약 발표('10.10)
  - 일부 대기업에서 NaS, RFB 등을 기술개발 중이나, 초기 단계이고 실증이 활발한 선진국에 비해 핵심소재 및 원천 기술 등 기술수준 미흡

• 국내 실증 현황
  − 4MW/8MWh급 리튬이차전지시스템 및 운용기술 개발 중
  − Smart Renewable 운영시스템 구축 및 실증 개발 중

15.6.2 해외현황

전체 ESS 시장은 2020년 기준 약 43.8B USD 규모로, End User 및Renewable 관련 수요가 전체의 70%이상을 차지할 것으로 예상되고 2~10시간 용량의 ESS 시장이 주류가 될 것

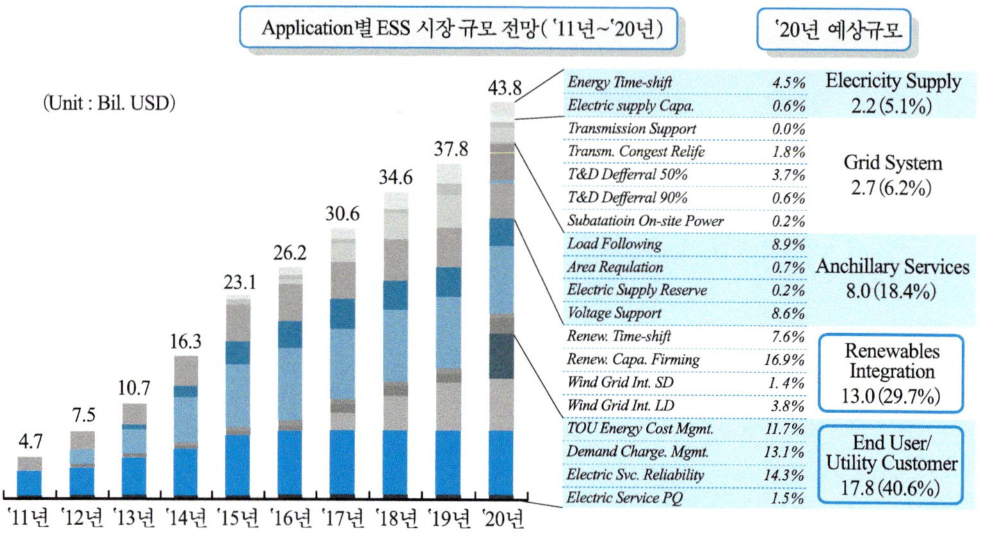

그림 15.5 Application 별 ESS 시장 규모 전망('11년~'20년)

(1) 일본

• 일본, 250kW 이상 ESS의 초기 설치비 1/3 수준의 보조금을 지원(선도적 부하 평준화 모델 사업)
• 가정용, 신재생에너지 발전용 등 다양한 분야에서 기술 개발 추진 중으로 특히 LiB, NaS 등에서 앞선 기술력 보유
  – (LiB) SHARP 사는 태양전지용 LiB 사업을 위해 DNP, 다이와 House와 합작법인 Elly Power 설립('08.11)
  – (NaS) NGK 社의 시장점유율이 '08년 기준 51%로 과점 상태(누적 실적 270MW), 프랑스 EDF와 150MW, UAE와 300MW 공급계약 체결

(2) 미국

- 미국 캘리포니아, ESS 설치의무화 법안 승인('10.9월)
  - 최근 5년간 평균 공급전력의 2.25% 이상을 ESS 이용하여 '14년부터 공급('20년 5% 이상으로 조정)
- 공공기관(ARPA-E, EPRI 등), 벤처기업 및 대형 전력회사(AES 社, AEP 社) 중심으로 기술개발 및 실증 적극 추진
  - ARPA-E(DOE 산하 연구기관)에서 총 92백만 달러를 LiB, Capacitor, Flow Battery, CAES, Flywheel, SMES 등의 전력저장 기술에 투자('09~'10)
  - SCE 社가 DOE에 제안하여 Tehachapi 사막 지역에 스마트그리드 및 풍력발전을 위한 실증사업 진행(250억/년, 5년간, 1:1 Matching Fund, '10년~)
  - 뉴욕 Westover 발전소내 44MW 화력발전 설비에 20MW급 LiB 설치 ('10.6, AES 社)

(3) 유럽

- 프랑스 Saft 社, 독일 Conergy 社 등이 참여하여 국책과제인 Solion 프로젝트 추진 중(프랑스 경제성 · 독일 환경부 공동지원)
  - 태양광 주택의 에너지 자급을 위한 LiB 도입 타당성을 평가하기 위한과제로 '08.8월부터 약 75개 시스템에 대한 실증 사업 추진('12년 사업화 목표)

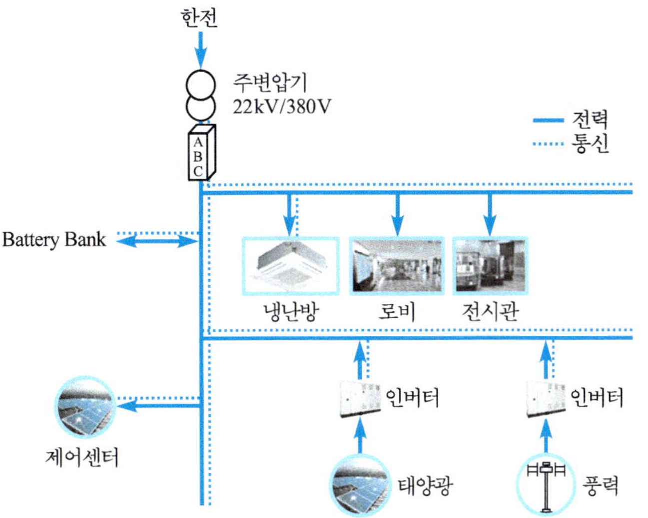

그림 15.6 LIB(Lithium-ion battery)의 국 · 내외 현황

(4) 국내 현황

1) 신재생연계형 MW급 리튬이온 운용시스템 개발
- 수행기간 : '11. 7 ~ '14. 6
- 분류 : 신재생발전원(풍력)연계 및 송배전망 연계 실증
- 참여기업 : KEPCO(주관), 삼성SDI, 효성

2) 10kWh급 리튬이온전지 에너지저장시스템 실증
- 수행기간 : '10. 6~'13. 5
- 분류 : 대구 PV연계 가정용 에너지 저장장치 실증
- 참여기업 : 삼성SDI, KT, EnTech

3) Smart Place(소비자 참여형 스마트그린 플레이스 구축)
- 수행기간 : '09. 1~'13. 5
- 분류 : 가정용 및 Community용 에너지 저장장치 실증
- 참여기업 : KT(주관), 삼성SDI, 효성, EnTech

그림 15.7 Smart Place

4) Smart Renewable
- 수행기간 : '09. 1~'13. 5
- 분류 : 풍력연계형 에너지 저장장치 실증
- 참여기업 : KEPCO(주관), 삼성SDI, 효성

그림 15.9 Smart Renewable

5) Smart Transportation

- 수행기간 : '09. 1~'13. 5
- 분류 : EV 급속 충전기 실증
- 참여기업 : KEPCO(주관), 삼성SDI, PNE

그림 15.8 Smart Transportation

(5) 국외현황

1) Solion Project

- 독일과 프랑스는 양국의 전력회사, 전지 업체, 태양광 발전설비 업체, 연구소 등을 참여시킨 에너지 저장용 리튬이온 전지 개발을 주도(75개 실증사업을 거쳐 '12년경 사업화 목표)

2) SEGIS-ES Project

- 미국의 태양광 발전의 계통연결을 위한 Storage 연계 사업(DOE를 중심으로 에너지 저장 장치의 필요성과 경제적 타당성을 검토)

3) 일본은 NEDO 주도로 대용량 전지 개발 로드맵을 추진중 (NGK가 NaS 전지를 사업화하였고, 미쯔비시, 엘리파워, GS-Yuasa 등이 리튬이온전지 개발 진행)

* 미쯔비시 : 14kWh급 Li-ion 가정용 시스템 및 산업용 저장 시스템, 자동차용 Li-ion 전지 등

* SHARP : 태양전지용 LIB사업을 위해 DNP, 다이와House와 합작법인(Elly Power) 설립

15.6.3 NaS(나스-황전지)의 국내 · 외 현황

(1) 국내현황

포스코에서는 2015년 사업화를 목표로 NaS 전지 개발을 추진하고 있으며 현재 시스템까지의 시제품을 만들기 위한 개발 단계에 있다.

본격적인 실증은 2013년부터 계획하고 있으며 수십 kW급의 시스템을 적용한 Off Grid 실증을 계획하고 있으며 이 실증은 대용량 NaS 전지를 적용한 국내 최초의 실증실험이 될 것으로 예상된다.

수백kW급의 실증이 가능한 2014년부터는 본격적으로 계통에 연계된 On Grid 실증이 시작될 수 있을 것으로 생각하고 있으며, 2015년 사업화를 위한 기초 실험 및 data 확보의 기회가 될 수 있을 것으로 판단된다.

이에 포스코에서는 ESS용 2차 전지인 NaS 개발 및 실증사업에 대한 추진 전략을 이러한 예측된 국내 시장의 진화과정을 기반으로 수립

즉, 건물용 ESS를 대상으로 14년 전까지 개발될 수백 kW 용량의 2차 전지 시스템을 이용하여 소규모 건물(일반 사무용 또는 상업용 빌딩)용에 설치하여 실증사업을 진행할 예정이다.

14년 이후부터 데이터 센터, 병원, 통신사 등 전력의 높은 신뢰도가 필요한 시장을 대상으로 하는 중/대형 건물(1MW급 이하)용 ESS 사업을 진행할 예정이다.

전기 자동차의 보급 확대 대응용 분산 전력 공급소(1MW급 이상)에 대한 실증화 계획도 마련되어 있다.

건물용 ESS에 대한 실증을 토대로 2015년 이후, 신재생 에너지, 계통연계 및 발전원을 대상으로 ESS 실증의 규모를 수백MW급으로 확대시켜 나갈 계획이다.

최종적으로 발전원과 연계한 실증 사업을 통해 시스템의 안정성, 경제성을 향상시키길 계획이다.

(2) 국외현황

1. 대용량 전력저장 장치로 적합한 NaS 전지는 간편하기 때문에 수요지 주변에 분산설치가 가능하고 부하 평준화 효과로 인해 설비투자를 억제 가능
2. 송전손실의 저감 뿐 아니라 화석연료비율이 낮은 야간전력의 사용에 의한 CO2 삭감도 기대할 수 있는 등의 이점을 갖는다는 측면에서 크게 부각
   - 현재까지 NaS 전지 시스템은 일본에서 약 90여 곳, 13만 kW 정도가 도입되었으며, 해외에서도 2006년 7월에 AEP(American Electric Power)의 변전소 용도로 1MW급 NaS 전지 시스템이 운전을 개시

그림 15.9 6MW급 NaS 전지 시스템

3. 일본의 NGK사는 전력용 애자 등을 제조하는 세라믹회사로서 미국의 포드사 및 독일의 ABB사로부터 기술을 이전 받아 NaS 전지의 개발을 시작
   - NGK사는 1984년 동경전력(TEPCO)과 같이 일본 국가프로젝트와는 별도로 NaS프로젝트를 시작하여 1990년 10kW급 모듈을 전기자동차에 탑재하여 테스트하였으며 1992년 load leveling용의 50kW 모듈을 개발
   - 1997년 자사의 변전소에 NaS 전지를 설치하여 검증 실험을 개시하였으며 이후 동경전력, 관서전력 등 전력회사와 협력을 통해 실증 운행
   - 2002년부터 본격적인 양산을 시작하였고 2007년에는 라인 확장을 통해 생산능력을 확장
4. 일본의 YUASA는 전지회사로서 NEDO 프로젝트에 참여하여 NaS전지를 개발하였으며 100kW급 이상의 나트륨-유황전지를 제작하여 실증운행

- 나트륨-유황전지 관련하여 세계 각국에 다수의 특허를 출원
- 일본의 히타치와 미쯔비시중공업 등도 NaS 전지에 대한 기술개발을 진행하였으며 세계 각국에 특허 출원

5. 일본에서는 2006년 6월까지 NaS 전지시스템이 전국적으로 90개소에 설치되었으며 축전용량은 130MW에 이르러 실용화되기 시작한 2002년 이후 급격히 증가하고 있는 추세

15.6.4 RFB의 국내 · 외 현황

(1) 국내현황

* 에너지기술연구원(KIER)

RFB는 국내에서 현재 제조하는 곳이 없으므로 사업화 및 실증사례는 전무한 실정이다.

KIER에서는 자체사업으로 〈신재생에너지 연계 에너지저장 시스템 개발 및 실증연구〉 과제를 진행하고 있으며, 40kW급(5kW * 8ea) 스택/시스템을 제작하여 2015년까지 실증시험을 통해 통합운용 기술을 확보할 계획이다.

RFB 단독운전 및 신재생에너지-RFB 연계운전 등을 통해 실증을 하고자, POSCO ICT와 협력연구를 진행하고 있으며, 2012년 3월에 RFB가 설치되며, 2013년 6월까지 실증을 완료할 계획이다.

신재생에너지원 : 풍력 30kW, 태양광 20kW
RFB : 100kW * 2hrs(Prudent Energy사에서 구입)

(2) 국외현황

1. 2007년 EPRI(미국)에서 대용량 전력저장 시스템으로 VRB를 심층 분석
   - 2013년 이후 비용이 40% 저감 될 것으로 예측하며, 5~10MW, 8hr 이상의 대용량 시스템에서 유리할 것으로 제시
   - 2009년 말부터 스마트그리드용으로 다수의 Flow Battery과제 진행
   * California Modesto, 50MW Flow Battery 시스템(Primus power)
   * California Sacramento, 4MW Flow Battery 시스템(Premium power)
   - ARPA-E 프로젝트에서 100$/kWh 목표로 다수과제 진행
2. 독일에서는 에너지밀도를 4~5배 향상시키는 연구 진행 중이며, EV에 적용 가능한 RFB 연구 중
   - Funktionswerkstoffe Forschungs & EntwicklungsGmbH에서는 200kW, 2hr 적용 가능한 VRB모듈 개발
3. 중국 GEFC사는 최근 50kW급 4hr 용량의 VRB 시스템을 개발하여 GEFC 공장 내에서 자체 실증 중에 있음

15.6.5 플라이휠의 국내 · 외 현황

(1) 국내현황

지하철 회생전력 저장 활용

1MW 출력에 저장용량 100kWh급 플라이휠 시스템 실증

1) 특성

- 단위 유닛 출력 : 350kW
- 용량 : 35kWh
- 출력지속시간 : 6분
- 비용 : 100억

2) 기술개발 현황

- 2005년 20kW/5kWh급 중실축/원통형 휠타입 개발
- 2008년 30kW/10kWh급 중공축/디스크형 휠타입 개발

(2) 국외현황

1. New York State Energy Research and Development Authority(NYSERDA)와 DOE의 MOU로 진행되는 계통주파수 조정 실증 프로젝트
   - 계통주파수 조정 가능성을 타진하기 위하여 beacon power사 주도로 단위 유닛의 출력 250kW이고 저장용량이 25kWh인 전자석 플라이휠 10기를 병렬연결
   - 스마트에너지매트릭스라는 상업용 버전인 1M/250kWh를 개발하고 소규모주파수조정 실증을 수행
2. 2010년에는 DOE의 스마트그리드 실증 사업의 일환으로 beaconpower사 주관으로 MA의 Tyngsboro시와 IL의 Chicago시에 20MW급 주파수 조정용 플라이휠 시스템을 건설하고 실증하는 프로젝트가 시작

15.6.6 수퍼커패시터의 국내 · 외 현황

(1) 국내현황

국내외 납품 사례

삼성전자, LGD 등 반도체 설비용 순시 정전보상

- 실증 규모, 적용 기술, 실증 시기, 소요 예산 등
  - 수 MW급 2~3초 보상
  - 2008년부터 Field 적용 중
- UPS 형태로 제작이 되며 아래 그림과 같은 형태로 부하에 연결하여 사용한다.

(2) 국외현황

• 전력안정화 시스템

- Meidan(日): 고전압 Super capacitor의 전압별 전력품질안정화 시스템을 구축하여 사업화 진행 중에 있으며, 6.6 kV~500 kV급으로 구분하여 시장에 제품을 공급하고 있으며, 2010년 출하실적은 50,000 kVA임
- 또한, NEDO 과제 지원 하에 5 MW급 태양전지에 NaS 전지와 초고용량커패시터를 연결하여 전력청에서 33 kV급의 전력 공급 장치 개발 운전 중에 있음
- Maxwell(美): 450 kW 시스템 개발을 통하여 풍력, 수소, 천연가스로 마이크로그리드를 구성하였으며 이에 대한 실증 평가를 진행 중.
- FDK(日): 태양광 계통 안정화 장치로 LIC를 2010년부터 NEDO 지원 아래실증 평가 중
- Nippon Chemi-con(日): 납축전지와 SC hybrid type으로 100 kVA class용 UPS 적용

• 전력 회생용 에너지 저장

- Mitsubishi 전기(日:) SC를 처음 채용한 Elevator용 Regenerating System(Ele-Charge)을 11년 10월부터 발매 예정.(소비전력량을 약 25% 절감 가능) 교환주기는 10년 이상으로 예상
- Nichicon(日): 태양광 발전 panel부와 LIB와 SC를 이용한 hybrid 축 전부를 2010년 3월에 동경 소재 공원과 공공 기관에 설치 납품함

15.6.7 CAES의 국내 · 외 현황

(1) 국내현황

• 국내외 납품 사례

- 지질자원연구원, 기계연구원, 전기연구원, 항공우주연구원, 삼성테크윈, 현대건설, SK건설, 포스코ENG, 중부발전

• 압축공기저장용 LRC(lined rock cavern) 파일럿 실증기술

- 한국지질자원연구원은 2009년 지식경제부 출연사업으로 압축공기 저장용 LRC(lined rock cavern)의 상용화를 위한 실증연구용 파일럿플랜트 구축사업을 수행하였다.
- 파일럿플랜트는 강원도 정선군 신동읍 한덕철광 신예미광업소 내 430ML(상부 피복층의 두께는 108m)에 위치하고 있으며, 주변 지질은 고생대 조선누층군 막골층 태백산 광화대에 해당하는 석회암 지대에 해당, 지질 조사, 초기 지압 측정, 실내 및 원위치 실험에 의한 역학적 설계 정수 결정, 암반 평가 등을 수행하여 기본설계 및 상세설계를 시작하여 압축공기저장용 파일럿플랜트 구축 중이다.
- 압축공기에너지 지하저장 파일럿플랜트는 단일 철근콘크리트 구조체와 내기체투과성이

높은 부틸 고무시트로 구성된 Type A와 스틸라이너에 뒷채움 무근콘크리트 조합의 Type B, C의 라이닝시스템을 적용한 PC1(pilotcavern 1)과 PC2(pilot cavern 2)로 구성되어 있으며, 2012년부터 설비점검 및 시운전을 시작으로 최대 압력 50bar로 공기의 인입・인출을 반복하는 운영실증 실험을 수행 예정이다.

(2) 국외현황

- 현재 운용 중인 해외 CAES 발전소
  - 1978년 독일 Huntorf 290MW CAES 발전소: 세계 최초
  - 1991년 미국의 Alabama 110MW(현재 348MW 확장 운용 중)
- 미국은 스마트그리드 사업의 일환으로 PG&E(300MW) 및 NYSEG(150MW) CAES 구축사업에 정부 보조금을 지원하고 있으며, ES&P 사에서 개발 중인 2세대 방식 CAES 기술을 적용
- 미국의 Dresser-Rand 사는 "Smart CAES"라는 브랜드로 CAES 상부설비 부분의 total solution을 제공하기 위해 1세대 방식의 개량형인 고효율 압축 및 터빈 시스템을 개발 중
- 현재 독일은 EnBW(600MW) 및 ADELE(200MW) CAES 프로젝트를추진 중에 있음. 특히, ADELE 프로젝트는 연방정부와 RWE 및 GE 등의 기업이 주축인 컨소시엄과의 계약 완료 단계
- 일본은 1998년부터 기존 탄광을 활용한 2MW 급 CAES Pilot 플랜트를 구축하여 실증 실험을 완료함. Pilot 플랜트는 일일 10시간 충전/4시간 발전하여 다양한 공학적 실증 연구가 수행
- 중국은 미국 ES&P 사에 EPC(Engineering Procurement Construction) 역할을 부여하고 자국 내 CAES 건설 추진 중

찾아보기

ㅇ

ㅈ

ㅋ

ㅌ

ㅍ

글로벌 환경에너지 정가 18,000원

저자 : 김재용

발행인 : 임정대
발행처 : 도서출판 화수목

인쇄 : 2016년 8월 20일 초판 1쇄
발행 : 2016년 8월 25일 초판 1쇄

등록 : 제2014-000166호

주소 : 서울시 마포구 신촌로 2길 5-15
전화 : 02-338-9119
팩스 : 02-335-2201

ISBN 979-11-86290-67-5 (93450)

파본이나 잘못된 책은 교환하여 드립니다.

복제불허